葡萄酒与松露
Le Vin & la Truffe

Le Vin & la Truffe

葡萄酒
与松露

［法］丹尼斯·荷维（Denis Hervier）著

王丝丝 译

人民东方出版传媒
People's Oriental Publishing & Media

东方出版社
The Oriental Press

目 录

Contents

目录

Contents

谨以此书献给缔造我独特口味的母亲

谨以此书献给理解并支持我的妻子

谨以此书献给两位葡萄酒松露品鉴师，

我的女儿艾美丽娜·罗曼妮（Emeline-Romanée），

和我的儿子凯连·艾米隆（Kilian-Émilion）

如果有那么一天，我的儿子将要坠入爱河，

我一定会对他说："当心那些不钟爱葡萄酒，

不喜欢松露和奶酪，甚至不热爱音乐的年轻姑娘们。"

▋Introduction ▶

序

在这本将我们带进黑松露神秘大门的书中，作者丹尼斯·荷维让我们领略了一个绝妙的美食世界，这里充盈着柔美、沁香、清澈，乃至精良……丹尼斯辞去了他工作多年并展现其才华的法国蓝莓果广播专栏编辑的职位，从此开始了他探寻"黑钻石"的旅程，成为了一名痴迷的葡萄酒松露品鉴师。是他，向我们展示了这神秘的"黑钻石"与法国葡萄酒之间的和弦之美。

这位出色的葡萄酒松露品鉴师，将会带领我们尝遍法国梦幻般的享誉世界的美食。

首先，作者带我们进入了法国贝里地区（Berry），一个他从未停止过探寻的地方。丹尼斯非常钟爱当地的特色美食，他通过这些独特的美食和当地热情的居民，向我们讲述了一段他与松露奇妙相识的故事。在这里，无论在何种情况下，松露都会被喻为葡萄酒鼻子的酒杯。松露很享受这种美誉。这支优美的和弦不仅仅是鸣奏，更不仅仅是这小小的黑色东西和这紫红色或者金色液体的简单混合。这其中的奥妙就要询问乐曲的演奏师了，只有他才能深切地演绎这支和弦的美妙之处。

接下来，作者带我们进入了另一幕饶有趣味的话剧。让我们围坐在图赖讷（Touraine）地区华丽盛宴的圆桌前。这一地区的白葡萄酒和红葡萄酒都极具优雅气质，且能够与当地的特色美食融为一体，形成一种特有的平衡与柔美。

丹尼斯·荷维来到了湿润、典雅的香槟产区（Champagne），在这里，他向读者们讲述了他与宝禄爵香槟温斯顿·丘吉尔窖藏（Cuvée Winston Churchill de Pol Roger）、古塞香槟（Cuvées de Gosset）、亨利特香槟（Henriot）和宝林歇香槟酒（Bollinger）的历史性重逢。

之后，丹尼斯来到了阿尔萨斯（Alsace）产区，这里将会教授我们永远难忘的一课，诗歌般优雅的珍馐——松露、各种阿尔萨斯的美酒与幸福欢乐融为一体的一课。

从阿尔萨斯到法国汝拉省（Jura），无需跋山涉水我们便能感受到另一种音域的松露。它以不同于其他产区的方式把它与当地葡萄酒的和弦演绎得尽善尽美。

终于来到勃艮第（Bourgogne）产区了，这里盛大的宴会正在等待着我们，黑松露与勃艮第的美酒佳酿交相融汇成一种特殊浓郁的香气，让我们禁不住一次又一次地为之心醉神迷。

作者将我们的视线引向了 19 世纪美食家布里亚·萨瓦兰（Brillat-Savarin）最欣赏的省份。在这里，丹尼斯将重心放在了此地区特有的"餐桌人文主义精神"上。布里亚·萨瓦兰所说的"松露为厨房之钻"被视为永恒的箴言。此次游历一直追寻到了罗纳河谷地区（Vallée du Rhône）的北部和南部。这是一组极富彰显力的、充满情感的、强大且热情的乐曲在交相融合。

在法国的版图上继续下行，地中海的光芒照耀着我们，独具魅力的晚宴、品位高雅的珍馐品鉴者和这里雅致的诗人们正在迎接我们的到来。他们以其特有的方式向我们展现了地中海地区的可口美味。

另一种曲调的旋律正在跃跃欲试地等待着我们，这里就是作者丹尼斯·荷维让我们遇到松露的爱人的地方——朗格多克地区。之后我们将结识法国盛产松露的西南地区的享有盛誉的葡萄酒松露品鉴师，是他们给予了松露彰显其丰润口感的能力，更是他们让松露能够游刃于世界的餐桌上，并与魔幻级松露大师皮埃尔-让·佩比（Pierre-Jean Pébyre）展开对手戏。

接下来，是法国的索奥芝地区（Sorges）。这里是松露的首都，在这里，我们可以找到关于这"黑珍珠"所有的故事，它的历史、它的生长以及它的采摘。

丹尼斯将要带领我们进入第 11 个地区，在这里，我们可以大饱眼福，领略松露是怎样撩拨这里享有世界盛名的柔雅的白葡萄酒和深邃的红葡萄酒的。是的，这里就是波尔多产区（Bordeaux）。

在这段旅程的最后一站，丹尼斯带我们走入了著名的烈酒之乡白兰地产区科涅克（Cognac）。这里的佳酿与非凡的松露相结合，给予了我们一种平和且不可复制的独特口感。

我曾有过一段令人难忘的回忆，我的一位很有个性的巴黎朋友桑德兰（Senderens），在一个寻常的冬日，请我品尝了一道佳肴。他将焙制后的松露夹入法棍中，再配上一瓶非常棒的梦特拉谢葡萄酒（Montrachet）。这味道让我倾倒。

在这个葡萄酒与法国美食相互诋毁的时代，丹尼斯终于让我读到了一本诉说法国人与土壤、潮流、风格和其才能的书。

丹尼斯·荷维，广播电台编辑，出生在法国贝里地区的城市瓦朗塞（Valençay）。在这里看着法国富饶的花园长大的他，带领读者开始了一段丰富的美食旅途，这是一场精致、生动、充满趣味的热情之旅。这场旅行充分满足了他对写作的追求。他选择了我们最钟爱的方式，以最简洁的口吻讲述着松露。这种无声无息生长于黑暗之中的小东西却给世间带来了曼妙的光芒，神奇地迎合着世间色彩缤纷的美食佳酿。

再次感谢丹尼斯·荷维，给了我们想要去品尝松露的欲望。

雅克·普塞

前 言

　　松露，是一种隐藏在地下的神秘。这暗处充满着无限的生机、埋藏着无数的梦，并孕育着让我们为之着迷的美食梦幻。

　　勃艮第松露生长在法国这个大六边形版图的东端，黑夏松露（Tuber Aestivum，松露的一个品种）则懒懒散散地分布在卢瓦尔河（Loire）周边，而阿尔巴白松露（Blanche d'Alba）用它特有的蒜香征服了巴黎这片土地：每一种松露都拥有其特别的旋律、特殊的灵性和特定的生长季。另一个地方则正上演着一出极为私密且让人垂涎欲滴的交易。如果我们的视线都望向南方，那么最爱炫耀其高

贵身价的松露，无疑就是黑冬松露（Melanosporum）了，我们又称之为佩里格尔黑松露（Truffe noire du Périgord）。黑冬松露的生长量多过它的匹敌者阿尔巴白松露，它能够在餐桌上树立威望，它的味道使人折服，而更让人钦佩的是，它知道自己更加适合什么口味的葡萄酒。所有的一切都与"人文主义"摩擦出了火花，这颗黑钻石永远会为最具细腻柔软且口感精致的佳酿增添一丝美妙，使其余味绵长。在贝里、索洛涅（Sologne）和图赖讷三个地区，对松露的感知，于我就像呼吸一般，轻松且清新。

在 90 年代初期，阿兰·诺奈（Alain Nonnet，世界顶级厨师）的扁豆奶油松露汤是我的第一段初识松露之旅。在极具巴尔扎克风格的位于伊·苏丹（Issoudun）的科涅特餐厅（La Cognette），黑冬松露是一道能让你垂涎的佳肴。它拥有一种独特的泥土芬芳，时而深邃，时而厚重，时而优雅。这种芬芳相互组建、相互交织形成一首能让我们难忘的气味交响乐。它能够与令人敬仰的拥有迷人芬芳的爱德蒙德·瓦坦的桑塞尔白葡萄酒（Sancerre blancs d'Edmond

Vatan）共同沉醉。在葡萄酒神巴克斯的召力和松露的咒语之间，永远存在着一曲绝美的和弦。同年的一个冬日，香葱饭店的主厨莫里斯·卡尼尔为我斟上了一杯酒，一杯1964年份西农镇艾克葡萄酒园的干红，与其相配的是一只用美味的黑钻石烘焙的乳鸽。这是夏托鲁老城的松露餐厅"香葱饭店"最经典的佳肴之一。

扁豆奶油松露汤。

在罗莫朗坦，著名厨师迪叠·克莱芒用索洛涅地区的黑松露来搭配土豆蜂窝煎饼，再点缀上少许甘甜的栗子。我们不禁为他这了不起的新杰作而鼓掌，因为酿酒大师迪叠·达戈诺酿制的普伊芙美干白葡萄酒的融入，让松露的优美旋律发挥得淋漓尽致。

在图赖讷地区，厨师杰克·塔莱用他的松露法棍面包与1973年份的莱普约干红葡萄酒和1923年份的福柯搭配出了完美的味道。这些神奇的索米尔尚比尼葡萄酒使这些佳肴更加可口，却又不会冒犯食物本身的香味。这要归功于这些葡萄酒中让我着迷的完美单宁。

我们一定要给予葡萄酒更充足的时间，因为21世纪人类的巴克斯不再知道要等待。人们不了解它是要经过长久的沉淀且需要细细品味的事物。这是必修的一课，优美的陈酿、聪慧的克制和适度的耐心才能缔造出非凡的葡萄酒。一种用缓慢而优雅的步调在半阴潮或石灰质的酒窖中趋于成熟的美妙事物，只有它才可以完美地顺从松露的香味和质感。

带着我朝圣者的圣瓶，我决定顺着松露的气息去探寻这"黑钻石"与"六边形"国度中葡萄酒最绚美的和弦。这次长途旅行无需导游，更不是带着论题的深度探索。

葡萄酒松露品鉴师

觥筹交于指尖，葡萄酒松露品鉴师在灵敏地进行着他的主动探寻。当我们在他耳朵旁喃喃说着那些魔幻的辞藻时，他的鼻子自然会变长。他要赶在葡萄酒入窖之前去探寻梦幻的松露。调皮、活泼且愉快，他在与他的味觉和具有灵性且感官美妙的葡萄酒进行交谈。这足以让他强烈地察觉到，那一种能与之相配的味道就是以松露为食材的菜肴。

他好似诗人在时光中，游刃于其绚丽的韵脚，这正如黑冬松露与阿尔巴白松露配上一支完美的伯纳德·杜嘉一样令人陶醉。他赋予了拉尔本克（Lalbenque）、阿帕斯（Aups）、阿普特（Apt）、卡庞特拉（Carpentras）、于泽斯（Uzès）或是荷舍汉舍（Richerenches）这些松露市场以活力，创造了一首无可与之媲美的梦幻曲。我们同样可以在莎特尔·菲荷艾（Chartrier–Ferrière）和伊·苏丹等地方目睹同样的松露节庆盛宴。在这些疯狂的松露追求者、侍酒师、葡萄种植者或仅仅是业余爱好者当中，葡萄酒松露品鉴师好似一个以餐叉为武器的战士，他游刃于其中，品嚼着人生，让我们沉醉于他的美妙言语中。

怎样进行葡萄酒松露品鉴

对于松露的品鉴有很多种方法，可以仅仅品鉴松露本身的味道，最典型的方法就是拿"黑钻石"加一点点盐进行品尝，在传统的壁炉中进行松露烤制，或是将松露夹入千层饼皮中。也有另一种方法，将黑冬松露当做一种辅助的调味品，与鸡蛋、面包、土豆、洋姜或其他的蔬菜，甚至与鱼类、扇贝类和肉类一同烹饪。

另外，松露还可以用来烹制调味汁、奶油汤或者佩里格尔调味汁。如此看来，松露用它油润醇厚的质感感染着并妥协于很多种味道。在菜肴与葡萄酒之间存在着多种相调和搭配的可能性。第一章节的和弦是建立于"气味"这一基础之上，也就是说，某些葡萄酒天生就有一种类似松露味道的闻香，比如邦斗尔产区（法国普罗旺斯最重要的葡萄酒产区之一）或者伏旧园的葡萄酒。这种极为特殊且可能转瞬即逝的闻香总会令我们联想到匈牙利盛产的托凯甜烧葡萄酒，或者一支甘醇的居宏颂产区的小芒森（一种用来制作甜烧酒的葡萄品种）。

同样让人感兴趣的是第 2 章节的和弦，这种谱写着"质感"的和谐通常出现于品尝美食的时刻。柔软的单宁可以使松露的口感变得圆润，比如一支艾米塔基葡萄酒或者一支波美侯葡萄酒都能很好地将其诠释，而口感润滑的莫索产区葡萄酒也可以与松露菜肴的口

葡萄酒松露品鉴师的词汇表

挖掘：寻找松露。

入窖：将珍贵的葡萄酒放入酒窖贮存。

矿物气息：用来形容某些葡萄酒拥有矿物质或类似岩石的气味。

圣安东尼：松露种植者的保护神。

佩里格尔调味汁：一种用马德拉葡萄酒（Madere）加上被切成小块的松露或剁碎的松露熬制而成的调味汁。

欢愉之酒：给人们一种欢快之感的美妙葡萄酒。

品鉴松露与葡萄酒：与葡萄搭配品尝并鉴赏松露菜肴。

黑夏松露和白夏松露：生长于4月到9月间的松露品种。

勃艮第松露：一种生长在勃艮第产区的松露品种。每年9月到12月之间在勃艮第地区、弗朗什孔泰、香槟产区和图赖讷进行采摘。

黑冬松露：又名佩里格尔黑松露。每年的11月到次年的3月之间在法国的东南、西南和法国的中部进行采摘。

嵌入禽类表皮式烘焙：将松露切片，并将其嵌入禽类表皮中烹饪。

感官美妙之酒：一种因拥有柔软的单宁而可以给予人们无比欢愉感觉的葡萄酒。

感交相辉映。一个音调一个音调地品味，它们适应着每一阶更加深入的映衬，时而清脆，时而柔软，时而醇厚，时而干涩。松露和葡萄酒钟爱在不同的质感中寻到彼此，为了相互靠近，一剂调味汤汁、一片面包、一点盐、一块黄油或一滴橄榄油均可化为最善解人意的中间人。

一些高雅丰满的葡萄酒必然要给它营造一种优质的环境，好比，如果一些佳酿没有被储藏于凉爽的环境中，那么它所给予我们的乐趣便受到了阻碍。

对于很多葡萄酒松露品鉴师而言，白葡萄酒比红葡萄酒更能与松露和谐地搭配。还有一些观点认为，白松露就一定要与其同色的白葡萄酒相搭配，正如武弗雷产区的菲利普弗侯酒庄（Philippe Foreau）的观点一样。所以，红葡萄酒也就自然而然地被认为与黑松露最为般配了。

为松露配备过多的香料会使之失去自在之感，我们经常会将这样的菜肴配上一些匈牙利托凯甜烧葡萄酒或者阿尔萨斯的琼瑶浆，再或者一点巴尔萨克（位于波尔多产区）和武弗雷产区的葡萄酒来弥补这种不平衡。

为了能更好地领会葡萄酒与松露的神韵，葡萄酒松露品鉴师们学会了聆听它们的外在客观环境和内在情感之声。我们可以根据用餐的不同人群来准备多种不同的葡萄酒搭配松露菜肴，比如朋友间的聚会、上下级领导间的宴请或爱人之间的浪漫晚餐。精心细致的准备，用不同的佳酿与松露进行搭配，让每一时刻都难以忘怀。

一位葡萄酒松露品鉴师的品鉴要领

盐，一定剂量的盐可以很好地让松露的香味释放出来，同时还可以带给松露一种让人难以读懂的复杂质感。盐的作用很大，从某种程度上讲，它也可以称为葡萄酒中一种未成熟的单宁的好伙伴。

橄榄油，它不需要过多香料的点缀，这样才更加适合搭配松露时一同饮用的罗纳河谷、普罗旺斯和朗格多克鲁西荣地区的葡萄酒。

农家自制的黄油，一种对于松露来讲极为完美的承载物，涂抹在一片再简单不过的农家面包上，便可以与松露构造出一种和谐之美。与其他产区的葡萄酒相比，黄油更欣赏卢瓦尔河和法国西南产区的葡萄酒中的单宁。我们同样可以用鹅的脂肪来代替农家黄油。

新鲜奶油，永远能够带来一种脂滑的口感，它钟爱于勃艮第霞多丽酿制的葡萄酒。

板栗，它与松露的结合，则需要具有一定陈酿年份的红葡萄酒来搭配，才能将其味道发挥得淋漓尽致。

哈布哥黑脚猪生火腿（西班牙小镇哈布哥盛产的生火腿），它的味道吸引着朗格多克鲁西荣产区和罗纳河谷产区中年轻的红葡萄酒中活跃的单宁。将生火腿片放在一块烤面包片上，轻轻地涂上一点黄油，再覆盖上一层松露，这拥有榛子般色泽的生火腿，以它滑润的口感在这场盛宴中扮演着不可或缺的角色。

作为海鲜类主菜的头盘，一片极为薄细的熏鸡胸肉与松露碎末的结合，同样吸引着年轻红葡萄酒中的单宁。

在一道有松露的菜肴中，一定用要大号酒杯盛装葡萄酒。就像著名酒评家让-皮埃尔·拉格诺提出的观点一样，要将勃艮第葡萄酒倒入诗杯客乐（拥有五百年历史的德国著名酒杯品牌）的酒杯中，它更能将葡萄酒的质感发挥得淋漓尽致。

如果将松露当做馅料来烹制，用来夹在饼皮中，松露将会释放出它所有的味道。用这种烹饪方法制作的松露菜肴一定要配以最优质的，并且陈酿期一定要在 10 年以上的葡萄酒。

老帕尔玛干酪（一种意大利干酪），把它混于松露中，慢慢加热直至融化，这种味道召唤着平静温和的单宁。

在所有葡萄酒与松露的结合中，面包经常会成为必不可少的介质。由于它在口中的饱满度、质感和特有的酸味，使其在对葡萄酒与松露的品鉴上产生了不小的影响。

黑冬松露或佩里格尔黑松露是最能够与法国这个大六边形国土上的葡萄酒产生共鸣的松露品种。而阿尔巴白松露则很适合搭配艾米塔基白葡萄酒、一些香槟或武弗雷产区的葡萄酒，当然，与其他产区的葡萄酒搭配，也毫不逊色……

在特定的用餐规则中，通常白葡萄酒要在红葡萄酒之前饮用，味道略轻淡的要在单宁较重的葡萄酒之前饮用，而年轻的葡萄酒则要在年份较高的葡萄酒之前饮用。如果我们不能违反第二条规则，那么，在不同的用餐场合，我们可以考虑改变一下第一和第三条规则。事实上，人们现在更偏向于在清新淡雅的口感下结束一顿美妙的盛餐，那么，略为年轻的葡萄酒则更能满足我们的这种需求。而对于一些满足了充足年份要求的葡萄酒而言，在每餐结束前饮用，则是对其久长年份的一种轻视，我们更钟爱在进餐之初仔细品味它。下面我们把目光集中在第一条规则上，一些味道醇厚或者产自于著名产区的干白葡萄酒完全可以在红葡萄酒之后饮用。比如考尔通·查理曼酒村（Corton Charlemagne）和莫索产区佩利耶庄园（Meursault Perrières）的干白、夏布利园的干白、教皇新堡的白葡萄酒、一支桑塞尔白葡萄酒、普伊芙美干白，或者一支格斯伯格的雷司令都将是非常适合在红葡萄酒之后饮用的。由于它们富含矿物质的产区风土特色，使其与松露的和谐搭配能够被完美地展现出来。

为了使葡萄酒的味道更加接近一道松露菜肴，我们必须首先考虑不同的地理背景因素。也就是说，当我们要寻找一支能与松露相搭配的葡萄酒时，需要考虑到其产区风土是否与松露的生长环境相适合。在罗纳阿尔卑斯省的马尼可城镇（Manigod），当地居民很喜欢食用一种用松露制作的意大利调味米饭，将其放置在萨瓦当地特色的油炸糖糕上，再配以一支香槟；在荷舍汉舍的松露市场，松露煎蛋饼会很自然地与奇卡斯丹干红（罗纳河谷产区，也是黑松露出产地）相搭配。不难看出，石灰岩质和黏土质的土壤所产出的葡萄酒很容易与松露的味道相感染。

完美主义者们更喜欢新鲜的松露，他们会在食用之前的最后一刻将松露磨成碎末或丝状，这是为了能更好地保留其清脆的口感和香味。在这样的食用方式下，松露的质地、口感与其味道一样发挥得淋漓尽致，并且其质地和口感在与葡萄酒相融合时也起到了不可小视的重要作用。

我们同样不可轻视罐装松露（即非新鲜松露，罐头装），它可以与新鲜松露相媲美，如果采用不同的烹饪手法，它的味道和口感甚至会超过新鲜的松露。几乎每天都制作松露菜肴的松露烹饪大师巴贝·佩伯尔更喜欢用罐头装的黑冬松露制作著名的黑松露炒鸡蛋。从我们加热松露的那一刻起，便会逐渐发现，它没有新鲜松露的那种清脆口感。在搭配葡萄酒的时候我们要考虑到罐装松露的这种特性。红葡萄酒一般比较适合搭配轻微加热的松露。同其他所有的葡萄酒与美食的合作关系相比较，葡萄酒与松露的搭配是起伏不定的，因为松露和葡萄酒的质量以及口感、味道也是转变的；这一点将为美食的最可爱之处——神秘感作出不小的贡献。

在探寻与松露相搭配的葡萄酒之旅中，我们将会做一次环绕法国的旅行。探索单宁与松露的共鸣，以及白葡萄酒与黑冬松露的融合。各种香气的组合和松露香味的重新构建将会无限制地发出悦耳和谐的旋律。葡萄酒们在被一饮而尽之前讲述着自己的故事。

风土与种植文化

在欧洲，石灰岩质地并且透气性良好的土壤很适合松露的生长，在欧洲有 3 个国家拥有这样特性的土地，他们分别是西班牙、意大利和法国。这种生长于地下的蘑菇与特定的松露树共生，比如橡树或者榛树。

科学技术的发展还不足以制造出适合于松露生长的洞穴。采摘松露也仍然追随着传统的方法，也就是利用野猪、犬或者苍蝇。对于最后一种方法，我们所需要的是其锐利的眼睛。迪叠·塞古耶，位于夏布利产区的威廉费尔庄园（Maison William Fèvre）的酿酒师和开发总监，他是一位热忱的松露苍蝇的保护者，他从未停止过探讨这一话题。

从古代开始，松露和葡萄树便在同一块石灰岩的土壤上共同生存，它们在与时光的相互抗衡中，有着近乎平行的演变。它们的关联在根瘤蚜虫灾之后逐渐变得明朗起来。

在即将开始探索旅程之前，我希望自己能先得到法国葡萄酒界智者的帮助，而不是漫无目的地独自摸索。雅克·普塞在沙特尔城中的帝王酒店（米其林一星饭店）的葡萄酒圆环为我指明了方向。

帝王酒店

帝王酒店就像一块滋养着狄俄尼索斯酒神与蒙德斯庞（Montespan）爱情的沙漠绿洲。乔治·雅洛海——帝王酒店的拥有者，由于种植霞多丽而成为了酒店的直系继承者。而葡萄品种白诗南，则是其妻子日娜薇最擅长的，她是一个像武弗雷葡萄酒一样闪亮的女人。他们孕育了 3 个生命，分别是奥莉维亚、伯特兰和雅洛海家族独有的葡萄酒松露盛宴。

最后一个特殊的"生命"——葡萄酒松露盛宴会，在每年3月的第二个星期一举行。这场盛宴会召集所有卢瓦尔河葡萄酒的忠实热爱者，宴会则是品尝正处于陈酿期的葡萄酒。由雅克·普塞将大家引至洗礼池前，这是一段松露葡萄酒品鉴大师与永恒的上帝之间的对话，这是一场伦理学与品鉴学同时相融汇的飨宴。我们在这里可以了解到所有关于松露的最新趋势和最新的松露菜肴，从艾伦·杜卡斯（法国著名厨师）到雅克·托海莱（法国著名厨师），再从菲利普·莱让德（法国名厨，享有巴黎"食神"之称）、让-巴尔代（法国名厨）、迪叠·克莱芒（法国名厨）、杰克·达莱（法国名厨）、让-雅克·多米（法国名厨）、让-保罗·阿巴蒂（法国名厨）到阿兰·巴萨荷（法国名厨）。

当聚会大厅的门微微开启之时，我们会感觉到这里将会上演一场神圣的飨宴。用毛毡装饰着墙面的精美饭厅召唤着人们，雅克·普塞慢慢地品尝着松露扇贝和巴黎蘑菇。橄榄油在烹制菜肴的过程中扮演了重要的角色，它对菜肴的提味作用可以让某些味道更靠近2001年萨芙瑞庄园金沙窖藏的安茹白葡萄酒，富含矿物气息的闻香超越了滑腻饱满的口感。著名菜肴小牛肉胸腺配以一点松露则成为了1976年布尔格伊产区特级窖藏拉美德利布卡尔（Lamé Delille Bourard）的祭祀品。如果品尝年份更轻的同一窖藏，柔软如丝般顺滑的酒质将展现出不同寻常的单宁。恰到好处的火候、完美环绕的调味汁和特别的配菜让我们回味无穷。雅克·普塞泰然稳固地坐在座椅上，开始静待提问者的问题。

雅克·普塞眼中的葡萄酒与松露

味道和弦的世界级专家，他是一位经常出现在时尚银屏上的人

文主义葡萄酒松露品鉴大师。他会告诉你，每一小块土壤都拥有它独特的故事，这样，葡萄酒才变成了决定我们饮食味道潜在而特别的因素。

葡萄树和松露是自然界少有的不喜爱肥沃土壤的两大重要植物，贫瘠的土壤孕育了它们。和其他重要的事物一样，天将降大任于斯人也，必先苦其心志，葡萄树与松露要在安营扎寨的初期经受一番漫长的磨炼。松露对生长区域自然条件的要求往往比葡萄树更加严格。我们可能会提出疑问，哪类松露是最适合与葡萄酒相搭配的？雅克·普塞清楚地向我们解答道：

毋庸置疑，黑冬松露是最佳选择。尽管勃艮第灰松露、灰柄冬松露和黑夏松露也同样在餐桌上演绎着重要的二线角色，然而对它们而言，向主角进军仍然有一定的难度，但我个人还是很欣赏它们所带给我的不同味觉感受。

我们用葡萄酒中能酿造出列级名庄的土地作个比方，对于黑冬松露而言，是不是也有这样一块特别为它量身定制的土壤供它生长呢？

没有，每一块土地都会有些细微的差别。我们最需要考虑的是气候，这是对于松露的生长而言最为重要的因素。

可以具体讲述一下其重要性在哪里吗？

空气塑造了它的质地。一支葡萄酒杯中所盛容的不仅仅是土壤的因素，也有同样多的气候因素。当气候占了上风，成为主导因素时，我们将会得到一支非常适合与松露搭配的完美佳酿。2002 年卢瓦尔河产区产出的葡萄酒就是一个极好的例子，在收获葡萄的时节刚好遇到风季，受到风洗礼的葡萄酿造出的葡萄酒口感更加浓郁。风的作用不可小视，这让我们不难看出大陆气候的重要性。它在 1989 年和 1976 年两个年份中同样起到了惊人的作用。这两个对于松露来讲值得载入史册的年份，完全是气候改变了松露的品质。因此，我们可以得出结论：气候的变化对于松露品质的影响要大于土壤的作用。

您是怎样定位松露在美食界的地位的?

松露绝对不是一种调味品,它是一道美食极为重要的部分。如果只有微不足道的几个薄片,我认为这是极为可笑的烹饪方法。

是否需要为品鉴松露与葡萄酒之间的优美和弦创造一个特殊的环境?

这是当然。首先我们需要一块白色的台布,一间拥有比较热情的室内装饰风格的餐厅。我个人更喜欢配以质地圆润光滑的家具风格,而不是金属质地所带来的坚硬之感或者闪亮的艺术品所呈现的张扬效果。当大家一同品尝松露时,我们通常会选择一张圆形餐桌,这样,所有人都会感受到同一种氛围。在这种情况下,品尝的人数不宜过多,最好不超过 8 人。

那么这样的氛围需要配以什么类型的音乐呢?

品尝过后,我们可以将此时视为一段乐曲的休止符,它可以无限延伸我们内心的感受。有时,在这段间隔期我们需要一曲音乐,比如莫扎特所给予我们的灵感就比较适合同松露和葡萄酒一并欣赏。

品鉴松露的时候,需要优先考虑哪一个产区的葡萄酒?

当我们选择品尝一个产区的松露时,我们通常也会选择配以同一产区酿造的葡萄酒。它们永远是最完美的结合。

对于嗅觉方面的刺激与强化是不是最关键的?

当然,这一点是最重要的,并且我们不能将它与触觉刺激分开。

葡萄酒哪些类型的质感最适合松露?

首先,白葡萄酒的口感,特别是勃艮第产区、罗纳河谷产区或武弗雷产区的白葡萄酒尤佳。必须是口感丰腴且拥有矿物香气的白葡萄酒。如果是红葡萄酒,那么一些具有厚重沉着品质的老年份的红葡萄酒则更加合适。为了支撑松露的味道,我们不建议饮用年份较轻的葡萄酒,通常我会推荐一些趋于成熟的葡萄酒。

我们应该优先考虑午餐时段品尝松露还是晚餐时段?

一般大餐我们会安排在午餐时段,但如果有人更倾向于晚餐,那么将需要预留出更长的时间来充分地感受这美妙的时光。

山鹑餐盘

在这样重要的品鉴时刻，我们应该选用什么类型的酒杯？

应选用做工精致，造型简单大方，且又不失高贵的酒杯。

在制作松露菜肴之前，是否应该根据葡萄酒的类型与品质进行对烹饪方式的选择？

完全正确，我们首先要寻找一支合适的葡萄酒，然后再根据葡萄酒的特性来选择松露的烹饪方式。比如，我们选择一支非常适合"黑钻石"的1964年份的白诗南，我们要先对葡萄酒进行品尝，再选择搭配何种松露菜肴。因为无论怎样，松露的味道终究会在口中消失，它的价值体现依赖于所选用的烹饪方式和搭配饮用的葡萄酒。让我颇有感触的是，松露虽不能在正餐中被视为支配者，但它却是重要的彰显剂。

为了给这重要的盛宴增彩，名厨娄兰·克莱芒带来了一块沙特尔城肉酱：

沙特尔城肉酱配有松露的点缀，它不适合被单独食用，一般会选用最出色的几个产区的葡萄酒来搭配。比如，它很青睐布尔格伊产区2003年份的甘比尔庄园葡萄酒。

沙特尔城肉酱

沙特尔城肉酱从中世纪开始便成为了非常著名的特色食品，据考证，它在17世纪就已经荣幸地被端上了皇家的餐桌。以灰山鹑肉为主要食材配以一点鲜猪油、小牛肉和禽类的肝脏制作而成的沙特尔城肉酱被誉为法国最著名的美食之一。

从法国启蒙时代开始（18世纪初至法国大革命期间），制作沙特尔城肉酱的工艺有了些转变，人们创新性地加入了一些鹅肝酱和松露。1793年，当地的革命者反对将肉酱视为"反动食品"，无套裤汉（法国大革命期间对贫民的称呼）也在公安委员会做了一份报告，宗旨是不希望这一美食流入巴黎，其原因有两点：

第一，沙特尔城肉酱不仅仅是为富人所食用，贫民同样在食用自制的肉酱；

第二，巴黎人夺走了沙特尔居民很多最优质的面粉，因而不能将肉酱再送入巴黎人之手。

如今，巴黎人开始涌向沙特尔城的帝王酒店或圣西莱来品尝这一著名的肉酱，是这两个酒店使这一传统食品在卢瓦尔河这片土地上扎根并且延承下来。雅洛海家族诞生于法国中部的莎特城，因此他们对贝里地区有着根植于心的情感，他们喜欢重温自己的家族对于贝里地区松露的爱慕之情。同样也是这里，使法国的一切趋于成熟，查理七世的远房后裔——让-米奥说过："法国就是由贝里地区和其周边的省份所组成的。"可见贝里地区的重要性。

瓦舍龙庄园酒窖中的品酒室。

布莱尼地区（Brenne）自然保护公园的古德海池塘（Goudray）。

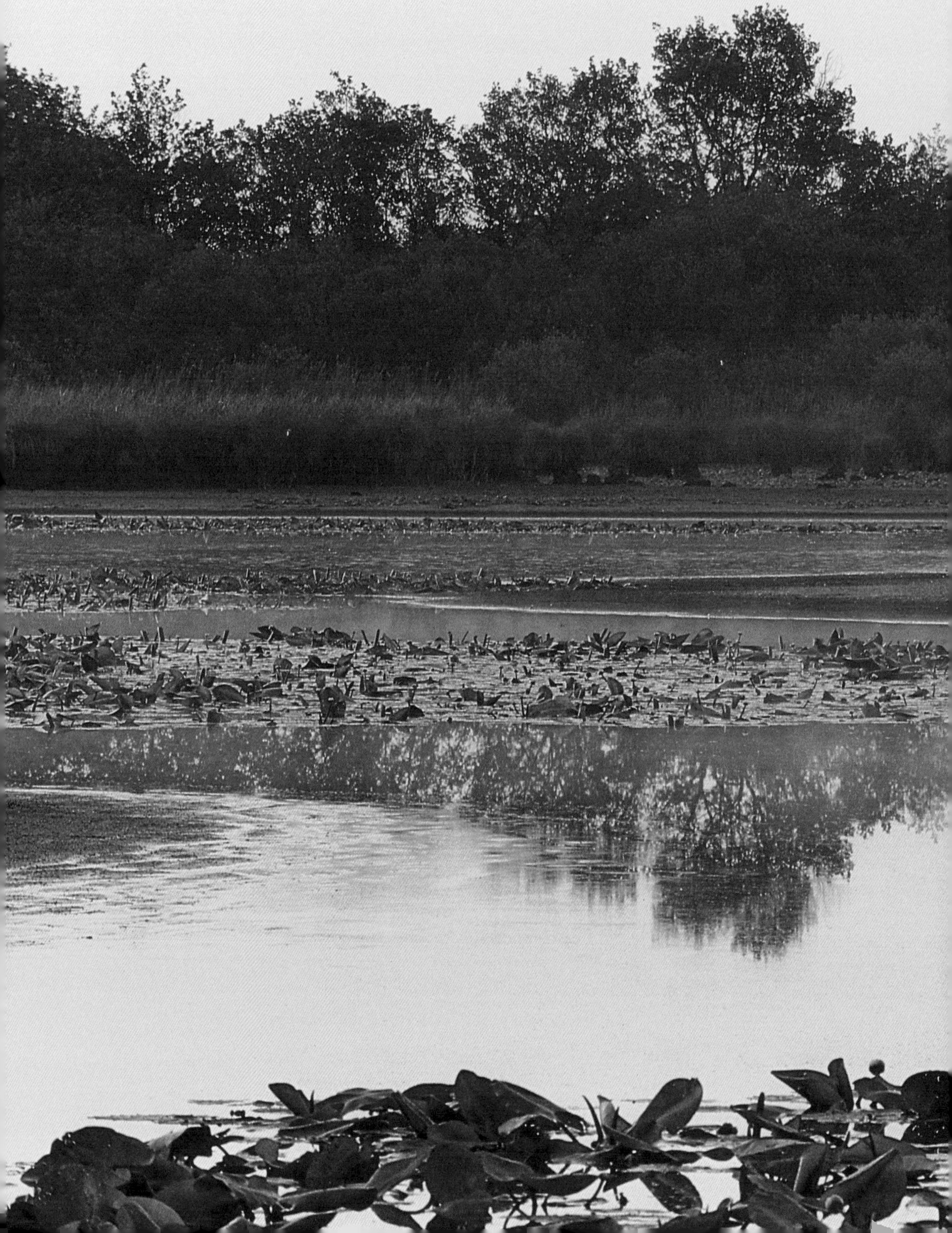

CHAPTER 1

第 1 章

贝里产区
Le Vin & la Truffe

　　在贝里地区，狂热的葡萄酒松露品鉴师越来越多。在这里，"黑钻石"被视为当地的创世之源。从伊·苏丹到布尔日，途中经过勒布朗（Le Blanc）、夏托鲁、戴奥莱（Déols）、黑谷（La Vallee Noire）、巴讷贡（Bannegon）和薇贺兹（Vierzon），优美的路线在松露爱情滋生的时节里涂满了色彩。我们一直会前行至罗莫朗坦的索洛涅。在整个大省中寻找松露的足迹。桑塞尔、莫纳图－沙龙（Menetou-Salon）、甘稀（Quincy）和鹤翼（Reuilly）等产区的白葡萄酒拥有充足的矿物气息，是用来搭配松露最著名的葡萄酒，尤其是 1996 年份的更为出色，这是一个对于黑冬松露而言的盛大年份。

贝里松露的华美光阴

14 世纪末，查理五世的统治标志着法国王室重拾其蓬勃昌盛。这个活力充沛的君主依靠陆军统帅盖克兰，以军事行动驱逐了法国境内的英国人。就在此时，国王的兄弟，贝里公爵让-弗朗斯（Jean de France）创造了松露鼎盛的一刻。当我们在研究贝里公爵私人账务往来的时候，我们发觉购买松露的花销在其消费中占有很大比重。每年，其名下的一个巴黎酒店都会收到从他的省份——贝里省，邮寄过来的几公斤松露。

如今，在法国安德尔省的南部和圣艾尼昂省仍然可以找到贝里松露。每年 1 月份的第四个星期日，当地的松露种植者都会在这里组织盛大的松露市场集会。当然，这要感谢海蒙德·勒多兹（Raymond Le Dorze）所做的工作。在贝里香槟地区，出于对传统方式的继承，我们会在这里种植能给予松露良好生长环境的橡树。这里的石灰岩土质与甘稀地区的土质相似。直到今天，安德尔省西部 20 多公顷的土地均种植了橡树。2002 年，贝里香槟地区松露种植者协会成立了，如今它已经拥有了 20 多位成员。在伊·苏丹，只要黑冬松露当年的收成好，那么圣诞前的每一个周日都会举行庆祝会。

巴黎国家议会，1369
年 5 月 9 日，法国著名
油画家让-阿罗（Jean
Alaux，1786—1864）
的作品。

葡萄酒与松露 |

美食之旅

Le Vin & la Truffe

伊·苏丹：科涅特餐厅，阿兰·诺奈和让-雅克·多米

当阿兰·诺奈还穿着儿时小短裤的时候，便迷恋上了扁豆奶油松露汤，如今他已经成为了全国著名的松露烹饪大师。在20世纪初期的时候，他在伊·苏丹交易了5吨的黑冬松露，这引起了贝里地区所有松露工作者的关注。2000年，这个著名的厨师借助赞助商的帮助，成功地举办了一次松露盛宴。

科涅特的主厨在他的餐厅中经营并守护着他对松露的崇拜与迷恋。这里无处不弥漫着松露式的傲慢：笋瓜奶油汤、奶油龙虾佐菰米、罗西尼式牛排佐黑冬松露。为了让松露菜肴最大化地彰显其价值，他疯狂地游刃于法国各大产区之间，探寻葡萄酒与美食的和谐旋律，不断地吸取灵感创新。他的旅程始于鹤翼产区克洛德·拉枫（Claude Lafond）酿制的葡萄酒，品尝了圣爱斯泰夫产区奥玛堡的葡萄酒，庄主亨利·杜伯斯克完美地展现了他的佳酿与松露之间潜在的共鸣。他沉浸于艾米塔基产区的莎普蒂尔葡萄酒之美，着迷于考尔通·查理曼酒村的特级干红罗帕庄园。他借着松露的陪伴，领会着每一个

年份所拥有的不同味道，矿物气息的闻香与圆润浑厚的口感相融合，热情地奔跑着。他将他对松露的热情传授给了他的女婿。

他的女婿让-雅克·多米将卢瓦尔河的葡萄酒与黑冬松露相搭配。生蚝奶油汤和松露汤搭配爱谷酒庄的慕斯卡黛使他获得了意外的收获，该酒庄特级窖藏 2001 年份的格奈丝（Expression de Gneiss 2011）拥有美妙的矿物气息的闻香，同样，灵活的质感在味觉上赋予了它广大的变化空间。洋姜松露烹奶油螯虾这道菜肴则需要配以拥有浓郁强劲口感的 2003 年份伯纳德·玛杉（Bernard Minchin）的奥诺丽娜窖藏（Cuvée Honorine），这是一支莫纳图-沙龙产区的拥有柑橘色调的白葡萄酒，其口感与香气恰到好处地迎合了松露。

让我们惊讶的是，鹤翼产区克洛德·拉枫于 1982 年酿制的灰品乐在与罗西尼式牛排佐松露相遇之时，仍然能够充足地释放其清新的口感。1989 年份西农镇伯纳德·佰德瑞酒园的格海兹（Chinon Grézaux 1989 de Bernard Baudry）的质感完美地点缀了烤小牛腿佐松露。它与扁豆奶油松露汤的搭配更是让人流连忘返。

在这本书的开端，扁豆奶油松露汤就成为了松露标志性的菜肴。它很适合搭配干白葡萄酒，最出色的当属卢瓦尔河和罗纳河谷产区的葡萄酒。桑塞尔产区博卢瓦庄园的 1996 年份亨利艾蒂安窖

位于伊·苏丹的圣-罗什（Saint-Roch）修道院博物馆。

藏（Cuvée Étienne Henri 1996 du Domaine Bourgeois）可以使松露尽显其优美的味道，这支酒展现了它特有的矿物香气和幽雅的酒体结构。而扁豆奶油松露汤更是巩固了它的矿物香气，形成了相互衬托的作用。

教皇新堡产区 1992 年份的梦和彤酒堡（Château Mont-Redon 1992）拥有幽雅的杏仁闻香和花香，再配以滑腻清爽的口感，悄然地展现了它在陈酿期潜在的变幻能力。

这支酒非常适合搭配扁豆奶油松露汤，菜肴可以使酒中的杏仁香气和滑腻饱满的口感发挥至极。

另一支再适合不过的酒当属艾米塔基产区索海罗酒园 1996 年份的罗库莱丝（Hermitage les Rocoules 1996 Domaine Sorrel）干白。它拥有一丝甜腻的蜂蜜质感，平衡匀称的入口结合了清爽饱满的口感，与这道菜肴的融合则会给予食客们滑腻的美妙感受。

必须大胆尝试！

阿兰·诺奈永远在不断尝试新鲜的组合，这次他将松露与阿基坦大区鱼子酱相搭配。阿基坦的鱼子酱与俄罗斯或伊朗的鱼子酱相比，口感上没有那么强劲，它的一点点泥土芳香恰好与松露的香味相呼应，当然，一定要注意夹在两片松露之间的鲟鱼子的用量，不可过多。这道菜肴要在鱼子酱还没有融化之前食用，否则口感会受到影响。

这道创新的松露菜肴一定要搭配一支口感足够丰盈的葡萄酒，这样可以避免鱼子酱与松露两种食材的味道相互冲撞。首先，我们会想到干白葡萄酒，人们通常会认为卢瓦尔河或勃艮第两大产区稍带苦味的干白不适合，而罗纳河谷产区才更适合这道菜肴。但经过尝试，卢瓦尔河产区皮埃尔·碧斯庄园 1996 年份的肖姆·卡尔特（Quart de Chaume 1996 du Domaine Pierre Bise）甜白葡萄酒则会与这道菜产生最完美的结合。有力又不失细腻，且富含矿物香气的此款葡萄酒，在口中具有持久的矿物留香，为松露和鱼子酱的味道预留了发展的空间。餐桌上的游戏继续延伸。让我们来一同领略松露巧克力大师丹尼尔·拉维尼的世界。

松露巧克力大师丹尼尔·拉维尼（Daniel Lavenu）

丹尼尔·拉维尼是一位虔诚的葡萄酒松露品鉴师，他为了能够收获松露，甚至自己种植了几棵橡树。他制作出来的附着着丰富可可粉、表面清脆而中心融化柔软的甘纳许巧克力具有很浓厚的松露味道。这种强有力的味道同样能让人联想到戴奥莱地区，在这里，酒神巴克斯赋予了葡萄酒松露品鉴师们永恒的灵感。

戴奥莱：圣·雅克驿站餐厅，游走于松露与西班牙哈武戈生火腿之间的主厨——皮埃尔·让·罗特

　　皮埃尔·让·罗特挖掘出了美食星球所有的食材，并且珍藏了最适合搭配松露饮用的葡萄酒。就像禁止出版的拉伯雷第四部小说一样，他将一位葡萄酒松露品鉴师最值得珍藏的美好事物全部囊入怀中。在我们即将与松露相遇之前，一定要在这里，尽情地品尝皮埃尔·让罗特珍藏的松露葡萄酒。亨利·玛丽安东奈特酒庄2003年份的伯维纳什窖藏，有着柑橘的清香并伴有淡淡的矿物香气。这支口感滑腻的葡萄酒，其清爽之感很适合一道名菜——松露鹅肝吐司。当我们开启他酒窖的大门时，这位品位颇高的主厨同样可以传授给葡萄酒松露品鉴师们他独有的语言。这诗一样美妙的语言便是葡萄酒在空中绵长持久的回味。当然，也有一些语言是需要我们在这里做一下解释的，比如酒窖的主人对您说："C'est Chti！"这说明所品尝的葡萄酒着实难喝。在这里需要注意，如果您听到有人说"陷得过深"一类的词语时，那就说明这支酒的口感味道过于甜腻。

　　相反地，当然也会有一些褒义的特殊表达方式，当我们听到有人说"Barjute"，这证明此酒带给了我们欢愉之感，这正是所有

皮埃尔·让·罗特

葡萄酒松露品鉴师们所要寻找的高品质葡萄酒。当我们品尝另一种质量的葡萄酒时，我们会说："我们不再摆弄这根面包了。"为了避免落入单宁过强的新酒的陷阱，皮埃尔特意研究了一种新的松露烹饪方式：在一片面包上铺上一层农家自制的纯黄油，然后再加上一片薄薄的西班牙哈武戈生火腿，最后

15世纪的老钟门仍在继续有节奏地记录着戴奥莱人们的生活。

再点缀上一片"黑钻石"使之完美地抵抗过于强劲的单宁。而夏托鲁老城的香葱饭店（La Ciboulette）的主厨则更偏爱口感圆润的葡萄酒。

葡萄酒与松露 |

夏托鲁：香葱饭店，莫里斯·卡尼尔

莫里斯·卡尼尔很早就开始关注松露了，也是拉尔本克松露市场的行家。他是通过年份这一条件来选择购买松露的。香葱饭店是贝里地区唯一一家向散客直接出售松露的餐饮机构，饭店门前的一个小招牌每天会更新黑冬松露的市价以及近期的行情；另外，在这块小牌子上还明显标注着本店最经典的三道菜肴：野苣沙拉、黑松露炒鸡蛋和黑松露烘乳鸽。其中，黑松露烘乳鸽是最能体现松露味美的烹饪方式之一。这道菜与伏旧园 1985 年份的冈福·科蒂多庄园（Domaine Confuron Cotedidot）干红产生了某种强烈的共鸣。作为一个名副其实的贝里产区葡萄酒的神圣殿堂，香葱饭店一直保留着他们为葡萄酒爱好者举行庆祝会所设置的迎宾厅。

崇信完美主义的莫里斯·卡尼尔喜欢用上好的黑冬松露的一部分蘸取一点点盐直接食用。松露保护神圣安东尼将松露撒向了法国贝里蓝色的海洋中，在这里寻找黑冬松露与葡萄酒纯粹的爱情。为了使松露免受一些木质香气过浓的葡萄酒的影响，莫里斯·卡尼尔品尝了 1985 年在金属酒桶中酿制而成的新村维弘堡（Bourgneuf Vayron）、夏布利产区的威廉费尔庄园、武弗雷产区的于艾酒园和弗侯酒园（Vouvray de Huet et de Foreau）、瓦朗塞产区的福西埃酒园（Fouassier）和滴金庄园（Château d'Yquem）的葡萄酒，他将他品尝的足迹搬上了时尚的银屏，并高喊其座右铭："诅咒这让松露褪色的木头！"

一个土生土长的贝里家族——多米奥特，带领我们来到勒布朗，

用最传统的苍蝇寻松露的方法，在这边土地上年复一年地探寻着他们的黑钻石。

勒布朗：巧克力制作大师依弗·伯诺（Yves Bonneau）

依弗·伯诺制作顶级松露巧克力的食材是由让-克洛德·多米奥特直接供应的。他们的配合使得这一世界级的美味甜品登峰造极。

勒布朗：天鹅绒餐厅（Le Cygne）

"在勒布朗和美瑞尼（Mérigny）两个城市之间生长着优质的松

安德尔河位于夏托鲁的哈勿城堡（Château Raoul，"哈勿"这一名字源于戴奥莱地区城堡主经常使用的名字）。

　　　　　　　　　　　葡萄酒与松露 |

露，它们就是我的'小小供应商'。"帕特里克·莫艾诺·罗克兹自
豪地说道。

萨维尼亚克·莱赛格里斯公园的酒店、位于索奥芝地区的松露田
园饭店和位于莱塞济的百年饭店让帕特里克·莫艾诺·罗克兹认识了
埋藏在石灰岩之下的松露艺术。在这里，他用松露汁制作的火腿来奖
赏他的猎犬。七年前，他来到勒布朗，从此将他具有生命力的厨房、
炊具以及他灵敏的嗅觉交给了这片土地。贝里的小羊排浸泡到配有碎
香芹和松露的鸡蛋黄中，然后上小火用橄榄油迅速煎制，最后滴几滴
暖身的诺利酒（Noilly）和松露汁，他创造了冬季菜单中这一道华丽
的美食。为了能让这道菜肴更适合在冬季食用，他搭配了一支 1997
年份哈扎尔德酒园的勃月干红（Clos Rougeard 1997 Les Poyeux），这
支索米尔-尚比尼给予了这道菜肴热情的活力。他的另外一道美食当
属松露梭鱼香肠了，选择爱德蒙德·瓦坦 2000 年份的桑塞尔白葡萄

酒（Sancerre blanc 2000 d'Edmond Vatan）是再适合不过的。

同样艳丽的黑色，乔治桑德河谷会带给我们更大的惊喜。

利斯圣乔治（Lys-Saint-Georges）：铁匠田园饭店

在整个桑德镇，这家田园饭店傲然地居于城镇正中央。城镇周围处处弥漫着花香，而稍远处则充满了柔美的湛蓝。戈隆人将他们所有的精力都投在了这块诗一般美丽的田园上。时光流转，这里仍然优美雅致，并且产出了无数美酒，为葡萄酒松露品鉴师们的探索旅程作出了不小的贡献。

贝里地区最出色的厨师之一艾瑞克，他的松露芹菜意面搭配2003 年份的莫纳图-沙龙产区的亨利·贝雷干白，口感鲜活且灵动。

如果我们制作质地较软的香煎鹅蛋配芦笋尖佐松露蛋黄酱，那么我们将更倾向于口感质地偏清淡的坎西·巴朗多赫酒园 2003 年份的让-达旦白葡萄酒，它将能够唤醒这道菜肴的油滑之香。品尝浸泡在蔬菜松露奶油汤中薄薄的奶油龙虾小馅饼，会带给你无与伦比的享受，而能与它相交融的就要数夏山-蒙哈榭的开尔艾一级园的让-马克·莫海了（Chassagne-Montrachet Les Caillerets de Jean-Marc Morey）。

酒中的矿物香气让菜肴的留香能在口中延长许久，恰到好处的完美和弦让食客像一块磁铁一样不能自拔地吸住了手中的刀叉。这一餐厅就是将松露与葡萄酒的完美和弦演绎至极的蓝河谷城堡（Château de la Vallée Bleue）。

圣-夏蒂埃（Saint-Chartier）：蓝河谷城堡

圣-夏蒂埃。

蓝河谷城堡的生命艺术在主厨日哈荷·加斯盖精心的护养下，慢慢演奏出了一首肖邦的钢琴奏鸣曲。这家酒店对松露的烹饪方法也很有当地的特色。梭鲈鱼脊肉调味汁配螯虾佐松露能够唤醒布尔格伊产区 1974 年份的乌什河庄园（Domaine des Ouches）干红中的单宁。而该酒园 1964 年份的葡萄佳酿，以深红的酒体、充足且平衡的单宁著称，再配以美味的松露，成为了葡萄酒与松露最经典的搭配。它同样可以轻抚鹌鹑佐佩里格尔调味汁的芳香。这一经典主义的菜肴可以完美地与浪漫主义的葡萄酒相结合。

布里戈尼圣母院（Pouligny-Notre-Dame）：山林仙女饭店

山林仙女饭店以高贵而缓慢的步伐迈向了现代，承载着贝里地区田园式的美好。我们在宽敞的饭厅中，观赏着自然风光，感受着我们内心最真实的幸福。菜单中最让我们迫不及待的当属松露烹海螯虾沙拉了，再配以一支 2002 年份普伊芙美的博卢瓦贵妇（Demoiselle de Bourgeois）。山林仙女的松露烤腌珍珠鸡搭配一支 1997 年份博卢瓦庄园中单宁较温和的葡萄酒，感觉更为美妙，这支桑塞尔产区的干红若与松露烤小山鹑相搭配，同样会给人一种充满活力之感。

拉沙特荷（La Châtre）：银狮酒窖

葡萄酒收藏者和葡萄酒松露品鉴师是厨师们最好的咨询顾问。在拉沙特荷，艾瑞克·哈弗特就是这样一位热情的葡萄酒松露追求者。

艾瑞克这一生中有三大事物让他为之倾倒：橄榄球、葡萄酒和

松露。作为卡斯特尔橄榄球队的训练师，他会向所有的队员炫耀他的藏酒单，并且为之配上最美味的松露。在拉沙特荷，他建造了汇集全国最著名的葡萄酒的酒窖——银狮酒窖，并与他的家人共同精心培育着这里。他的母亲会用文火烹制松露泥，香煎猪肋骨，再配以苹果馅饼，其特别的味道足以应对在二楼举行的多种葡萄酒的品鉴会。艾瑞克表示："若与松露一同品尝，我则更喜欢个性十足的葡萄酒，比如漂亮的酒体结构、集中的口感但不要过于精练，结尾会在口中留有一丝清新。"感谢这种灵性，使之对生命艺术的信仰永不停止。这个名庄酒酒窖的主人拥有一种简约的艺术风格和最真实的笑容。在他所有的窖藏中，我们可以感受到一种地域的广阔性，因为每年11月的最后一个周末，葡萄酒种植者、酿酒师和葡萄酒爱好者们会从法国这个大六边形的各个角落纷至沓来，参加这里的名庄酒庆祝宴。品鉴会充满了爱好者们的欢乐，在这里我们可以荣幸地品尝到各个酒庄的庄主们所带来的佳酿。

这里的葡萄酒好似一本新出的好书，如果年份允许，我们将更幸运地品尝到第一批刚刚出土的松露，搭配安德尔省和乐纱荷省

（Le Cher）的白葡萄酒，这口中之醉将无可比拟。在乐纱荷省中，我们将首先进入谐都美漾（Châteaumeillant）。

谐都美漾：皮耶的世界饭店（Le Piet à Terre）

　　有着充满激情的独到见解，蒂埃里·菲奈的新颖构思就像他的呼吸一样重要，他的烹饪理念是让松露留有它本身的味道，并将这一宗旨放在重中之重的位置上。烤面包片加松露煎鹅肝酱可搭配1997年份的杰克·伯罗特酒园的瑞牟斯窖藏（La cuvée Rémus de Jacky Blot），或者一支极具特色的蒙路易产区的葡萄酒。这支酒会在松露奶油的作用下充分发挥其香气。口感饱满的谐都美漾产区2003年份的皮埃尔·碧考特庄园（Châteaumeillant 2003 de Pierre Picot）干红的榛香使软煎牛里脊和干火腿均可以与松露搭配。这是真正的松露颂歌，马铃薯黑冬松露泥给予了爱德斯干草烤鸽子一种皇家卫队式的安全佐伴，这道让人兴奋的菜肴最好选用具有柔软单宁的西农镇伯纳德·佰德瑞酒园1996年份的格海兹。芦笋小牛排佐松露，搭配阿尔巴松露油加柠檬酱最钟爱2002年份桑塞尔产区多米尼克·胡芮酒园的朱丽娜干白（Sancerre blanc 2002 La Jouline de Dominique Roger）。我们可以用伟大与美味来形容蒂埃里·菲奈的创新杰作，他强烈的个性还彰显在另一道菜肴中——阿尔巴松露泡山羊奶酪春卷，他为它搭配了一支安茹产区2002年份卓碧彤酒园的干白，尽显其美丽。

巴讷贡：莎梅隆磨坊饭店（Le Mo-ulin de Chaméron）

巴讷贡城堡曾是 12—
13 世纪封建时期的防
御堡垒。

让-梅日洛和妻子格日娜将他们的莎梅隆美食驿站安置在了 18
世纪建造的一个老磨坊里。餐馆沐浴在一片绿色的晕轮中，沁人的
乡间芬芳勾起了食客对味觉的渴望。我们被这雅致难得的氛围吸引
至此，追赶着餐盘，有幸品尝到了超级美味的莫纳图-沙龙牛尾佐
松露，搭配这一产区雅克·格荷酒庄（Jacques Coeur）2003 年份
的葡萄酒。乐克莱-浮莱索窖藏（Leclerc-Fraiseau）同样以其优美
的酒体结构所取胜。在冬季的大部分假期中，这个厨师带着他的西
南口音边唱边回到他的故乡，在这里探寻波美侯产区最出色的葡萄

圣·昂布瓦修道院餐馆

酒。他喜欢一边手持锅柄，一边与让-克洛德·贝侯特一同谱写黑冬松露和柏图斯庄园（Pétrus）佳酿的合韵。在著名的卡庞特拉、荷舍汉舍或是布尔日的松露市场我们永远能见到让-梅日洛充满热情的身影。

布尔日（Bourges）：圣·昂布瓦修道院餐馆

　　夜晚的雾气从这座老修道院罗马骑士大厅中古老的石块间穿过。精美考究的餐桌好似在等待让公爵和他的朝臣们。调节口中的味蕾，让-克洛德·乐海与他的厨师弗朗索瓦·阿坦斯基做好了充分的准备。这个布列塔尼人——让-克洛德，丢掉了家乡的布列塔尼苹果汽酒，从此爱上了莫纳图-沙龙、桑塞尔、谐都美漾、甘稀和鹤翼。

　　每年，当春天的第一缕微风拂过，他都会召集所有的葡萄酒巨头们来探寻葡萄酒与松露的和谐乐曲。他会选择桑塞尔产区的安德尔·德扎特酒庄（André Dezat）和阿兰·赫菲蒂酒庄（Alain Reverdy）、普伊芙美产区的蒂埃里·瑞德酒庄（Thierry Redde）来搭配他的松露烘扇贝。夜晚的大教堂外，黑夏松露与刚刚掉落在地上的椰子窃窃私语，他们一起在称赞莫纳图-沙龙产区 2003 年纱惟酒庄干红的魅力（Domaine Chavet）。弗朗索瓦·阿坦斯基在 2001 年博古斯世界烹饪大赛（Bocuse d'Or）中，很好地运用了贝里地区的美食风味特点，成为了葡萄酒松露品鉴师中的佼佼者。在厨房中，

他带领着他的团队虔诚地烹饪着软煎蛋配香芹松露泥，再加一片土豆面包凸显其质感。这道口感圆润柔软的菜肴，具有闪耀的生命力，配以一支活跃的奇恩坡产区 2002 年份艾美丽帕朗德酒庄的干白（Coteaux du Giennois blanc 2002 d'Émile Balland）使其更加完美。这个极富天才的庄主于 2003 年酿制出了口感柔软顺滑的干红，与松露炖小牛胸肉佐波罗门参和"黑钻石"吐司相搭配再合适不过了。让我们用最优美的颂歌向这个钟爱桑塞尔式香味的弗朗索瓦·阿坦斯致敬。

桑塞尔：金苹果驿站

金苹果驿站带着它清新的风格，巧妙地栖息在桑塞尔山顶端，独享着松露醉人的芬芳。夏维诺小镇（Chavignol）吹拂过来的风滋润着这里。迪叠·图本在与维罗妮卡结为夫妇后成为了一个思想细腻的厨师。他与神秘的蔻坦地区（Pays du Crottin）的克塔特酒园

桑塞尔葡萄园的景色。

（Cotat）关系密切。作为该地区的重要葡萄酒家族，这一酒园的葡萄酒很适合与松露扇贝搭配，能呈现一种优美的口感。具有柔和且平衡质感的桑塞尔产区日哈荷·布莱酒园1996年份的干白（Sancerre blanc 1996 de Gérard Boulay）与兔里脊碎烤松露的搭配最为和谐。这一佳酿充分地释放了松露的香气，而它优质的矿物香气则温柔地触摸了兔肉碎末的嫩滑。阿尔浮斯·梅罗（桑塞尔产区最著名的种植者之一，慕斯尔酒庄的庄主）作为这一餐馆的常客，最钟爱的菜肴是煎牛肋骨。这道美食的佐汁与黑品乐融合，和其配菜鲜松露组成了一道口味独具匠心的珍馐。该酒庄的"2000年代"窖藏（Cuvée Génération 2000）同样会给我们一种无法抵挡的诱惑。金苹果驿站是迪叠·图本开启的贝里葡萄酒与黑冬松露的香料店。

夏维诺：丹妮山驿站餐厅

在贝里地区的鼎盛时期，也是博卢瓦家族大放光彩之时，让-玛里成为了桑塞尔地区最杰出的代表。之后，他的儿子阿尔诺接过了父亲交给他的家族火炬，谱写了同样优美的旋律。如今，让-玛里的长子让-马克成为了丹妮山驿站的掌管者。在这个家族的酒园中，我们可以品尝到所有口味的桑塞尔葡萄酒。让-马克得到的第一个评价是来自于他父亲让-玛里的，这个永远明快开朗且非常懂得享受生命乐趣的男人偏爱一道梭鲈鱼佐松露烧土豆。这款味道曲折回环的菜肴深受该酒园众多葡萄酒的推崇，其中位居榜首的要数 1998 年份昂坦窖藏（Cuvée d'Antan 1998），这是一款口感饱满丰盈的桑塞尔干白；而用黑夏松露制作的意大利调味米饭（Risotto）佐芦笋奶油汁则与口感圆润的 1989 年份圣查尔斯窖藏（Cuvée de la Saint-Charles 1989）的韵律更为协调。该酒园 2002 年份的奥古斯坦小教堂（La Chapelle des Augustins 2002）充满着

贝里黑母鸡：从圣-欧特（Saint-Août）到莫纳图-沙龙

贝里黑母鸡随着美食的苏醒而复活，今天它成为了圣-欧特市场最值得骄傲的商品。这个安德尔省的小镇以它独特口味的家禽市场而著称。人们每个周二会随着自己的家人一同来到这里采购全省最棒的家禽。家禽们挥动翅膀的瞬间给予了这个大广场无限的生机，清晨的这里更是充满着热情与单宁的香气。简单、自由、美味让我们放纵其中。伯纳德·玛杉同样被这样的氛围所吸引，成为了贝里黑母鸡羽翼的忠实追随者。在他圣-玛丁塔（La Tour Saint-Martin）的家中，他滔滔不绝讲述着他个人所喜爱的贝里黑母鸡的烘焙方式：

"我喜欢它鲜嫩的肉质，刚好居于阉鸡和图赖讷松鸡的口感之间。它对烹饪时长的要求要大于普通的禽类，也就是说，要烹饪重达半公斤的鸡，我们大概需要 45 分钟的时间。我会在黑鸡的鸡皮下放一些松露，然后将整只鸡用金属锡纸包裹好进行烤制。当鸡肉从烤炉中取出的时候，打开锡纸，如梦似幻的香气将扑鼻而来。我会为这道菜肴搭配两种类型的葡萄酒，其一为莫纳图-沙龙 1996 年份的白葡萄酒，这一类型的干白与鸡肉更加相配；其二则为 1995 年份单宁圆润的红葡萄酒。"

张力与矿物的香气，它很好地诠释了长相思这一葡萄酒品种。这支佳酿钟爱海螯虾佐黑夏松露制作的意大利调味米饭。野鸭肉松露馅饼让1997年份的博卢瓦家族的葡萄酒充满了奔放的力量，它静候着释放。而口感润滑的红葡萄酒也已经蓄势待发了。

所有的诱惑均来自于美食，松露烹小牛腿肉让桑塞尔产区2002年份的干红尽显其厚重的口感。夏维诺鲜山羊奶酪抹面包片佐松露橄榄油自始至终跟随着2000年丹妮山窖藏，一种久远的默契形成了完美的和谐搭配。

薇贺兹（Vierzon）：瑟莱斯坦餐厅

靠近贝里地区的西面，瑟莱斯坦餐厅位于薇贺兹镇，而图瓦戈斯家族（1957年创业的家族餐馆企业）则位于罗阿讷镇（Roanne）。瑟莱斯坦餐厅刚好建于火车站的正对面，人们喜欢伫立于站台一侧来欣赏这家由伯纳德·罗梭厨师学院（以法国著名厨师纳德·罗梭命名的厨师学校）的一对毕业生掌管的优美餐厅。

帕斯卡·舍比特是一位疯狂的葡萄酒松露品鉴师，他的松露清炖金枪鱼可以融洽地与甘稀产区让·塔坦酒庄（Domaine de Jean Tatin）2003年份的葡萄酒进行心有灵犀的交流。洋姜可可碎末配松露肉肠佐文火煎鹅肝酱配一支桑塞尔产区赛和·拉露酒园（Serge Lalou）1995年份的红葡萄酒，口感圆润幽雅。莫纳图-沙龙产区布朗沙酒园（Clos des Blanchais）2002年份的干白让口感松软的松露焖猪脚佐蒲公英沙拉成为更加完美的一餐。口感更为浓烈的松露乳鸽佐酸醋沙司配西农镇伯纳德·佰德瑞酒园的1996年份的格海兹，持久圆润的单宁可使菜肴呈现其精致优雅。这位富有灵感的厨师帕斯卡·舍比特善于为这种根系植物赋予一对具有灵性的翅膀，他为黑夏松露创造了可使其完美展现的美食环境，比如黑夏松露烹生牛腿片或小羊舌。我们再为这道美食配以一支桑塞尔产区帕斯卡·克塔特酒园（Pascal Cotat）2000 年份的干白，使其从味觉到口感升华到极致。鹤翼产区让-米歇尔·索博酒园（Jean-Michel Sorbe）2003 年的干红也助了千层牛里脊黑夏松露馅饼一臂之力。沿着当地高速公路的出口出去，我们能跟随着这些支线探索到从索洛涅镇延伸出去的美食，其中之一便是位于罗莫朗坦（Romorantin）的金狮饭店。

罗莫朗坦（Romorantin）：金狮饭店

玛丽·克里斯蒂娜·克莱芒对乔治·桑（法国 19 世纪著名女作家）和柯莱特（法国 20 世纪上半叶的女作家）的著作颇有研究，她们有关美食的书籍培养了玛丽·克里斯蒂娜特有的味觉，而这上天对她的恩赐又被她的丈夫迪叠·克莱芒所发掘并使其更加精湛。得益于她对美食的研究，玛丽·克里斯蒂娜可以随意地重新烹饪出 19 世纪或 20 世纪松露鼎盛时期的菜肴。在罗莫朗坦，金狮饭店给了这对夫妇发展松露美食的无限空间。

金狮饭店拿破仑三世之翼。

葡萄酒与松露 |

每年与圣-文森（Saint-Vincent）相聚之时，他们都会建议他品尝葡萄酒佐松露的菜肴。哈扎尔德酒园（Clos Rougeard）1995 年份白葡萄酒的成熟酒品，可以与松露油烹扇贝坚果佐烤红马铃薯完美搭配。一片薄且形状优雅的松露可以装饰任何一道菜肴。

布尔格伊产区皮埃尔·雅克·德如酒庄 1988 年份的格莱蒙窖藏（Cuvée Grammont de Pierre Jacques Druet）是一支颇具魅力的葡萄酒，无论是闻香还是口感都恰到好处。这支酒适合搭配土豆蜂窝饼，加栗子酱和新鲜松露。松露与栗子香和葡萄酒的和弦成为了极美的韵律。松露焖阿来图羔羊肉，配南瓜丸子雪维菜茎，这是一道口感极为绵软的菜肴，所以必须要搭配一支上好年份的解百纳，比如 1989 年份的迭特日酒园（Clos de la Dioterie），可以让食客感到无比的欢愉。榛子味道的马卡龙（法国著名的甜品）佐松露奶油冰激凌，可以搭配维伦纽夫酒庄 1995 年份的花楸树窖藏（Cormiers 1995 du Château de Villeneuve），这支索米尔产区的白葡萄酒能够让这道奢华的甜品尽显其光彩。

可以称为"松露人文专家"的迪叠·克莱芒为他情有独钟的"黑钻石"搭配了法国最出色的葡萄酒，比如波尔多产区的葡萄酒。卡耐特·高杰（Kinette Gauthier）是波尔多产区葡萄酒的形象大使，她使该产区的葡萄酒带上了美艳的色彩。卡耐特夫人戴着帽子的装束给人留下了深刻的印象，她带着波尔多的名角金钟庄（Château Angélus）、白马庄（Château Cheval Blanc）、博塞留贝戈堡（Château Beauséjour-Bécot）、宝雅堡（Château Bélair）、骑士庄园（Domaine de Chevalier）、马拉蒂克·拉格维尔庄园（Château Malartic Lagravière）、班尼庄园（Château Branaire）、高-美必泽堡（Château Haut-Marbuzet）、碧尚女爵庄园、巴顿庄园（Château Léoville-Barton）和克利芒庄园（Château Climens）的葡萄酒来到了罗莫朗坦。她感受着黑冬松露所散发出的所有香气。这就是一个妩媚女人的肢体语言与"黑钻石"的碰撞。这是一曲欢愉时光的赞美之歌，葡萄酒与佳肴的结合带来了永久绵长的滋味。

位于耶弗尔河旁的布尔日省的平
原酒窖。

松露的葡萄酒
骑士卫队
Le Vin & la Truffe

　　如果说白葡萄酒左右着松露与葡萄酒的合作旋律，那么它必须能够很好地诠释土壤中的矿物香气。这样的白葡萄酒要数莫纳图-沙龙、甘稀、鹤翼和桑塞尔的最为出色了。

桑塞尔产区

爱德蒙德·瓦坦酒园（Domaine Edmond Vatan）

　　夏维诺小镇是桑塞尔地区最重要的松露产地之一，也是出产白葡萄酒的典型土壤。桑塞尔产区的爱德蒙德·瓦坦酒园酿制的白葡萄酒也是全世界血统最纯正的长相思。名贵之香，这个成长于著名的丹妮山土壤上的酒园在诠释矿物香气上展现了它罕见的精致优雅。该酒园2003年酿制的葡萄酒绝对称得上是与松露的绝配。

　　该酒庄2002年份的佳酿展现了一种古典精美的质地，配以杏仁、白花的闻香，入口时矿物的芬芳蕴含着些许柑橘的清爽，几乎清澈透明的酒体也极为诱人。为了能够迎合千层松露蘑菇酥这道菜

肴，这支血统纯正的佳酿需要耐心等待几年的时间。该酒庄 2000 年份的葡萄酒，则展现了其充足的柠檬、薄荷的香气，在口中，我们似乎能感受到一种空气的芬芳，留香持久，回味无穷。这是一支用来搭配芹菜黑松露馅饼最完美不过的佳酿。1995 年份也完美地展现了优质的矿物清香。1996 年对于松露来说是一个极为不寻常的年份，无论怎样，在我们的人生中要品尝一次 1996 年份的爱德蒙德·瓦坦配松露。

我们同样钟爱柑橘的香气，加以富有张力的口感和这块土壤所给予的特有矿物香，该酒园所产的纯正葡萄酒搭配普罗旺斯香料配松露烤兔腿肉也是极为出色的。如果再继续追溯一些老年份的葡萄酒，比如 1983 年份、1959 年份、1947 年份和 1929 年份，它们仍

然能够给予我们极大的享受。爱德蒙德·瓦坦是桑塞尔产区最出色的酿酒师之一，而他的女儿安娜（Anne）也跟随着父亲的步伐进入了葡萄酒的领域中。

瓦舍龙庄园（Domaine Vacheron）

我们经常会忽略这个酒园的一个特性，其白葡萄酒可以在陈酿期有很好的表现。瓦舍龙庄园的罗曼窖藏（Cuvée Les Romains）具有非常强的张力和矿物香气，最值得一提的要数卓越的 2002 年份和可以作为该酒园葡萄酒大使的 2004 年份，用它们来搭配松露香芹奶油汤是最合适不过的了。1996 年份的柑橘香可以让一块用勃艮第松露与香料烤制出来的面薄脆变得无限尊贵。1982 年份同样可以为松露与禽类的菜肴增添一份别样的色彩。

该酒庄 1990 年份红葡萄酒的特殊皮质香气混合樱桃酒的甜香和香料香成就了该佳酿一种纤细而精雅的特性，配上其柔软的单宁，最适合奉上一道意大利帕尔玛奶酪混松露烤小牛肉。2002 年份和 2003 年份的曼妙夫人窖藏（Cuvée Belle Dame）更能使这一类菜肴呈现出一种出人意料的效果。

博卢瓦庄园（Domaine Bourgeois）

该酒庄著名的亨利艾蒂安窖藏（Cuvée Étienne Henri）成为了搭配松露的白葡萄酒典范。独特的矿物香和润滑的口感成就了它的卓越，而从 1984 年以来，这一窖藏又增添了让人为之一振的清爽口感。1990 年份能与松露产生极美的和弦，1996 年份呈现了其饱满、纯正和灵锐的一面，而 2000 年份则很好地验证了人们对它的展望。这块位于圣-沙图尔火山（Saint-Satur）脚下的土壤完整地展示了它的成果。这一窖藏可以与松露江鳕鱼面包完美搭配。作为该酒园最具有代表性的窖藏，博卢瓦人的陈酿是相当出色的。其 1996 年份是一支能与松露产生极大共鸣的葡萄酒，可以用它来搭配一罐"黑珍珠"芦笋。丹妮山窖藏同样拥有极为优秀的年份，比如 2002 和 1998 两个年份可以很好地发挥松露意面的美味。而 1996 年份则为其上佳的质感搭配一道扁豆奶油勃艮第松露汤。该酒庄的昂坦窖藏和雅迪窖藏（Cuvée Jadis）同样也是备受松露青睐的两款葡萄酒。

下面我们来逛逛河的另一岸，我们的目光被另一位身姿曼妙的"女郎"所吸引，这就是出色的普伊芙美酒园。其 1994 年份的佳酿与黑夏松露意大利调味米饭可以完美地结合，而 1996 年份与黑松露鸡蛋煎饼的搭配更能彰显出令人赞叹的美味。

普伊卢瓦尔产区（Pouilly–sur–Loire）

米歇尔·瑞德酒园（Domaine Michel Redde）

作为对曾祖父古斯塔惟·托旦的馈赠，酿造莎斯拉（法国的白葡萄酒品种之一）的先驱者——埃里·瑞德（Thierry Redde），酿造出了可以与松露菜肴完美搭配的普伊卢瓦尔窖藏。莎斯拉这一葡萄品种非常适合普伊的传统风土。我们特别偏爱于 1995 和 1996 两个年份的普伊卢瓦尔窖藏，时至今日它们仍然具有鲜活的力量。这两个年份具有让人难忘的松露气息，可以与松露芦笋煎蛋饼完美地搭配。

圣-安德莱（Saint-Andelain）：迪叠·达戈诺酒园

　　作为一名葡萄酒松露品鉴师，迪叠·达戈诺永远处于敏锐的状态，他成功地酿制了可以与松露产生共鸣的葡萄酒。1990 年份的莎路克斯窖藏（Les Chailloux）与"黑珍珠"扇贝的质地产生了微妙的口感。1999 年份的纯血窖藏（Le Pur-Sang）口感轻盈且富有力量，若与松露烹大鲮鱼相佐则回味无穷。我们将"高尚卓越"四个字送给 1996 年份的这一窖藏，它的酒体展现了其充盈饱满的特性。它的松露矿物香也是绝对令人震惊的，与黑冬松露浸龙虾这道菜肴的搭配能够尽显其奢华。2002 年份、2003 年份和 2004 年份同样让我们为之倾倒。

　　莫纳图-沙龙的葡萄园静静地躺在森林的屏障后面，享受着自由的优雅生活。

莫纳图-沙龙产区（Menetou-Salon）

圣-玛丁塔酒园（Domaine de La Tour Saint-Martin）

　　拥有一副神父面孔的伯纳德·玛杉好似莫纳图-沙龙产区的撒玛利亚人，就像他的朋友穆斯卡黛葡萄品种的种植者赛和·索班（Serge Saupin）和桑塞尔产区的让-玛里·博卢瓦（Jean-Marie Bourgeois）一样，他们几乎具有相同的特质，都倾心于葡萄酒松露的品鉴。2004 和 2003 两个年份完美地显现了贝里产区葡萄酒的特点，而 2002 年份则向我们证明了它强大的内在潜力。在白葡萄酒中，我们会优先选择奥诺丽娜窖藏，它饱满、清新且拥有幽雅的矿物香气的特性可以用来搭配以黑冬松露作为主要烹饪食材的菜肴，而莫若歌窖藏（Cuvée Morogues）则更加适合搭配黑夏松露。在红葡萄酒中，瑟莱斯坦窖藏（Cuvée Célestin）2003 年份所展现的不可思议的酒体结构与"黑钻石"烤面包或贝里黑母鸡搭配再合适不过了，这支佳酿将会呈现出如天鹅绒般顺滑的质感。1996 年份的白葡萄酒，也具有很出色的酒体，拥有松露般柔软纤细的口感。

亨利·贝雷酒园

窖藏克罗·布朗沙（Clos des Blanchais）是能够酿制出卢瓦尔河产区最出色长相思的酒园之一，它可以在经过 2～3 年的陈酿后散发出不同寻常的矿物香气，非常适合搭配碎松露煎时蔬。1996 年份的表现也很出色，而 2002 年份和 2001 年份与松露的和弦则略显尖锐了些，但 2003 年份则委婉了许多。

让–塔耶酒园（Domaine Jean Teiller）

让–雅克·塔耶与他的女儿携手采用独特的方式精心地培育着长相思。他们的莫纳图白葡萄酒具有迷人的果香，搭配口味清新的四季豆混黑夏松露沙拉可以更加凸显其活力。感谢这支活泼鲜灵的葡萄酒，它让四季豆与松露翩翩起舞。

甘稀产区（Quincy）

让·塔坦酒庄（Domaine Jean Tatin）

让·塔坦那西多修道会式的秃顶和宗教博士款式的眼镜成为了他的代表性装扮，他是最著名的甘稀产区葡萄酒的传教士之一。他酿制的巴兰多尔窖藏（Cuvée Les Ballandors）需要在装瓶后的第一个足月进行品尝，此时的佳酿可以搭配黑夏松露芦笋沙拉，味道清新之极。而同属于塔坦家族的堂布拉依酒园（Domaine de la

Tremblaye，2004 年被让·塔坦的堂兄收购）的佳酿可以在 2 ～ 3 年的陈酿期过后，唤醒松露烹鳕鱼脊中的黑冬松露。

贝里享乐派窖藏（Cuvée des Berrycuriens）

在年份的步伐中，这一窖藏被认为是搭配贝里地区松露最优秀的葡萄酒之一。其 2003 年份的佳酿是一支富有柑橘香气的白葡萄酒，它优雅的矿物香气刚好与松露鸡肉沙拉完美结合。

让-米歇尔·索博酒园（Jean-Michel Sorbe）

作为雅克·普塞的崇拜者，让-米歇尔·索博也是贝里享乐派窖藏的兄弟。他像一只追寻松露身影的飞虫一样具有灵敏的嗅觉。这使他吸收了鹤翼产区白葡萄酒的完美酒体结构和甘稀产区优雅的矿物香。他自愿贡献出珍藏的 1996 和 2002 两个年份的佳酿，并且为之奉上了贝里黑夏松露配绿扁豆沙拉。作为出色的味觉专家，同

时也是贝里享乐派使徒的让-米歇尔·索博，彰显着他在葡萄酒与松露品鉴方面精湛的才华与技艺。

鹤翼产区（Reuilly）

克洛德·拉枫酒园（Domaine Claude Lafond）

巧言善辩又聪颖圆滑，克洛德·拉枫拥有一种松露式与众不同的诙谐幽默感。与他的朋友阿兰·诺奈一样，他喜欢横跨阿尔卑斯山脉去探寻意大利松露，这里有比野猪和嗅犬更多的苍蝇猎手。他喜爱探寻能与白葡萄酒和灰品乐搭配的各个季节不同品种的松露。

拉海窖藏（Cuvée La Raie）的长相思非常适合搭配以黑夏松露作为主要食材的菜肴。枚思尔窖藏（Clos des Messieurs）则以它更完整的酒体结构征服了黑冬松露，尤其是黑冬松露与鸡蛋的烹制。一支上好年份的灰品乐葡萄酒，比如 1989 和 1996 两个年份的佳酿，同样可以与松露产生微妙的共鸣。而 1982 年份则更能书写出充满魅力的诗篇。

谐都美漾产区 (Chateaumeillant)

沙洛特酒园（Domaine du Chaillot）

皮埃尔·碧考特是将谐都美漾产区发扬光大的重要人物之一。他酿制的 100% 佳美很好地诠释了这块土地的质量，小产量加老葡萄藤成就了高品质的葡萄酒。2002 年份的葡萄生长得体态丰盈，搭配松露美食可以让其果香发挥得更加完美。如今，我们可以享用 1996 年份、1997 年份和 1995 年份的佳酿，经过几年的陈酿，佳美的品质得到了升华。若以该酒园 2003 年份的佳美配以烤鸡肉松露泥口感则更加饱满。

瓦朗塞产区（Valencay）

这个地方的著名得益于德塔列朗（法国政治家、外交家），这里的酒园和窖藏也经常会提到这个"跛脚魔鬼"，他便是瓦朗塞庄园的前庄主，同时也是周围数公顷土地的拥有者。为了探寻更可口的美味，也为其职务所需，欧顿镇（Autun）的主教和他的厨师昂多南·卡海莫用当地的美味食材创造出了一系列的饮食菜谱。在 2003 年年末，瓦朗塞获得了国家法定产区的命名。这一荣誉让瓦朗塞产区的葡萄酒农备受鼓舞。在这里，红葡萄酒与白葡萄酒同样得出众。在红葡萄酒的勾兑过程中，高特（Côt）这一可以用来与松露完美搭配的葡萄品种占了不小的比例。另外，在瓦朗塞产区我们同样可以品尝到高品质的白葡萄酒，比如 2003 年份弗朗西斯·茹丹（Francis Jourdain）酒园的特海如窖藏（Terrajots），我们可以为之搭配一道黑夏松露土豆沙拉。2000 年份杰克·帕海思（Jacky Preys）葡萄酒可以完美地与名菜"黑珍珠"煎蛋相融

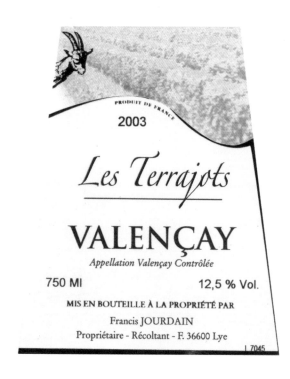

合。而 2003 年份让-弗朗索瓦·荷瓦酒园的高特窖藏（Cuvée de Côt 2003 de Jean–François Roy）和 2004 年的伯纳德·玛杉可以经过 5 年的陈酿期后展现其迷人的风姿。最值得一提的是，他们能够与皇家美食相融合，彼此相互扶持，呈现出最卓越的味道。可以与之相提并论的还有 1996 年份帕特克·日博（Patrick Gibault）。

杰克·赤瑞，松露马铃薯馅饼之父

杰克·赤瑞，这个制作黄油酥面的拿破仑，永远能迸发出不减的创造力。他一直在探寻松露与美酒的优美和弦，在 2004 年 2 月的一天，他将松露马铃薯馅饼与其好友余博贺·桑松酿制的高特窖藏相搭配，获得了如梦似幻的味道。

搭配松露的
精致窖藏
Le Vin & la Truffe

在一些极为优秀的年份中，黑品乐和长相思这两个葡萄品种在经过一段陈酿期后，可以完美地诠释贝里产区葡萄酒的特性。我们更不能忘记鹤翼产区自豪的灰品乐。1996 年份，无论对于红葡萄酒或是白葡萄酒来说，都是一个重要的搭配松露菜肴的上好年份。

桑塞尔产区

路西昂·考舍酒园（Domaine Lucien Crochet）

作为 1996 年份的桑塞尔白葡萄酒，该酒庄的马桑德橡树窖藏（Chêne Marchand）拥有纤细精致的矿物香，它可以完美地与贝里黑母鸡浸勃艮第松露相佐。

葡萄酒与松露 |

文森德拉宝特酒园，1996 年份马克西姆窖藏（Domaine Vincent Delaporte，Cuvée Maxime 1996）

于 1996 年 11 月 2 日采摘自老藤树的葡萄，其酿制出来的葡萄酒拥有一种迷人的松露矿物闻香，这种基于柑橘香气所产生的丰盈感和清爽感给了我们嗅觉上极大的享受。这支优美的白葡萄酒可以与松露烹黄道蟹优雅地结合。

桑塞尔产区 1985 年份克塔特兄弟酒园佳酿（Frères Cotat）

与夏维诺山丘最陡峭的斜坡毗邻，克塔特兄弟是桑塞尔地区汇聚了无限光芒的一对兄弟。他们尽可能地用最自然的方式种植培育着他们的葡萄树，不添加任何化肥和杀虫剂。1985 年份的克塔特在酒杯中流露出饱满的质感，它优雅的矿物香可在口中持久挥散，这支让人赞叹无比的年轻佳酿，可于整个品鉴过程中显示出让人垂涎的油质口感。该酒由其芳香所构成的清新感可以极好地与扇贝松露相搭配。克塔特兄弟的后代弗朗索瓦和帕斯卡将传承他们父辈的使命，继续用他们的一生来探寻葡萄酒与松露的奥秘。

一只鱼鹰翱翔在一棵松树的上空。

福西埃酒园（Fouassier），1996 年份枚洛蒂窖藏（Cuvée Mélodie 1996）

这支拥有极好酒体结构的白葡萄酒释放出了优美的花香、柑橘香和松露香。若与梭鲈脊烹松露搭配，入口后便可以完美地展现其介于丰盈油滑和清新爽口之间的平衡感。

鹤翼产区

莎西特联合酒庄（Chassiot G.A.E.C.），1996 年份鹤翼产区灰品乐

这一产区的灰品乐可以用最适合的方式进行陈酿。1996 年份的莎西特灰品乐让我们为它时至今日仍然拥有的迷人花香和清新的口感所震惊。这支佳酿可以与松露鹅肝酱形成完美的交点。

日哈荷·考蒂亚酒园（Domaine Gérard Cordier），1996 年份鹤翼产区灰品乐

一支充满了活力的鹤翼产区红葡萄酒从鼻尖经过，我们可以嗅到一种厚重的、类似存在于烈性酒中的樱桃香和薄荷香。强劲而优雅的口感成就了一种特殊的和谐美。日哈荷·考蒂亚，这个天生的享乐主义者为这支佳酿搭配了口感同样厚重的松露烤乳鸽。

伊·苏丹科涅特餐厅的著名菜肴

扁豆奶油松露汤
8 人份食材：
350 克绿扁豆、100 克胡萝卜、100 克洋葱、50 克熏鸡胸肉、500 克鲜奶油、1 束香草、100 克黄油、1/4 片面包、50 克松露、1 盒松露汁

1. 将配菜切段（胡萝卜、洋葱和熏鸡胸肉）。
2. 在配菜中加入绿扁豆，再加入香草，用水煮 25 分钟。
3. 待蔬菜变软后，取出熏鸡胸肉和香草，将剩下的蔬菜使用搅拌器与鲜奶油一同搅拌，最后加入黄油搅拌均匀。
4. 在上述步骤的蔬菜泥中加入松露汁和松露片，混合并搅拌均匀。
5. 将面包片涂抹黄油并切成小块，与扁豆奶油松露汤一同食用。

莫里斯·卡尼尔的菜谱
夏托鲁香葱饭店的名菜

佩里格尔黑松露烹贝里乳鸽
2 人份食材：
2 只乳鸽，每人份大概 450 ~ 500 克
4 根胡萝卜、1 棵芹菜根、1 头洋葱、1 头小洋葱、2 瓣大蒜、1 束调味香芹、1 根盐腌百里香、盐和白胡椒粒
1 只 40 克的佩里格尔黑松露
1 瓶马德拉葡萄酒
1 瓶酸醋调味汁（意大利香醋，或黑加仑香醋）

前一夜：
1. 烧制乳鸽表皮，清理内脏（肝脏、鸽肠、鸽心）。
2. 摘去翅膀、大腿和脊肉，并将乳鸽切成小块。
3. 将脊肉和肝脏放入冰箱预留。
4. 下面开始烹饪汤汁，将乳鸽骨架放入平底锅中，加入部分洋葱、胡萝卜、芹菜根、蒜、调味香芹、百里香和少许水进行烹制。
5. 再将翅膀、大腿、鸽肠和鸽心分别用锡纸包好，放入预热 85 摄氏度（烤箱温度为 2.5 挡）

的烤箱烤制 3 小时，直到肉质变软，且很容易从骨头上剔下为止。

6. 收集锡纸中的肉汁与步骤 4 中的汤汁混合，放入冰箱备用。

第二日：

7. 将剩余的胡萝卜、芹菜根、小洋葱和蒜切成碎丁放入沸水中煮开。然后将松露也切成同样大小的碎丁，加入沸水中煮开。

8. 准备一个陶制容器，容器底部涂抹少许油，将其放在火上，小火加热，使其保持温度，备用。

9. 在锅中，用大火迅速煎制步骤 3 中在冰箱中预留的脊肉和肝脏，直至半熟。再将步骤 5 中烤制的翅膀、大腿、鸽肠和鸽心一同放入锅中，撒适量盐，覆盖一层锡纸后关火，使其入味并慢慢冷却。

10. 在等待冷却的过程中，将步骤 6 中前夜放置在冰箱里的混合汤汁取出，撇去汤汁中的油脂，使其更加浓缩，然后将步骤 7 中沸水煮开的胡萝卜、芹菜根等蔬菜碎丁加入汤汁中，再加入适量的马德拉葡萄酒和一点点酸醋调味汁进行调味，最后再加入松露碎丁。

11. 将步骤 10 中得到的汤汁倒入锅中（步骤 9），二者很好地混合后，倒入一直在小火上加热的陶制容器（步骤 8）。

12. 在菜肴上撒上少许松露片和盐。

13. 食用这道菜肴时，可以搭配一些紫卷心菜沙拉或南瓜泥。

迪叠·克莱芒的菜谱
罗莫朗坦金狮饭店的名菜

酥面烤松露鸡
4 人份食材：
1 公斤生面粉、1 只两公斤重的鸡、4 只优质黑松露、1 根胡萝卜、
1 头洋葱、1 根芹菜、4 瓣大蒜
调料：百里香、月桂、风轮菜（Sarriette）

前日：去面包店购置上好的面粉
制作当日：

1. 提前一小时使烤箱预热，将面团揉圆，用擀面杖擀成厚度为 2 厘米左右的圆面饼。在面饼上撒上胡萝卜、洋葱和芹菜丁。

2. 将整只鸡内部掏空，填入百里香、4 瓣蒜和 2 整只松露。

3. 将另两只松露切成薄片并且将松露片夹置在鸡肉和肉皮中间。

4. 再将步骤 2 和步骤 3 中处理好的鸡放置在步骤 1 中的面饼上，包裹好，送入烤箱。

艾瑞克·高隆（Eric Gaulon）的菜谱
利斯圣乔治铁匠田园饭店的名菜

松露香芹意面

4 人份食材：

3 棵芹菜根、20 克松露、200 克黄油、1/10 升浓鸡汤

调料：盐、胡椒粉

1. 将芹菜根切成片状与意大利面条一同放入水中煮制，加盐。

2. 将面条与芹菜根捞出淋干，加入黄油、剁碎的松露和一点点炖鸡高汤一同搅拌。

让·梅日洛的菜谱
巴讷贡莎梅隆磨坊饭店的名菜

莫纳图红酒炖牛尾松露煎饼

6 人份食材：

1 根牛尾、250 克胡萝卜、250 克洋葱、20 克松露、1 束香草、250 克巴黎圆蘑菇、1 瓣大蒜、1 瓶莫纳图红葡萄酒、0.4 升牛肉高汤、200 克香葱、1 升煎饼液态面

调味步骤：

1. 准备咸味煎饼面，搅拌均匀后，制作成圆形煎饼，放置一旁备用。

2. 将牛尾切成段，与一半量的胡萝卜、洋葱丁放入锅中一同烹制；不断搅动蔬菜并加入 3 汤勺的面粉和香草。再加入莫纳图红葡萄酒。加盖小火烹饪 4 小时。

3. 4 小时后，将锅中的牛尾取出，使其冷却。

4. 将剩下的胡萝卜和蘑菇切成小块，分开烹制。将冷却下来的牛尾也切成小块。然后在一容器中混合烹制好的蔬菜、牛尾和剁碎的松露。

5. 将步骤 4 中的汤汁去油过滤，并加以调味。

6. 将步骤 4 中的牛尾块、蔬菜块和松露碎末放置在煎饼中央，用煎饼包裹好并系上一根香葱用来固定，在盘子旁边配好步骤 5 中的调味汤汁。

7. 每人 3 份莫纳图红酒牛尾松露煎饼

8. 煎饼旁放置一薄片松露作为装饰。

从空中俯瞰图赖讷葡萄园区

CHAPTER 2

第 ② 章

图 赖 讷 产 区
Le Vin & la Truffe

　　像贝里产区一样，图赖讷地区也同样盛产松露。葡萄种植者们是最初赏识这些"黑钻石"的人，武弗雷葡萄酒，路易山葡萄酒（Montlouis），希农葡萄酒以及布尔格伊葡萄酒都非常适合搭配松露菜肴。那些家喻户晓的 1947 和 1959 年份的葡萄酒是众多葡萄酒松露品鉴师们梦寐以求的心爱之物，1989 年的红葡萄酒或白葡萄酒也是稀有的珍酿，历代法国国王都很钟爱这几款酒，并在文艺复兴时期撰写了许多歌颂它们的传世片段。

　　1525 年帕维亚战争结束之后，弗朗索瓦一世被战争胜利一方查理五世囚禁在西班牙马德里的监狱中。正是在这一时期，这位法国国王开始对以黑松露作为主料烹饪的菜肴倍加喜爱。战俘生活结束之后，他将这些菜谱带回并传授给了所有卢瓦尔河两岸的居民。松露就这样不知不觉地兴盛了起来，从香波古堡开始，途经阿泽勒-希都堡（Azay-le-Rideau），一直到舍农索城堡（Chenonceaux），黑松露被各种顶级盛宴推举为最了不起的菜肴，与图赖讷产区酿制的众多顶级佳酿一同搭配品尝。这个传统能够延续至今，全靠几位"餐桌王子"的鼎力推荐：图尔的让-巴尔代、蒙巴宗的弗朗西斯·麦纽特、小派斯尼（Petit Pressigny）的杰克·塔莱、昂不瓦斯的帕斯卡·普威尔以及来自奥赞的雷米·吉罗。图赖讷被称为法国盛产松露的核心地区，那里出产的黑冬松露在整个黎希留地区都非常出名。

黎希留产区的松露

  19世纪时，卢瓦尔河谷的黎希留产区非常出名，那里的厨师烹饪松露的手艺极其精湛。那时，马里尼-马尔芒德（Marigny-Marmande）地区周围被发现遍布着大量的松露，其中黑冬松露的产量可达到20吨左右。在第一次世界大战即将结束的时候，这里的松露种植非常集中，这也再次印证了这片土壤只是为了松露而存在的。从上世纪八十年代开始，人们开始重新大量种植松露，1994年12月，第一个松露市场马里尼-马尔芒德市场建成了，图赖讷地区也慢慢拥有了自己的"松露美食文化"。

弗朗索瓦一世在卢浮宫中接见查尔斯-甘特（Charles-Quint）。亚历山大-马利·柯兰（Alexandre-Marie Colin, 1798—1864）的作品。

美食之旅

Le Vin & la Truffe

图尔：让·巴尔代饭店，卢瓦尔的松露酒也是全法国的松露酒

　　让·巴尔代酿制的红葡萄酒同时拥有希农葡萄酒的圆润口感和武弗雷葡萄酒的流畅柔美，它汲取了赤霞珠、诗南以及解百纳的特点，能与之搭配的菜谱数不胜数。在一片种满葡萄的伊甸园中，遍布着上百株带有芳香的矮草，其中的百年老藤根深蒂固，但这里的主人却很有年轻人的天性：淘气、快活、富有诗意，他对卢瓦尔河谷从前和现在的故事了如指掌，没有一个小小的曲折能够逃脱他的眼睛。而他的妻子则在大堂中掌管着这里繁忙的工作。因为这个智商超群却有点发疯的人热衷于做一些出其不意的事情："和谐"不是一瓶酒或一道菜各自的事情，一瓶酒应该被看做是一份贡品用以交流，无论如何，它一定不能过于强势，野兔肉中那一丝微酸的味道，可以与一瓶武弗雷中的无糖的甜味相得益彰，而野兔肉的味道又淡化了酒中的酒精，反之，那存留下来的些许酒精又使得野兔肉更加鲜美。而松露本身则给菜肴增添了一份饱满。

　　侍酒师每天都会总结一些新的经验，他说：我们每天早上都会

品尝两到三种不同的酒，以此来完善我们的菜肴系列。我们有一些上好的白葡萄酒，将它们与松露一起搭配堪称完美。不过，最好还是不要酿制过多酒精浓度很高的甜白葡萄酒，红葡萄酒同样也很出色，它们是整个法国的代表。除了诗南葡萄酒以外，让·巴尔代还拥有全世界最令人羡慕的武弗雷葡萄酒的收藏，其中包括一百多个种类。每天晚上在临睡之前，他都要仔细地悉数检查一遍。这些顶级的佳酿自然要与松露一起搭配，方为经典。

举例为证：让·巴尔代挑选了一瓶 1972 年份的诺伊庄园 (Clos de Nouys) 的葡萄酒，它散发着松露和柠檬的香气，非常适合与土豆沙拉、牛蹄和松露搭配。接下来他又制作了一份香烤芦笋，并以切碎的松露和珍珠鸡的鸡蛋在四周作为点缀。他滔滔不绝地说道：这几道菜还可以与一瓶2000年份的维涅-舍维何酒庄（Vigneau–Chevreau）的葡萄酒一起搭配品尝，因为这种酒口感清新，可以掩盖

芦笋中的肥腻感。这样，他就又打开了一瓶松露缘十足的 1985 年份的菲利普·布莱斯巴荷（Philippe Brisebarre）的珍藏版甜白葡萄酒。突然，让-巴尔代那拉伯雷式的开怀笑声仿佛传递给了那些酒瓶，它们发出了一阵回响。他说道："如果你给我这样一瓶酒，我会选择将松露放在一个小平底锅中用小火煮 20 分钟左右，再在锅底淋上少许武弗雷酒。然后，我还会加入一些夏朗德地区出产的质地细腻的黄油和少许盐，这样，这道菜就算大功告成了。"见宾客们意犹未尽，他又先后打开了几瓶 1990 年份、1989 年份、1947 年份和 1945 年份的葡萄酒。

在找寻"悠闲的法国"之路上，我们来到了位于安德尔山谷附近的阿蒂尼酒店城堡。这座城堡是由著名香水制造人弗朗西斯·科蒂主持建造的，它就像一颗晶莹的宝石一样被镶嵌在一大片青葱翠绿的草地上。

蒙巴宗：阿蒂尼酒店城堡

冬天的太阳在乳白色的天空中散发着光芒，清新的空气弥漫在花园深处那些蜿蜒曲折的小路上；侍者们像跳着芭蕾舞一样在小路上穿梭着，时不时传来一些交谈的声音，他们正在把小葱捣碎，用以点缀已经制作好的鹅肝酱，再配上一些上等的松露，准备将它们与一瓶文森卡莱姆酒庄（Vincent Carême）酿制的 2002 年份的武弗雷干红一同摆上餐桌。这款优质葡萄酒向我们展示了它所有的特点：

与已经准备好的、上面覆盖了一层面包渣的松露一起搭配品尝，使酒的美味发挥到了极致。厨房里的弗朗西斯·麦纽特对于烹饪松露有着非同一般的天赋，是不同地方的美妙事物赋予了他缔造优雅味道和上乘品质的使命。在圣·约翰地区，黑夏松露最美味的搭配是海鲈鱼和一瓶弗朗索瓦·齐丹古堡的 2002 年份的哈贝尔葡萄酒（Clos Habert），松露海鲈鱼的味道本就鲜明，在蒙路易葡萄酒的搭配下，这道菜的味道更加回味无穷了。秋天到了，正是勃艮第松露的采摘时节，搭配浇上了板栗浓汁的细腻肉肠，和一瓶 1997 年份的布列塔尼酒庄酿制的布伊尼干红葡萄酒，无比美味。当周围的风景都被浓雾笼罩的时候，阿尔巴松露却独自享受着其中的愉悦。烹饪时，我们可以将阿尔巴松露切成细丝状，撒在准备好的海螯虾上，并配以意大利面、青竹笋和一些帕玛森奶酪，再搭配一瓶 1997 年份的卢热得酒庄（Clos Rougeard）酿制的索米尔-布雷泽（Saumur Brézé），这款诗南葡萄酒的矿物口感绵长可口，犹如余音绕梁，经久不去。在这里，人们根据松露的实际特性来烹饪和搭配菜肴，也正是由于这个原因，阿蒂尼酒店城堡自 2004 年 10 月 10 日以来一直被称作是一座拥有"无限美食"的标志性建筑。

在蒙特查尔地区仍然保留着许多精彩的建筑物。

　　　　　　　　　　葡萄酒与松露 |

小派斯尼镇：杰克·塔莱餐馆——松露、教皇和圣灵

　　杰克·塔莱是这家餐馆的老板，他还有个别名叫做"教皇"，他和他的儿子一起经营这家餐馆，而圣灵的光环也始终围绕在他们的四周，尤其是当他烹饪那些美瑞尼松露的时候。无论是黑冬松露还是勃艮第松露，无论是在美瑞尼还是黎希留地区，他都要去探寻一番，找寻质量最上乘的松露。当这位"教皇陛下"烹饪上好的扇贝和蜜汁莴苣的时候，他总是很喜欢搭配一些勃艮第松露和一瓶1997年份的哈贝尔酒庄的路易山葡萄酒。这款葡萄酒口感绵软，矿物芳香尤为突出。所有这些描述听起来都是那么得诱人，即使在没有太阳的日子里，他都能使来访的宾客们陶醉在多彩的美食世界中。在这里，法式吐司面包非常适合与用松露制作的美食搭配食用，再配上一些西兰花汁或者是板栗酱，使松露的特质发挥得淋漓尽致。侍酒师克维耶·福汀轻轻地打开了一瓶1997年份的希农葡萄酒，这款酒的口感非常成熟，而这份成熟度与板栗酱中的甜腻味道相互融合，恰到好处。如果只有松露吐司面包的话，则可以搭配一瓶由酿酒大师迪叠·达戈诺酿制的1998年份的喜烈窖藏，矿物口感尤其突出。杰克·塔莱每天穿梭在田园和家禽饲养棚之中，他烹饪的图赖讷热利纳碳烤鸡肉配土豆堪称经典，其中的鸡肉被分成两半，一半被放在锅中煮熟，而另一半则被烤至金黄色，香气四溢。这道菜可以搭配一瓶1989年份的布尔戈伊地区的品丽珠葡萄酒，佳肴配好酒，使品尝者的身心倍加愉悦。

　　克维耶·福汀一边向烤炉里吹气以使火烧得更旺一些，一边说起了福柯酒园珍藏的一瓶1937年份的莱普约干红葡萄酒，这款酒的单宁非常细腻，与小牛的胸腺配莴苣松露一起品尝，美味无穷。这对美酒与美食的搭配是上天的恩赐，它的性价比也是非常高的。

圣约翰的松露

　　圣约翰地区冬季与夏季的菜肴风味迥然不同。夏季的松露价格低廉，香气寡淡，适宜生吃。制作时可以将松露切成薄片，均匀地撒在意大利煨饭或家禽的胸脯肉冻上，以做点缀品尝。白芦笋和堇菜都被经常用来与夏季的松露搭配烹饪。与之相组合的，是武弗雷的葡萄酒，因为这些葡萄酒非常大众化，适合与很多菜肴搭配。

　　夏季的松露被称为是黑冬松露中的"黑色项链"，它有着洁白的内里、淡雅的榛子和杏仁味的香气，而这些特质都非常符合夏季的美食口味，特别适合在这个季节食用。

　　从价格上来说，圣约翰松露的价格是与之相隔不远的圣文森松露的 1/5，味道也没有后者那么厚重，因为圣约翰松露的块茎质地注定了它将拥有寡淡的香气。所以在烹饪的时候，需要非常谨慎，最好不要将它碾碎，尽量选择像武弗雷或路易山干白一类绵柔型的干白葡萄酒与之搭配。

奥赞地区的上卢瓦尔酒园

　　整个 6 月，卢瓦尔河的两岸都沉浸在年轻与爱情的主题氛围之中。在这段时间里，松露有充足的时间使自己变得成熟，镀上诱人的颜色，人们在欣赏舍蒙和昂博兹两座城堡美丽的侧影的同时，抓住了季节的脉搏。我们可以在奥赞地区绕一圈，这里曾经是一片狩猎区，而现在已经被改造成一个驿站，并修建了可供过往旅客小憩

舍蒙城堡坐落在卢瓦尔河之上。

的城堡。人们来这里进行短暂的停歇，却被这里一位名叫雷米·吉罗的具有高超烹饪松露技巧的美食家所吸引。他最拿手的是松露烧土豆并淋上奶沫葱花，再搭配一瓶蒙路易 1999 年份的杰克·布雷（Jacky Blot）先生酿制的雷姆斯窖藏（Rémus），优雅且口感分明。而 1996 年份出产的同款酒则完全不同：它有着迷人的松露和柑橘的味道，能与松露口味的鸡蛋慕斯完美结合，它的酒体结构也能够在与牛肉鞑靼饼、鹅肝酱以及松露千层饼搭配时散发出无穷的魅力。

昂博兹：舒瓦瑟尔城堡酒店由法国顶级厨师帕斯卡·普威尔掌厨，善于烹饪圣·让松露

美酒与美食的选择与搭配是一个美妙而愉快的过程，就像是在卢瓦尔河岸散步的感觉。在昂博兹，舒瓦瑟尔城堡酒店坐落在这条皇家河道的一侧，迎接着过往的游客们。帕斯卡·普威尔是这里的首席厨师，为人低调却有着高超的烹饪手艺。他侃侃而谈地讲述着黑夏松露的美食故事，他认为：对于这种松露，最好采用简单的方法进行烹饪。夏季产的松露非常适合与家禽类的肉、鱼肉、土豆或

意大利面等搭配食用，尤其不能搭配口味较重的菜品。为了能够使生的圣·让松露本身的香味完全释放出来，我会准备一道孔泰奶油汁烧土豆与它搭配。

烧土豆散发出来的热气使旁边的黑夏松露释放出独特的香味，再打开一瓶武弗雷产区 2001 年份的文森·卡莱姆（Vincent Carême）干白葡萄酒与之相配。这款酒口感绵柔，闻上去有一丝矿物质的香气，两相结合，这道佳肴使葡萄酒喝上去更加滑腻爽口。如果与烤炉螯虾、鸡油菌或一些酱制的家禽杂碎组合食用，松露与葡萄酒之间则全靠用蘑菇和肉汁制成的调味汁紧密联系在一起。为了更多地感受这几样菜肴与葡萄酒之间微妙的组合效果，我们暂且不与面包一起品尝。就这样，菜肴的美味使武弗雷葡萄酒的后味更加浓重、绵长，也使酒的矿物质气味发挥到极致。在这里，一个小细节起到了点睛的作用，那就是撒在松露丝表面上的星星点点的海盐花，在口中咀嚼时不经意间地吱吱作响一番，出其不意，使人觉得别有一番品尝的乐趣。盛宴继续进行，接下来是巴黎洋菇牛腿肉配意大利饺子，并以黑夏松露丝作为点缀。无论是质地还是口味，黑夏松露与这份精心准备的佳肴能够完全融合到一起，而一瓶武弗雷葡萄酒的加入，使这道菜的口味变得更加迷人。这个组合中的每一样成分都会使人发出无限的感叹，令人浮想联翩。为了给这餐盛宴画上一个完美的句号，主人又拿出了一份法国洛舍地区（Lochois）出产的母羊干酪，与松露搭配品尝，尤其细腻、柔软。品尝武弗雷葡萄酒，就像是情侣唇间轻触的温柔一吻，也像是婴儿吸吮母亲的乳头时

舒瓦瑟尔城堡酒店。

发出的轻微的哑哑的声音，如此柔软醉人。

武弗雷产区：诺丹酒园，松露与葡萄酒，就是白色配白色，黑色配红色

　　菲利普·弗侯对美味非常挑剔，他认为在松露与其搭配的葡萄酒之间有着非常细微而且密切的联系。他说道："黑色的松露应该与红葡萄酒相组合，而对于意大利阿尔巴松露，我会挑选一瓶白葡萄酒与之搭配。这种组合原则，令我屡试不爽。"松露的味道和香气与武弗雷干型陈酿葡萄酒能够完美融合，碰撞出无限的火花，尤其是一些酸度稍强的年份酒，例如：诗南葡萄酒的酒香就以较强的酸度为主要特点。1947 年份的金醇葡萄酒闻上去的第一感觉就是松露的香气非常浓重，但很快便消失殆尽。心动不如行动，这位热爱美食的享乐主义者立刻将一些洋蓟摆放在盘子的底部，并浇上了一些橄榄油，然后放上切好的意大利阿尔巴松露，最后以一小撮帕尔玛奶酪碎加以点缀。当然，他还打开了一瓶 1978 年份的干白葡萄酒，这款酒无论是酒体结构还是酒香都与这道菜肴非常搭配。

　　如今，在那些众多的黑冬松露的追随者们中间，无论是在黎希留地区，还是在卢瓦尔-谢尔省，都不乏那些本地的可以被规划到"图赖讷产区"之中的葡萄酒酿造师们。回顾历史长河，伟大作家弗朗索瓦·拉伯雷以及圣女贞德的脚步相继交汇，而这两位古人的家乡正是我们探寻松露旅程所必须要经过的：希农和布伊尼地区。

图尔的蒙高菲亚德（Montgolfiades）
热气球

松露的葡萄酒
骑士卫队
Le Vin & la Truffe

哈兹内地区（Razines）

卡尔利埃尔酒庄（Domaine de la Garrelière）

2000 年时，由 100% 索维农葡萄品种酿制的灰姑娘窖藏有很独特的芒果香气，入口有些油腻，却很爽滑，优雅迷人，非常适宜与松露搭配。

2003

蒙特查尔地区（Montrichard）

保罗·布斯：葡萄酒商人

对于保罗·布斯来说，烹饪是他唯一的爱好，当别人与他谈论葡萄酒的时候，他便自然而然地谈起美食与美酒的搭配。2003 年份的图赖讷干白葡萄酒有着白色花朵和柑橘的香

气，清新淡雅，矿物质的香气也很突出。它能够与保罗·布斯烹饪的拿手好菜"扇贝松露"相结合，成为一对完美的组合。从陈酿角度来看，这瓶 2003 年份的干白葡萄酒甚至可以再多保存 3 ～ 4 年，便可与其他以松露为主料的任何菜肴搭配饮用。作为一位葡萄酒商人，保罗·布斯还是一位对酿酒事业充满无限热情的酒庄负责人，他珍藏了无数瓶诗南和解百纳的陈年葡萄酒，只有在重要的机会与场合上，才会舍得拿出来与人分享。

老城堡地区（Châteauvieux）

夏皮涅尔酒园（chapinière）

艾瑞克·扬先生的嗓音非常特别，热情而富有磁性，触动人心弦，曾经是法国广播电台最受欢迎的声音之一。他巧舌如簧，谈吐巧妙、敏捷，而他的美食情结也是尽人皆知的。他现在在夏皮涅尔

酒庄负责葡萄种植与葡萄酒酿造，他酿造的2003年份和2004年份的干白葡萄酒在图赖讷地区小有名气。这个酒庄酿制的索维农葡萄酒味道醇厚，清新爽口，可以与黑松露意大利面条组合。而该酒庄酿制的2003年份的干红葡萄酒也是一款非常适合搭配松露的经典窖藏，建议与其组合的菜肴是白汁红牛肉配松露。

苏万-昂-索洛涅地区（Soings-en-Sologne）

夏木瓦兹酒园（Charmoise），亨利·玛丽安东奈特（Henri Marionnet）是这里的主人，园中多种植佳美葡萄。

亨利·玛丽安东奈特被他的朋友们称为"钟情佳美"的人，连英国女王伊丽莎白二世都对他酿造的葡萄酒赞不绝口，自90年代以来，女王一直酷爱M窖藏，这是众多的优秀索维农年份酒中的其中一款，其中1989年份的M窖藏可以与奶油松露鸡胸搭配组合，十分美味。

女王曾在2004年时来到这个酒园进行参观，作为一国之君的她庄重、和蔼，立刻被一瓶2002年份的经过曲枝压条法酿制的葡萄酒完全吸引住了。这是一瓶上好的干白葡萄酒，葡萄品种来自法国的罗莫朗坦，葡萄藤的年龄非常古老，甚至可以追溯到1850年。这款葡萄酒曾经得到马提尼翁地区（Matignon）行政长官的首肯，法国总理让-皮埃尔·拉法兰先生更是巧妙地将这款酒与大鲮鱼、新鲜蔬菜和白黄油一起搭配，味道鲜美至极。我们可以想象那一丝丝的

此地区池塘最多的地带
（靠近克莱蒙）。

平凡的松露成就了怎样的法国皇家所追求的幸福。

2002 年份的干白葡萄酒有柑橘的香气，矿物质的气味尤为突出，非常适合与松露组合搭配，味道鲜美，酒体优雅，回味悠长。2007 年以后的年份酒的味道则更胜一筹，品尝时给人一种愉悦的感觉。

2003 年份的干白葡萄酒几乎可以搭配任何一种以黑冬松露为主角的食品，该酒入口爽滑细腻，味道鲜美，柑橘味道突出，尤其适合与松露丁层酥搭配。其中的索维农白葡萄酒美味可口，可与黑松露配圣·雅克白汁红肉组合。而另一款诗南葡萄酒是由没有经过嫁接的葡萄酿造而成的，建议搭配的菜肴是香煎扇贝松露。还有一款 M 窖藏，其迷人的矿物质香气以及雅致的酒体，可以与芦笋烧大鲮鲆幼鱼配松露结成组合。

至于干红葡萄酒，可能要再等上至少 5 年的时间以发挥出更多的潜质与松露进行搭配。这里有两款窖藏不得不提一下：佳美干红，味道醇厚，爽滑利口；高特干红，酒中的单宁细腻得犹如抚摸一只小兔的白色绒毛。这个酒庄 2004 年份的干红被认为是上好年份的葡萄酒，入口能觉察到其出色的平衡感。

这个酒庄酿制的葡萄酒被认为是法国范围内最有助于消化的葡萄酒之一，爽滑可口，使人欲罢不能。

希农产区

酷乐-得泰伊酒园（Domaine Couly-Dutheil）

这个家族式的酒庄为希农产区的酿酒历史谱写了重要的篇章，其酿造的葡萄酒最让人感动的就是那细腻、柔和的单宁。首先，奥利芙酒园（Clos de l'Olive）1989 年份和 1970 年份的葡萄酒则非常适宜与松露小牛胸肉搭配。酷乐酒庄的美食厨师克莱特·酷乐非常善于找到与每一道菜肴相对应的美酒，在这里，生活的艺术被时时刻刻地展示出来。1969 年份的葡萄酒入口细腻，拥有美妙的灌木和樱桃的味道，可以与小牛腿佐松露组合搭配。而另一款 1955 年份的葡萄酒则清爽可口，矿物质味道非常出众，酒体颜色迷人，细腻爽滑，酒香甘美，丰盈圆润，搭配扁豆奶油浓汤佐黑松露，更凸显出这款酒与众不同的特质与动人的味道，是一款清新活泼、不受约束又富含一丝醇烈的美酒。至于更加浓烈的葡萄酒，那就不得不提到艾克葡萄酒园，这里酿造的是本地区另一种非常适合与松露搭配的葡萄酒。在一些拍卖行中，我们偶尔还能看到价格不菲的 1964 年份艾克葡萄酒的身影，这款酒的酒体如天鹅绒般柔顺丝滑，有鸡油菌和红色果实的香气，品尝时仿佛能够感受到那跳跃的火苗带给人们的无限乐趣与轻松，它的酒香与小牛腿肉佐松露的味道完美融合，回味无穷。在这个酒庄里，我们还能购买到 1990 年份、1996

年份或 1997 年份的葡萄酒，还有一些适合珍藏的，例如 2001 年份、2002 年份或 2003 年份的葡萄酒，主要由品丽珠酿制而成，多灌装于 2 升的大酒瓶中进行封存。

伯纳德·佰德瑞酒园（Domaine Bernard Baudry）

马修·佰德瑞是这里的主人，他曾这样说道："在这里，家家户户都会储存一些松露，用这些松露做的煎蛋卷味道非常鲜美，可以与这道菜肴搭配的是希农干白葡萄酒，这种酒由诗南葡萄酿制而成，矿物质香气浓郁，非常适合与松露搭配。"2002 年份的希农干白葡萄酒已经被陈放多年，如今已经到了它的最佳饮用时刻，如果现在打开，将会给人们呈现它最完美的特质。至于这里众多的干红葡萄酒，值得一提的是格海兹，酿制这种酒的葡萄藤被种植在一片富含硅石的黏土土壤之中，最优秀的是 1989 年份的格海兹葡萄酒，入口细腻，酒香温和，适宜搭配的菜品是鸡肉馅饼佐松露。而另一

法国小城维耶那的日出。

希农地区的房屋。

种十字布瓦斯（Croix Boissée）干红葡萄酒则产自一片钙质黏土土壤，是近些年才开始酿制的窖藏葡萄酒。一款2003年份的十字布瓦斯葡萄酒，大概要等到10年之后才可以开瓶，并建议与牛肉馅饼配鹅肝酱佐松露一起搭配品尝。

飞利浦·阿利酒园（Domaine Philippe Alliet）

飞利浦·阿利酒园坐落在一片钙质黏土土壤之上，优质的土壤条件使这里收获的葡萄被酿制成卢瓦尔地区最有松露缘的干红之一。例如1997年份的干红葡萄酒，酒色深厚，酒体肥硕饱满，小派斯尼镇上的杰克·塔莱的家中就储存了这样几瓶红酒。这个酒园最近几年酿制的干红葡萄酒都非常成功，大约都需要等待5～10年的陈放才能开瓶饮用，尤其是2002年份酒更是异常出色。

田野-维农酒园（Domaine Champs-Vignon）

尼古拉·雷奥曾是纳迪·福柯的徒弟，经过多年的潜心学习与实践，最终成为一位酿制解百纳的好手。他酿制的2003年份希农卡伦斯（Garance）葡萄酒，丝滑细腻，肥硕丰盈，可以充分陈放10年之久，再配上松露菜肴，从而使酒体尽情地绽放出它的美艳。

布尔格伊产区

拉美德利-布卡尔酒园（Domaine Lamé Delille-Boucard）

拉美德利-布卡尔酒园酿制的 1976 年份的葡萄酒是最杰出的干红葡萄酒之一，甚至可以与波尔多的优秀年份酒相提并论，由于其酿造过程中加入赤霞珠的比例比较大，所以喝起来口感清新，丰富浓郁，非常适合与涂骨髓酱的面包片配松露搭配饮用。而 1969 年份的葡萄酒口感圆润，可以与椰丝沙拉佐勃艮第松露一起品尝。酒庄近几年酿造的年份酒可以陈放至少 10 年，并与松露菜肴组合饮用。

圣尼古拉-布尔戈伊的葡萄园。

皮埃尔·雅克·德如酒庄（Domaine Pierre Jacques Druet）

皮埃尔出生在卢瓦尔，经营着一家米其林三星级餐厅，喜欢到他的朋友让-克劳德家中与他一起探讨松露与红酒搭配的问题。1989年份的格莱蒙窖藏单宁紧致，回味优美，他将他烹饪的鹅肝酱佐松露丝与这款酒搭配品尝，美味绝伦。而另一款沃摩鲁（Vaumoreau）葡萄酒则更加浓稠，可以搭配松露派。这几款葡萄酒都是由品丽珠酿制而成，2003年份和2004年的年份酒相对较为出众。

适合搭配松露的葡萄酒窖藏

Le Vin & la Truffe

很多人都认为卢瓦尔的葡萄酒不应该陈放保存，而应该在酿成之后便尽快饮用。但事实却是：这里的酒窖中储藏了许多非常珍贵的陈酿葡萄酒，里面不乏一些由诗南酿制的干白葡萄酒，还有一些解百纳干红葡萄酒，都非常适合与松露菜肴一起饮用。而这里每瓶酒的背后都有着一段美丽的历史。

1947 年份武弗雷葡萄酒

于艾酒园（Domaine Huêt）

诺尔·皮盖（Noël Pinguet）是希腊神话故事中的一个英雄，他曾是一处教堂的守卫者，而就在该教堂所处地区，人们都非常喜爱诗南，因此，从上个世纪起，诗南就已经成为众多葡萄品种中最杰出的品种之一。来到于艾酒窖参观的每一个人都会被这款 1947 年份的葡萄酒深深吸引住，它同时兼有木瓜、蜂蜜和橙子脯的香气，橙色的酒裙闪现着一丝棕色的光泽，入口的一瞬间，蜂蜜、果脯的浓

郁味道使人陶醉其中，后期则会感受到一种淡淡的清新，非常适宜与鹅肝酱配薄松露片组合搭配。

博丹酒园（Clos Baudoin）

博丹酒园酿制的 1947 年份的干白葡萄酒在卢瓦尔地区非常著名，也为武弗雷产区能够取得如此多的美誉作出了很多的贡献。这款酒最令人着迷的就是在将它缓缓倒入杯中的那一刻，因为人们会不忍打破那一份宁静的柔美。琥珀色的酒裙带给人一份愉悦的美感，闻上去兼有木瓜、蜂蜜和蜜蜡的柔和香气，使人难以忘怀。这款酒可以与松露冰激凌搭配。

塔耶奥鲁酒园（Domaine de la Taille aux Loups）

杰克·伯罗特是塔耶奥鲁酒园的主人，这位留着"第二帝国"风格的小胡子的男人是一位酿制诗南葡萄酒的好手，他酿制的干白葡萄酒非常了不起。1997 年份的雷姆斯干白葡萄酒矿物质气息十足，丰盈饱满，和谐均衡，香气纯净，酒龄较年轻时的味道就已经非常引人注目，如果能够陈放至今，口感将会更加出色。这款酒可以与扇贝配松露蔬菜浓汁组合搭配。

1964 年份布尔格伊干红葡萄酒

乌什河庄园（Domaine des ouches）：甘比尔父子

在甘比尔家族酒园的酒窖中，几百年来匆匆而过的岁月好像完全没有在这些尘封的酒瓶上留下任何身影，所有的存酒都在优美地沉睡着，年轻依旧。1964 年份的布尔戈伊干红葡萄酒是这个产区同等称谓的最优秀的葡萄酒之一，酒裙优雅，有红色浆果和灌木的香气，入口味道雅致迷人。这款酒可以和图赖讷烤山鸡搭配。

拉朗德酒园（Domaine de La Lande）

1994 年 3 月，卢瓦尔葡萄酒盛会的晚宴在法国夏尔特小城如约举行，电影艺术家让-卡米特的到来为晚宴增添了不少光彩，而坐在他旁边的马克·德鲁纳则为他的杯中斟上了他非常钟爱的拉朗德酒园酿制的布尔戈伊葡萄酒。一张两人的合影被马克·德鲁纳摆在了自家壁炉旁的显要位置，因为这是那位电影艺术家参加的最后几次活动中的一个重要的晚宴。让-卡米特确实很喜欢这款拉朗德酒园的窖藏葡萄酒，细腻且轻柔，充分体现了优良土壤对栽种的葡萄发挥的优势作用。1964 年份的布尔戈伊葡萄酒丰盈纤细，可以与烤小羊胸肉佐松露成为完美的搭配组合。

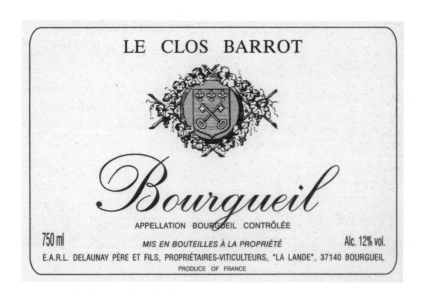

瓦斯利地区（Oisly）

图赖讷：柯尔比利尔酒园（Domaine des Corbillières）

　　该酒园 1995 年份安吉利娜窖藏有着圆润、细腻的酒体，非常适合与砂锅扁豆佐松露和鹅肝一起搭配食用。

让-巴尔代的菜谱
贝尔蒙·图尔酒庄的名菜

松露配野苣、芹菜沙拉

这是一个非常适宜冬天享用的沙拉，在傍晚的聚会上，宾客们可以随意自取。

6 人份食材：

40 克切成细丝状的松露；10 克松露泥（用勺子的突起部分用力捣碎成泥状）；80 克芹菜；60 克巴黎洋菇，取顶部，切片；200 克野苣；10 毫升松露醋；适量盐及胡椒。

准备蔬菜：

将芹菜洗净，择好，均匀切成 2 厘米长的条状或块状，再切成薄片。将巴黎洋菇洗净，取顶部，切片。再将野苣洗好，放置一边沥干水分，备用。

制作过程：

1. 将准备好的芹菜、松露丝及巴黎洋菇一同放入沙拉碗中，淋入 8 毫升的松露醋，加入适量盐和胡椒，搅拌并腌制 10 分钟。
2. 将沙拉分别盛放至四个盘子中。在沙拉碗中倒入余下的 2 毫升松露醋，加入准备好的松露泥。
3. 将之前的沙拉倒入碗中充分搅拌后，分盘盛放。

几个不容忽视的小窍门：
- 将已经分盘装好的沙拉再撒入几小片松露和巴黎洋菇，以做点睛之笔。
- 选择有新鲜绿色小叶的圆形野苣。

杰克·塔莱的菜谱
小派斯尼镇上的漫步

圣·约翰松露配香烤莴苣

1. 选取适量莴苣，洗净，将水沥干，放置一旁备用。将莴苣从中间切成两半，烤熟。另外，将橄榄油、松露汁、盐、胡椒、赫雷斯白醋以及剥下来的松露皮混合调制成醋汁，备用。
2. 将烤好的莴苣分别放在几个盘中，刀切的一侧朝上放置。用一个厨用小刷子将备好的醋汁均匀地涂抹在莴苣块上，将少许松露切成薄片，撒在莴苣块上。最后再加入一些粗盐、胡椒，淋上少许烤鸡的油汁，即可上桌品尝。

保罗·布斯的菜谱
蒙特查尔：保罗·布斯葡萄酒

图赖讷松露配圣雅克扇贝

4 人份食材：
16 个上好的圣雅克扇贝；50 克松露；80 克黄油；50 克小洋葱头；100 毫升白葡萄酒；
100 毫升鲜奶油；适量盐、海盐粒、胡椒。

制作过程：
1. 将一小块黄油放在平底锅中，微火加热；
2. 将扇贝块放入锅中，两面各煎炸 30 秒钟至金黄色；
3. 加入少许盐及胡椒，取出备用；
4. 将切好的小洋葱头放入锅中翻炒片刻，并倒入白葡萄酒；
5. 加入鲜奶油，调味；
6. 将一部分松露切成薄片，另外一部分切成很细的丝状，放入汁中。将调好的酱汁淋在盘子中央；
7. 将煎好的扇贝摆放在盘中，上面点缀一片松露片，撒上一些海盐粒；
8. 根据个人喜好，可以取不同颜色的甜椒，切成小块，在锅中加入橄榄油，翻炒片刻，将油沥干，点缀在扇贝四周；

这道菜肴可以搭配一瓶图赖讷地区保罗·布斯酒庄的玫瑰红索维农葡萄酒一起品尝。

保罗·布斯的个人酒窖。

CHAPTER 3

第 3 章

香 槟 产 区

Le Vin & la Truffe

　　当离开卢瓦尔河产区踏上其他的土壤去探寻葡萄酒与松露时，我们跟随着查理七世的步伐来到兰斯（Reims），这块土地上孕育着犹如使徒约翰式的福音。国王加冕礼在这里似乎显得过于温和了一些，因为兰斯天主教堂的建筑风格好似著名的卡耶城堡。如果说在香槟这块神秘的土壤上蕴藏着无限的松露与葡萄酒的完美和弦，那一定是在我们将要去探寻的 1988 年、1990 年、1995 年或是 1996 年创立的经典星级酒店中。在这里我们可以找到让人折服的葡萄酒与精美的松露菜肴。

香槟产区：松露与法国摄政时期的渊源

　　香槟的华美气泡让我们不禁回想起法国摄政时期（摄政时期，指1715—1723 年法国奥尔良公爵摄政）奥尔良的菲利普（Philippe d'Orleans），这个太阳王（路易十四，自诩为"太阳王"，1638—1715 年）的外甥，1715 年成为了法国王朝一位铁腕人物。继黎塞留公爵（Duc de Richelieu）之后，"法国摄政王日常的生活是将白天的时间用作从事商业活动，而到了夜晚，便同他们的情人和放荡的朋友一同享用夜宵、一同游戏、一同喝酒。路易·塞巴斯蒂安·麦和西作为那一年代的专栏记者，将摄政王"放荡的朋友"定义为"一种无美德、无做人准则的人，却给予他们自身的恶习一种迷人的外表，使之看起来高贵。"

　　这些食客几乎夜夜笙歌，并且享用非常多的香槟，让皇宫的会客厅看起来气氛异常活跃。摄政王与他的玩伴们希望变得更加"高雅"，能够找到与香槟相佐的高贵食材，所以松露这味珍馐便出现了。黑冬松露与香槟的协同合作让一些人极大地发挥其热情。帕拉丁公主曾经记录道："喝香槟的女人们要多过男人，在贝里女公爵入葬的那一天，穆西女公爵面对香槟表现出了从未有过的贪欲，豪饮了一番。"这是一种适合在人与人交流之际饮用的葡萄酒。松露与香槟构造出一个充满欲望的酒会。在波旁王朝复辟时期，国王路易十八就很喜欢将松露菜肴与香槟一同享用。也就是从这一时期开始，松露与香槟便开始了它们相辅相成的亲密之旅，我们更要感谢贺美·库克（世界顶级香槟的现任总裁）让香槟成为了法国的标志之一。

油画，菲利普·奥尔良公爵，法国摄政王（1715—1723）与密涅瓦（Minerve，古希腊神话中的智慧女神），作品出自让-帕博帝思特·桑特荷（Jean-Baptiste San-terre，1651—1717）。

松露的葡萄酒
骑士卫队
Le Vin & la Truffe

兰斯（Reims）：卡耶酒店，菲利普·雅麦思风格的葡萄酒与松露

　　卡耶酒店隐藏在一个傲人但又低调的公园中，柔美精致的彩画玻璃窗带我们进入了由植物到盘中的秘境。

　　于这田园诗歌般美好的环境中，原酒店主厨蒂埃里·伏瓦桑将他所有的灵感贡献在这里。他在这个在全世界都算迷人的厨房里，创造并制作美味的松露菜肴。这里的"黑钻石"菜单向所有松露痴迷者毫不低调地展现了它的非凡之处。当然，蒂埃里·伏瓦桑如今已经不再是卡耶酒店的主厨了，但我们要感谢他的继任者们，将他精练的烹制松露的灵感延续在这个高雅的殿堂。这成功的继任者就是迪叠·艾纳和出色的侍酒师菲利普·雅麦思。在这

贺美·库克（Rémy Krug）与高贵的品位

为了更完美地准备这场好似加冕典礼式的重大仪式，我们拜访了这一圣殿的领袖。

"对于我来说，最出彩的松露，无疑是佩里格尔黑松露和阿尔巴白松露，我会在每年的 11 月份前往意大利，因为我很喜欢那里的意大利调味饭和奶油意大利面。"

那么您会选用哪一类型的香槟来搭配这一风格的菜肴？

我一般会选用库克的顶级窖藏香槟，我钟爱它繁复的质感，它的饱满、成熟与清新让我为之倾倒。我同样也会选择一些年份香槟，在这其中，如果我更希望获得清爽之感，那么我会选择一支 1988 年份的香槟，而1989 年份和 1990 年份的香槟，则更注重成熟度和饱满的口感。

您会选用库克美尼尔园香槟来搭配一道用阿尔巴白松露制作的菜肴吗？

是的。我们可以用这支柔和的香槟搭配一道奶油菜肴。库克美尼尔园香槟拥有清澈透明的酒体，这灵锐且纯正的口感可以重新调整一道美食的味道。这支香槟同样可以与奶油松露意大利面创造出另一种和谐的对照美感。

那么我们应该选择哪一个年份呢？

我倾向于选择 1982 年份，它富有蜂蜜的色调、榛子的清香和完美饱满的酒体。

如果我们想要选择与黑冬松露搭配的香槟，一支年份较老的香槟会更合适吗？

如果是搭配佩里格尔黑松露，我们将优先考虑年份较为成熟的香槟，它们浓厚的果泥香和果酱的深沉色调很适合佩里格尔黑松露。1971 年份或是 1973 年份的香槟带有一点鸡油菌的香气，这香气与松露将会完美融合。我曾经品尝过 1970 年份的香槟，让我觉得惊讶的是，品尝的过程中我感受到了强烈的年轻气息，并且味道可以一直深入味蕾中，延绵持久。

这种口感是因为这支香槟经过了很好的陈酿老化期吗？

不是，是它自身的成熟。它在成熟的过程中，酒体本身就在不断进步。

如果说是陈酿老化，那么香槟则会愈发衰退。

在创造香槟和松露的优美和弦时，有没有什么细节是需要注意的？

需要注意的是食物的烘焙方式，香槟更喜爱与奶油调味汁或者佩里格尔调味汁相搭配。黑冬松露在一盘菜肴中处于比较强势的位置，它不喜欢索然无味的陪同者，可以肯定的是它需要香槟的陪伴，但一定是一支能够顺从它的旨意的乖巧香槟，比如 1959 年份。它的饱满丰盈、张弛有度和其纤细柔和的留香非常适合最简单却又是最纯正的一道松露菜肴——盐蘸鲜松露。

基于以上的灵感来源，位于兰斯的卡耶酒店试图寻求一个平衡点，因为仅仅一道菜肴是无法完全诠释出香槟的点缀性与松露独一无二的味道的。

个豪美的环境中，让我们停下脚步静享此刻的奢华。

我们在追忆那些能够与松露完美相佐的香槟时，在一副精巧的眼镜后面，菲利普的目光在灵性地闪动着。他告诉我们："有两件事情是最重要的。我们可以研究对于与松露相搭配来说，葡萄酒的两种不同特性。首先是酸度，其次便是葡萄酒的转化效果。香槟的酸度必须保持一种纤细柔美的平衡感，正如 1996 年份的香槟。就香槟在气味乃至口感上的转化而言，我们更偏爱一些较久远的优质年份，比如 1990、1989、1985 和 1982 等年份的香槟。"

最让人感兴趣的，是同时演绎这两个最重要的参数。当我们想要将松露与香槟相结合的时候，我们会更倾向于挑选一支酸度平衡或是年份较为成熟且带有蘑菇香气、甘草甜香和土壤芳香的香槟，因为要和松露完美搭配，更好地衬出松露的香味，就要避免那些有过多果香特性的香槟。

香槟的酸度在与一道以松露为主要食材的菜肴的搭配中演绎着重要的角色。也就是说当黑冬松露主导着一道菜肴或一种调味汁时，我们一定要为其搭配一支可以完美转化的香槟。

让我们从理论跨向实践，当酒店厨师准备烹制塔思图松露沙拉时，我们会见证几小块发酵面包与鹅肝酱的油脂相遇，然后厨师再点缀一点点蒜，再在面包上放置几片优美的松露，最后以几滴优质的墨桑橄榄油和两粒盐完美收尾。

"侍酒师是时候出场了，由于面包属于一种口感较稠密且饱满的食物，所以他会遵循酸度这一重要的参数，香槟中的酸度可以解决这一口感上的缺陷。我很喜欢 1996 年份在木质酒桶中酿制而成的香槟，适中的浓稠口感可以与面包的稠密质感产生共鸣，饱满的张力可以吸引住松露的注意力。宝林歇香槟珍稀佳酿（Le Bollinger Grande Année）就是一支这样的香槟。如果我们需要更强的力量感，我们则可以选择菲丽宝娜 1991 年份的歌雪园香槟（Clos des Goisses 1991 de Philipponnat）。"

一道质感松软的黑冬松露鲜奶油香芹泥，是厨师开始考验侍酒

　　　　　　　　　　　　　　　　　　　　　葡萄酒与松露 |

师的时刻了。

"用香芹作为食材之一,是试卷中较难的一题,在这种情况下我们就不能将香槟的酸度作为重要参数,我们必须掩盖住菜肴中的松软口感,选择一支可以与其互补的具有浓稠口感的香槟。从这一点出发,1990 年份的香槟则是最合适的。这是一支成熟较好且具有奶油脂感的香槟,我们可以选择这一年份的凯歌贵妇香槟(Cuvee Grande Dame Veuve Clicquot)或是古塞极品香槟(Gosset Célébris)。"

对于追求完美的纯粹主义者来说,盐蘸鲜松露与黄油加面包一同食用将会是另一种风格的诠释。

"如果是这样,那我们必须将香槟的动感活力这一特点放置在首位,我们需要一支饱满且高贵纯正的香槟。如果考虑一支年份较轻的,那么我会想到 1998 年份的拉蔓德·伯尼香槟(Larmandier-Bernier)。它的鲜灵活力可以与盐中的碘元素完美结合。"菲利普·雅麦思如此评说道。

不容置疑的,奥日美尼尔(Mesnil-sur-Oger)这块土壤酿制出来的纯白香槟(一种用 100%霞多丽白葡萄品种酿制而成的香槟)是全世界最卓越的,它所具有的矿物香气可以与松露完美搭配。"我很喜欢沙龙香槟,"菲利普·雅麦思强调道,"它拥有一种优美的醇厚质感,尤其是 1995 年份、1990 年份、1988 年和 1982 年份的香槟。为了不失掉其富有力量的口感,纯白香槟需要在餐前饮用。之后,我们会选用口感饱满浑厚的红白香槟(100%使用红葡萄品种黑比诺或莫尼耶比诺,一起或者单独酿造的白色香槟),比如玛伊香槟(Champagne Mailly)。

带着调皮的目光,厨师又对侍酒师展开了一轮新的挑战,他用口感鲜嫩的法国百合松露奶油汤。

"我们必须用香槟中的酸度来与这液态口感相呼应。所以一支纯白香槟会更加合适,比如 1995 年份的泰亭哲伯爵纯白香槟(Comtes de Champagne 1995 de Taittinger),它仍然具有不减的活力。我们同

样还可以选择一支拥有蘑菇清新味道的香槟，比如 1993 年份的慧纳
纯白香槟。"

如果想要搭配一道松露马铃薯馅饼，"一定要选择一支饱满丰盈
的香槟，比如雅克森的 1990 年份标注香槟（Champagne Jacquesson
Signature 1990）或者一支 1990 年份的宝林歇的新近除渣香槟"。

我们注意到了松露在口感和味道上的力量，但其纤细的质感
搭配佩里格尔调味汁也是不可小视的。我们可以为之挑选名副其实
的名品窖藏唐培里侬香槟（酩悦旗下顶级的年份香槟），其中又以
1959 年份、1962 年份、1964 年份、1973 年份或 1980 年份的香槟
最为卓越。

这些粉红色的晶莹剔透的气泡让我们为之惊讶。

"粉红香槟绝对拥有它们的一席之地，"菲利普·雅麦思笑着说
道，"这些粉红女郎一定要在芳香中充分氧化，一定要与香槟产区
优质红葡萄品种的血液相交融。如果说白香槟拥有一种强势的气质，
那么粉红香槟则更甚，它的味道与口感上的力量要强于松露。粉红
香槟着重强调了其非比寻常的香气，这种香气非但不会减弱美食的
魅力，还可以无限激发它们的芬芳。粉红香槟若能搭配黑冬松露，
便再完美不过了。"

从眼前这个男人的举止言谈中不难看出，他拥有非凡的葡萄酒
天分。他举止优雅地将 1995 年份的泰亭哲伯爵粉红香槟（Comtes
de Champagne rosé 1995 Taittinger）倒入酒杯中：它那高雅的气泡涌
动着红果的芳香。这款年份较老的酒拥有完美的酒体结构。下面我
们将穿过优美的餐厅，亲身体会一场味觉的加冕仪式。

宝林歇香槟在卡耶城堡中的加冕仪式

几乎全部的宝林歇香槟均产自于该酒庄的葡萄园，所有窖藏的

酿制方法都拥有令人赞叹的一致性。它浓烈的酒质可以非常完美地伴护着"黑钻石"。所有拥有葡萄酒松露品鉴师这个头衔的人，在他的一生中都必须用他的鼻尖去感受一下这支绝世佳酿。在葡萄园中和酿酒酒窖中工作的人是非常值得关注的，他们用自己全部的生命与灵感去创造这甘露。就是这神秘高雅的宝林歇，它那细腻的气泡甫一入口便形成一种无可比拟的质感。宝林歇香槟，甘露中的君王，我们必须为它找到一个拥有同样地位的伴侣，来完成这一盛大的加冕仪式。

"黑钻石"犹如一个名酒探测器，它将不遗余力去探寻4支香槟的奥秘。

1996年份的宝林歇香槟珍稀佳酿拥有非常细腻的气泡、奶油面包般的闻香和完美焕发的矿物香，油滑饱满，于口中的酒体结构犹如哥特式建筑般柔美且富有力量，让我们充分感受到了它的迸发力与高贵。

而1995年份的宝林歇香槟珍稀佳酿则完全不同，闻香上稍显温和，酒体结构拥有一种延展的效果。刚刚入口时那油质顺滑且富有力量的口感让人沉醉。

1990年份的宝林歇新近除渣香槟与1996年份的珍稀佳酿略为相同。入口后完美展现了其娇嫩的口感、持久的香气和平稳的结构。

宝林歇酒庄老葡萄藤前的铁门

这绝对称得上是一支可以与松露菜肴完美搭配的佳酿。

它的同族兄弟 1988 年份的宝林歇新近除渣香槟，同样具有非常细腻的气泡、杏仁的清香和白花的芬芳，入口时奶油面包的奶香质感和矿物香令人神往，慢慢在口中变得饱满，给人以感官上的饱满、平衡和神秘。

艾荷维·奥古斯坦，一个喜爱与人探讨辩论的人，他是宝林歇酒庄的领导人兼侍酒师之一，他早早地便预想到了 1990 年份的宝林歇新近除渣香槟将会在所有美食菜肴中光芒四射，当然，若是单独品用这支甘露也会有非同凡响的感受。在制作松露菜肴的过程中，我们将首次感受到这支酒带给我们的深刻印象。

在一道塔思图松露沙拉中，1996 年份的宝林歇香槟珍稀佳酿找到了适合自己的位置，与吐司面包和大粒盐的味道完美结合，可以让其味道与自身的力量形成一种互补。

一道让完美主义者钟爱的菜肴——盐蘸鲜松露，非常适合 1995 年份宝林歇香槟珍稀佳酿的油滑口感；如果这道菜肴配以黄油面包，那么 1988 年份的宝林歇新近除渣香槟则为不二之选。这是最理想的、最富有活力的、最自由的灵性，就好似松露突然展翅而飞，让人充满遐想。

法国百合松露奶油汤，其好似卡布奇诺式的质地，加上几片优美的新鲜松露，让人感到了犹如诗歌般的优美。这种泡沫质地的美食柔融却又不失清脆之感。1996 年份的宝林歇香槟珍稀佳酿的完美酸度极好地诠释了这道美食的结构，而 1988 年份的宝林歇新近除渣香槟则可以展现出菜肴那柔嫩与细腻的质感。它们高贵的气泡在菜肴的质感上起到了不小的作用。我们在这极具魅力的魔法中，一勺一勺地细细品位松露带给我们的柔和之美。

如果柔软顺滑的口感主导着一道菜肴，那么我们倾向于选择 1996 年份的宝林歇香槟珍稀佳酿；如果是松露主导了菜肴的味道，那么 1995 年份的宝林歇香槟珍稀佳酿的张力和它那使人折服的奶油面包香气则更占上风。与宝林歇的搭配，使它成为了一道充满趣味的且富有热情的美食。

松露马铃薯馅饼如果搭配 1988 年份的宝林歇新近除渣香槟，酒体中充分释放出来的矿物香会让此道菜肴凸显出清新之感；而 1995 年份的宝林歇香槟珍稀佳酿的高贵气泡会将它的热情与活力奉献给马铃薯，所有自然清新之感也尽都献给了松露。

最著名的松露菜肴和它的佩里格尔调味汁更易接近 1995 年份的宝林歇香槟珍稀佳酿，而对于 1988 年份的宝林歇新近除渣香槟来说，这道美食也可以让其魅力完全展现，在感官的盛宴中发挥它无可估量的潜能。

轻盈且美味，松露果浆白奶酪是一道将"黑钻石"和奶酪完美结合的最明智的做法，入口后，尾段清新适中的酸度，与 1990 年份的宝林歇新近除渣香槟入口时不动声色的风格相同。尾端味道的满溢让这支香槟充分展现了其魅力。

感谢它入口中段和尾段圆润的口感，这支 1990 年份的宝林歇新近除渣香槟可以搭配一盘拥有雍容酸度的美食，它可以轻轻掩盖住白奶酪和松露的微酸；而香槟则会溢出减弱的奶油面包和黄油的香气。"在我们这里，"艾荷维·奥古斯坦说道，"我们视神奇的 1928 年份宝林歇新近除渣香槟、1995 年份宝林歇新近除渣香槟和 1997 年份的宝林歇香槟珍稀佳酿为同一音域的甘露。"

松露巧克力松饼是一道最美味的甜品之一，只因其中巧克力与松露的含量形成了一种平衡美。与松露相比，巧克力的锐利显得低调了许多，而这份低调刚好给了 1996 年份宝林歇香槟珍稀佳酿的优美酸度一个合适的机会，二者舞出了轻快活泼的舞步。

古塞香槟（Champagne Gosset）：松露与美食

我们再移步至毗邻的酒园，比阿特丽斯·珂宛托女士（古塞香槟的总裁）邀请我们欣赏另一类雍容的气泡。在这里，酒精与灵魂的临界点变得模糊。事实上，尽管神父们将贪恋美食视为一种罪孽，我们还是希望基督教全体教会听听一个女人的呼声，《基督的奥义与罗马的气泡》——比阿特丽斯·珂宛托的讲演，这是一个干邑的女传教士、香槟的贞女兼葡萄酒松露品鉴师在上帝面前的发言。这位弗朗索瓦·拉伯雷（1495—1553，是欧洲文艺复兴时期重要的人文主义作家之一）的后裔是个很喜欢玩语言游戏的女人，她拥有深厚的底蕴和优雅的举止。这位富有灵性的缪斯诗神了解一切"酒宗罪"并做好了准备说服所有基督教徒重新认识"对美食的欲念"。比阿特丽斯喜欢从两个方面开始她的演说之旅：松露与香槟。在古塞香槟酒庄，她学到并深刻领会了"感官享受"，这个词是新一代葡萄酒松露品鉴师、独立主义者和贝里人所创造出来的。中世纪末期和欧洲文艺复兴初期，由于法国朝廷对酒类饮品的严格挑选，勃艮第和香槟产区开始了一场激烈的战斗。黑品乐和霞多丽两大葡萄品种自然而然地成为了这两大竞争对手较量的先决条件。弗朗索瓦一世为了酿制出他所钟爱的香槟而在阿伊产区（法国香槟大产区中的乡村级产区）安装了一个压榨机。阿伊镇，从亨利四世（1050—1106）开始，便成为了国家最高级别的供应香槟的产区，而如今，古塞酒庄刚好坐落在这里。

从宁静到迸发，无论是君主政体或是共和政体，香槟和它那高贵的气泡均成为了权力的象征。古塞酒庄最基本的原料供应均在让-皮埃尔·玛海尼这位著名的首席酿酒师的慧眼下，精选自兰斯高山地带。

这就是拥有丰润盈美且高贵醇厚风格的香槟，它那令人赞叹不已的陈年能力和优美的清新之感让它可以在松露与葡萄酒之间游刃有余。一支梦幻般的古塞极品香槟（Gosset Célébris）让我们见证了其戏剧性的改良酒品的方法。这支窖藏是由最优质的霞多丽和黑品乐两种葡萄品种酿制而成的，并且只在最特殊的年份才得以酿制，比如1988、1990、1995 和 1996 四个白葡萄品种表现最为优秀的年份，而

其中1995年份和1998年份则是极品粉红香槟表现上佳的两个年份，所以我们便要在这几个极品窖藏中挑选出最适合松露的年份香槟。

我们还可以推荐混合了三种不同年份香槟的古塞典藏香槟（Gosset Grande Réserve），这支无年份的天然型香槟拥有诱人的果杏、甜桃和香料的气息，充满奶油韵味且富有活力的入口永远是其亮点，它可以与用英式甜奶油配绿芦笋制作而成的黑松露岛屿这道极致甜品完美结合。而1996年份的古塞经典窖藏用来搭配鲜松露马铃薯沙拉最合适不过，它可以无限展现其水果、干花以及奶油面包的香气，于口中，这支甘露那繁复的层次和复杂的骨干，可以裹住沙拉的余韵，而其气泡则可以与马铃薯的质感产生共鸣，并且完美映衬出"黑钻石"的力量。这一轻盈的和弦是香槟与菜肴中的每一样食材最完美的结合，优雅且不失活泼。我们同样可以用这支1996年份、拥有完美酸度和优质气泡的香槟来搭配热菜。

1995年份的古塞极品香槟具有很强的个性，所以我们需要为其搭配力量更强的菜肴。这支饱满的香槟使香芹煎鲜松露更加完美，促成了一曲优美的感官合奏。

松露和它的佩里格尔调味汁若是搭配1995年份的古塞极品香槟可以使菜肴急遽升温并呈现其紧密的口感。比阿特丽斯·珂宛托惊喜地说道："我的感官享受着……"这一特殊的表达方式最贴切地表达出了这"黑钻石"与香槟之间的密语。为了使品尝的尾段伴有清新之感，我们可以选择具有强烈果香的1998年份的古塞极品香槟，其满溢草莓与覆盆子的芬芳，加之一点点清新的矿物香气，可以与莫城贝里干酪中的松露完美搭配。为避免苦涩的口感，我们可以去掉奶酪的表皮。我们还可以选用口感清新的1998年份的古塞极品粉红香槟，用来搭配黑松露焦烧奶油这道甜品。

莱皮讷（L'Épine）：香槟武器酒店

不舍地离开卡耶酒店，我们在莱皮讷的香槟武器酒店寻找到了另一种优雅的气泡。

菲利普·泽日在充满活力且生动的厨房中忙碌着，让我们情不自禁地想为他高举手中的酒杯。他自如地烹制着甜菜与松露奶油奶酪，并为他的这味宝贝搭配了菲丽宝娜1999年份的珍稀白香槟（Grand Blanc 1999 Phiplipponnat），轻柔爱抚般地让人沉醉。更加经典的是，雅文邑白兰地腌制皮蒂维耶（法国中部城市）野味佐黑松露可以与充满力量的 1993 年份亨利·杰瑞香槟橡木桶珍稀佳酿（1993 Grand Cru Fût de Chêne d'Henri Giraud）相搭配，该香槟中的黑品乐自我诠释到了极点。葡萄酒松露品鉴师在离这里不远处的一个活跃的葡萄酒中心同样可以找到卓越的"松露窖藏"。

莱皮讷：莎维路（Rue de la Chavée）上的贝哈戴勒葡萄酒中心（Le Marché aux vins Pérardel）

　　这里是真正的酒神巴克斯的岩洞，这个规模巨大的酒窖聚集了所有法国葡萄酒之星。在酒窖的第二层，不可思议地展示了整个香槟产区所有酒庄的代表佳酿。在这里，我们可以随性设计一段从名庄到优美的家族酒园的旅程，并聆听着香槟的故事。

阿伊–玛耶产区（Mareuil–sur–Aÿ）

毕卡莎梦香槟（Champagne Billecart Salmon）：完美的松露饰品

毕卡莎梦香槟的标志完美地象征了酒庄所蕴涵的意义：首字母 B 和 S 交错重叠，圆润又具棱角的笔锋，象征了从柔和到刚直，给人以高尚纯净之感；同时也象征了葡萄，而向上蜷曲的尾巴则犹如葡萄的枝蔓。我们可以在这高贵的香槟酒庄中找寻到和谐的美感，就有如活泼的气泡与松露菜肴的结合。

1997 年份自然型的粉红香槟，它那柔韧的灵活性和优雅的平衡感可以与一道松露时蔬配香醋鸡肉搭配。

1997 年份纯白香槟那纤细的气泡和那镀金似的酒体让人痴迷。柠檬、黄油和白花的闻香沁人心脾。入口时让人眼前一亮，柔滑且浓厚的口感让人将它的高雅铭记于心。这支香槟若搭配扇贝佐意

式松露丸子则可以无限地彰显这道美食的魅力，是这支高傲的香槟让这道菜肴成为了佼佼者。1991 年份的尼古拉·弗朗索瓦·毕卡珍藏香槟（Cuvee Nicolas Francois Billecart 1991）像极了在云中的一句颂诗。它的优雅和它的层次质地给了鲅鱼脊肉佐架烤松露马铃薯足够的发挥空间。这支佳酿首先与马铃薯合作了一曲轻缓的和弦，之后，它缠绕住了松露和鲅鱼，让食客们见证了这场出自法布里斯·吉拉德（毕卡莎梦香槟酒庄的葡萄酒松露品鉴师）之手的豪华邂逅。

阿伊产区（Aÿ）

克利斯朵夫·伊宏德（Christophe Hirondel）：蒂姿香槟的葡萄酒松露品鉴师

克利斯朵夫·伊宏德是一位在香槟的气泡中诞生的葡萄酒松露品鉴师。他更偏爱蒂姿酒庄较为成熟的年份香槟，而 1.5 升装的大瓶也是他最喜爱的容量。1975 年份的蒂姿天然型香槟那浓郁的鸡油菌、烟草和蜂蜜的味道深深地牵引住了他。这些深厚浓郁的香气如同一双纤细的手，抚摸着勃艮第松露意大利调味饭。1982 年份的蒂姿天然型香槟，那油质顺滑的口感更为出色，可以为之搭配马铃薯嵌松露。具有渗透力的香槟活力牢牢地抓住了松露，轻抚着它的这位可人的伙伴。1996 年份的威廉姆·蒂姿窖藏香槟（Cuvée William Deutz 1996）拥有非常纤细的气泡，它那奶油面包的闻香赠与了其一种与入口极为和谐的音符，可以尽情地与松露马铃薯馅饼相搭配。

葡萄酒与松露 |

兰斯产区（Reims）

亨利特香槟（Champagne Henriot）

一位充满魅力的配角，大多数的亨利特香槟均为纯白香槟。

约瑟夫·亨利特香槟（Joseph henriot）就像一位兰斯产区微笑着的天使。高贵的天然型香槟可以与一道松露烤肉肠相搭配，余韵更为持久的 1990 年份的天然型亨利特香槟则可以与味道蜿蜒曲折的松露芦笋布丁相结合，而一支 1988 年份的完美的"昂尚特勒"窖藏（Cuvée Enchanteleurs）充满无限魅力，与松露馅意大利饺子是绝妙的组合。

罗德瑞香槟（Champagne Roederer）

让-克洛德·胡索（罗德瑞香槟总裁）在组织松露盛宴的时候，总会选择"梦之诺雄鹿"餐厅，因为在这里他可以享用到美味的松露腌扇贝。每每此时，他都会选用一支精细并且拥有果酱和干果香气的香槟，其气泡一定要纤细且可以第一时间与松露的味道相盘绕。那么无疑，这支 1996 年份的"水晶窖藏"（Cristal 1996）将其所有的上述品质一一展现，它温婉、谦和、圆润，并且拥有迷人的榛香和奶油面包香。而 1988 年份的"水晶窖藏"则拥有饱满醇厚的质感，可以搭配松露烹小母鸡，这支香槟可以让这种烹饪方法更添加几分新鲜清爽，并且可以无限延伸松露的韵味，这曲优美的松露香槟合奏优雅且温柔。

罗德瑞香槟的雕花酒桶。

凯歌香槟（Veuve Clicquot）

　　凯歌香槟的酿酒师西里尔·布朗来到位于沙特尔城（Chartres）中的帝王酒店（米其林一星饭店），在这里开始了他对"黑钻石"和香槟甘露的遐想："与黑冬松露搭配，我可以选择一支年份较轻的凯歌贵妇香槟，或者，我也可以选用一支年份大于 25 年的佳酿。"同样，一支 1978 年份的凯歌粉红典藏香槟（Champagne Veuve Clicquot Rosé Réserve 1978）也是文雅至极的，在耳边，我们听不到其气泡流动的声音，却可以在松露洋葱烹螯虾中感受其雍容纤细。我们再来尝试一下 1996 年份的凯歌贵妇香槟，它可以让我们感受到另一种纯粹的风格。这支饱满且柔软光滑的佳酿将它优美的矿物香赠与了小牛肉汁浸蝶螺佐松露马铃薯泥，而它酒体的层次感也是屈指可数的。

搭配松露的
精致窖藏
Le Vin & la Truffe

与温斯顿·丘吉尔一样，我们只挑选最出色的香槟，也就是说，我们只品尝年份香槟和香槟酒庄的特殊窖藏。毫无疑问，这些让人兴奋的气泡可以陪伴着食客们享受松露盛宴，因为这些香槟气泡的流动可以通过其新鲜清爽的特性改变或凸显美食的质感。他们不喜欢过于酸涩或过于甜腻的烹饪方式。如果我们在同一餐中享用多种类型的香槟，我们会首先品尝年纪较轻的纯白香槟，并为之搭配一道野苣沙拉或是松露马铃薯，之后我们会继续品尝年纪稍老一点的优质霞多丽香槟，它那股混有奶油面包、蜂蜜和榛子香气，还有它那细致纤密的层次结构则非常适合搭配家禽类、贝壳类和鱼类等菜肴，而由黑品乐酿制的优质窖藏口感则更加坚硬有力，它们可以与一些口感细腻精致的菜肴相搭配，比如松露馅角包配佩里格尔调味汁。

在粉红香槟与松露菜肴的完美和弦中，黑品乐在其中扮演了至关重要的角色。如果我们给予这些香槟充分的时间，那么这些极品窖藏和老年份的珍稀佳酿便可以喷发出一种品质平平的香槟所望尘莫及的松露的芳香。

1986 年份的库克美尼尔园香槟（Krug Clos du Mesnil 1986）

1986 年的美尼尔园香槟让我们领略到了一丝其特有的平菇香气，结合它的油滑质感与矿物香气，这支特殊的香槟将它所有的能量都贡献给了松露香芹烹海螯虾王。

库克 1990 年份香槟（Kurg 1990）

它的气泡柔软易融，拥有一种奶油面包、甜杏和榛子的闻香，入口即能感知到其纤密的层次，坚实有力的酒体和高雅迷人的性格让这支神秘的香槟能紧紧抓住松露配奶油面包的香甜气息。

菲丽宝娜 1991 年份的歌雪园香槟（Philipponnat：Clos des Goisses 1991）

盛气凌人的菲丽宝娜香槟酒庄酿制的 1991 年份的歌雪园香槟拥有一种富有力量的香气和让人迷醉的口感。它的余韵赋予它一种天生可以与松露菜肴搭配的能力，尤其是与松露栗香布莱斯鸡所演奏的乐曲，最为迷人。

拉曼德-伯尼香槟酒园：1998 年份的善世香槟（Domaine Larmandier-Bernier：Champagne Terre de Vertus 1998）

这支纯白香槟窖藏拥有不可思议的直爽个性，它的气泡像空气一样具有一种纯净之感。这支高雅的香槟和它鲜明的层次感可以很好地搭配松露马铃薯千层酥。

1995 年份的泰亭哲伯爵香槟（Taittinger：Comtes de Champagne 1995）

这支伯爵窖藏犹如纯白香槟界的领路人，它同时拥有饱满丰盈又不失细腻的酒体，当它纯粹的芳香搭配帕尔玛乳酪松露玉米粥时，其光彩尽现。

乔瑟·芭黎雅香槟：1990 年份的乔瑟菲尼窖藏（Joseph Perrier：Cuvée Joséphine 1990）

　　一支优美的 1990 年份乔瑟菲尼窖藏将它丰盈的蜜桃、香杏和面包的闻香赠予我们，其柔软而纤细的口感可以与松露通心粉配鹅肝酱完美搭配。

1993 年份的宝禄爵香槟：温斯顿·丘吉尔窖藏（Champagne Pol Roger：Cuvée Winston Churchill 1993）

　　这支特别的窖藏是由优质的黑品乐和霞多丽两种葡萄品种酿制而成的，宝禄爵酒庄只在最出色的年份才酿制这一窖藏，如 1993 年份。这一年份的该窖藏给予我们一股干杏、李子和奶油面包的闻香，而强力坚实的口感让我们感知到它那面包、香杏和烤榛子的迷人香味。在口中的后段则隐约带有一丝柚子的微苦，给人焕然一新的感觉。这支饱满的香槟可以完美搭配猪排佐松露碎末调味汁。

宝禄爵香槟酒庄。

雅克森 1995 年份顶极标注香槟（Champagne Jacquesson 1995：Grand vin，Signature）

　　这支充满果香的香槟混合了 60% 的黑品乐和 40% 的霞多丽，呈现了非常完美细腻的气泡，其油质感和清爽感用来搭配松露奶油面包再合适不过。在这组搭配中，奶油面包闻香的魅力

雅克森香槟酒桶。

与香槟强力坚实的口感平分秋色。同一年份的纯白香槟也获得了非常大的成功，卓越出众且拥有优美的酒体结构，它可以和一道勃艮第松露调味米饭搭配。

艾瑞克·索萨香槟酒庄（Domaine Éric de Sousa）

艾瑞克·索萨是香槟界中出色的葡萄酒松露品鉴师之一，他不断地诱惑着菲利普·泽日这个位于莱皮讷的香槟武器酒店的厨师，让他创造出可以与该酒庄考特力窖藏香槟（Cuvée des Caudalies）相搭配的美食菜肴。这个香槟产区的主厨将一支 1999 年份的该窖藏用来搭配坚果扇贝、松露调味米饭佐蛋清慕斯。该酒庄的纯白香槟拥有优美的杏仁和奶油面包的香气，可以与松露扇贝演奏出一曲优美的和弦。

卡帝耶香槟酒庄（Domaine Cattier）

这个家族酒庄所拥有的木兰酒园窖藏（Clos du Moulin）是将三个不同年份的葡萄酒混合酿制而成的，这一窖藏完美展现了其陈年能力。这支美味的香槟可以搭配松露箬鳎鱼脊肉。

查尔斯·哈雪香槟（Charles Heidsieck）

这是一款专门出席盛宴的香槟，这支 1995 年份的天然型香槟有如窖藏中的一座神庙，它那油润细腻的奶油面包香气可以与一道松露烹布莱斯鸡肉产生优雅的共鸣，其味觉上的无限拉伸唤醒了舌尖那一抹炙热、自由的情感。而 1996 年份的天然型粉红香槟，灵锐且高雅的性格将它那雍容的气泡赠予了普罗旺斯泥盘菜饼佐松露小羊肉。这支香槟紧紧缠绕住了我们的味蕾，用它的柔情俘虏了美食与食客。

1995 年份沙龙天然型香槟（Salon Brut 1995）

这支由霞多丽酿制而成的甘露拥有一种纯净的力量，可以与阿尔巴白松露调味米饭和谐搭配。这一组合的味道含有一种若隐若现的文雅且简洁的轮廓。这支特殊的佳酿征服了这道用精妙的烹饪方式制作出来的美食的心。

杜瓦-乐华香槟：奥堂滴窖藏（Duval-Leroy：Cuvée Authentis）

小美斯丽尔（非常稀有的法国白葡萄品种）是一种被香槟产区遗忘的葡萄品种，而这支神秘的窖藏恰恰就是用 100% 的小美斯丽尔酿制而成的，拥有非常纯净的质感，口感光滑柔顺，酒体富有力量，时而醇厚时而清爽。

酩悦香槟：唐培里侬顶极窖藏（Moët et Chandon：Dom Pérignon）

沙美瑞镇（Chamery）位于兰斯山自然保护公园的中心地带。

　　与松露同为神秘的稀世珍品的唐培里侬顶极窖藏总能为我们展示其活跃且富有张力的气泡。当它被评价为拥有极为出色的可塑性时，它对酒窖中的侍酒师菲利普·福·布拉克（世界上最出色的侍

酒师之一）和奥利维·布斯（世界上最出色的侍酒师之一）报以微笑，它可以给予阿尔巴白松露调味米饭极大的喜悦感。其 1996 年份中那极具狂热色彩的油滑质感可以让白松露感受到一份轻盈的快感；而 1990 年份的唐培里侬顶极珍藏香槟那年轻且富有活力的气息微微拨动了它那绸缎一样的光滑质感，在松露与调味米饭之间游走。食客们在圆润光滑的口感中感受松露连贯的香气，这绝对称得上是阿尔巴白松露中最出色、最优美的味觉和弦。

蒂埃里·伏瓦桑的菜谱

松露千层酥

4人份食材:
4只松露,每只重40~50克;80克鹅肝酱;200克千层酥面;
1个鸡蛋黄用于表面挂蛋黄浆上色。

使用每年12月至次年2月末采摘来的新鲜松露。
如果不在此季节,那么我们将选用第一波采摘来的松露。

1. 将千层酥面展开成2毫米厚度的长方形,再将面片切割成10厘米见方的方形面片,并将两边粘合制作成高10厘米、直径为4厘米的圆筒状。
2. 将20克鹅肝酱做成泥状,均匀涂抹到松露上,让鹅肝酱包裹松露。然后按同样的方法,制作剩下的3只松露。

葡萄酒与松露 |

3. 将包裹好鹅肝酱泥的松露分别放入卷好的千层酥面筒中。

4. 将千层酥面筒的两边封口，并用手团成圆形。

5. 将 4 只包裹好千层酥面的松露放在烤盘上，并将它们的面皮表面均匀涂抹上用来上色的鸡蛋黄。

6. 将步骤 5 中涂抹好鸡蛋黄的 4 只松露放入已预热好的 200 摄氏度的烤箱中，用 200 摄氏度的温度烤制 20 分钟。

7. 取出后便可搭配佩里格尔调味汁一同食用。

佩里格尔调味汁的制作方法

4 人份食材：
40 克松露；50 克黄油；250 毫升小牛肉高汤；100 毫升葡萄牙波尔图甜葡萄酒；20 毫升干邑

1. 将松露切成细细的碎末。

2. 将松露碎末放入平底锅中，加入波尔图甜葡萄酒和干邑，小火煎制。

3. 待汤汁收到 3/4 的量。

4. 加入牛肉高汤。

5. 再将汤汁熬制到一半的量。

6. 将 50 克的黄油切成小块。

7. 关火，将小块黄油逐一放入锅中，边放边搅拌，直到黄油全部融化。

凯塞·斯贝格镇 (Kayser-sberg) 美景和当地迷人的木筋墙住宅。

第 4 章

阿尔萨斯产区

Le Vin & la Truffe

在阿尔萨斯香槟产区的辅路上绕行，便会发现莱茵河畔的香槟酒是这里最缤纷的颜色。路易十四初次踏上这片土地，发现这里的平原和葡萄园时，他赞美说："多么美丽的花园啊！"葡萄藤为这片田地提供了充足的养料。大片的植被褶皱吸引人们将目光投向这些精心梳理过的葡萄园和紧紧围绕在教堂周围的村庄上。为了满足山民的需要，这里的葡萄酒音调更加生动，对比更加明显。在双鹳（在法国代表好运）之间我们会找到一些松露，这充分说明这片优质的土壤与松露的高度和谐。这一产区的葡萄园内，葡萄苗木的质量也属上乘。阿尔萨斯产区还有一位世界最佳品酒家赛尔吉·杜布斯，他是现任的法国侍酒师协会主席。我们将跟随他和他的主厨马克·贺柏林（米其林三星主厨）一起品鉴这里优质的松露。马克·贺柏林向我们特别推荐了这里星级的"黑钻石"，这些"黑钻石"佐以 1989 年份的葡萄酒，组成完美和谐的搭配。

松露与鹅肝：阿尔萨斯与孔塔德馅饼

阿尔萨斯这片土地被松露征服，因为在这里松露邂逅了鹅肝。与此同时，孔塔德馅饼作为当地传统美食，一直都是阿尔萨斯地区主厨们的保留菜品。在伊勒奥塞尼（Illhausern），马克·贺柏林用大写字母写下了黑冬松露的故事。而他的侍酒师赛尔吉·杜布斯（我们称他为葡萄酒界的百科全书），很专业地为我们展示了松露应该如何搭配葡萄酒。在这场小游戏中，阿尔萨斯葡萄酒充分证明了它们与美食天生的缘分。

如果法国西南部要求恢复"松露-鹅肝酱"这一神圣组合的持续专属权，阿尔萨斯地区可以理直气壮和它进行争辩，因为这个组合最早是在阿尔萨斯形成的。

19世纪，每年冬天，布里亚·萨瓦兰都会和跟他一样爱好美食的朋友静静地品尝斯特拉斯堡（Strasbourg）的直布罗陀鹅肝酱，格里莫·德拉瑞尼尔特别推荐斯特拉斯堡鹅肝酱馅饼。冬季是品尝这些美食最好的时节，因为这个季节鹅肝能够达到最丰腴的程度，而松露也正散发着诱人的香气。斯特拉斯堡鹅肝酱声名远播，尼古拉斯·弗朗索瓦·克劳斯功不可没。18世纪，在他为阿尔萨斯军队统治者孔塔德元帅提供烹饪服务的最后那段日子里，有一天，元帅召见了克劳斯并对他说："明天早上的餐牌我不想再看到兔肉佐羊肚菌和永恒不变的阿尔萨斯可耐夫，我想看到法国菜。"当天晚上，各种味道充斥在克劳斯的脑袋里，而在最后关键时刻，他接受了当地一位犹太智者的建议，将鹅肝酱馅饼作为早餐呈给元帅。

克劳斯用圆框磨具制作出馅饼皮，并将鹅肝和精心剁碎的培根填入，然后再将一层馅饼皮覆盖其上，用文火烤制。元帅初尝第一口便赞不绝口，他叫来克劳斯，并在宾客面前称赞了他。第二天，他写信给远在凡尔赛的一位绅士，希望将这种美味的馅饼献给国王路易十六。

国王品尝后，觉得十分美味，并将馅饼宴请朝臣。而元帅则获得了位于皮卡迪的一

块农田作为赏赐，克劳斯也获得了二十个钱币作为奖赏。

我们并不清楚这个故事或者传说的每部分细节，我们只知道，只有尼古拉斯·弗朗索瓦·克劳斯最清楚这种馅饼的制作方法。

为了保护这份菜谱，他将其命名为他的保护者的名字——孔塔德元帅。在国王路易十五改革之后，时光仿佛一成不变地流逝着，而这种新制馅饼却被遗忘了，据编年史作者对这个时代的记载，新制馅饼是被一个名叫尼古拉斯·弗朗索瓦·拉朵嬅的人重新传播开来。他曾任波尔多议会主席的官方厨师，后来由于法国大革命的影响而被辞退。1792 年这位厨师长来到斯特拉斯堡，在这里他认识了克劳斯，并得到了填入式馅饼的制作方法。

布里亚·萨瓦兰在他的味觉生理学研究中提到了这个著名的十分具有特色的食品："这种馅饼的出现，我能够预想到它将会被薪火相传，它令人眩迷的味道，仿佛使人置身于完美的极乐世界。"如今，始建于 1803 年的阿尔兹耐餐厅继承了这一美食。借鉴了猪肉熟食店的烹调方法，两位阿尔萨斯大厨安东尼·韦斯特曼和艾米尔·琼按照传统方式制作了这种馅饼，松露爱好者们千万不能错过。另外，在伊勒奥塞尼广泛流传的阿尔萨斯地区关于松露和葡萄酒的传说也是不容错过的精彩。我就是从马克·贺柏林和赛尔吉·杜布斯那里听到了以上那些有趣的小故事。

美食之旅

Le Vin & la Truffe

伊勒奥塞尼：孤岛餐馆，马克·贺柏林和赛尔吉·杜布斯，两位葡萄酒松露品鉴师

孤岛餐馆是阿尔萨斯地区葡萄园精致的缩影。1989年，世界著名的品酒师赛尔吉·杜布斯来到这里并亲手绘制到周围葡萄园的地理图志。在这片土地上，味道相互碰撞融合。葡萄苗木与土地相互滋养。他的好伙伴马克·贺柏林厨艺精湛，性情如葡萄酒般醇厚。他的烹饪讲究准确直接，烹饪出的美食纯粹、精致，令人回味无穷。他烹调出的菜肴蕴含着他浓浓的情感，并且散发出淡淡的思乡之情，那是经典的味道，那是触及心灵的感觉。与当地环境紧密相连，这里的美食有一种乡村贵族的气质，而"黑钻石"无疑是这场饕餮盛宴中绝对的王者，当地珍藏的最好佳酿可与之完美搭配。

"阿尔萨斯的葡萄酒和松露搭配在一起的感觉就如同走在人迹罕至的山间小道上那般，趣味盎然。"赛尔吉·杜布斯坚信地说，"对于我来说，二者的搭配堪称完美。松露充满芳香，是一种要求严苛的食物。有时我们用它来填补味道的不足，有时我们无意的逆向使用它，而搭配何种葡萄酒才是至关重要的。当然，这些葡萄酒的酒体必须达到酸度平衡。考虑到当地的气候和地理条件，雷司令或者托凯是我们的首选，斯万娜和琼瑶浆也是不错的选择。"

关于和松露的搭配，这里有一条不成文的规定，那就是葡萄酒的矿物性必须来自特殊的土壤。于是人们会问，是否存在一种土质能够和黑冬松露完美搭配。赛尔吉·杜布斯皱着眉头说："我已经不会再提出这样的问题了，对于我来说，在准备松露的过程中我会考虑葡萄酒的哪种特质能够与松露相配，在这种情况下，我不会再担心火山石还是片岩与松露最搭配这种问题了。"

"根据年份的等级，我最喜欢的是比较古老的年份。举个例子来说，松露烧土豆佐以奶油松露，可以搭配一瓶波尔图葡萄酒，当然，最好是经典年份的，例如 1976 年份、1983 年份或者是 1989 年份。我比较偏爱葡萄酒通过与调味酱或调味汁搭配而散发出的霸道

吉尔斯堡城堡（Château de Girsberg）是里博维莱（Ribeauvillé）地区三座山顶要塞之一。

的感觉，矿物气息十足，具有几乎结晶的质感，例如辛特·胡布列什庄园（Domaine Zind–Humbrecht）的兰靳 (Rangen) 葡萄酒。"

如果说老熟是托凯和雷司令的特色，那么"位于埃圭斯海姆（Éguisheim）的艾希贝格葡萄园的琼瑶浆能够陈酿得极好，布鲁诺·索奥芝在那里的成果令人印象深刻。其庄园所产的 1983 年份或 1989 年份的琼瑶浆，搭配松露乳鸽千层酥，值得细细品味。葡萄酒与菜肴完美融合，口感滑腻、强劲"。

在伊勒奥塞尼，我们没有去餐厅，而是去了贺柏林的家，在那里我们得到了艺术般的享受。在赛尔吉·杜布斯引导下，我们来到了柔软舒适的大客厅，透过拱门上的窗玻璃我看到了自己疲倦的模样。晚餐的头盘是制作精美的如首饰盒般形状的鹅肝酱配松露碎粒，其上覆盖着烤馅饼皮，佐以佩格里尔调味汁。"这是一道私房菜，"马克·贺柏林解释说，"它产生于 45 年前。我父亲在从佩里格尔到巴黎的铁路上发明了这道菜，当时这道菜成了铁路配餐的荤菜之一。"这道菜成为了这个家庭的荣誉，我们用头两杯酒向这道"黑钻石"致意。

从 2000 年份的阿尔伯特·塞尔茨斯万娜老藤所产的葡萄酒中，我们品味到花的香气和矿物气息。这支酒初尝味道单一，然后逐渐丰富，口感平滑。斯万娜独有的气质和高雅的矿物气息与松露形成了完美的搭配。这支酒的回味柔和微妙。

1996 年份婷芭克世家（Trimbach）圣于纳庄园（Clos Saint Hune）雷司令与松露琴瑟和鸣。这支酒经过充分醒过之后，带来了焚烧般灼热的感觉，然后缓缓地散去，纯净的矿物气息慢慢浮上来。这支酒的特点是入口冲劲十足，回归平和后在口中缓缓不愿散去，香味久久回荡在舌尖。

接下来加入美食大战的是炸龙虾佐以水萝卜和菠菜，并配有用坚果汁和新鲜松露汁制成的酱汁。有两种葡萄酒可供选择：

1993 年份乔士迈庄园 (Josmeyer) 灰品乐，初入口中便尝到一丝带着淡淡矿物气息的白色花香味，如同冰晶在口中融化的感觉，

→ 明斯特山谷（Vallée de Munster），俯视图。

十分高雅。托凯带出的优雅气息使口感温和柔软。

1988年份雨果庄园晚收雷司令，口感温和，带有丝丝甜味，如天鹅绒般柔滑。超过15年的窖藏陈酿，使这支酒矿物气息浓郁，香味持久，它与松露和龙虾在口中碰触融合，带来梦幻般的感受。

外焦里嫩的烤乳猪搭配酥脆的蚕豆和皇家松露是这顿精心准备的珍馐盛宴的结束曲。这场盛宴令人回味无穷，而赛尔吉·杜布斯不愿输给马克·贺柏林，他为我们提供了一支1967年份雨果庄园的托凯。这支酒色泽清澈透亮，丰富饱满，酒体柔和，其余韵在口中停留的时间犹如魔法般长久。品酒人仿佛沉浸在酒红色的背景中，与单宁共舞，这使我们确信这支酒表现出平衡感的精髓。它的香气吸引松露一同翩翩起舞，然后是蚕豆和乳猪轻轻拂过，这就是完美的幸福。

阿尔萨斯的王牌便是"黑钻石"，它吸引着世界各地的人来这里共品珍馐。

松露的葡萄酒骑士卫队

Le Vin & la Truffe

图尔克汉（Turckheim）：辛特·胡布列什庄园

　　祖辈从 1620 年起就是种植葡萄的农民，胡布列什家族成为了当地贵族中的传说。无论是父亲雷纳德还是儿子奥利维耶，胡布列什家族子孙都有着宽厚的肩膀，他们每日都在农田里辛勤劳作。为松露服务的骑士们——这些名门望族的子孙——将葡萄酒与松露的品鉴方式代代相传。1989 年份的塔恩村兰靳托凯甜烧葡萄酒带着它轻盈圆润的步伐拉开了这场舞会的序幕，黑冬松露伴随着法式扇贝拌生牛肉片沙拉开始翩翩起舞，它的舞伴——布兰德特级酒园雷司令干白，逐渐融入其中。另一位舞者，拥有矿物气息的塔恩村兰靳灰品乐与爱尔兰咖啡伴随着一块牛尾和一薄片松露翩然进入舞会。这样精心准备的舞会，尤其不能允许外来葡萄酒进入。"松露是随和的，"奥利维耶说，"但条件是搭配有一定年份的相对干型的葡萄酒。"

　　在胡布列什家生活的日子，短暂却甜蜜，就如同他家中珍藏的葡萄酒每个冬季与松露相会的日子。

埃圭斯海姆：莱昂-贝耶庄园 (Domaine Léon-Beyer)

　　莱昂-贝耶庄园保持着类似六边形宫殿的模样。由于国家美食导览的推荐，这位年逾八十的老庄园主每日承担着超负荷的接待工作。他三十多岁的儿子马克继承了对美食和葡萄的热爱。他对马克·贺柏林推荐的苏沃洛夫松露搭配 1997 年份的埃圭斯海姆伯爵托凯灰品乐推崇至极，这支酒的优雅、强烈和矿物气息与松露完美呼应。"在品尝松露时，我喜欢足够干型的葡萄酒，例如托凯或雷司令。"

　　首先，应当注意葡萄酒的年份有成熟的有年轻的，搭配鱼时要特别小心。其次，葡萄酒的丰富质

感、滑腻感和矿物气息是其品质的最好呈现方式，但是千万不要将酒
残留在杯中，特别是在品尝法式扇贝拌生牛肉片的时候。我们推荐一
支 1998 年份窖藏雷司令埃圭斯海姆伯爵，它色泽晶莹，搭配法式扇
贝拌生牛肉片再适合不过。而松露鹅肝酱则应由 1994 年份的晚收雷
司令充当爱侣。

凯塞斯贝格镇：温巴赫庄园（Domaine Weinbach）

在阿尔萨斯产区，这个酒庄因其庄主法雷而出名。这个家族从1898年开始在凯塞斯贝格定居并拥有一片葡萄园。这个庄园有将近一半的葡萄园位于宫殿山山丘上，种植着十分适应当地气候的雷司令，其酿制的葡萄酒表现出柔和和优雅的气质。而托凯-黑品乐则被种植在奥登堡的一小块土地上。这两种葡萄品种所产的葡萄酒最常用来搭配松露，所以庄园主人柯莱特·法雷和她的女儿凯瑟琳和劳伦斯格外珍惜它们。

凯瑟琳·法雷对松露有着十足的热情，经常一个人去荷舍汉舍的松露集市上淘宝。这个酒庄所产的葡萄酒与"黑钻石"能完美契合。我们选择了一支2002年份特选珍藏麝香葡萄酒作为餐前酒，它散发出花香和辛香，刚入口便和口中的白芦笋配松露完美融合。这道初春才能品尝到的菜肴在烹调时需要加入少量的糖来除去苦涩的

温巴赫庄园位于山丘侧面的葡萄园。

味道。为了搭配松露蔬菜汤，我们选择了一支 2002 年份特选圣凯瑟琳托凯，它入口平滑，带着些许矿物气息。

2002 年份特选圣凯瑟琳宫殿山雷司令优雅和强烈的气质惹人喜爱，用它来搭配松露焗比目鱼再合适不过。而 2002 年份特选劳伦斯奥登堡托凯，则散发着橙花、蜂蜜和甜杏的香气，用它来搭配松露鹅肝酱绝对经典。我们有幸见识到了未对外销售过的 2001 年份宫殿山雷司令的真面目，浓郁的芒果、菠萝香气中透出丝丝辛香，细细品味还会发现矿物气息在舌尖缭绕。为了与松露契合，它需要静静等待六年来纯化。

还有两支 2002 年份特选劳伦斯琼瑶浆，它们出自两块不同的土地。一支出自奥登堡，散发着辛香，表现出优雅的气质和极佳的平衡感。但是如果要搭配松露，我们更倾向于另一支来自芙赫斯登托姆（Furstentum）的特选劳伦斯，这支酒将其矿物气息与强劲和优雅的气质完美结合，呈现出一抹透亮的橙色。

这片土地上所孕育出的特有的葡萄品种，使其与马克·贺柏林烹调出的松露焗龙虾十分搭配。与其说这里的葡萄品种，不如说这块土地与松露之间的契合度达到了完美。

里博维莱庄园（Ribeauvillé）

安德烈·金茨勒庄园（Domaine André Kienzler），古老的庄园，酒庄主和酒窖主的依靠

在去旺度（Ventoux）寻找松露之前，安德烈·金茨勒和斯特拉斯堡三星主厨安东尼·韦斯特曼一起爬上肖威山 (Mont Chauve)。这趟寻找美食原材料之旅的结果，就是以一客蛋卷"黑钻石"搭配适当年份的白品乐为盛宴的理想序章。安德烈·金茨勒庄园是阿尔萨

斯地区最适合搭配松露的葡萄酒庄园之一，因为其所产的葡萄酒十分醇正，干性十足，尊贵的感觉与酒庄名相称。这里的工作需要对葡萄有持久的耐心。这里的格斯伯格雷司令以其醇正的矿物气息使这片产区被评定为优质产区，是这里的推荐产品。这里的特选陈酿十分精美，它们经过一段时间的精心照料，拥有完美的复杂度，却又十分清新爽口。我们推荐精妙的2000年份，经过6~9年的陈放，它拥有足以搭配松露的水准。而2001年份的葡萄酒则表现出极佳的潜力并拥有最完美的平衡度。1990年有限的降雨量使这个年份所产的葡萄酒拥有纯净的矿物气息，结构丰富，搭配来自帕尔斯堡（Phalsbourg）松露焗龙虾和二年士兵（Soldat de l'an II）汤团，十分清新爽口。

里博维莱葡萄酒酒窖

位于理想的葡萄酒之路上，该酒窖的藏酒具有极佳的性价比。2001年份的托凯灰品乐的平顺柔和与位于里克塞姆（Rixheim）的庄园餐厅特色菜松露丝十分搭配。

里博维莱的历史文化遗产极具价值。

路易·斯迪普庄园（Domaine Louis Sipp）

　　该庄园所产的葡萄酒的老熟度与松露可理想搭配。1994年份的灰品乐是这里的招牌，它的矿物气息与位于斯瑞兹 (Siereutz) 的圣娄兰餐厅特有的松露佐果酱土豆饼十分契合。而1995年份的灰品乐更加圆润，更加丰富。这个年份的葡萄酒最适合搭配位于埃圭斯海姆的格兰格利埃尔（Grangelière）餐厅所烹调的松露焗乌鸡。看，这就是葡萄酒的战争。

鲁法克（Rouffach）

雷沐尔庄园（Domaine René Muré ）

　　这个庄园所产的红葡萄酒与白葡萄酒同样出色。事实上，该庄园的圣兰德林酒园是阿尔萨斯最美丽的葡萄园之一。特选奥斯卡斯万娜是这片土地上卓越的果实。我们可以选择一支2000年份来搭配松露猪脚沙拉；1990年份特等佛尔堡园雷司令与马克·贺柏林的苏沃洛夫松露相辅相成；而圣兰德林酒园灰皮诺为松露提供了天然的最好的嬉戏之处。

搭配松露的
精致窖藏
Le Vin & la Truffe

巴恩斯·卜谢尔庄园（Domaine Barnes Buecher）

该庄园所产的葡萄酒成熟度和浓度完美平衡。至少五年窖藏的亨斯特雷司令值得关注，比如1998年份的亨斯特雷司令，透过燃油的气味散发出杏仁香和橙花香，入口便是一阵香甜，其后伴随着矿物的气息。这支酒细腻、强烈，配松露鹅肝酱再适合不过。

婷芭克庄园（Domaine Trimbach）

从芳香的角度品鉴葡萄酒，亨丽埃特·婷芭克的胡玛奇园（Hommage）所产的1996年份灰品乐，从初始的芒果香到深层的矿物气息，细腻地诠释了松露的特质。它与卡布奇诺焗法式扇贝佐朝鲜蓟和奶油焗松露相得益彰，酒中的矿物气息通过朝鲜蓟更好地得到了表现。

皮尔·阿诺德庄园（Domaine Pierre Arnold）

一定年份的麝香葡萄酒与松露佐醋拌芦笋是经典的搭配。1998

年份弗兰克斯坦 (Frankstein) 特级酒园雷司令充满矿物气息，与位于里德斯恩（Riedisheim）的科尼餐厅（上莱茵省最好的餐厅之一）的土豆烧松露佐芦笋共谱和谐乐章。

伯恩哈德与雷贝尔庄园（Domaine Bernhard et Reibel）

里特斯堡雷司令生长在含有花岗岩的土壤中，矿物气息较弱，却细腻优雅。1999 年份的里特斯堡雷司令与婆罗门参煨黑松露十分搭配。

搭配含糖分的葡萄酒是否会影响松露的味道？

严格说来，松露适合足够成熟、不含糖分的干白葡萄酒。"30 年来，所有的雷司令都做到了足够干涩，"马克·贝耶说，"我们一直在努力维持这个平衡。"但是伯纳德·比尔奇平淡地说："其实一些年份较好的葡萄酒含有少量糖分也是无伤大雅的，而且更能证明它们优质的成熟度。"这位堪称世界级美食家的阿尔萨斯人令人信服地说："在含糖量和味觉感知之间存在一个很大的误区。一个拥有完美酸度结构的葡萄酒常常会使人忘记它是否含糖，老熟过程的时间才是决定性的。在最初 10 年里，含糖的雷司令其实比不含糖的更加优秀。如果是极品葡萄酒，是否含糖根本不是问题。"在辛特·胡布列什庄园的一次深层品酒会上，人们发现在新近年份的葡萄酒中或是较老年份的酒中完全感觉不到糖分。

阿尔萨斯哪些地方的葡萄酒最适合与松露搭配？

在阿尔萨斯众多产区中，有一些产区由于专业文化知识和酿制方式较为突出而与美味的松露结成了绝妙的组合。

宫殿山（Schlossberg）

这片昂贵的特级产区属于法雷姐妹。她们庄园所产的特选圣凯瑟琳就是在这片土地上孕育的，口感轻盈而不繁重。足够的老熟度与松露美食完美搭配，销量极佳。

塔恩村外的兰靳（Rangen de Thann）

烟熏和火山气息是这片土地所产葡萄酒最突出的特点。辛特·胡布列什庄园的圣城酒园所生产的雷司令充满了强劲优雅的气质。经过至少 10 年的陈酿，雷司令与鱼类或甲壳类海鲜终在口中谱出华美的乐章。

格斯伯（Geisberg）

在里博维莱，这片特级产区出产了犹如纯净水晶般的葡萄酒，它从第 5 年开始表现出极佳的品质，而从第 10 年起开始绽放姿彩。格斯伯的安德烈·金茨勒庄园就是一个很好的例子，与松露佳肴一起呈现完美品质。

芙赫斯登托姆（Furstentum）

这片土地非常适合种植琼瑶浆，这种葡萄品种所酿制的葡萄酒与松露是一对极佳的伴侣，这里，特别推荐嘉布遣酒园（Clos Capucins）所产的琼瑶浆。

卡斯特堡（Kastelberg）

阿尔萨斯只有这片特级产区土壤内含有片岩，正是片岩为马克·来登万庄园（Marc Kreydenweiss）的雷司令带来了极为纯净的矿物气息。1989 年份雷司令与家禽肉类和鱼肉搭配松露一起品尝不失为一个美妙的组合。

马克·贺柏林推荐的菜谱
孤岛餐厅-伊勒奥塞尼

新鲜松露佐白酒什锦小锅

4 人份食材：
1 只小牛蹄，去骨煮好；1 块 150 克去骨脱脂羊羔肉；2 个中等大小的土豆；
1 棵小葱；150 克和好的面团；3 块新鲜松露，每块约 25 克；8 汤匙雷司令；
20 克黄油；适量的盐，胡椒

1. 先将土豆去皮，切成大小均匀的小立方体，并将小牛蹄和羊羔肉切成同
等大小的小立方体，将松露切碎，小葱洗净并切成精细的薄片，然后把黄
油放入直径 24 厘米的不粘锅中融化，接着放入小葱薄片炒至金黄色。
2. 接下来关小火，放入松露翻炒两分钟。
3. 移开火，加入两种肉丁，加盐、胡椒粉并搅拌均匀，然后放入土豆再次
搅拌均匀，接着将烤箱调至 180 度（自动烤箱选择 5 挡），将准备好的材
料分装在四个陶瓷罐中，每个陶瓷罐的中心摆放半块炒好的松露并将表面
压实，然后在每个陶瓷罐上淋两汤匙葡萄酒。
4. 准备好以后，将陶瓷罐用揉成带状的面团一圈圈密封好，加上盖子并压
紧。然后将陶瓷罐放入烤箱，烤制 30 分钟。

凯瑟琳·法雷推荐的菜谱
巴赫庄园-凯塞斯贝格镇

松露法国扇贝片冷盘

配料：
每人 1 个或 1 个半法国扇贝；1 块松露；1 个黄柠檬；纯橄榄油。

1. 将法国扇贝切成 3 毫米厚的薄片放入盘中摆好。
2. 将两汤匙纯橄榄油和一咖啡匙柠檬汁调制在一起，然后用刷子将调好的酱汁均匀刷到扇贝上。
3. 接着用曼陀林双面陶瓷刀将松露切成薄片整齐摆放在扇贝上，在上面撒上盖朗德盐和胡椒粉，放入冰箱中腌渍 4 个小时。
4. 搭配一支未公开发售的 2002 年份特选圣凯瑟琳宫殿山雷司令，丝般柔和的质感结合优雅强劲的感觉使这道简单精练的菜肴得到升华。

明斯特山谷变化多样的景色。

马克·贝耶推荐的菜谱
莱昂·贝耶庄园-埃圭斯海姆

多菲内奶汁烤土豆佐松露

在我还是格勒诺布尔大学一名年轻的大学生的时候，我在那里不仅仅学习到了丰富的商业知识，而且幸运地认识了一位美丽的多菲内姑娘，后来她成了我的妻子。我们一家和祖母都住在维拉德朗茨镇的维尔科尔地区。祖母一直住在山里，她留给我们最宝贵的财富就是她卓越的品格，她做的多菲内奶汁烤土豆独一无二。

如果有条件，最好选择去年的土豆，去皮，切成 3 或 4 毫米厚的圆薄片，放入盛有全脂牛奶的锅中煮半个小时，然后放入烤箱模具内，放入奶汁、盐、胡椒，涂上一层花式奶油，放入烤箱，用 180 摄氏度中火烤制 30 到 40 分钟。

大约 40 年过去了，我一直钟爱我的多菲内姑娘，当然还有她从祖母那里继承的烤土豆的手艺。在圣诞节时，我会对这道美食进行小小的改良。在做完以上程序之后，把烤制好的土豆静置冷却，这段时间里，在每个土豆上开出约 3~4 厘米的口子，填入刀工完美的 2 毫米厚的圆形松露薄片，这个厚度可以保证入口时的松脆口感。然后把它们放进冰箱冷藏，第二天用烤箱重新回个温。土豆和奶油是松露的最爱，再配上面包，那便是完美的组合。经过一晚的放置，各种滋味充分融合，柔软的奶汁土豆加上松露的松脆口感，给人难以忘怀的体验。

夏龙堡（Château Chalon）坐落的
地区是黄葡萄酒（Le vin jaune）
的发源地

CHAPTER 5

第 5 章

汝 拉 产 区
Le Vin & la Truffe

虽然仍旧沉浸在阿尔萨斯地区美味的酒液中，我们不得不继续将旅途转至南方。在贝桑松（Besançon），我们猜测第一株汝拉葡萄苗自卡佩王朝就开始生根，然而它们的光荣复兴应该归功于共和国的皇宫。黄葡萄酒及夏龙堡像是特级庄中的"黑钻石"，即使后者并不是产自这个地区。在这里，我们能够偶然在上索恩省的香普利特山丘（Champlitte）上发现那些狂热的葡萄酒松露品鉴师。

阿尔布瓦产区葡萄酒——皇帝的葡萄酒

　　塞伊皇宫（Hôtel de Lassay）为议会主席提供住所，这个"皇宫"拥有国家最美的酒窖之一，每届主席都带来他故乡最有标志性的葡萄酒。如果说，雅克·夏邦戴乐马计划加强波尔多的重要性，那么爱德卡·福赫则更偏爱汝拉产区葡萄酒，这些酒虽不知名，却可以搭配羊肚菌及松露等皇家菜肴，并且，这种搭配已经有很长的历史了。实际上，自罗马时代起，阿尔布瓦产区葡萄酒就已经开始在宫廷中盛行，据记载，一些古罗马帝国的葡萄酒商很早就开始尝试发明汝拉带有树脂味道的葡萄酒。在1595年，亨利四世把阿尔布瓦设为天主教区，并将汝拉的酒据为己有。他亲密的敌人，马耶讷省的公爵也将汝拉的名酒赠送给亨利四世作为和解的象征："我将这些酒敬献给您，因为我知道您一定会喜欢它们。"我们经常能看到苏里公爵与美丽的贵妇们在军部的院子里享受汝拉葡萄酒。

苏里公爵在枫丹白露给亨利四世请安。让-雅客·弗朗索瓦·勒巴别的作品（1738—1826，法国著名画家）。

阿尔布瓦：让–保罗·热内餐厅

在高卢罗曼人（Franc–Comtoise）厨房的赞歌中，松露是汝拉葡萄酒最好的搭配。至于葡萄酒，我非常喜欢一些年份较老的，如 1983 年份或者 1985 年份的卡米耶·罗叶酒庄（Camille Loye）的普萨窖藏（Poulsards），它可以充分体现松露最本质的野性味道。我会将由牛头肉与松露混合做成的饺子，浇上酸醋与甜菜及松露汁的混合调料，配上松脆的洋姜，与这支葡萄酒相搭配。这道菜还可搭配经过 5 ~ 6 年陈酿的葡萄酒，我尤其钟爱 1998 年及 1999 年这两个"超级年份"的葡萄酒。那些具有优美纹理的黄葡萄酒被认为是夏龙堡所酿造最好的佳酿，如 1995 年份的斯特凡·蒂索黄葡萄酒，可体现出天鹅绒般的柔美。我们还可以遐想将萨瓦涅填满皮埃尔·欧文诺（法国汝拉地区著名的酿酒师）的酒桶，最优美的品尝方式是在品尝之前的两小时打开它。

汝拉产区的葡萄酒

　　葡萄品种中的帝王——萨瓦涅，可以提升在酒桶中陈酿长达 6 年之久的黄葡萄酒的口感。酒浆表面渐渐形成的灰色菌幕可以保证酒桶内部持续地演绎氧化过程。 随着陈酿期的漫长演变，黄葡萄酒便慢慢地拥有了坚果、松露及羊肚菌的味道。由于含有丰富的矿物香，夏龙堡被评为黄葡萄酒的列级名庄，此酒可陈酿至少两个世纪。对于老年份葡萄酒的忠实研究者法兰索瓦·奥图斯来说，这支佳酿与黑冬松露是最完美的搭配，他解释说："我们应该选用最简洁的烹饪方式来保留住菜肴的结构。为搭配松露表皮的口感，我会选择 1934 年份或 1929 年份的让-布尔迪酒庄的葡萄酒，这样的互补会给人带来强烈的诱惑与快感。"某些出色的土壤培育出的霞多丽也可以与松露相互搭配。用特鲁梭（法国的红葡萄品种）及普萨（法国的红葡萄品种）酿造出来的口感醇厚的红葡萄酒可与松露菜肴相映成趣。那些被葡萄酒松露品鉴师寄予厚望的酒庄中，法迪·朗尼酒园（Fédéric Lornet）是蒙蒂尼·雷亚旭雷地区（Montigny-les-Arsures，城市名）最具有象征性的代表。

夏龙堡坐落在 450 米高的岩石山嘴之上。

松露的葡萄酒
骑士卫队
Le Vin & la Truffe

蒙蒂尼地区（Montigny）：法迪·朗尼酒园

　　法迪·朗尼的佳酿在美食中扮演着极重要的角色。就像他在橄榄球比赛中掌握卓越的技巧一般，他所酿制的萨瓦涅葡萄酒出色的味道总是能满足宴会宾客的不同需求。萨瓦涅葡萄品种被先后引入夏托鲁、卡奥尔以及卡尔卡松等地区，那种自如的生长就好似在自己的故乡一样。在摘得了当地的美食桂冠之后，法迪·朗尼便又成为了葡萄酒种植的新星。法迪·朗尼在体育运动中投入了极大的热情，他以实际行动来支持本地篮球队的发展，就像他在体育运动中所表现的英勇健硕一样，他还将极大的热情倾注在酿酒方面。他将萨瓦涅葡萄酒装在溜肩型的酒瓶中，这样可以充分地显示出黄葡萄酒那优美的色调与酒体轮廓。受到朗格多克产区的感染，法迪·朗尼在2000年初于圣·西尼（位于朗格多克产区）购买了10公顷土地。值得一提的是，这其中就含有1公顷的橡树区域，优雅神秘的松露在这里悄然生长。

　　2002年份贵妇特鲁梭窖藏在经过多年陈酿期后开启，其时的单宁已经演变得非常柔顺，酒的口感恰到好处。这款窖藏非常适合搭配松露珍珠鸡这道佳肴。

阿尔布瓦地区 1999 年份的萨瓦涅葡萄酒拥有成熟的品质，伴随着其年轻且富有活力的果香气息被灌装入瓶，经过几年的陈酿期，到 2005 年时，酒龄刚好可以和松露进行完美地搭配，最值得一提的是伯爵松露奶酪烤饼。

1996 年份阿尔布瓦地区黄葡萄酒，是个非常棒的年份佳酿。它们可以充分表现出坚果以及黄油的香气，非常适合搭配蒙多瓦什甜奶酪烹松露这道菜肴。

蒙蒂尼·雷亚旭雷地区（Montigny-les-Arsures）：安德烈和米莱尔·蒂索酒园（Domaine André et Mireille Tissot）

斯特凡·蒂索及迪克特·蒂索这两位蒂索家族酒园的管理者使米莱尔·蒂索酒园愈发的享有盛名。该家族所产的佳酿格调均非常一致，并成为了当地最适合与美食相搭配的佳酿。斯特凡·蒂索告诉我们："若是搭配松露，我非常钟爱 1999 年份长相思葡萄所带来的那种特殊的香芹味道，而出色的霞多丽，我们可以幸运地在马瑶克窖藏中（Cuvée La Mailloche）品尝到。"蒂索家族非常喜欢前往勃艮第的大卫·祖达的魅力驿站餐厅，这里的星级主厨将汝拉产区的葡萄酒视为每道菜品制胜的武器。

维尔诺地区（Le Vernois）：宝德父子酒园

1996 年份的夏龙堡，保存 3 ～ 4 年后打开，可悠然散发出绿色坚果的香气，留在口中的强烈力量让人充分感觉到它的活力。1995 年份的夏龙堡佳酿包裹着细微的坚果和奶油的香味，此酒非常适合搭配伯爵奶酪烤松露马铃薯这道美食。

过程中的乐趣

罗阿讷市（Roanne）：皮埃尔·托斯格（法国著名米其林级餐厅——托斯格餐厅的管理者）

当我们路过多乐（Dôle，城市名）时，电影《幸福就在牧场》中男主人公米歇尔·塞侯津津有味品尝美食的镜头给了我很多灵感。罗阿讷火车站对面的托斯格餐厅里令人垂涎欲滴的画面，使得它成为一部能够展示该地区美食的好电影。所有的葡萄酒松露品鉴师都会想到这个餐厅的名字。在七个著名的美食家族之中，我有幸采访到了托斯格家族的父亲以及儿子米歇尔。前者谈到，1945 年后，松露开始被用来装点菜肴，后来，它才慢慢地被人们所重视，成为一道不可或缺的经典食材。"无论将其生食或是煮熟，松露都会拥有完全不同的味道，所以搭配的酒也会随着不同的烹饪方式而有所变化，连最简单的切制方式也会对松露的味道有所影响。"米歇尔又说，"无论是将松露切成薄片、柱型、碎块，或是充分地将其绞碎成泥，葡萄酒的酒体结构就成为了与不同形状的松露搭配的重要因素，我们可以体会到以上搭配的细微差别。例如，首先将牡蛎放入沸水中煮几秒钟后捞出，把圆柱形的松露和中度咸味的黄油卷放在牡蛎上，最后，我们会为其搭配一支较有活力的白葡萄酒；我们还可以将松露切成两至三毫米的小薄片，再放上一点打出气泡的黄油；第三种方法是将半熟的松露放在煮熟的菠菜上，运用这种烹饪方式我们可以为之搭配一支充满活力的白葡萄酒。"

经过反复甄选，最终，这个家族将用来搭配松露的佐餐酒转向了汝拉产区的葡萄酒。我们可以将汝拉丘（汝拉产区第二重要的产区，地位仅次于阿尔布瓦产区）沃辉·昂盖酒园（Domaine Voorhuis Henquet）的拉普耶窖藏（La Poirière）用来搭配黑松露扇贝，或是松露鳀鱼佐乡村蒜茸面包。对于前一道菜，米歇尔·托斯格会尝试着为之搭配口感富有力量的葡萄酒，例如米莱尔·蒂索酒园出品的1999年份阿尔布瓦萨瓦涅。毫无疑问，对于这样的搭配方式，所有的乐趣都尽现在准备的过程之中。托斯格父子俩推荐了油炸乳鸽肉与鹅肝及松露馅，为之搭配汝拉丘产区米莱尔·蒂索酒园的1999年份黑品乐葡萄酒，美食和美酒结合得天衣无缝，两位美食家演奏了可以相互感染且和谐友好的完美和弦，它们那美丽的音符总能吸引葡萄酒松露品鉴师那闪闪发亮的目光。

法迪·朗尼的菜谱
位于蒙蒂尼的法迪·朗尼酒园的名菜

松露配蒙多瓦什酣奶酪（瑞士及法国汝拉地区的特色奶酪）

1. 将蒙多瓦什酣奶酪上层的表皮剥开。
2. 将选取好的松露去皮，内部切成薄片，并将其放入奶酪内部。
3. 合上填入松露的奶酪皮，再将整个奶酪放在铝纸上包裹好。
4. 最后将奶酪放到烤箱中，小火烘烤 20 分钟。
建议选用 1996 年份的黄葡萄酒来搭配此道菜肴。

阿尔布瓦是一座拥有 7 至 8 个世纪葡萄酒酿造史的古老城市。

梭鲁特岩石（La Roche De Solutré）
风光。这里曾是旧石器时代
（Paléolithique 公元前 35000 年至
公元前 10000 年）狩猎场所。

第 ⑥ 章

勃艮第产区

Le Vin & la Truffe

　　离开贝里以后，我带上"小猪猎犬"开始了松露探索之旅（据资料记载，早在 17 世纪，人们就流行训练小猪来寻找松露的踪迹。而人工寻找松露的方法，一般只要在清晨结霜的林地上，看到直径约 20 公分无霜覆盖的地方，有蝇虫在上面飞来飞去，就是松露生长之处，因为菌菇类生长的地方温度较高，会融化清晨地表的薄霜）。这是一项体力活，于是我邀请了葡萄酒界的运动员蒂蒂埃·塞古耶（著名酿酒师）和我一起开始旅程。而我们的旅程理所应当地从他的东家夏布利著名的威廉费尔庄园开始，这个庄园为勃艮第地区松露销量提供了机会。这里的白葡萄酒品质卓越，散发着淡淡的矿物气息，特别是 1996 年份，它是这些酒中最为巧妙的。从夏布利到马岗奈，金丘是必经之路，这个地区所产的红葡萄酒也如鲜花般盛开，芳香四溢。最好的 1985 年份和很有前景的 1999 年份是这里推荐单上的固定嘉宾。在勃艮第，无论是大厨、侍酒师或者是庄园主，都是值得信赖的葡萄酒松露品鉴师。

勃艮第松露的华美光阴

　　勃艮第的块菌或者说松露的采集是在每年9月和10月展开的。在金丘、约讷、索恩和卢瓦尔城外，我们在香槟区、弗朗什孔泰（Franche-Comté）、布雷斯（Bresse）、多菲内、萨瓦省、法兰西岛和诺曼底都能够找到这种欧洲最好的松露。勃艮第的松露充满矿物气息，有嚼头，没有黑冬松露那么强烈，精细的质感适合制作沙拉或与鱼类一起烹调，用来烩饭也是不错的选择。勃艮第白葡萄酒的丰韵度和其精巧度是品质最好的保证。

用来培育松露的橡树。

美食之旅
Le Vin & la Truffe

夏布利，蒂蒂埃·塞古耶：热情的松露猎人

　　蒂蒂埃·塞古耶为威廉费尔庄园在夏布利和博纳高坡（Hautes Côtes de Beaune）两片区域里采集松露。"我经常带着自制树枝拐杖去一些品质好的地区采集松露，被许多蝇虫覆盖的地方经常会有松露出现。它们的颜色是红褐色中带着橘色，质地较坚硬。"她挖出的松露非常完整成熟，有鸡蛋大小。这一来一回需要足够的耐心。刚被挖出的松露散发着浓郁的香气，搭配优质的夏布利酒非常完美，这种夏布利酒在葡萄园周围的餐厅里随处可见。

雷克罗餐厅（Restaurant Les Clos）

　　这间位于城镇中心的餐厅总是根据时节变化提供配套的美食。餐厅选用威廉费尔庄园出产的葡萄酒，店里的星级主厨米歇尔·维格诺德特别指出："这些葡萄酒酒香浓郁，酒色纯净，用新木进行酿造也没有对它们的平衡度造成影响。它们十分适合这一地区的勃艮第松露。"加入榛子油的法国扇贝松露沙拉适合搭配一支 2002 年份美利山（Mont-de-Milieu），如果想在特级产区中选择，我们则推荐精致的 2002 年份渥玟日尔（Vaudésir）。

搭配西芹松露鹅肝酱，我们需要一支十分丰满并变化丰富的葡萄酒，笔者推荐充满力量和性格的 1999 年份布尔果布哥特区（la Côte de Boufuerots）葡萄酒。"搭配肉类的葡萄酒，我会选择较有结构性的特级产区；而搭配家禽，例如鸡肉鸭肉佐奶油松露，我对 1999 年份的贝斯园很有信心；对于夏布利野兔肉佐鲜奶松露，则需要一支结构性强，散发完美矿物气息的葡萄酒来搭配，我们的选择是 1999 年份的雷克罗（Les Clos）。笔者至今为止最为满意的搭配就是 2000 年份的瓦密尔（Valmur）搭配松露焗小牛肉配饭佐小牛肉汁煮'黑钻石'。"如果我们想继续进行这场"黑珍珠"盛宴，那么下一站就是茹瓦尼。

茹瓦尼（Joigny）：圣·雅克河畔餐厅

威廉费尔特级庄园与黑冬松露在这里进行了一场完美的约会。作为圣·雅克河畔餐厅的英雄，三星级主厨让-米歇尔·罗里每天在这里将每样食材的特质通过厨艺展现出来。这份工作需要钟表工人一般无与伦比的精心。为了更好地与我谈话，米歇尔·罗里让雅克琳娜接过了他手中的工作。

去壳水煮蛋烩饭佐浓梨汁松露表现出柔软精细的口感，入口即化。为了给这道绝妙复杂的菜品增加些变化，我们选择一支贝斯园：

2001 年份贝斯园，开瓶就闻到阵阵矿物气息，它的优雅和直率与鸡蛋的酸性相呼应，使松露更好地跟梨汁结合。

2000 年份贝斯园，更加丰富和温和的质感伴随着橙花和杏仁的香气，矿物气息包含其中，慢慢渗入到菜品中。

1999 年份贝斯园，一股奶油蛋卷味中隐含着橙花香味，丝绸般的口感，表现力极佳，矿物气息在口中十分协调。2002 年份和 2003 年份的品质也是很有保障的，不过需要等待至少五年才适合开瓶。撒上面包粉的比目鱼段佐松露豌豆泥，搭配色泽饱满的 2000 年份瓦密尔，带来独一无二的绝妙口味。这支特级葡萄酒的特点是其产区土壤孕育的矿物气息和晶莹剔透的光泽。在品尝这款葡萄酒时，需要使其在菜品边缘充分接触空气，从而激活酒中所有的能量。

搭配白肉佐松露，这支瓦密尔将在口中紧紧包裹着食物。如果我们选择炖小牛腿，则需要一支 2001 年份或 1999 年份雷克罗。这支 2001 年份特级雷克罗带着浅浅的矿物气息，需在醒酒器中醒至少三个小时。而 1999 年份同款葡萄酒，则需要在醒酒器中待够双倍的时间。

为了达到和谐之美，我们强烈推荐黑冬松露与两款已经陈放三年到五年的珍藏特选葡萄酒搭配。美食和美酒空前配合，我们站在酒桌前，为这清新的口感和愉悦的气氛举杯，那是让居伊·鲁（著名法国足球教练）忘却欧塞尔队带来的压力的感觉。

欧塞尔（Auxerre）：让-吕克·巴尔纳拜餐厅，主厨提供所有种类的松露

祖籍为利穆赞（Limousin）的圣·伊利埃斯（Saint-Yrieix），让-吕克·巴尔纳拜从小就被邻城佩里格尔（Périgord）松露的芳香所吸引。这间餐厅在欧塞尔已经存在 20 多年了，这位星级主厨是松露的信徒，

并且成为了松露界的大师。"1980 年到达勃艮第时，我发现了其他种类的松露，特别是勃艮第松露。在这里，我的松露收集名单得到了补充，然而我发现勃艮第松露并不适合长时间烹调，只需要在品尝前切碎即可。而佩里格尔的松露则需要鸡蛋、土豆或者是面团作为媒介来表现其特色。"主厨先生接着解释说，"最简单的烹饪手法才是最理想的，例如与鱼类或者肉类简单搭配。"由于勃艮第松露的矿物气息与约讷产区的葡萄酒十分搭配："我推荐欧塞尔产区和夏布利产区的白葡萄酒。我使用勃艮第松露遵循一个比例，15% 勃艮第松露相当于 8% 黑冬松露和 5% 的阿尔巴松露。在我所有出名的菜谱中，夏洛特茴香小龙虾佐松露鹅肝酱，橄榄油拌法国扇贝，柠檬和松露与欧塞尔特级产区高普斯（Corps）特选窖藏白葡萄酒搭配是最好不过的了。"鱼类最好水煮或者清蒸，准备一条梭鲈搭配黄油松露。这类菜品需要搭配至少五年窖藏的夏布利，这样的酒中包含蜂蜜的气息和草木香。松脆的姜饼搭配勃艮第松露可以完美表现出这位主厨对松露的热情，他每天都在不断地发现勃艮第松露新的特质。

而以肉类为主的菜式，这位主厨会准备一块白肉或者一块勃艮第牛肉佐松露，可以搭配一支味道不太浓郁的约讷红葡萄酒。如果搭配佩里格尔松露，则需要变换配酒。"我并不惧怕处理黑冬松露，却担心不能做好勃艮第松露。事实上，佩里格尔松露的味道更为强烈，它需要浓郁的红葡萄酒搭配，例如波玛村（Pommard）或是杰瑞·香贝丹（Gevrey-Chambertin）。"

欧塞尔特级产区（Les Côtes d'Auxerre）

　　白垩质土壤所孕育的松露令葡萄酒松露品鉴师们赞叹不已。散发矿物香气的 2002 年份高普斯特选窖藏搭配鲑鱼馅或是松露馅米饼绝不会让您失望。更值得一尝的是扁平猪肉小灌肠佐松露搭配一支高登，该酒潜在的香气被全部激发出来。以上推荐的特选葡萄酒的价格都在 8 ～ 10 欧元。

夏布利葡萄酒

　　夏布利产区的酒通常都是很干涩的，让人联想起坚毅、饱满等词汇，丰富的矿物气息搭配勃艮第松露或是黑冬松露，不得不说太完美了。葡萄被种植在一片石灰岩山地上，每一寸土地都被合理利用，这里距离宁静的思恩（Serein）只有 20 多公里。

　　从 1998 年起，在伯纳德·黑维特（著名酿酒大师）和蒂蒂埃·塞古耶的共同努力下，威廉费尔庄园成为了重振松露业的模范和象征。

一片拥有 4500 公顷的夏布利葡萄园

松露的葡萄酒骑士卫队
Le Vin & la Truffe

夏布利产区

威廉费尔庄园（Domaine William Fèvre）

　　丰富纯净，夏布利的威廉费尔庄园所产葡萄酒散发着矿物气息，晶莹剔透，拥有优美的酒魂。从镇上到产区，各个区域被完美划分：合理规模的松露区，还有沿途的美食……这些美食只有在勃艮第才能享受得到，那些松露爱好者为了获得新出产的葡萄酒以搭配美食，会专门拜访这间庄园。

夏布利一级法定产区

维佑酒庄（Vaillons）

　　这个酒庄所产的葡萄酒散发着洋槐和白色花朵的香气，其中伴随着矿物气息。入口的感觉与嗅觉一致，十分柔和，这样丰富的结

　　　　　　　　　　　　　　　　　葡萄酒与松露 |

CHABLIS PREMIER CRU
APPELLATION CHABLIS PREMIER CRU CONTRÔLÉE
FOURCHAUME
« VIGNOBLE DE VAULORENT »
Domaine
WILLIAM FEVRE
2000
CE VIN A ÉTÉ RÉCOLTÉ, ÉLEVÉ ET MIS EN BOUTEILLE PAR
WILLIAM FEVRE
CHABLIS - FRANCE
13% alc. vol.　　　PRODUIT DE FRANCE · PRODUCT OF FRANCE　　　750 ml

构取决于当地特有的土壤和光照条件。持久的矿物气息以及蜂蜜和杏仁的香甜搭配涂有新鲜勃艮第松露的面包片再适合不过了。

福泽美园（Fourchaume）

福泽美园坐落于一片特级产区中，其所产葡萄酒散发的矿物气息中伴随着淡淡的柠檬味，入口柔和，让人忍不住再喝一口。由于其葡萄酒口感丰富，这片葡萄园被评定为特级产区，搭配茹瓦尼让-米歇尔·罗里主厨的松露拌卷心菜再理想不过了。

夏布利特级产区

雷克罗酒庄（Les Clos）

闻起来矿物气息十足，喝起来口感柔和，酒味浓度适中，酒香在口中长期停留，令人回味无穷……这里所产的葡萄酒散发着浓郁的男性气息，值得至少十年窖藏的等待，与茹瓦尼的圣·雅克河畔餐厅小牛蹄佐奶油松露玉米千层饼搭配，是绝佳的选择。

贝斯园（Les Preuses）

淡淡的矿物气息刚好适合搭配松露制作的菜品，特别是 2003 年份、2002 年份和 2000 年份。

搭配松露的夏布利精致窖藏

Le Vin & la Truffe

1996 年 份 特 级 夏 布 利 君 内 尔 （Chablis Grand Cru Grenouilles 1996），夏布利庄园 （La Chablisienne）

这支特级葡萄酒散发着杏仁的香味，完美展现了其矿物气息。我们推荐面包炸松露安康鱼佐奶油酱与其搭配。

1998 年 份 一 级 福 泽 美 园 （Chablis Fourchaumes ler cru 1998），米夏埃尔·拉罗什庄园 （Domaine Michel Laroche）

这个一级法定产区所产的葡萄酒内涵丰富，与鸡蛋裹松露佐腌笋完美契合。

1997 年 份 特 级 夏 布 利 布 兰 克 夏 （Chablis Grand Cru Blanchot 1997），拉佛诺酒园 （Domaine Raveneau）

欧赖（Auray）那些杰出的酒窖主收藏着这个神秘庄园所产的葡萄酒，特别是路易克·勒·莫阿尔拥有着丰富的窖藏。这支 1997 年份葡萄酒口感滑腻甜蜜，如丝绸般顺滑，最好与松露螯虾瓦罐搭配。

勃艮第的徽章。树枝向
外伸展的，考尔通山
（Montagne de Corton）
为博纳坡地的葡萄们遮
风避雨。

金丘产区

　　到达夏布利后，我们就越来越接近彩虹般的金丘。那里的葡萄园仿佛躺在长椅上，沐浴着阳光，在秋季远远望去，仿佛镀上了一层柔和的金边。为了更好地了解博纳丘（Côtes de Beaune）和夜丘区（Côtes de Nuits），我们沿着丛林探险家的脚步开始这段旅程：途中我们能够发现松露，而这里所产的松露品质极佳。

　　勃艮第的红葡萄酒更适合搭配黑冬松露，而非勃艮第松露。在这里，葡萄酒的身份极为重要，黑品乐不再甘于平庸。

适合松露的金丘产区红葡萄酒

　　1964 年份和 1996 年份的红葡萄酒表现出众，与松露的搭配得到空前和谐，但我们也可以尝试年份较近的 1978、1985、1990、1991 或者 1995，它们的表现远远超出了人们的期望值。业余爱好者极为推崇 1990 年份，这支酒优雅的特质与 1985 年份完全不同。另外，1993 年份、1996 年份和 1998 年份也值得期待。梦幻般的 1999 年份是非常出彩的一年，是 10 年来与松露搭配最契合的一款年份酒，而 2003 年份也给人留下了深刻的印象。

拿破仑、松露与杰瑞·香贝丹庄园

拿破仑被杰瑞·香贝丹所产的葡萄酒征服，每天就餐时都会搭配这个庄园的葡萄酒。对他来说，葡萄酒犹如水一般的存在。拿破仑在1810年迎娶了他第二任妻子玛丽·路易莎，那时他正处于巅峰时期，仿佛世界都在他脚下。一天，他和穆拉特优秀的副官聊天，这位副官向他的皇帝陛下分享了关于家庭生子的秘方：我来自莎拉小镇，它因为松露而被人们熟知。我父亲经常给我们做火鸡填松露，同时搭配一支香槟酒或者一支勃艮第酒。还没到一个月，我的母亲就从前面抱住我的父亲，并告诉他我们家将会有一位新的成员，这是我们家第十九位成员！拿破仑听了以后很是惊讶，于是命令多尔多涅市长寄一些上好的火鸡和佩里格尔精选松露给他，用来搭配杰瑞·香贝丹葡萄酒。一个多月后，宫里传出了好消息，玛丽·路易莎皇后怀孕了。这位年轻的副官收到了调令，被任命出任家乡驻军上校。在众多的将军中，拿破仑从生活放荡的比松少将那里得到了很多美食美酒的讯息。他是松露大师，每顿晚餐都会狂饮至少三支葡萄酒。他要求他的部队一起狂饮伏旧园葡萄酒，将士们的脸色就像拿着刺刀一般。

经过完美老熟的金丘葡萄酒最能与松露搭配。在第戎，斯特凡·德鲍尔德是著名的葡萄酒松露品鉴师，同时也是品乐和霞多丽的专家。在查尼的雅克·拉莫鲁瓦兹（米其林三星主厨）餐厅用餐时，他都会品尝罗曼尼·康帝（Romanée Conti）。在开餐之前，他们会先品尝里翁家族从沃恩·罗曼尼（Vosne-Romanée）采集的如钻石般贵重的松露制作的小吃。

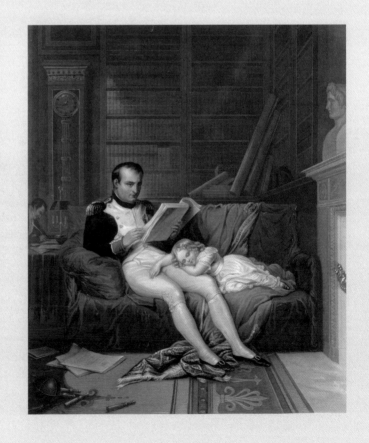

在瓷砖装饰的办公室里，罗马国王安睡在他父亲的膝头。

美食之旅

Le Vin & la Truffe

沃恩·罗曼尼: 阿尔奈尔和伯纳德里翁酒园, 勃艮第松露的门户

里翁庄园在位于夜丘的葡萄园种植橡树培育松露已经超过 25 年, 如今占 5 公顷, 其中, 大部分培育的是勃艮第松露, 一小部分是黑冬松露。在沃恩·罗曼尼, 透过百叶窗, 就能闻到丝丝松露气息。阿尔奈尔·里翁在这里为松露爱好者们提供了一片天地。而要进入这片天地只需一个密语, 很显然那就是勃艮第松露。

我们一走进庄园的办公室, 便看到陈列着的冠军奖杯, 那是庄园从法国乃至欧洲的猎狗寻松露的比赛中获得的。里翁家的三小姐参加了所有的比赛, 因为庄园饲养了十多只用于寻找松露的猎狗。这里, 松露搜寻者与猎狗们生活在一起, 他们并不像邻国意大利那样有繁琐的寻找松露的规矩, 因为在这里, 有世界各地的松露爱好者。

"这些优秀的搜寻者在葡萄收获后开始他们的松露之旅, 也就是说从十月开始。"爱开玩笑的贝纳尔·里翁说。伏旧园没有人会质疑这些话, 因为他们也是这个时间开始的。这里松露的优质表现已经

不足为奇了。凭借与生俱来的直觉，阿尔奈尔·里翁将勃艮第葡萄酒与勃艮第松露完美地搭配在一起。她会将松露酱蘸烤面包与温和、单宁味十足的 1999 年份夜丘圣·乔治一级庄穆尔哲（Murgers）搭配。根据葡萄酒的现状，1997 年份的布鲁昂什园（Gruenchers）散发着甘草味和松露味，口感圆润，与乡村奶酪吐司松露共谱和谐之音。

刚从瓶中倒出，1985 年份伏旧园就散发出强烈的感觉，如同布里亚·萨瓦兰之于松露和杜河（Doubs）之于凡尔登（Verdun）牛奶商，我们也谨慎对待和尊重着伏旧园的葡萄酒。面对这支酒我们满怀憧憬，搭配刚刚由猎狗挖出的松露，那种心跳的感觉我记忆犹新。为了庆祝沃恩·罗曼尼五十年园庆，雅克·拉莫鲁瓦兹来到这里并说到，我们为了去金丘，已经出发了一段路程，但是为了这支酒，我们又返回来了。

查尼（Chagny）：雅克·拉莫鲁瓦兹餐厅和罗曼尼·康帝庄园葡萄酒

拉莫鲁瓦兹这个名字是世界级的法国高等美食大厨的代表。在勃艮第厨师界，雅克是古典、时尚和高技术的代表，他的每道菜肴

都令我们印象深刻，与葡萄酒的搭配都美妙绝伦。厨艺是他和他的菜品、葡萄酒与宾客之间友谊的桥梁。豪华的宴会厅仿佛狄俄尼索斯神庙般耀眼，这里没有过多的装饰，没有华丽的挂毯。坐在柔软的小沙发上，如同被包裹在蚕茧中，这样的气氛最适合品尝葡萄酒。如果我们想品尝五十年以上的葡萄酒，就需要用到圆形的醒酒器。接受邻居的建议，奥博特·德·维兰尼（著名酿酒师）喜欢到布哲隆的别墅里玩桌上游戏。作为罗曼尼·康帝庄园的合伙人，他在葡萄园面前丢掉优雅，一门心思扑在土地上。他的成果包括以下四支葡萄酒：2000 年份伊瑟索园，1999 年份塔希园，1991 年份特级伊瑟索园，1966 年李其堡。它们与雅克·拉莫鲁瓦兹烹饪的美食完美搭配，红酒黄油鲜香草烤土豆焗勃艮第蜗牛作为头盘令人愉悦，宜搭配散发花香、气质优雅的 2000 年份伊瑟索园。这支酒散发着红色水果的香气，酒体柔和，搭配红酒黄油制作的美食十分美味，在年轻人的婚礼上表现出高贵的气质。侍酒师让-皮埃尔·戴斯普利推荐 1999 年份的拉塔什，该酒让人眼前一亮："至今为止，这是我所收藏的葡萄酒中最好中的一支，虽然它已经开始归于平静，但是感觉仍然很强烈！"我们可以从这篇葡萄酒乐章中感受到深刻的情感，同时也能感受到它的骄傲。这支酒的挂杯持续时间长，散发着浓浓的黑色水果香味。如果刚开瓶时，酒香并没有很快地散发出来，那么等到醒过之后，这支葡萄酒的味道结构将会令人惊艳。柔滑紧致的单宁缓缓地刺激着舌尖，让人无法忽视亦无法忘怀。

由于拥有足够的光照，拉塔什在口中长留的香气令人十分舒适，这一极具魅力的特点令其与烤法国扇贝相配形成独一无二的美味，再搭配上猪脚佐松露和新鲜菊芋，让我们有理由相信 1+1=3 这个等式是成立的。这支 1999 年份拉塔什与牛前臀肉卷配鸭肉佐松露搭配，让我们赞叹不已。这道菜在制作过程中需要加入少许的黑品乐，从而达到其风味的极致。当 1991 年份的特级伊瑟索园在杯中流淌时，我们被震撼到了。它散发着淡淡的皮革和甘草的气味，刚入口便能感受到它的甘甜和圆润，之后便是淡淡的清香。静谧而安详，

这支酒的特点便是柔和。1966 年份的李其堡在醒酒器中留下淡淡痕迹，久久没有散去。它也是极其值得推荐的，散发着细腻的草莓酱、丛林和松露的气息，香味精致，甘甜而强烈。入口便能品味到如缎子一般的单宁味道，在口中久久不能散去，令人印象深刻。这支酒搭配带点甜味的牛前臀肉卷配鸭肉，佐以新鲜的小块松露，令人迷恋其中，无法自拔。

在第戎，斯特凡·德鲍尔推荐的这两个松露搭配葡萄酒的组合，成为葡萄酒松露品鉴师们的最爱。

第戎：斯特凡·德鲍尔餐厅，在勃艮第品尝松露的必去之地

斯特凡·德鲍尔从小在维也纳长大，受到苏维翁和黑品乐的滋养。他喜欢采摘、狩猎和钓鱼，他乐观的生活态度遍布他走过的地方。这位主厨先生十分喜欢开玩笑，他总喜欢在上菜的时候与客人

们谈笑风生。由于距离产区非常得近，餐厅拥有两间勃艮第式的酒窖。在众多藏酒中，我们已经迷失了自己，只会闭着眼睛品尝。

"我喜欢为勃艮第松露而工作，虽然在别人看起来这并不是高尚的工作。这里的松露可与霞多丽完美搭配，有一个小型供货商定期为我提供霞多丽。金丘地区所有堪称葡萄酒之王的圆瓶都产自威尔森。"这位主厨先生迈着如精心测量过的步伐，带着自信的语调，走向每一桌，为客人们介绍他精心设计的菜单：这些美食纯净、天然，完全不需要过分细致的雕琢。斯特凡·德鲍尔说话的语调极具有说服力，他为客人们展示了勃艮第最好的松露。他巧妙地使用伊弗·冈福（Yves Confuron）酿造的沃恩·罗曼尼，例如单宁味十足的 1988 年份与牛尾佐松露搭配，或是搭配美味的馅饼配鹅肝佐"黑钻石"，都是经典的组合，当然 1996 年份也是非常不错的选择。斯特凡·德鲍尔不仅仅是位大厨，他还是整个产区极具魅力的松露品尝家。他向金丘所有葡萄酒松露品鉴师发出邀请：在他的餐厅里好好地享受美食与美酒和谐搭配的美好氛围。

第戎，古老的勃艮第公
爵领地旧址。

松露的葡萄酒
骑士卫队

Le Vin & la Truffe

品尝松露的骑士卫队

勃艮第快乐的儿童们，热爱葡萄酒的男男女女们，斯特凡·德鲍尔的信徒们，都喜欢用单宁含量高的葡萄酒烹调松露。

香波-慕兹尼（Chambolle-Musigny）：克利斯朵夫·鲁米耶酒庄

克利斯朵夫·鲁米耶喜欢播撒珍品，激起特级勃艮第爱好者的好奇。从香波-慕兹尼到杰瑞·香贝丹，这些葡萄酒与黑钻石搭配，犹如节日庆典般激情。柔滑平静的伯内·玛尔园（Bonnes Mares），

这里保留了十七世纪村庄的模样。第一批居住在这里的居民是在伏旧园工作的教徒。

性感的爱侣园（Les Amoureuses），或是充满矿物气息的墨瑞园，与松软的鸡肉佐松露柔和地混合在一起。2001 年份、1999 年份、1997 年份、1996 年份、1995 年份和 1990 年份间有着细微的差别。克利斯朵夫从离开家以后就开始了烹饪生涯，他对待食物犹如主人抚摸小鸡仔般温柔。半分熟的布雷斯烤鸡十分适合搭配这里的葡萄酒，克利斯朵夫十分中意这道菜，因为它与古老年份的葡萄酒搭配，十分融洽。

墨瑞·圣·丹尼（Morey-Saint-Denis）：克利斯朵夫·派罗米诺庄园

推开窗便是勃艮第产区富饶的葡萄园，那便是派罗米诺庄园最美的风景。克利斯朵夫是位 40 多岁的酿酒师，他所酿造的葡萄酒达到了星级的水准，配合着优美的钢琴声散发出绝美的气息。酒园所产的葡萄酒精致优雅，得到传统土壤的滋养。香波、沃恩、墨瑞、杰瑞，在夜丘地区共同谱写了一首华美的乐曲。丽须蒙园（Richemone）从 2000 年起酿造的葡萄酒成为这片产区的代表之作。克利斯朵夫这位葡萄酒美食家每天都微笑着向来自千里外的葡萄酒松露品鉴师讲述这里的故事。他烹调布雷斯烤鸡佐勃艮第松露搭配孔波多尔维村（Combe d'Orveau）所产的 2000 年份香波庄，甜美清香。

娜汀·顾兰：酿酒师

娜汀·顾兰充分利用勃艮第地区的气候，酿造出犹如香槟酒一般的气泡酒。从夏隆内丘（Côte Châlonnaise）到夜丘，途中经过博纳丘，这片地区在勃艮第产区中属于地势较高的葡萄酒产区。老饕们经常沿着这条路寻找勃艮第的美食，聆听厨房内锅碗瓢盆间的小

　　故事。产量有限的 1999 年份尼伊·圣乔治一级园产自这片土地的黏土，单宁味道浓重，中和了菜肴浓郁的味道，而 1997 年份伊瑟索园的温和以及毫无保留的敏感度令人印象深刻。

杰瑞·香贝丹产区（Gevrey-Chamberlin）

菲利普·查尔卢平庄园（Domaine Philippe Charlopin）

　　在勃艮第人热情又不失温柔的聚餐上，菲利普·查尔卢平可以说是夜丘地区的代表之一。聆听他关于刀叉的小故事和小笑话，品着杯中的葡萄酒，使等待松露美食的过程也不再那么漫长。他脑海内满是全法国各大厨师的独特美食菜谱，而他也知道如何将松露和各种葡萄酒融合在一起。伊瑟索园和 2000 年份的伯内·玛尔园与苦苣松露搭配，口味十分特别；特级沃恩·罗曼尼的精致感则与松露的安逸气息相处融洽；而更加强烈的伯内·玛尔园则拥有三种味道的全力支持；拥有温柔和高贵气质的 2000 年份夜丘红葡萄酒，是查尔卢平极力推荐的、应该在进餐时品尝的一支葡萄酒。

杜家德·碧庄园（Domaine Bermard et Jocelyne Dugat-Py）

在这个拜占庭式小教堂昏暗的光线里，我们品尝到了美味的葡萄酒。这些特级葡萄酒与香贝丹、玛兹·香贝丹、沙尔姆·香贝丹或者是杰瑞·艾弗塞（Gevrey–Evocelles）有同样的品质，它们拥有耀眼考究层次丰富的结构。这里不单单只有一瓶窖藏，这里完全就是一个酒窖，我们可以在这里品尝到平时难得一见的圣伯纳德

　　　　　　　　　　　　　葡萄酒与松露 |

（Saint Bernard）和圣娇莱（Saint-Jocelyne），感谢庄园主！这些酒与任何形式的松露美食都能够搭配，不要犹豫，每年的秋季都来阿尔巴品尝松露和葡萄酒吧。酒庄主对于勃艮第的松露有着很好的敏感度，他们拜托朋友艾荷维·布格斯维奇制定了菜谱，并在葡萄园周围装饰上了蓝色的丝带。美斯蜗牛配土豆饼佐松露可搭配1997年份美斯，这支酒已经有足够圆润的单宁味，它的矿物气息对佳肴起到了支持性的作用。而核桃拌法国扇贝与1972年份的查美·香贝丹搭配十分巧妙，这支酒与有甲壳类海鲜搭配轻柔、微甜、芳香。黑松露洋葱馅饼配烤培根，能够使带着淡淡果酱香的1975年份查美·香贝丹更加圆润。这样甜美的搭配也适合于1963年份。1959年份杰瑞·香贝丹适合搭配多种美食，特别是小牛肉佐松露。

事实上，这晚在考尔通，波玛村或者博纳品尝的这些组合都是经过文化积淀而得出的，具有极高的权威性。在伏旧园，伊弗·冈福将电影场景融入葡萄酒与松露的搭配。

在特级葡萄园列表中，伏旧园只算普通，而冈福·高缇多酒庄对于葡萄酒松露品鉴师来说更是绝佳的选择。

冈福·高缇多酒庄（Domaine Confuron-Cotetidot）

伊弗·冈福有一副娃娃脸，他谈论的话题只有两个：松露是他的主人，而伏旧园则是他的信条。曾经归比松少将所有的酒园酿造的1996年份葡萄酒足够强烈和巧妙。它的色泽和香味与野猪肉松露馅饼搭配十分融洽。1999年份、2001年份和2003年份被认为在2015年将成为葡萄酒界的加农大炮。我们来到勃艮第的这片高地上，这里的葡萄酒品质精良，老熟度为葡萄酒带来很多的收益。在这里，葡萄酒和松露间形成了固定的搭配。

这片葡萄园吸引了弗朗索瓦·布瓦塔尔德，这位葡萄酒与松露人文主义的捍卫者。

弗朗索瓦·布瓦塔尔德（Francois Boitard）：爱好电影的葡萄酒松露品鉴师

作为巴黎歌剧院曾经的男高音，弗朗索瓦·布瓦塔尔德不仅有着出色的嗓音，也有着老饕敏锐的舌头，特别是对松露的品鉴。他喜欢阅读文学作品和欣赏电影，可以称作是美食界的导演。如同电影《巴贝特盛宴》中的一幕，弗朗索瓦也常为客人奉上一杯伏旧园。他选择1985 年份的冈福·高缇多酒园搭配松露，这是非常聪明的选择。它带着一束柔和的樱桃酱香和辛香，入口便能尝到一股温柔的单宁味，显示出其高贵的气质，最后以樱桃甜味和薄荷香味作为结语。这支酒于纯净中蕴含着极致的清新感。这个酒园获得了松露爱好者们的认同，特别是酒中温和的樱桃味与薄荷味和松露搭配，令人流连忘返。2003年份是一个十分和谐的年份，应将其放入酒窖收藏。

在博纳丘，有两片土地生产的红葡萄酒能够完美地与松露搭配，那就是波玛村和考尔通村。

考尔通村

博纳丘的考尔通村所产的红葡萄酒拥有强烈感觉，单宁味十足。

其年份较新时，感觉比较硬，但随着年份的沉淀，它会慢慢变得柔软，并散发出纯净的矿物气息。经过 10 年的陈放，搭配松露乳鸽和土豆饼佐"黑钻石"，再适合不过了。

1989 年份法维莱酒园（Domaine Faiveley）的考尔通酒园，平静、柔和，伴随着松露的气息和淡淡的辛香，与荤菜搭配相得益彰。

而 1995 年份的考尔通酒园，口感强烈刺激，充斥着热情的单宁味。松露中和了这支年份较新的葡萄酒，搭配上乳鸽，十分美味。这支酒在饮用时需要在醒酒器中盛放两个小时左右。

2001 年份的结构给人留下深刻的印象，它平静的香味适合在 2010 年打开品尝。

1999 年份美拉德园（Maillard）的考尔通·格纳德（Le Corton Renardes），它朴实无华的气质注定其在未来也是极具收藏价值的。如果现在您对它丰富的香气持保留态度，那我们可以从酒的结构方面来领略它的独特之处：强烈并且强壮，这支考尔通与乳鸽搭配再适合不过。再换一支皮约酒庄（Domaine Prieur）的考尔通·布雷斯（Corton Bressandes），这支特级葡萄酒经过完美的老熟，自然应与皇家菜肴野兔肉搭配。这支酒具有极好的均衡性，需要窖藏至少 10 年。1991 年份安静地散发着松露、辛香和皮革气味。这支 1999 年份最适合在 2010 年打开饮用，而 2003 年份也是十分值得推荐的。此外，马尔特雷（Martray）博诺酒庄（Domaine Bonneau）的考尔通也不错，其中 2001 年份以其土壤中带有的矿物气息而出名。这支酒十分清澈，表现出令人难以忘怀的结构感，在十年内最适合搭配松露末。1997 年份在 2005 年打开品尝是最适合不过的了。2003 年，布夏父子酒园的考尔通隆重宣布：他们保证所产的红葡萄酒拥有饱满的矿物气息、黑色水果香味和辛香。在 20 年后，酒中酝酿的单宁最适合搭配野兔松露馅饼。

波玛村：带有松露香的葡萄酒产区

波玛村产区所生产的大部分红葡萄酒以其独特的松露气息而出名。为了更好地搭配勃艮第松露，我们可以选择温和的年份，例如2000年份。而1999年份和2001年份则最宜搭配黑冬松露。斯特凡·德鲍尔德推荐了四个酒庄的葡萄酒搭配他所烹饪的松露牛尾烩饭。

在库赛勒酒庄（Domaine de Courcel），伊弗·冈福选择了极具高贵气质，带有矿物气息的波玛村爱伯诺园（Épenots）搭配松露。2000年份是勃艮第松露的理想伙伴，而1999年份在10年中最适合配以黑冬松露。尚塔雷库酒园（Domaine Chantal Lescure）所产的2000年份葡萄酒已经存放了足够长的时间，与松露牛尾烩饭十分搭配。

2000年份的维钮（Vignots）是一支非常纯净的葡萄酒，它的单宁味入口十分光滑，搭配烩饭十分清新爽口。

2000年份佛穆里（Vaumuriens）的吕吉昂园（Rugiens），结构性更强，与牛尾佐松露搭配，散发出极为复杂的香气。

2001年份的维钮和佛穆里闻起来都有着淡淡的松露气息，当然红色水果的香味也是不可缺少的。它需要至少10年的窖藏，与牛尾佐松露配土豆相搭配，香味十足。

安霓可·巴朗酒园（Domaine Annick Parent）是笔者最喜爱的酒庄之一，它所产的1993年份的吕吉昂园与牛尾搭配完美无瑕。而1996年份、1998年份和2002年份亦令人期待。

梦迪酒园（Domaine de Montille）以其更全面的视角、著名的几个年份酒以及对松露的了解，在人们心目中树立了良好的形象。

在蒙蒂家族，我们见识了正确的葡萄酒酿造工艺。胡贝瑞，酒庄主的父亲，曾任第戎市律师公会会长，他通过不断的努力使酒庄在勃艮第的地位大幅提升。著名电影《美酒家族》中一位主人公就是以他作为原型的。而他的儿子艾蒂安完成学业后继承了这座酒园，

卡波特（Cabotte）是葡萄园工人用来盛放晒干葡萄的小棚子。

被看做是酒园的新希望。他首先是一位葡萄酒松露品鉴师，其次才是酒庄主。每个初秋，他都会毫不犹豫地去阿尔巴开展他的松露生意，购买勃艮第松露直到葡萄收获季节结束，这期间他还会瞅准机会购买黑冬松露，以搭配酒园所产的波玛村吕吉昂园。这款酒色泽较暗，质感强烈，酒味醇厚，单宁感十足。刚酿制出来的这款酒朴实无华，并不美味，但是经过 12 年的窖藏，它散发出浅黄褐色水果和松露的香气，口感柔软，带有李子和甘蔗果酱的甜味。这里的吕吉昂园经过足够年份的窖藏，都表现出绝佳的品质。

1972 年份是其中一个尚佳的年份，酒液在杯中流淌的痕迹仿佛树枝交错，散发着浅黄褐色水果和松露温和的香气，入口如绸缎般丝滑，搭配填满鹅肝的家禽肉类佐黑松露，美味无与伦比。

1983 年份是唯一被盛放在大酒瓶中储藏的葡萄酒，它表现极佳，口味丰富，烟草味中带着点点果酱和松露的香味，这是一支能够搭配让-米歇尔·娄兰所烹调的松露盛宴的葡萄酒，特别是获奖的鹅肝配松露乳鸽。

1985 年份感觉更加强烈，表现出出色的浓郁感，入口便尝到一束樱桃果酱的香甜。在这支酒适宜品尝的年份里，搭配松露乳鸽馅饼再适合不过了。

1990 年份是笔者期待的勃艮第葡萄酒中的一瓶，其天鹅绒般的口感、黑樱桃的香甜、辛香和薄荷香混合在一起，仅仅搭配松露末便已足够。

1999 年份的酒体结构令人惊叹，它将其优点完全展现出来，窖藏十年后，与松露拌卷心菜一起食用，完美无缺。

在波玛村，对于松露的热情从未终止，一些酒庄主甚至将勃艮第松露的标志加到了他们所产葡萄酒的酒标上。

巴朗家族（Les Parent）：松露酒标的骑士卫队

安妮-弗朗索瓦斯·格劳斯和弗朗索瓦·巴朗是松露的狂热爱好者。从 1998 年开始，他们将这股狂热表现在其酒庄所产葡萄酒的酒标上。弗朗索瓦时常陷入回忆："灰松露是勃艮第的传统，而波玛村产区的葡萄酒是博纳丘最适合搭配松露的葡萄酒。在裴泽罗园（Pézerolles）、爱伯诺园、阿弗莱园（Arvelets）和吕吉昂园中，巴朗酒园最适合搭配"灰钻石"，特别是 1985 年份、1979 年份、1978 年份和 1964 年份。吕吉昂园需要等待至少十年才适宜饮用，为了更好地与松露搭配，我更喜欢较为集中的年份。"在普通的年份里，巴朗家提到菲利普·罗查时充满深情，他是瑞士克里斯耶（Crissier）一位著名厨师。

这位成功的德国人为我们带来了极佳的独一无二的松露美食。这对夫妇尝遍了世界各地的葡萄酒与松露：从香港的丽丝

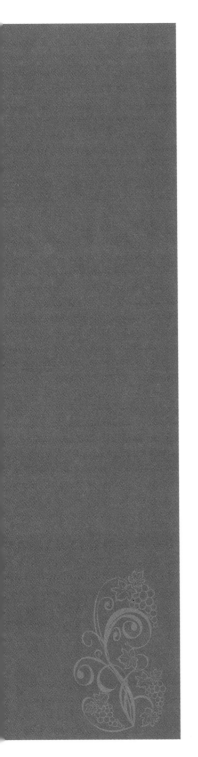

卡尔顿酒店，到巴伐利亚的海因茨·温克勒酒店。借此机会，这位著名的德国厨师为我们烹调了鸭肉佐红葡萄酒酱配白松露切片，而作为回报，弗朗索瓦·巴朗奉上了圆润温和的 2000 年份波玛村裴泽罗园。在这家酒庄里，安妮·弗朗索瓦斯创造了一款属于她的菜谱。有一天，我丈夫邀请了一些进口商，我用松露、培根、土豆和熏火腿制作了菜肴，配以 2001 年份葡萄酒。我们被带领参观了厨房，这位堪称黑品乐教父的女主人用小牛肉佐灰松露配极品米招待了我们。借此机会，我品尝到了 1997 年份博纳村一级园布谢洛特红葡萄酒，它天鹅绒般的丝滑和绝佳的稳定性令人印象深刻。这证明了，博纳村品质极佳的葡萄酒是值得葡萄酒松露品鉴师探寻和发现的。

博纳村的美好时光！

耶稣孩童葡萄酒（La Vigne de l'Enfant Jésus）：布夏父子酒园

人们经常会遗忘勃艮第葡萄园的首府博纳村，这里的葡萄酒品质一流。一些特级酒园例如亚都园（Jadot）、香颂园（Chanson）或者说布夏父子酒园，在白葡萄酒和红葡萄酒领域都很有建树。特别是布夏父子酒园"波恩格里夫"产区酿造的耶稣孩童葡萄酒，如天鹅绒般柔软顺滑，这款高贵的特级勃艮第葡萄酒最喜欢家禽肉佐松露作为它的伙伴。这里有一些极佳的年份可考虑搭配松露，那就是 1947 年份和 1965 年份，这两个年份在 2004 年开启品尝仍然是极好的。

2001 年份：这支酒十分优美，重点在于它散发的红色水果和牡丹花的香味，到 2007 年，它的单宁味会达到成熟期，搭配松露蒜泥面包十分和谐。

1999 年份：如天鹅绒般丝滑，充满花的香气，这支酒的丰富性和果香味使其成为一个强劲的年份，需窖藏十年，搭配鸡腿肉品尝。

1985 年份：这支酒品尝起来有着甘甜味、灌木丛味和樱桃核的味道，入口便能感到酒液在慢慢爱抚舌尖，持续时间长，搭配白鸡肉最适合不过。

1964 年份：这支酒散发着金色烟草和松露的味道，单宁味柔和，极度高贵。这支酒现在品尝仍然充满年轻的气息，我们被它的魅力折服，搭配乌鸡佐贝里松露，口味极佳。1962 年份也非常不错，2003 年份表现同样十分出色。

路易斯·亚都园（Louis Jadot）所产的葡萄酒在博纳村也是十分出色的，葡萄酒松露品鉴师会到尔絮勒酒园（Clos des Ursules）品尝这里柔和的、极适宜与勃艮第松露或黑冬松露搭配的葡萄酒。1995 年份十分温和，与马克·莫诺（法国大厨）所烹调的松露奶油汤配合得天衣无缝。而出色的 1999 年份搭配鹅肝酱土豆馅饼佐"黑钻石"，完美无瑕。

为了更好地配合勃艮第松露，慕斯酒园（Clos des Mouches）做出了很多的努力。红葡萄酒与白葡萄酒品质相当，香颂园最新年份的葡萄酒最令人称赞的就是它的纯净之感，再过几年，我们就可以品尝到它，到时候搭配松露小牛肉配牛奶米露堪称完美。

博纳村基金会拍卖会伴随着烛光举办。

金丘产区的红
葡萄酒松露窖藏
Le Vin & la Truffe

这里的杰瑞、尼伊、墨瑞或是伏旧园所产的红葡萄酒结构性出色，能够完美搭配黑冬松露，而渥内村（Volnay）、沃恩或是香波园品质同样高贵，足以搭配勃艮第松露。

杰瑞·香贝丹：特拉佩酒园（Domaine Trapet）

让-路易斯·特拉配特别提到杰瑞·香贝丹的贵族气质：我们将 1997 年份的香贝丹盛入醒酒器中，使其单宁味可以完全散发出来，从而表现出其贵族气质。2001 年份在口中的持久性较长，而2002 年份和 2004 年份同样值得期待。1971 年份杰瑞的单宁味结合辛香散发出的魅力与黑冬松露所制作的馅饼搭配，令人回味无穷，而1978 年份的小夏贝尔（La Petite Chapelle）的甘草香与松露香也十分适合这道佳肴。

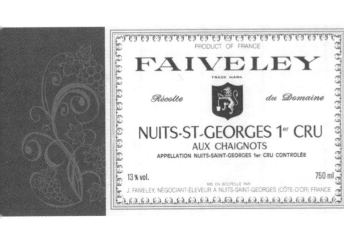

墨瑞·圣德尼：塔特酒园（Clos de Tart）

这个酒园所产的 2000 年份葡萄酒的色泽较暗，散发着红色水果的香味和松露香。这支酒的特质是拥有极佳的结构性，并且带有阵阵矿物气息，必须搭配一些高级菜肴，例如鹅肝酱和佩里格尔松露制作的馅饼。这款酒所拥有的矿物气息与绝妙的如天鹅绒般丝滑的质感相结合，达到完美的平衡度。特别是 1997 年份，敏感度十足。

夜丘·圣乔治：一级柴旧园，法维莱酒园

虽没有圣乔治名气响亮，但柴旧园也是弗朗索瓦·法维莱在一级园中最喜爱的一个酒园。在品尝了散发浓郁红色水果香、皮革香和辛香的 2001 年份之后，我们理解了这是为什么：口感强劲，气质高贵，窖藏至少 6 年，与松露乳鸽配卷心菜搭配完美无缺。1996 年份也是一个极佳的年份，我们决定试试看。从 2006 年以后，芳香四溢的 1999 年份和经典的 2001 年份经过足够时间的窖藏都适合饮用。

2001 年份渥内村罗芭黛儿（Volnay Robardelles）一级园，费维里尔酒园（Domaine Rossignol-Février）

渥内村所产的葡萄酒散发着成熟的紫罗兰香气，单宁味十足，但却不缺少滑腻感和精致感。在窖藏 5 年后与勃艮第松露牛肉片搭配堪称完美。

1993 年份渥内村费米耶（Volnay Frémiets）一级园，安霓可·巴朗酒园

精致的松露香使得这支渥内村与巧克力"黑钻石"搭配产生绝佳的效果。

沃恩·罗曼尼：让-伊弗·碧佐酒园（Domaine Jean-Yves Bizot）

2000 年份与柔软的小牛肉腓骨佐松露搭配，十分出彩。

一些 2003 年份的葡萄酒也是极好的，特别是位于博纳村附近车站旁的布夏父子酒园。

博纳村：布夏父子酒园，优质的 2003 年份，松露的好伙伴

博纳村基金会拍卖行是世界上最古老的拍卖行之一。

伯纳德·黑维特是一位把葡萄酒事业当做爱情一般珍惜的令人尊敬的先生。他认为 2003 年份点亮了葡萄酒的未来之路："一个杰

出的年份需要较早的收获季节和完美的酿造工艺，而且往往产量并不高。品尝过 2003 年份耶稣孩童葡萄酒，我认为它比 1947 年份或是 1929 年份还要出色。"从理论到实际，在 2004 年 4 月中旬，人们充满热情地迎接这个极佳年份的葡萄酒，没有人不爱它，用它搭配松露是理想之选。

红葡萄酒

考尔通：这个特级酒园因其年份酒而出名：强烈、高雅，酒中散发的矿物气息被黑色水果味道所围绕，呈现醇正的质感。这里有 20 年来勃艮第最好的搭配松露的年份酒。

尼伊圣马克一级园：强烈，浓郁，圣马克这座酒园极具潜力。

伯内·玛尔园：这个酒园的葡萄酒味道丰富，充满黑樱桃香味，单宁味十分柔和。

白葡萄酒

请注意，这里没有为任何品质和丰富度一般的葡萄酒留有位置。

圣兰德酒园：精致、强烈并且高雅，这些特色使得这款博纳村白葡萄酒极为和谐。

莫索佩利耶一级园：充满贵族气质，带着矿物气息，随着时间的流淌表现出极佳的品质。

考尔通·查理曼园：品质极佳的葡萄酒，散发着柠檬的香气，带着矿物气息，结构感极强。这款查理曼可说是特级园中的极品。

蒙哈榭骑士园：散发着矿物气息，碘化处理后，口感饱满丰富。

金丘产区的白葡萄酒

勃艮第的白葡萄酒在搭配勃艮第松露和黑冬松露时占有十分重要的地位，特别是博纳丘的白葡萄酒，堪称是重中之重：莫索园、皮里尼园（Puligny）、夏山园和考尔通·查理曼园，都是梦幻般的产区。这里出产的干白葡萄酒可以搭配世上任意一种松露，尤其是1996年份，得到了所有的赞赏。不同的酒园搭配"黑钻石"或是"灰钻石"都完美无缺。在这些特级园中，有两个名字不得不提：蒙哈榭园和考尔通·查理曼园。

对于葡萄酒松露品鉴师来说，选择哪一支葡萄酒是一项十分艰难的工作，常常会花费一些时间来做决定。首先要考虑的是葡萄酒昂贵的价钱；其次是趣味性。为此，这些美食爱好者从帕特克·波特朗餐厅到索里约餐厅，开始一间间品尝，一间间评价。

金丘产区的
白葡萄酒

美食之旅

Le Vin & la Truffe

索里约（Saulieu）：伯纳德·鲁瓦索宫殿，可以比
肩布夏父子酒园的蒙哈榭园和考尔通·查理曼园
的葡萄酒聚集地

　　伯纳德·鲁瓦索已经将自己的灵魂献给了这片松露美食胜地，
帕特克·波特朗是他忠实的朋友，也十分喜欢烹饪美食，他们已经
认识近 20 年。伯纳德深深地爱着勃艮第这片土地和这片土地上孕育
的葡萄酒与松露，他通过艺术般的烹饪手艺表达了这份诚挚的感情，
使每种味道都散发出自己的特点。

他将布夏父子酒园的蒙哈榭、考
尔通·查理曼园的葡萄酒融入所
烹调的美食中。伯纳德·黑维特
推荐了几支年份酒：1995 年份和
2000 年份，50 多种香味在勃艮第
这片特级产区中孕育。口感圆润
的 1995 年份考尔通·查理曼园，
带有烟熏味和矿物气息，搭配外

　　　　　　　　　　　　　　葡萄酒与松露 |

焦里嫩的烤猪脚佐松露，是最好的选择。而 1995 年份的蒙哈榭园则散发着新鲜葡萄香和杏仁香，在口中持续时间极长、口味醇正、强烈、带有矿物气息，极显高贵。只要搭配适当的佳肴，这支蒙哈榭园便能一次性将其浓郁、复杂、天鹅绒般的质感表现出来，令人得到无与伦比的享受，特别是搭配冷盘松露，蒙哈榭园的蜂蜜气息与美食的甜美完美融合。

2000 年份的考尔通·查理曼园和蒙哈榭园表现出极佳的抗压能力，饮用前，需要在醒酒器中盛放 3 小时。烟熏味和晶莹剔透，是这支查理曼园的特点，它纯净高贵的气质和淡淡的矿物气息将这片土地的优点完美表现。蒙哈榭园慢慢揭开它神秘的面纱，如鲜花般绽放，香味十分丰富，气质温柔，色泽迷人，使人们沉醉其中。

这两支酒可与法国扇贝拌芦笋佐奶油酱松露搭配，而蒙哈榭园与"黑钻石"搭配也是极佳之选。为了得到更完美的口感，需要先让考尔通·查理曼园散发的矿物气息与芦笋接触，然后再加入法国扇贝和松露。

帕特克·波特朗为了满足葡萄酒松露品鉴师的需求，不断发掘更加鲜美的松露，不断改进其菜谱。将小牛肉肋骨肉配菊芋搭配

1953 年份蒙哈榭园，也是一道美味。刚刚开启，就能从这支酒中感受到滑腻柔软的质感，同时如青年般充满力量，蜂蜜甜味、蜜蜡香、干果香伴随着矿物气息扑鼻而来。这支酒如真丝顺滑的口感与松露搭配相得益彰。而考尔通·查理曼园的矿物气息则是它的原动力。

在第戎，斯特凡·德鲍尔德对安妮·克洛德经营的勒弗莱维酒庄骑士蒙哈榭园和巴塔尔蒙哈榭园始终保持足够的兴趣。

第戎斯特凡·德鲍尔德餐厅：勒弗莱维酒庄（Domaine Leflaive）骑士蒙哈榭园和巴塔尔蒙哈榭园

以黑冬松露作为主题，斯特凡·德鲍尔德开设了一间堪比剧院的葡萄美食酒餐厅，安妮·克洛德经营的勒弗莱维酒庄所产葡萄酒是主要经营产品。安妮将她所有的精力都放在酿造特级品质的葡萄酒上。熏肉包梭鲈佐醋拌芦笋松露搭配带有蜂蜜香甜味的 2000 年份巴塔尔，口感绝妙。而 2000 年份骑士温和的椴树香和蜂蜜香，带着纯净的矿物气息拂过珍馐佳肴，令人难以忘怀。由于经过碘化处理，使得 1999 年份的骑士挺过了市场动荡时期，这支酒带有淡淡的矿物气息，纯净晶莹，搭配"黑钻石"制作的美味，绝佳的表现令人惊讶。而充满内涵的巴塔尔带有一丝矿物气息和咸味，搭配松露龙虾蔬荤杂烩，能给人不一样的体验；而小牛肉佐新鲜黑冬松露在美食界堪称里程碑式的作品，获得了所有主厨们的认同。这道佳肴是葡萄酒最忠实的伙伴，二者搭配，相得益彰。1996 年份骑士，充满松露味和蜂蜜香味，具备难得一见的高贵气质，柔软、纯净。1996 年份巴塔尔的圆润、敏感度与这道佳肴相辅相成，完美配合。

在这片特级葡萄园的周围，另一条穿过博纳丘的线路拥有着悠久的历史和如画的风景。

松露的葡萄酒
骑士卫队
Le Vin & la Truffe

考尔通·查理曼园

传说查理曼国王为了不弄脏他那象征帝王的胡子，命令人在考尔通山上酿造白葡萄酒。自此，这个特级酒庄成为了勃艮第产区最负盛名的酒庄之一。浓郁、优雅、锐利，是考尔通·查理曼园的特质。就是在这个产区，人们实现了葡萄酒和松露在味道上最完美的结合。酒庄邻近的拉都瓦村（Ladoix）和贝纳德-维吉莱斯（Pernand-Vergelesses）不及考尔通·查理曼园的华美，但在那里能找到最物有所值的上等葡萄酒。

博诺·杜·马特莱酒园（Domaine Bonneau du Martray）

查理曼大帝在这个酒庄中种植了考尔通白葡萄酒，以避免弄脏他的胡子并且堵住妻子喋喋不休的劝诫。他的选择很正确，因为这个地方是勃艮第地区最好的白葡萄酒种植地。这也就是为什么莫瑞尼尔城堡（La Morinière）的让-夏尔毫不犹豫地离开了他在巴黎的建筑公司，来到这片伟大的土地上，继承父亲的事业，将所有的热情挥洒在此。这里的酒散发着一股松露混合着咸杏仁香脆片的味道。1995年份的酒富含矿石香气，给人一种"黑钻石"小牛肋排的假象。1991年份的酒口感圆润，带点蜂蜜味道，非常适合配意大利海鲜烩饭加松露。饮前将它倒入杯中，在上餐之前放上2小时，它自然地就散发出一股松露的味道。这是葡萄酒松露品鉴师的优选。这种查理曼白葡萄酒不逊于任何的蒙哈榭酒。

罗帕酒园（Domaine Rapet）

勃艮第的知名人物罗兰·罗帕总是喜欢戴一顶鸭舌帽。他正直、幽默，有着浓重的勃艮第口音，但他从未因此感到困扰。酒园内的贝纳德·维吉莱斯系列酒特质灵巧，年份选择丰富，比如1990年份、1995年份或2002年份的白葡萄酒，适合配松露小牛胸腺。考尔通·查理曼是该产区最成功的品牌之一。2002年份的酒在能够配松露之前需要窖藏10多年，2000年份是最好的酒。

2001年份的酒更加的细腻，散发出灰宝石或黑宝石的光泽。现在我们要享受1996年份酒，它的矿石香气很丰富，需要配松脆的海螯虾和松露。几年来，文森特家族的继承人开始管理酒庄并取得成功。贝纳德·维吉莱斯·苏弗埃谛耶是最新年份的一级葡萄种植园。蒙哈榭与考尔通·查理曼相比，面积大大缩小，分布在夏山村和皮里尼之间。在这个地方，让-克劳德·瓦朗引领着几个世纪的饮食潮流。

蒙哈榭

让-克劳德·瓦朗，蒙哈榭配松露

让-克劳德·瓦朗出生在瓦朗谢讷（Valenciennes），1984 年搬到勃艮第。这个北方人向酒店提供蒙哈榭，一直到 2001 年。在跟腱断裂之后，他必须步步小心，保证肘关节不受影响。他写了一本关于蒙哈榭的书，悉数他所喜欢的勃艮第特级白葡萄酒和松露大餐的搭配：从 1975 年开始，每一年，我都去拉班克（Lalbenque）的市场买些松露。有很多好年份的白酒配松露，都是收成少的年份。当我们品尝新酒的时候，有时候感觉单宁酸，比如 1995 年份、1985 年份、1978 年份或 1973 年份和某些 2003 年份的酒。

对于什么质量的蒙哈榭可以配松露，这位前饭店酒务总管有一个清晰的观点："酒必须是丰满的，浓郁的，带有矿物气息，它的结构能够突出松露的香气。"

回忆继续展开："布夏父子酒园 1995 年的蒙哈榭可搭配龙虾和松露。酒有一种潜力，它能够完美地配合食物。普华露酒庄的 1992 年份酒配佩里格尔酱片松露也给我留下了深刻的印象。亚都的 1990 年份，有着矿物的香气，滑腻，能够很好地配合所有松露大餐。1997 年份的盖·艾米鸥（Guy Amiot），在搭配炖煮小母鸡时会绽放。就像 1983 年份的哈莫妮（Ramonet）和巴塔·蒙哈榭，1985 年份的让-马克·莫雷搭配松露，都是很有名的！"

勒夫拉夫酒庄的骑士—蒙哈榭 1987 年份配松露，我们可以感受到松露的香气。

让-克劳德·瓦朗认为皮里尼的蒙哈榭配松露，口感最为细腻。

普华露酒庄（Domain Prieur）

普华露酒庄拥有的白酒品种我们可以通过以下 4 个年份了解一个大概。

2003 年份蒙哈榭：柑橘味，且带有一点矿物香气，与佛罗伦萨大鲮鲆和白乔治松露搭配是佳选。

2002 年份蒙哈榭：非常经典，有巴旦杏和柑橘果皮香味，矿物香味特别和谐。它丰富、优雅，适合收藏和配芹菜土豆泥和松露龙虾。

2001 年份蒙哈榭：比 2002 更直接，这款蒙哈榭会慢慢丰富你的味觉，随着品尝的过程，味道不停变化，主要是蜂蜜和巴旦杏白花的香味，非常美味。在上餐前要在杯中放置 3 ~ 4 个小时，非常适合搭配小牛胸腺片和松露干酪丝通心粉。

1996 年份蒙哈榭：带有松露、蜂蜜、橙子、糖渍水果和巴旦杏的香味，结构非常吸引人。窖藏后，酒中的成分会融合得更好。它配鹅肝软蛋糕，鳌虾和让-吕克·巴尔纳拜的"黑钻石"非常美味。

骑士—蒙哈榭

布夏父子酒园

蒙哈榭的瓦萨是布夏父子酒园高档干白的最大成果。它有着近似晶状体的纯净，随着年份的增长，而更为复杂，入口滑腻，清新的矿物香气，这个葡萄种植园是"黑钻石"松露的葡萄酒骑士卫队。

对于高档的饮食业而言，

2003 年份：是万能搭配的酒，它最吸引人的地方就是新鲜和纯净。

2002 年份：有很清新的巴旦杏和白花的味道，入口细腻，但是很有力，清新。这种酒装在很大的瓶子里，可以用来在圣皮尔聚会庆祝。

2001 年份：很直接的花香和水果香，有种非凡的细腻，这个葡萄种植园是圣雅克的一面镜子，可以配鸡蛋和松露。

2000 年份：这支骑士很吸引人，入口有一定的温差，矿物香气怡人。

1999 年份：2001 年的兄弟款，但比 2001 年份更成功，可以配鲜鳕鱼和松露。

1998 年份：这个年份，葡萄种植园越来越复杂，酒的深度和数量扩大。可以配大鲮鲆鱼和松露。

1997 年份：这支新酒在整个用餐过程中的口感都会发生变化。白花和巴旦杏的香气主要围绕着矿物香，可以配任意的松露大餐，在不同的菜单上表现都不一样，主要适合松露土鳖、鱼和家禽。

夏山·蒙哈榭

让-马克·莫瑞酒园

让-马克·莫瑞是伊壁鸠鲁学派的人，喜欢用巴塔 1993 年份或 1995 年份配松露龙虾饺。作为一级园，他用了 5 年的时间将秀眉（Chaumées）、香甘（Champ Gain）或谢勒沃（Chenevottes）配夏山，加上意大利松露擀制面条。这位葡萄酒松露品鉴师在品尝到这片产区的葡萄酒搭配"黑钻石"时，忍不住将餐巾放在头上开始歌唱。

莫索

让-马克·胡洛酒园（Domaine Jean—Marc Roulot）

胡洛的名字出现在葡萄园贵族先驱的名单中。 在 20 世纪 60 年代，盖·胡洛是第一批酿造莫索村窖藏的人之一。

他的儿子，让-马克，是这样解释莫索的："查美、佩利耶、泰松（Tessons）和提亚（Tillets）是配卓越钻石的佳品。至少需要十多年，它们才能展示出其能力。霞多丽的艺术家将它的 1987 年份搬上银幕，配上了松露大餐，加入了一点点鲜奶。"

1978 年份的查美展现了它作为一级园的完美品质。1978 年份的提亚清新，被精心雕琢，单宁味协调。让-马克·胡洛所酿造的葡萄酒高雅、丰富、温和，带有矿物气息，十分纯净。这些酒是勃艮第产区最好的老熟的葡萄酒，与松露搭配天衣无缝。这里的葡萄酒的品质毋庸置疑，葡萄酒松露品鉴师是不会选择错误的。这里的葡萄酒并不尖锐，受到土壤滋养，表现出不一样的酒魂。从这一点上来看，1999 年份的泰松在 2002 年巧妙地表现出它的矿物气息，而平衡度最好的则是 1984 年份。搭配松露，1996 年份是不错的选择。酒园的佩利耶也是勃艮第产区出色的一支酒，2002 年份巧妙的矿物气息经过 10 年的窖藏在口中如花绽放，搭配松露龙虾饺再适合不过。

適合松露的金
丘产区白葡萄酒

Le Vin & la Truffe

考尔通·查理曼

骑士酒庄

坚毅、随性的克鲁德骑士是拉杜瓦·色日尼（Ladoix–Serrigny）骑兵队举旗手，他的窖藏 2002 年份歌秀（Grêchons）可搭配松露羊肉烩饭。2002 年份的考尔通·查理曼，慷慨，富含矿物气息，经过 6～7 年的窖藏，可以配松露韭菜狼鲈，使白葡萄酒变成香气异常细腻的高级酒。

百达尼酒庄（Domaine Bertagna）

2001 年份很纯净，在饮用前需要在醒酒器中放置 3 个小时。入口有巴旦杏的香气和清新的矿物气息，可以配一客松露舌鳎。

伟嘉酒庄（Domaine Verget）

这一 2002 年份的佳酿非常成功，色泽，香气的强度和深度都是高级酒的品质。经过 10 年的窖藏可以配龙虾小牛肉佐松露。

蒙哈榭

格美特·拉佛园（Comtes Lafon）

精力旺盛的葡萄酒松露品鉴师多米尼克·拉佛是勃艮第领袖人物之一。在蒙哈榭，他酿制的 1992 年份酒微带蜂蜜香、榛子和巴旦杏的香味。入口慢慢散发出纯净的矿物气息，口感丰富，主要是配松露小牛片。

盖·艾米鸥园

1993 年份盖·艾米鸥园的蒙哈榭带有扑鼻的巴旦杏香，拥有丰富温和的口感，散发着黄油香、蜂蜜香和杏仁味，搭配金松露夹心蛋糕，让人感受到梦幻般的甜美。

皮里尼和夏山

这两个村子出产的巴塔尔和蒙哈榭为了与松露搭配"斗争"不止。松露是从葡萄园种植区边缘的钙质杂质中生长出来的。另外还有一个酒园的夏山和皮里尼搭配松露也十分合适。这种产区的种植园一般都是结构化的、优雅的、内敛的。夏山生产的是比较香的酒，与勃艮第松露和黑冬松露天生就很搭。而皮里尼的窖藏是葡萄酒松露品鉴师的最爱。

皮里尼

让-马克·布瓦罗酒园，皮里尼-蒙哈榭，适合搭配松露的酒园

该酒园位于皮里尼最佳地段之一、2002 年份主要吸引人的地方是它的丰富和优雅。经过五年窖藏的酒可以配松露龙虾。

盖·艾米鸥酒园 "女士们"

和他的堂兄弟让-马克·莫瑞一样，盖·艾米鸥欣赏食物的每一方面。在将接力棒传给儿子之后，他开始致力于一级葡萄园 "女士们"。他酿制的葡萄酒优雅和丰富的矿物气息可以作为骑士-蒙哈榭的表亲。我们今天主要推崇的是 1998 年份。它的香气适合圣爱娃（Saint-Avé）普索河餐厅（Le Pressoir）的松露小牛肉和小南瓜饺子。

孔特·拉佛酒园，皮里尼香甘

这个种植园的纯净和矿物气息适合勃艮第松露波罗门参芹菜饼。晶莹剔透的 1995 年份在今天是非常好的搭配。

安东楠·罗德酒园（Domaine Antonin Rodet），皮里尼-蒙哈榭，阿摩·德·巴腊妮（Hameau de Blagny）

1999 年份，精雕细琢的芳香，柠檬和榛子的香味，入口优雅有力。可以在松露绿白菜中起到润滑的作用。

皮里尼酒庄，佛拉提（Folatières）

纬度和土壤与骑士-蒙哈榭最为相近，佛拉提能够酿造高品质的葡萄酒。 2001 年份有巴旦杏和蜂蜜的香味，入口丰富，可以配松露奶酪。而 2002 年份更加强烈，同时又很协调。

梦迪酒园（Domaine de Montille），皮里尼-恺叶海（Puligny-Caillerets）

1996 年份是优雅有力的，带着柠檬香与淡淡的巴旦杏香。口感很精致，散发着矿物气息，可以与松露江鳕完全融合。

夏山-蒙哈榭

夏山莫吉欧（Morgeots）一级园：哈莫妮酒园

2000 年份有榛子和柠檬的味道，口感丰富，层次清晰。夏山可以配大鲮鲆意大利宽面条，这样可以加强夏山中的柠檬味道。 最后一款搭配松露的组合，斯特凡·德鲍尔德的这道菜非常能体现出这片种植园的价值。

文森特·丹瑟酒园（Domaine Vincent Dancer）：夏山罗曼尼一级园

这款夏山是勃艮第最特别的白葡萄酒之一，2001 年份可以配松露海蜇虾，经过 5 年窖藏的酒可以配松露龙虾。

吉哈旦·文森特酒园，夏山-蒙哈榭一级松露园

该种植园是丰富和内敛的完美结合，带有一些矿物气息，将 2000 年份和一客松露舌鳎一起品尝，完美至极。

路易斯·亚都酒园，夏山-蒙哈榭莫吉欧马让塔公爵一级园（Morgeot duc de Magenta）

亚都独有的这片土地极其优雅，1996 年份散发着松露香和巴旦杏香，搭配松露大鲮鲆幼鱼，非常完美，1997 年份更加圆润，而 1995 年份则更加清香。

艾利克斯·干巴酒园，夏山-蒙哈榭：圣让园

口感丰富，散发着矿物气息，2002 年份与松露奶酪家禽肉搭配，堪称完美。

从高处看了夏山和皮里尼的位置，圣奥贝生产的白葡萄酒的结构没有附近的葡萄酒种植园好，但是也很不错了，漂亮的瓶装酒价格为 15 ～ 20 欧元。

圣·奥贝（Saint-Aubin）

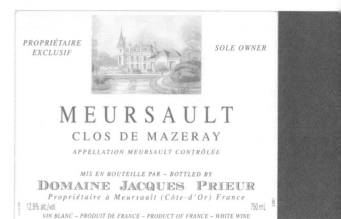

艾利克斯·干巴酒园"圣奥贝"

圣奥贝，摩格·登的一级种植园。2001 年份艾利克斯·干巴有柑橘的香味和巴旦杏的味道，酒结构良好，带有矿物气息。从 2005 年开始饮用，可配松露霉干酪大鲮鲆幼鱼，滋味令人回味无穷。

皮里尼酒庄

2002 年份勒米里（Remilly）的圣奥贝，带有榛子香和矿物气息，可以配小牛肉煎勃艮第松露。

莫索

莫索入口滑腻，带有黄油、奶油双球蛋糕和榛子香，可以更好地捕捉松露的香味。查美、金滴、吉尼埃和博湖是显而易见的一级园。莫索一级园入口变化缓慢，和松露相互补充。某些莫索村还拥有足够的稳定度。对于这样的酒，应该使用榛子油而不是橄榄油配松露，因为勃艮第的白葡萄酒更能与橄榄油相配。

马特龙酒园（Domaine Matrot）

这款古老酒庄的葡萄酒在餐桌上完美诠释了它的品质。经过 8

葡萄酒与松露 |

年的窖藏，1992年份查美配松露江鳕面包，完美无缺，而1996年份被认为更适合配松露蔬菜大杂烩，2003年份则是最好的保证。

雅克·普华露酒庄：马泽瑞园

普华露酒庄葡萄酒在它窖藏的第五年表现出其特色：1998年份带有榛子和双球冰激凌蛋糕的香气，口感精致，滑腻度和新鲜度互相补充。这支酒是配松露芦笋段和榛子油奶油酱的绝佳选择。它们的配合，特别是"黑钻石"，使得酒的后劲演变出矿物香气。2001年份和2002年份可以在相同的演变阶段给出相同的反应。

布夏父子酒园，吉尼埃

莫索一级园一直都有很强的说服力。优雅的布夏父子酒园拥有矿物气息，口感丰富，可以搭配松露龙虾，在饮用前需在醒酒器中盛放2个小时。

布夏父子酒园，皮埃尔

2001年份酒尖锐，带着榛子香，配松露大鲮鲆再适合不过。

博纳村

虽然受众度不高，但博纳村的白葡萄酒种植园并不应该被忘记，因为它是真正的宝藏。

普华露酒庄，博纳村（夏萌田）（Champ Pimont）

博纳村白葡萄酒虽然没有得到应有的关注，但它的结构是配松露菜肴的理想结构。它散发出的矿物气息在 4 ～ 5 年内饮用最好。2003 年份是它口感最丰富的年份，2001 年份产量较少，但是品质较好，1999 年份展现出了它出色的结构，可以配一客松露小牛肉。

德湖滨：慕斯园

细腻、有力、优雅，1998 年份经过 8 年的窖藏搭配松露阉鸡非常好。

香颂酒园：费弗园（Clos de Fèves）

这个单一葡萄品种一级园生产的 2002 年份葡萄酒在经过五年窖藏后很适合配松露珍珠鸡。

路易斯·亚都酒园：博纳村格里夫，1999 年份布兰克园

这支 1999 年份口感强烈，适合搭配一客松露小牛肉或一客龙虾。

马萨娜（Marsannay）

惊喜

夜丘的白葡萄酒是它的秘密武器，而马萨娜葡萄酒具有很好的性价比。

奥莉薇·盖尤园（Olivier Guyot）

这个酒园 2001 年份马萨娜白葡萄酒是笔者此次品鉴之旅最令人惊喜的发现之一，蜂蜜和榛子的味道与配松露狼鲈构成完美的组合。

马岗奈产区（Le Mâconnais）葡萄酒

离开金丘，来到勃艮第的马岗奈，这里经常来一些葡萄酒的爱好者，他们很高兴能在这里找到金丘一样有较高性价比的勃艮第葡萄酒。

马岗奈的葡萄枝给人们留下了安静的印象，没有人会怀疑这里葡萄酒的品质。

平缓的山丘，绿色的植被，山坡上种满了葡萄藤，苏鲁特（Solutré）和福吉颂（Vergisson）的岩石，弯曲的小路。奥莉薇·浦斯的父亲是一位葡萄酒松露品鉴师，而她也喜欢在这个靠着索恩河的地方，品尝葡萄酒与松露。"我觉得勃艮第松露很有意思，它与汤或果汁混合会散发完全不同的感觉。"这位全世界最优秀的酿酒师说。无论是搭配酱料或是烹调都是极好的，但此时，白葡萄酒的选择需要有些变化。笔者一直在寻找生长在土中的松露和年份葡萄酒之间的关联。我们不能直接将新酒搭配松露，对我而言，中间的对抗感太强。笔者特别喜欢黑冬松露配 1976 年份普利福斯（Pouilly–Fuissé）福吉颂。

奥莉薇·浦斯手持酒杯，激情地说：

普利·福斯法定产区的位置更偏北，在这片土地上，葡萄种植者的工作是将土壤变肥沃。如果我们品尝新酒则需要搭配

阿尔巴的白松露，而上了年份的葡萄酒则用来搭配黑冬松露。搭配白松露时，入口的和谐感十分重要，所以应选择一支窖藏十年的福斯或者苏鲁特，这两支就带有贵腐味和草木味。

看着另一片产区，她带着成功的微笑说：

　　我极爱福斯的这一片和谐的土地，位于偏南地区，所以更热，也更肥沃，而且还很细腻。葡萄酒的结构性强，口感丰富，富含果香，带着新鲜的矿物气息。

这片顶尖的种植园也得益于它们的历史，从这一点来说，克劳德·布罗斯（Claude Brosse）一直都有很多评价。

路易十四时期，诞生于宫殿里的优质葡萄酒产区

　　克劳德·布罗斯对马岗奈葡萄酒很了解并且想把它介绍给"太阳之王"——路易十四。为了得到路易十四的赏识，这位身材高大的酿酒师像所有优秀的臣子一样辛勤地为凡尔赛酒庄的教堂工作。在举扬圣体时，路易十四发现那位勃艮第的酿酒师的头远远超过其他臣子。国王愤怒地认为那位臣子一直站着，而没有跪下。于是他示意其中一名卫兵去让那位臣子尊重仪式典礼跪下。很快，大家意识到这其实是个误会。路易十四感到很有趣。在弥撒后，他好好地了解了一下这个大块头。国王品尝了克劳德·布罗斯的红酒，发现这酒味道很好，于是下令以后大小宴席都使用此酒。勃艮第人至此认为马岗奈葡萄酒很适合用在弥撒中。在 21 世纪，此地区的白葡萄酒成为了霞多丽最好的葡萄酒产区并且最适宜与优质的松露搭配。乔治·布兰克在此地有个葡萄园，而当地葡萄酒也让他的小餐馆更为出名。

路易十四世接受位于卡麦尔山（Mont Carmel）圣拉扎尔（Saint Lazare）的圣母院的当若（Dangeau）收获献礼，凡尔赛酒庄小教堂，1685 年 12 月 18 日，安东尼·佩兹绘制（1695—1710 年十分出名）。

柴特（Chaintré），柴特之桌餐馆：为所有马岗奈地区所产的松露

刚出了马岗奈南部的高速公路，就到了柴特。这里隐藏着一位优秀的主厨——杰拉尔·阿隆索。藏在眼镜后面的他面带笑容。这位 50 来岁的优秀主厨知道怎样取悦他的客人。不得不说，这个小餐馆让我们感到尤为自在。《节日的开始》这首歌曲似乎吟唱到每个墙壁的角落。从窗外射进来的阳光让色彩变得很和谐。绿色伴着黄色歌唱，赭石的墙壁被渲染成了红色。现代和古典自然融合，色彩和物品和谐呼应。这里一切都很随性。带着一颗愉悦的心，博若莱的葡萄种植者酿造出杰拉德·瓦莱塔酒庄的柴特马岗奈葡萄酒和多米尼克·拉佛酒庄的米莉马岗奈葡萄酒美好的味道，这个味道足以配得上阿尔芭松露。我们同样可以品尝安德列·博诺姆酒庄 1993 年份维黑马岗奈葡萄酒并惊叹于它的清新，还可以尝试博勒加德酒庄的 2000 年份霞多丽普宜飞赛酒。

海边的贻贝和松露适合与一瓶 2000 年份红德酒庄（Château des Rontets）搭配，它是一种含矿物碘的普宜飞赛酒。为了能品尝这种

酒的醇美，人们想出了一道菊芋泥与其搭配。在上菜时，会提供一片烤了的奶油圆球蛋糕和一些松露薄片。随后是瓦莱塔产区的 1996 年份"诺丽先生"普宜飞赛酒。这种被称为蒙哈榭的干白葡萄酒发挥出了它的极致。 随后，我们再来到乔治·布兰克酒庄，饭店的主管法布赫斯·索米耶开始做他的松露了。

沃纳斯（Vonnas）：乔治·布兰克酒庄

从勃艮第石板修葺的饭厅望出去，我们可以看到在窗台的另一边有个华丽的酒窖。阳光使四周成了金琥珀色。法布赫斯·索米耶是一家乔治·布兰克饭店的主管，他烹饪的松露佳肴十分考究。一瓶梦迪酒庄 1989 年份的香邦（Champans）伏尔耐红葡萄酒可以让整个布雷斯省陷入忧伤。

同样，1990 年份的此种酒加上一小份牛肋骨和它的汁液配上松露会变得更加得醇厚。在这道料理里，没有任何东西被切得太细或者太厚，扁平松露被细致地呈现出来。汝拉的霞多丽搭配上椰子松露，无比醇香可口。松露龙虾配上芹菜与米尼克·拉佛酒庄 1992 年份的拉谢（Montracher）搭配会让美味提升许多。人们匠心独运巧妙地将佛罗伦萨大鲮鲆和让-马克·胡洛（Jean-Marc Roulot）酒庄 1999 年份的卢谢（Luchets）默尔索葡萄酒搭配。除了经典的搭配，法布赫斯·索米耶也接受其他的搭配。他在角落里微笑着，祈盼着布尔哥尼等地区出产的黑葡萄能给诗南带来一个好的酿造年份。在沃纳斯，这个说着奥依语方言，灵魂与松露牵绊的人带着一种优雅与成功的和谐。

柴特（Chaintre）

瓦莱塔产区 (Valette)

    杰拉德·瓦莱塔留着灰色的小胡子，前额宽大。 他的两个儿子巴蒂斯特和菲利普很好地协助了他。他为人十分热情，尽管在瓦莱塔产区获得了巨大的成功，他仍然脚踏实地地做人。

    "我们提供世界上最为自然的红酒，拒绝一切添加剂。我们保持了红酒清爽的口感，让人们喝完第一杯后，仍然想喝第二杯。"这似乎是一种常识。但是当打开 2000 年份的沉香葡萄柴特马岗奈葡萄酒时，我们会认为这是最优质的勃艮第白葡萄酒。这种酒是杰拉尔·阿隆索烹饪的勃艮第布胡亚得松露理想的佐餐酒。

    1995 年份的此种酒有一种柑橘树皮的香气，温和的口感和富含的矿物质源于那年干涩的水果。此酒可以很好地搭配撒上松露的法国扇贝。辛香且富含矿物质的 2001 年份的维黑克勒索与撒上勃艮第松露的野苣沙拉是很常见的搭配。松露面包会让 1999 年份的克罗荷丝（Clos Reyssié）普宜飞赛酒增色不少。

　　罗理先生（Monsieur Noly）1999 年份的克罗红酒构成十分丰富，起码需要四个小时的时间醒酒，使其散发出最好的风味。酒在杯子里面不断进化，最后品尝时才能得到由它留下的矿物质所带来的无法比拟的润滑口感，此款酒很适合与松露龙虾一起搭配。此款酒的 1998 年份在各方面都十分出众，因为它在烈度、精致、矿物质和油脂各方面都很平衡。

普宜飞赛酒（Fuissé）

加德酒庄（Chateau de Beauregard）

　　在松露绅士的盛名之下，弗雷德里克·布荷耶（Frederic Burrier）却十分平静。身材高大的他静静地微笑着，眼镜在霞多丽的反照中发光。"我喜欢石灰质的土地。"他解释说，这样的土地酿造出的葡萄酒与香肠甘草佐松露十分搭配。

"这块土地为葡萄酒带来了矿物气息，产出的葡萄酒需要窖藏十年到十五年。葡萄酒年份越久，与菜品的搭配才越和谐，特别是与松露搭配。"产自坡地的1992年份卡拉斯（Cras），带有矿物气息和松露气息，这支酒圆润，温和，适合搭配布里奶酪佐松露。而1959年份老藤，开瓶时就散发出碘化的气味和矿物气息，入口带有干果香和松露气息，口感滑腻却不失清爽。这款佳酿搭配松露饺再适合不过，其新近年份也是十分完美的。

红德酒庄（Château des Rontets）

法碧欧·卡左·蒙特拉斯是一位米兰建筑师，他的未婚妻将他介绍给这个酒园的园主，这位伦巴族人对霞多丽产生了极大的兴趣，为此离开了他的工作室，来到这里开始他的葡萄酒松露品鉴人生。

福吉颂村、福吉颂岩石和对面的苏鲁特。

葡萄酒与松露 |

由于他选择了餐酒，所以只需要搭配简单的阿尔巴松露就足以令人回味无穷。他推荐的菜谱是巴尔马干酪配小牛肉佐松露，而推荐的与之搭配的葡萄酒是1996年份老藤或1997年份毕柏特（Birbettes）。这里的窖藏可以说是马岗奈最好的之一，新近年份搭配土豆泥表现绝佳。法碧欧对艺术十分敏锐，他喜欢品尝葡萄酒和松露，再配上一杯卡布奇诺，感觉犹如"圣-乔治击败巨龙"。但是这位前任建筑师解释说："我从来不会像展示艺术一般展示葡萄酒。"他推荐2002年份葡萄酒，这支酒最能体现普利的优良特质。

巴劳德酒园（Domaine Barraud）

留着稀疏的小胡子，带着高傲的神情，丹尼尔·巴劳德因为普利福斯出产的葡萄酒骄傲地昂起了头。1993年份罗什（La Roche）带着奶油双球蛋糕的味道和淡淡的柠檬味，口感丰富，这支酒应当与松露配肉类搭配。1995年份珍藏老藤带有矿物气息和甜美的气味，搭配松露炖家禽肉，完美无缺。开朗活泼的马丁尼·巴劳德喜欢与她的丈夫分享葡萄酒搭配美食的心得。1996年份卡拉耶（Les Crayes）晶莹剔透，充满魅力，与松露炖小牛肉搭配，让人不禁露出微笑。1999年份普利福斯卡拉耶，甜美巧妙，口感温和，散发着矿物气息，结构十分复杂。

古芬·贺尼昂酒园（Domaine Guffens-Heynen）

马孔-皮埃克隆·查维涅（Le Mâcon-Pierreclos Chavigne）酒体丰富，带有高贵的气质，同时又不失清爽的口感。1998年份已经可以开瓶饮用，而1999年份也同样值得期待。这些酒可以在许多优质酒窖中找到，与勃艮第松露搭配再适合不过。2001年份的普利勒夫鲁特（Levroutées）十分强劲，入口便有一束浓烈的成熟松露气息，最适合搭配鹅肝酱配松露。

艾瑞克·佛利斯特酒园（Domaine Éric Forest）

有着天使般的特质，艾瑞克·佛利斯特的霞多丽让我们从不怀疑。2001年份是它的第一瓶年份酒，带有碘化的气息和矿物气息，口感醇正。这支酒表现了福吉颂土壤的特质，散发着高贵的矿物气息。2007年份令人极为期待，特别是它与龙虾尾佐松露的搭配。

雅克·索麦兹酒园（Domaine Jacques Saumaize）

雅克·索麦兹所产的葡萄酒高贵和谐，它的2001年份普利福斯库特朗（Les Courtelongs）散发着矿物气息和奶油香味。它的纯净香气在口中久久不散，余味中带有丝丝松露气息。1999年份拥有贵族的香味，入口甜美、带有矿物气息，与卡布奇诺小牛肉佐松露搭配极为和谐。

索麦兹·米其林酒园（Domaine Saumaize-Michelin）

克里斯蒂娜·索麦兹并没有投入太多精力在葡萄酒松露品鉴上。因为她的丈夫罗杰对普利福斯十分了解，所以她还是成为了勃艮第地区最优秀的葡萄酒松露品鉴师之一。

1987年份的罗什酒园足够成熟，在盛酒器中散发出美妙的黄油味。而1989年份也是非常绝妙的，甜美的味道带着矿物气息，搭配布雷斯鸡肉，令人十分期待。1996年份珍藏昂佩罗斯（Cuvée Ampelosis）是一款晶莹剔透的纯净的葡萄酒，丰富高贵。这支酒与松露龙虾饺搭配，堪称完美。在2001年，这支酒的销量极好。它在杯中慢慢演化，搭配松露大比目鱼再适合不过。

罗什-维讷斯（La Roche-Vineuse）

奥利维耶·梅兰酒园（Domaine Olivier Merlin）

"应该足够成熟却不应该过分成熟。"这是奥利维耶·梅兰的经典名言。在这个酒庄的葡萄酒上得到了充分体现。这里所有的葡萄酒的酒体都十分和谐。圣维朗（Saint-Véran）带着黄油香和奶油双球蛋糕的甜美，口感圆润。在瓶中的第一年，这支酒就已经变得十分柔和，但是仍然需要等到第三年才能与松露完美搭配。维雷克莱斯（Le Viré-Clessé）来自于石灰石质的土地，表现出极为柔和的特质。特选普利来自于柴特的石灰石黏土质土壤。这种土质为葡萄酒带来温柔的气质，十分适合葡萄酒松露的品鉴。1988 年份马孔·罗什·维讷斯酒体饱满，适合搭配可爱的小牛肉佐松露。

索罗尼（Sologny）

伟嘉酒庄（Domaine Verget）

2002 年份马孔福吉颂罗什窖藏是一支极为纯净的葡萄酒，带着来自于土壤中淡淡的矿物气息。搭配平底锅煎蔬菜佐磨碎松露，让人赞不绝口。这是非常成功的一支酒。

勒伊斯（Leynes）

里杰卡尔酒园（Domaine Rijckaert）

让-里杰卡尔酿制了让-玛丽·古芬（Jean-Marie Guffens），他被邀请去位于蒙塔公的盖·朱立安家品鉴葡萄酒与松露。他认为他所珍藏的 1999 年份"佛查尼"完美无瑕。这是一支带有矿物气息的普利福斯，高贵，柔和，搭配松露末十分合适。中间商朱拉将其称为萨瓦涅（Savagnin）。

博若莱产区（Le Beaujolais）

从马岗奈丘开始，向北一直到阿泽格河谷（Vallée de l'Azergues），向南一直到金色之村博若莱，葡萄园沿河生长。这些被群山环绕的葡萄园展现出一幅丰富的乡村画卷。小路弯弯曲曲在葡萄园间延伸。我们还不能忘记风之磨坊（Moulin-à-Vent）或是摩尔龙园（Morgon）和谢纳园（Chenas）。它们都是上等佳酿，需要窖藏十多年来使其品乐的香气完全散发，应当搭配家禽肉佐松露。这些酒的价钱都低于十欧元，在各价位中这已经是表现极佳的了。米歇尔·贝塔尼是世界著名的评论师，喜欢到他位于谢纳的家中放松自

博若莱是这片地区人口最密集的地方。

己。他认为这里极富魅力："这里有全法最美丽的葡萄园风光，我很遗憾博若莱一直被人们所忽略，这里的葡萄酒性价比极高，与松露搭配十分合适。一些小产区也令人印象深刻。例如风之磨坊和摩尔龙园，它们是都是优秀的酒园，所酿制的葡萄酒都带有温和的果香。在摩尔龙，葡萄酒极为平静，犹如皮丘的葡萄酒一样。它们的爱好者通常都是 25 ～ 30 岁的年龄。我还品尝过 1976 年份路易斯·克劳德·戴斯维尼（Louis Claude Desvignes），令人回味无穷。我还喜欢 2003 年份多米尼克·皮荣园（Dominique Piron）让–马克。新近年份里，1995 年份、1999 年份、2000 年份和 2003 年份，都是不错的选择。"我们询问了米歇尔·贝塔尼对于风之磨坊的看法，他充满激情地说："这里的葡萄酒还需要较长时间的老熟。我对 1929 年份雅克酒庄（Château des Jacques）充满感情，我同样还喜欢保罗·加南（Paul Janin）的维苏酒园（Domaine du Vissoux）葡萄酒和珍藏乔治·杜波夫（Georges Duboeuf）。谢纳酒窖也是很出色的，并没有被风之磨坊遮盖了它的光芒。"

博若莱，里昂的第三大河

环绕里昂的三条河流，罗纳河、索恩河和博若莱河灌溉了吉约勒首府周围的农田。为了祝福祖国母亲的餐饮业，这个城市在这里继续写下荣耀的美食篇章。在这里，松露的烹调很简单：没有其他的东西，只有鸡肉、小牛肉或是煎牛排。埃杜瓦·海里欧是一位著名的葡萄酒松露品鉴师，他对这里的葡萄酒和松露十分推崇。这里被评定为历史美食遗产保护区。保罗·博古斯提供了一个葡萄酒松露的推荐名单，其中包括里昂的克里斯蒂安·特特杜瓦（Christian Têtedoie）和利昂（Léon）学院，它在 2004 年已经有一百年历史了。我们还可以用这里的葡萄酒在早餐上饮用。

保罗·博古斯：科隆日（Collonges）

保罗·博古斯烹调的佳肴堪称勃艮第经典美食，我们取道科隆日来品尝这里的松露浓汤。这是在一次饮食业评奖中，瓦雷利·吉

斯卡尔主席使保罗·博古斯产生了一个想法，用"黑钻石"制作浓汤，后来这道佳肴在这里广为流传：

"这个想法是我在保罗·贺柏林家品尝松露馅饼时第一次产生的。这是一道英式菜谱改良的。当我回到里昂，我尝试各种不同的菜肉汤搭配洋葱，我还尝试了用牛肉搭配蔬菜，或者将肉切成薄片来搭配松露。我还烤制了用黄油和成层状的面饼，等到面饼膨胀起来，就可以开动了。"

在一次的制作过程中，1975 年 2 月 25 日，这个菜谱产生了。它也使保罗·博古斯在全国得到了极高的荣誉。主席将这个新菜谱放到了科隆日推荐的第一名。在今天，这还是一道令人难忘的佳肴，成为了法国菜的一个代表。前任主席吉斯卡尔认为应该在科隆日继续推广这道菜品，借此将法国菜发扬光大。搭配这道浓汤，我们选择了普通年份的风之磨坊。

令人感动的松露：上帝的恩惠餐厅（Halle Part-Dieu），老佛爷路 102 号

作为早餐馅饼原材料的松露，是新鲜的刚采摘 8～10 小时后就用来烹饪的。在老佛爷这条主街上，有很多葡萄酒美食供人们品尝，其中不乏罗纳河谷产区。中午时分，我们在这里静静地等待黑钻石鹅肝饺、松露馅饼和卢思妮牛排，适合搭配一支杜克或者罗帝丘吉佳乐，它们搭配松露美食从来都是有保障的。

克里斯蒂安·特特杜瓦餐厅：皮尔·斯慈码头 54 号

这家位于索恩河边的餐厅经典之作是奶油可可松露、红糖螯虾、榛子炖狍子肉、煮蛋，以及在耳边流转的美妙的克里斯蒂安·特特杜瓦的声音。推荐搭配雅克酒庄的风之磨坊。

罗马耐驰·多林餐厅：乔治·杜波夫

乔治·杜波夫所在的小村中最为出名的就是这家罗马耐驰餐厅。我们用特选珍藏风之磨坊搭配由让-保罗·拉库伯烹调的松露美食。2003 年份浓郁温和，适合搭配松露鹅肝酱和奶油双球蛋糕千层饼佐"黑钻石"。而 2002 年份则直爽圆润，带有甘草香，与松露千层饼配合得天衣无缝。1995 年份风之磨坊结构出众，甜美温和，搭配萨赖尔（Salers）牛尾佐松露，堪称完美。令人惊喜的 2001 年份卡科林（Carquelin）将它温和的矿物气息与多尔多涅小牛肉佐"黑钻石"相辅相成。而巧克力松露，则推荐搭配精致的 2003 年份，强劲美味。这些佳酿都来自于美妙的风之磨坊，它们与松露的搭配深入人心。

为了延伸这场美食佳酿搜寻之旅，我们需要在雅克酒庄稍作停留。

罗马耐驰·多林餐厅: 雅克酒庄

雅克酒庄位于一片翠绿之中，卡斯特诺（Castelnau）的吉奥姆（Guillaume）和加麦（Gamay）都是这个酒庄的人气之作。葡萄酒松露品鉴师发现，他们喜欢用小母鸡搭配美味的新鲜松露，再配上绝妙的带有黑樱桃香、辛香的 1959 年份，如天鹅绒般丝滑的口感和矿物气息，令人印象深刻。这支酒的单宁气息搭配松露的香味轻轻在舌尖爱抚。

1985 年份十分成功，用其柔和愉悦的质感征服了人们。同样，1989 年份也有极佳的表现。温柔的 1987 年份并不讨厌与松露的相处。1997 年份中来来回回的单宁味也是很美味的。1976 年份是十分绝妙的一支葡萄酒，1990 年份则带有强劲的质感，这些葡萄酒与美食搭配都会有意想不到的效果。2000 年份风之磨坊卡斯特诺的吉奥姆一年四季都会出现在餐牌最显眼的地方，而充满魅力的卡科林、出色的多林（Thorins）、纯净且结构性强的罗什以及散发浓浓矿物气息的洛柴歌（Rochegrès）都是上品。前两支酒经过 10 年窖藏后，期待它与松露家禽肉的配合，下面一支则应搭配红肉，最后两支也是十分值得期待的。

里昂（Lyon）的利昂（Léon）

这个辉煌的建筑建在市中心的位置，热带木质装饰配以皮革，外部铺着彩色玻璃。这个建筑代表了里昂的尊严，而勃艮第松露却为它带来了活力。让-保罗·拉库伯烹调的"黑钻石"十分经典，非常需要技巧。其实里昂的利昂就是一间厨房，松露和它的伙伴们在这里与主厨一起谱写华美乐章。让-保罗·拉库伯在制作松露美食方面堪称一位诗人，他将所烹饪的美食搭配他所收藏的风之磨坊葡萄酒，吸引了乔治·杜波夫姑娘的心。从这里的天台望出去，可以看到荷舍汉舍松露集市，这位大厨喜欢用新鲜的松露制作千层饼。有什么比煎鹅肝酱配松露更加美味的呢？有什么比金黄鹅肝酱配松露汁，"黑钻石"配平底锅煎鲜菌和公鸡冠更吸引人的呢？而推荐葡萄酒则是风之磨坊特级珍藏的乔治·杜波夫——年份成熟，甜美多层次，人们在这里尽情畅饮……在要落雪的日子里，从圣诞节到来年 3 月，让-保罗·拉库伯总是准备好他的大厨帽，每天都像过节一般制作松露。屋外教堂的钟声在葡萄园上空飘荡，一直传到罗马耐驰·多林餐厅。

松露的博若莱
葡萄酒骑士卫队
Le Vin & la Truffe

罗马耐驰·多林

加南酒园

酒园的风之磨坊堪称传奇之作，1985年份、1989年份和1991年份从1996年起都适合饮用，唐布莱酒园（Clos Tremblaye）则成为搭配松露的官方首选。它经过十年的窖藏，搭配鹿肉佐佩里格尔调味汁刚刚好。1999年份和2002年份也是令人十分期待的。

上佳的松露和上佳的加麦，是皮丘莫尔孔（Morgons）这片土地上最好的礼物。

路易斯·克劳德·戴斯维尼酒园

　　微风轻拂过酒窖外面圣文森特的雕塑。莫尔孔·加福尼耶（Morgon Javernières）位于皮丘，所产葡萄酒带有淡淡的矿物气息，1996 年份是最为杰出的一支。这里的葡萄酒清新爽口，十分具有潜力，令人印象深刻，搭配松露炖小牛肉味道令人愉悦。1995 年份更加圆润，适合配以"黑钻石"牛尾，而 1997 年份则有更强劲的内涵。平和的 1999 年份口感丝滑，还需要窖藏十多年，出色的 2001 年份和令人喜爱的 2002 年份也是这样。

　　2003 年份和令人惊讶的 1976 年份有异曲同工之妙，甜美并带有矿物气息。适合搭配狍子肉佐佩里格尔调味汁。路易斯·克劳德·戴斯维尼选择这支酒，是因为这是他女儿出生的年份。这位园主手持酒杯，散发着十足的魅力。

莫尔孔

皮荣酒园

　　多米尼克·皮荣是荷舍汉舍市场的熟客，他在那里为他的葡萄酒松露品鉴师朋友们购买"黑钻石"法棍。先将面包切成段，涂抹上黄油，然后撒上松露末，之后在烤箱中用温火烤制 7 ~ 8 分钟，在上桌前撒上花盐，搭配口感强劲的 1996 年份皮丘莫尔孔，十分完美。1999 年份和 2000 年份在未来几年里也会有极佳的表现。我们还可以关注一下 2003 年份珍藏卡尔兹（Cuvée Quarz），这是一支充满矿物气息、单宁味极佳的谢纳，经过五年的窖藏搭配土豆松露沙拉，真是绝妙。2004 年份与松露的搭配亦令人极其期待。

让·马克·普高酒园

皮丘酒园里有几个伟大的年份葡萄酒，非常适合葡萄酒松露品鉴师。60 年代的几瓶酒与松露蒜泥面包十分搭配，而 2003 年份和 2000 年份在 2010 年已展现其魅力，现在最适合饮用的是 1995 年份。

圣费朗（Saint-Vérand）

维苏酒园

在维苏酒园旁边有一个用金色石头砌成的教堂。皮尔玛丽和马提尼·彻麦特拥有葡萄种植者谨慎和可爱的特质。1999 年份花桥（Fleurie Poncie）拥有缎面的质感，最适合搭配松露家禽肉千层饼。卡郎（Les Garants）葡萄酒成熟，在口中留续时间较长。洛柴歌风之磨坊是这个酒园的招牌之作，经过十年的窖藏，搭配松露炖牛肉最能激发它的潜力。

克利斯朵夫·派罗米诺的菜谱
派罗米诺－莫利圣丹尼斯酒园（Domaine Perrot—Minot—Morey—St—Denis）

烤布里斯肉鸡（或火鸡，或童子鸡）配勃艮第松露

8～10人食材：
5公斤保存良好的威廉梨；脂肪含量为40%的瑞士小干酪；一根葱；
25～30克的勃艮第松露；核桃黄油
调料：盐、胡椒粉

准备：
1. 将松露切成精致、等大的正方形薄片，沿背部斜切十字刀，形成四方棋盘状。
2. 取一只肉鸡（确保没有煮过），铺上精致的松露薄片。涂上瑞士小干酪，使其充分与鸡肉融合，然后填入香梨，封好。
3. 在鸡肉表面涂上调味料，放入烤箱中，将每个部位都烤熟（大约20分钟）。
4. 在烤制到一半时间的时候加入10毫升的水（用来泡松露的水）。
5. 然后将葱切好，在放有核桃黄油的酱汁中煮沸。之后加入肉鸡的肝脏煮几分钟。
6. 在烹饪结束前的20分钟，每人份鸡肝酱汁加入半颗梨。
7. 鸡肉烤制结束拿出烤箱时要注意熄火以后拿出，这样肉不会太干。
8. 上桌时配上半颗梨和一份苹果泥，搭配一级香波慕兹尼。

弗朗索瓦·布瓦塔尔德的菜谱

弗朗索瓦·布瓦塔尔德式鹌鹑

每人1只鹌鹑
原材料：选择直径12公分大小的鹌鹑
配料：新鲜鹅肝：每只鹌鹑20克；新鲜松露：每个人10克；黄油千层面饼
调料：诺利酒、盐、胡椒粉

1. 在鹌鹑周围简单装饰上家禽肉，不要肥肉。
2. 将松露切成薄片。
3. 将鹅肝和一部分品质极佳的松露薄片填入鹌鹑。
4. 将剩下的松露薄片铺在鹌鹑表面。

5. 涂抹黄油，加入诺利酒和松露末。

6. 用黄油千层面饼将鹌鹑封好。

7. 为了体现个性，可以将面饼在封口处做成不同样式。

8. 用 180 摄氏度火烤制 1 个小时。

斯特凡·德鲍尔德的菜谱
斯特凡·德鲍尔德-第戎

勃艮第松露牛尾烩饭

1. 将一根半分葱洗净，淘米，加水放入煮熟的牛尾。

2. 在火上焖煮 20 分钟。

3. 加入混合好的鲜奶油和黄油，将牛尾弄碎和米饭拌在一起，最后加入擦成末的勃艮第松露。

娜汀·顾兰的菜谱
安东楠·罗德酒园、皮约酒园和佩德里园的酿酒师

松露小豌豆

1. 前一天晚上将小豌豆（弗拉曼柯品种）浸泡于水中，每人份需要一杯水，水中加入碳酸氢盐和苏打咖啡。

2. 第二天，将洗净泡好的小豌豆放入加盐的冰水中（一斤豆两斤水），用高压锅煮 1 个小时。

3. 开盖检查是否煮好（豆子已经煮软）。

4. 放在沙拉盘中，加入已经调好的橄榄油（水果汁，青菜汁），比例是 1/4 升配一公斤小豌豆；将松露切成薄片（每公斤小豌豆配 50 克松露），加入卡玛洛（Camargue）盐花，不加醋。

5. 搅拌均匀，温热时食用。

平原、山谷、高耸的山峰在萨瓦
地区绵延交替。

CHAPTER 7

第 7 章

比热萨瓦产区
Le Vin & la Truffe

　　从马岗奈出发到达比热，我们途经整个安省（Ain，省份名）。这里遍布上千个大大小小的池塘，也因贝莱（Belley，城镇名）——这个布里亚·萨瓦兰（法国著名律师、政治人物以及美食家）的故乡——而受到关注。对于大众来说，这个地区所产葡萄酒的名气相比于其他产区没有那么响亮。如果从地理角度来讲，该产区的佳酿更接近罗纳河谷产区佳酿的特性，其中很大一部分原因是由于安省产区早期种植的葡萄品种均来自于萨瓦地区。这块荒漠中的绿洲还出产具有地方特色的肉肠和肥嫩的母鸡。尽管松露只生长于一小部分地区，但微薄的产量却总是备受瞩目。

布瑞拉特·萨伐仑（法官、美食家、作家，1789 年担任国会议员）：深思熟虑的美食家

布瑞拉特·萨伐仑 1755 年生于贝莱，是一位烹饪界的诗人及哲学家，父亲是一位出色的律师，布瑞拉特·萨伐仑的整个家族都非常爱好美食，他继承了上一代人的传统。他在 1825 年出版的关于品尝美食的哲学作品直到今日，在我们的美食文化中仍占有一席之地。不论在什么情况下，他深入且独到的见解总能自如地引导阅读者的食欲。然而在从事政治工作方面，他曾遇到一些危险人物所制造的麻烦。例如，多而公会（Convention à Dole）的代表就曾经因布瑞拉特·萨伐仑支持吉伦特派（法国大革命时期的一个政治派别）而归罪于他。为了给自己的案件辩护而补充能量，布瑞拉特·萨伐仑骑马来到了汝拉，晚餐时间，他将坐骑停在了瓦得山饭店（Auberge de Mont-Sous-Vaudrey）门前，享受了"只能在外省找到的松露炖鸡块"这道美味，他还为该菜肴搭配了艾米塔基酒庄（Hermitage）的顶级佳酿以及汝拉产区的麦秆酒（Vin de Paille）。幸运的是，这顿盛宴成功地激励了他。次日，这个享乐至上的艺术家通过在起诉者的妻子面前演奏一曲小提琴，虏获了美人的同情心，最终获得了自由出境的批准。

"亲爱的公民，"她对他讲道，"我们不得不尊重并钟爱我们的国家，因为是它培养了像您一样出色的艺术家。"布瑞拉特·萨伐仑从此开始了他流亡海外的生涯。1796 年，他重新回到法国政府内部担任法官一职，却再也找不回流亡以前家族所积累下的财富了，马淑拉兹的葡萄园就是他失去的财富之一。

布瑞拉特·萨伐仑在从巴黎到索里约途中的酒店招待了很多宾客，并且非常愿意亲自下厨为客人们烹制美食。在他所擅长的菜品中，最受人欢迎的便是松露烹牛肉里脊。布瑞拉特·萨伐仑是个真正的松露追求者，他对于"黑钻石"的评价影响了整个 19 世纪。这毫无疑问是受到了母亲奥若拉烹饪方式的影响，布瑞拉特·萨伐仑所撰写的《美丽奥若拉的枕头》已经成为非常著名的松露菜谱之一。

《美丽奥若拉的枕头》

为了向这位美丽的女人克劳迪娜·奥若拉·雷卡米耶致敬，布瑞拉特·萨

伐仑撰写了《美丽奥若拉的枕头》一书，该书成为了震撼全法高级厨师的著名菜谱。其中的美食真挚地传达了他对母亲的感情。在布瑞拉特·萨伐仑去世后，按照传统习俗，每年的 9 月 9 日在他位于乡下的别墅中，来自各方的宾客会齐聚在奥若拉的半身雕塑下共同品尝这道特殊的佳肴。

这道形似枕头的肉酱拼盘总重将近 30 公斤，主要由牛胸肉、鹅肝酱还有松露等食材组成，并会因不同的厨师的烹饪方式及制作时间而展现多种变幻的口味。在米奥奈（Mionnay，城市名），菲力普·儒斯（Philippe Jousse，法国名厨）曾经说过，他再也创造不出可以与阿兰·夏普尔（Alain Chapel，法国名厨）相媲美的枕头了："其实是因为我们无法再把山鹬、沙鸡和野鸭肉混合在一起了的原因"。

若要在冷温下食用，此菜的主要成分是禽类的碎肉馅，例如家鸽、野鸽、鹌鹑、山鹬，同时加入绿头鸭、野鸡、野兔、家兔、野羊、野猪、家养鸡鸭肉、牛胸肉、鹅肝酱和松露等食材。

亚历山大·杜曼在索里约的继承者弗朗索瓦·米诺经常会给法国本土的厨师提供如何为这道名菜创造配菜的建议。以忠于美食为宗旨，这道包含丰富口味的名菜通常要搭配萨瓦产区最出色的莫德斯（Mondeuse，葡萄品种）葡萄酒，例如，日尔·柏辽兹酒园、路易·马格宁酒园或者是圣·克里斯托弗酒庄的佳酿。并且，建议选择已经过 2 ~ 4 年陈酿期的佳酿。

尽管布瑞拉特·萨伐仑位于贝莱的别墅在法国的美食文化中有着不可或缺的重要位置，但是这栋房屋并没有成为当地具有代表性的博物馆，每次看到它时，我们都感到非常得遗憾。罗纳河谷产区葡萄酒松露品鉴师联合会对此表示不满，他们在每年的冬天都会在这里举办松露晚宴，每逢这一盛大的松露宴会，食客们总会为这道融入了感情与文化的美食菜肴搭配最为出色的比热产区美酒。

美食之旅

Le Vin & la Truffe

马尼可（Manigod）：拉·夸·富瑞的木屋酒店：萨瓦的松露和葡萄酒

　　如果希望在家庭聚会的氛围中品尝松露菜肴，最好的选择便是来到山区，比如位于南方的安纳西和马尼可附近的拉库萨兹，这里汇集了很多土生土长的阿尔卑斯人。在拉·夸·富瑞（城镇名）的木屋酒店中，维拉家族掌管着酒店管理的工作。该家族在1939年创办了第一间木屋酒店，是由他们的祖辈玫梅·卡拉维所收购的，玫梅·卡拉维那阿尔卑斯式的笑容能够感染至四周的山谷，他由内而发的热情服务获得了所有访客的赞赏。

　　绒线皮袄、山区风格的雕刻家具、萨瓦陶器和带有红色水果印花的窗帘使得餐厅成为了孩子们寻找旧时光的乐园。维拉家族的女儿伊莎贝拉将设计菜单的重任交给了她的丈夫兼饭店主厨埃都雅·卢贝，这位博尼约的星级厨师给这个家庭旅馆注入了一点吕贝宏（地名）式的香味：干酪烤马铃薯（阿尔卑斯山区的特色菜肴）、圆面包、萨瓦干酪、脂沫扁豆汤和帕尔玛香芹配松露意大利调味饭。虽然阿尔卑斯山也会生长一些松露，但这里所食用的大多数黑松露均来自

于罗纳河谷产区。

若松露的产量颇丰，人们便可一直享用至每年的 4 月初。每逢春季，白雪覆盖的大地被漫山遍野的鲜花取代，羊群和奶牛们也纷纷从冬日的昏沉中苏醒过来，夕阳的余晖在山峰上勾绘着类似青瓷的图案，观此美景的同时，人们常常会选择品尝希南·贝革宏（Chignin Bergeron）白葡萄酒，该酒的酸度正好搭配帕尔玛香芹配松露意大利调味饭。我们还可以尝试选择萨瓦产区的胡塞特（Roussette de Savoie，葡萄品种）葡萄酒，路易·马尼安酒园 2000 年份佳酿浓厚活泼的味道刚好能够与香芹和松露的香味相融合。

我们还可以为此道美食配以 2002 年份塞勒地区的白葡萄酒，例如柏克莱酒园的干白便是很好的选择。它与香芹相似的狂热味道可与松露完美融合。另外，为了营造完美舒适的品尝氛围，我们可在露天平台上边食用午餐边沐浴阳光。

红葡萄酒的爱好者可以享受查尔斯·托塞酒园或是米歇尔·格瑞萨尔酒园经过 3 ～ 4 年陈酿的蒙德斯美酒（Mondeuse，萨瓦产区的葡萄酒品种），该类型的干红可以与萨瓦干酪烹松露这道美食结合。

马克·维拉的松露

马克·维拉善于烹饪源自于上萨瓦省的松露菜肴："我经常会为产自这一地区的松露搭配特米农蓝奶酪，这是一种本地带绿色霉菌的干奶酪。取一小块放入杯底，在上面铺上一层松露薄片，最后放上煮熟的蔬菜泥。"侍酒师萨缪艾乐·英格拉赫会为这道松露菜肴选择一瓶来自于查尔斯·托塞酒园出产的蒙德斯葡萄酒。"我还会将松露泥灌入细筒之中，为之加上一点野生百里香，把两种食材混合在一起后，放在蒸锅上加热 30 分钟。这绝对称得上一场味觉的盛

宴，松露和百里香可以真正结合在一起，却保留着各自的天然味道。对于这道美食而言，吉约姆·查尔斯窖藏 2000 年份的蒙德斯干红（Mondeuse Cuvée Guillaume Charles 2000）再合适不过了。我个人对于葡萄酒与松露的和谐搭配会有一些自己的见解，比如，我会选择米歇尔·格瑞萨尔酒园 1995 年份的胡塞特佳酿来搭配栗子蛋糕和松露巧克力，在这一优美的配合中，松露与葡萄酒的味道均能达到一定的高度。

松露的葡萄酒骑士卫队

Le Vin & la Truffe

阿尔宾产区（Arbin）

马楠酒园（Domaine Magnin）

马楠夫妇将他们全部的热情倾注在了他们的葡萄园中，碧翠斯很喜爱讨论葡萄酒当下的趋势："产自希南贝革宏产区 1993 年份的干白获得了非凡的成就，其带有的蜂蜜及坚果的闻香回味无穷。"此种美酒可以完美地与松露烹白肉相搭配。该酒庄 1988、1990 和 1995 等年份的蒙德斯干红表现平平，1997、1998、2000、2001 和 2003 等年份则非常适合搭配松露牛尾这道美食。

希南产区（Chignin）

凯纳尔酒园（Domaine Quénard）

安德鲁·凯纳尔认为："1995 年份和 1999 年份的凯纳尔佳酿最适合搭配松露菜肴。按照规律来说，这一类型的白葡萄酒最多可以经过 2 ~ 3 的陈酿期，之后就须饮用，它们在大多数情况下很早就被开启了，马克·维拉先生就是这样做的。"安德鲁·凯纳尔继续说道："我们还应该为这一地区的列级名庄进行分类，比如蒙德斯佳酿就存在很多种类型的葡萄酒。"该酒园 2003 年份和 2007 年份的佳酿为松露菜肴提供了最安全的保障。

荣吉幽产区（Jongieux）

杜巴斯叶酒园（Domaine Dupasquier）

和诺埃尔·杜巴斯叶（酿酒师）在一起，总会让人感觉像置身在节日活泼的气氛中。他的萨瓦法定产区胡塞特佳酿在本地白葡萄酒中享誉盛名：阿尔迪斯（Altesse）葡萄品种是在 13 世纪由马海斯特公爵从十字军东征途中带回到法国来的。阿尔迪斯葡萄非常适应马海斯特的泥灰岩土壤。此种葡萄酒可以经过至少 5 年的陈酿期。1996 年份、1998 年份和 2000 年份的佳酿非常适合搭配松露菜肴。

蒙达纽产区（Montagnieu）

法兰·贝勒酒园（Domaine Franck Peillot）

热情的法兰·贝勒激动地向我们介绍该酒窖中适合与松露相搭配的佳酿："以黑冬松露为主要食材所烹制的菜肴，我建议选择经过四到五年陈年期的比热产区阿尔迪斯胡塞特干白（Roussette de Bugey Altesse）。年份较轻的该白葡萄酒口味略显平淡，但随着时间的推移，它逐渐会拥有醇厚、滑腻且浓郁的味道。成熟美味的胡塞特佳酿则非常适合搭配松露烹鸡肉这道美食。"1996 年份、1999 年份、2000 年份和 2002 年份的阿尔迪斯胡塞特均为搭配松露菜肴的年份佳酿。对于红葡萄酒而言，蒙德斯干红也非常适合拥有强劲口感的菜肴，我们需要选择至少经过五年陈酿期的美酒，比如 2003、2002、2000、1999 和 1998 等年份的佳酿。对于餐厅的选择，法兰·贝勒这位葡萄酒松露品鉴师非常钟爱位于布里奥（Briord）的高迪聂家族（Famille Gaudinier）餐馆，并享受美食带给他的满足感。

希南产区：益乐·柏辽兹酒园（Domaine Gilles Berlioz）

　　该酒园酿制的蒙德斯干红理所应当地摘得罗纳河谷北部产区的名庄称号。弗洛伦·舒崴勒，这位富有经验的茹因（Ruy）产区侍酒师，发现了益乐·柏辽兹酒园与罗地丘（Côte Rôtie）葡萄酒的一些相似之处。2002 年份的该酒庄佳酿展现出了其厚重高雅的口感，而 2005 年份的佳酿则更适合松露烹夏罗尔牛骨这道美食。

费特黎产区（Fréterive）：格利塞酒园（Domaine Grisart）

　　该酒园的蒙德斯干红非常适合搭配美味的松露菜肴，建议选择1986 年份、1988 年份、1989 年份、1995 年份、1998 年份和 2000 年份的佳酿，它们以其饱满的酒体结构获得了葡萄酒松露品鉴师们的青睐。

犹如锯齿般的冠状悬崖。

CHAPTER 8

第 8 章

罗纳河谷产区
Le Vin & la Truffe

  此次长途跋涉的旅程，罗纳河谷产区是重要的目的地之一，对于葡萄酒松露品鉴师来说罗帝
丘和教皇新堡是绝对不容错过的。

  古代罗马人很早就开始对松露产生兴趣。罗马帝国时期，人们已经可以品尝到来自巴尔米拉
地区的铁飞兹松露（terfez），这种西方特产的松露呈现淡褐灰色，味道浓郁，没有高卢人所熟悉
的黑冬松露感觉那样强烈。罗纳河谷这片产区自古以来就是葡萄酒和松露的故乡，里昂、维恩河
（Vienne）、奥朗治（Orange）和维森罗曼尼（Vaison-la-Romaine）这些地区还保留着传统的拉丁
盛宴。传统在被不断追赶，现如今罗纳河谷产区葡萄酒与"黑钻石"的搭配已经成为最为经典的
组合，它是法国东南部最受欢迎的搭配。在这里，葡萄酒与松露有千丝万缕的联系，所搭配出的
美味吸引了各地的美食爱好者，甚至在 2004 年那个艰难的岁月里，这里仍然门庭若市。我们可
以品尝这里所有的法定原产地葡萄酒，特别是 1990 年份、1995 年份和 1998 年份。

罗纳河谷产区的北部

由于岔路较多交通不便，我们只能经过十几公里的柏油路来到这片产区。中原高地（Le Massif Central）以这里为依靠，阿尔卑斯山将这里作为入口，这里的山谷直接通向地中海。这片产区最主要的葡萄酒产区包括罗帝丘、孔德里约和圣约瑟夫。这些产区之间被四通八达的铁路连接贯通，这里天生的节日氛围使得在这里工作的人们心情愉悦。罗帝丘常年光照充足，少有雨水，在阿布斯（Ampuis）小城的斜坡上布满令人眼花缭乱的酒园，葡萄园间的小路通往各个酒园，其中一条就通往梦幻般的吉麦酒园。这座拥有天然魅力的酒园在葡萄园中若隐若现，我们可以在那里欣赏落日的余晖。科丽妍是艾米塔基产区一个酒园园主，拥有着好莱坞式的名字和气质，她拥有名厨奖牌，对松露和葡萄酒十分了解。菲利普·朱思、布鲁诺·查尔通、米歇尔·查布兰克、安妮索菲·皮克和帕特克·亨利鲁推荐的米奈（Mionnay）、圣-多纳-埃尔巴斯（Saint-Donat-sur-l'Herbasse）、伊塞尔桥（Pont-de-l'Isère）、瓦朗斯（Valence）和维恩河都是葡萄酒松露爱好者必经之地。从罗马小镇到圣佩雷（Saint-Péray），是最吸引这块六角形国家内陆的美食家们的品鉴线路。从圣-伯内-勒-弗瓦德（Saint-Bonnet-Le-Froid）到西姆酒园（Clos des Cimes）高地，它们在松露领域都写下了浓重的一笔。

黎塞留收复罗纳河谷地区——3月5日的黎塞留，保罗·德拉罗徐（Paul Delaroche 1797—1856）作品。

美食之旅

Le Vin & la Truffe

圣-伯内-勒-弗瓦德（Saint-Bonnet-Le-Froid）：西姆酒园餐厅，瑞吉·马冈（米其林三星主厨）

在海拔 1200 米的高原上，维瓦海村和弗雷村之间，处在一片绿色的山间，圣-伯内-勒-弗瓦德以其美食而被世人所熟知。它距离盖比耶·德·容克山 (mont Gerbier de Jonc) 不远，令所有的美食家都流连忘返。美食教育家、菌类美食捍卫者和葡萄酒人文学家都是这里的忠实粉丝。瑞吉·马冈是位出色的美食家，他出色的烹饪技巧和丰富的健康美食知识让我们领略到松露美食的真正魅力。葡萄酒松露品鉴师们已经迫不及待地希望品尝到这里的拿手菜松露扁豆杂烩配香软熏蛋了。为了品尝到最高品质的美食，我们直接来到了艾米塔基产区，在酒园里直接享用美酒和佳肴。这里的葡萄酒与清蒸法国扇贝配羊肚菌拌"黑钻石"慕斯搭配，相得益彰。精致的松露与艾菊干果鹅肝饼搭配是这里最热卖的菜式。白葡萄酒的强劲足以支持这款菜肴带来的冲击。

米奈：阿兰·夏贝尔餐厅

推荐：1999 年份文森·盖斯园（Vincent Gasse）的圣约瑟夫搭配菲利普·朱思烹调的佳肴。

菲利普·朱思在阿兰·夏贝尔餐厅轻轻挥舞着厨具为人们献上美食。每一口奶油炖鸡、慕斯鹅肝、李子酱脆松露都为我们留下了难以忘怀的愉悦口感，特别是搭配 1999 年份文森·盖斯园的圣约瑟夫，美味无法形容。这支酒酒色较深，散发着黑色水果香、辛香和紫罗兰香。这个酒园的葡萄酒没有经过硫化处理，十分优雅，香味复杂、清新。这支圣约瑟夫浓郁、深沉，令人爱不释手。其酒精含量为 11.5 度，却达到出乎意料的平衡感。醇正的黑色水果香味搭配李子酱松露，产生极其和谐的效果。而与法国扇贝配苹果派佐松露配合，这支圣约瑟夫则将其温柔的气质发挥到了极致。

维恩河：金字塔餐厅，帕特克·亨利鲁

帕特克·亨利鲁作为金字塔餐厅的主厨，为其吸引了很多美食爱好者，使这家餐厅成为罗纳河谷最有人气的餐厅之一。在这里，你总能听见欢笑声，也总能听到一些可爱的睡前小故事。

法国大厨弗南·布瓦也在这里留下了足迹，他优雅的烹调姿势与星级主厨的白色高帽都是法国美食的代表。他所烹调的佳肴获得了国际厨皇美食（Escoffier）的认可，成为 21 世纪餐饮界的典范。

这次的葡萄园之旅让我们领略了真正的史诗，品尝到了品质极佳的法定原产地葡萄酒。这里的酒搭配松露，特别是黑冬松露实在令人难忘。而佐以布雷斯烤鸡，口感也绝妙非常。这道佳肴一直是这家餐厅的推荐菜之一。

有着完美的技巧和极高的热情，帕特克·亨利鲁大胆地将传统与现代手法相结合，烹调出美味的松露佳肴。传统的烹调方法被人们所熟知，有着悠久的历史和动人的故事。餐厅老板从来不省略在大厅里进行的介绍和表演仪式，这令在场的每个人都感到非常愉快。在品尝美食的同时欣赏传统烹饪表演，让人在虚幻与现实中不断穿越。他烹饪的鸡肉犹如开屏的孔雀般绚丽，家禽肉一直以来都是嫩滑与美味的代名词，松露配上白鸡肉，平衡感十足，香味四溢，十分和谐，令人难以忘怀。第二道菜式是奶油酱佐松露搭配波尔图葡萄酒，我们可以挑选一支富有活力足够成熟的红葡萄酒，例如 1998 年份教皇新堡奈特（La Nerthe），这支口感丰富的葡萄酒与酱汁十分搭配。我们还可以试着搭配 1995 年份艾米塔基产区白葡萄酒，这支酒很温和，与白肉相配十分融洽。帕特克·亨利鲁艺术般的烹饪技术制作出的梭鲈烤奶油布丁和卡布奇诺蘑菇配松露，与 1999 年份的索塔尼姆（Sotanum）搭配很不错。这支红葡萄酒口感圆润，味道令人愉悦。"黑钻石"配土豆馅饼佐蔬菜沙拉与马克·索海罗酒园（Marc Sorrel）1998 年份艾米塔基产区白葡萄酒搭配，辛香与蜂蜜香充分与美食融合，在口中共舞。罗帝丘产 1997 年份斯特凡·蒙兹园（Stephan Montez）格朗广场，在口中停留时间长，与乳鸽肉在舌尖上共舞，口感强劲。2005 年 3 月帕特克·亨利鲁为了纪念弗南·布瓦逝世 50 年，获得了全法所有星级大厨的称号。在这家餐厅，人们可以每日徜徉在美食的长廊里，尽情享受。而其中最为重要的一笔，就是黑冬松露。

让-克洛德·鲁艾（Jean-Claude Rue）：著名酿酒师

让-克洛德·鲁艾为人幽默，他所酿造的葡萄酒与松露搭配成为餐厅的招牌搭配。他选择的葡萄酒跟鸡肉搭配十分合适，他对罗纳河谷产区的葡萄酒、勃艮第白葡萄酒和阿尔萨斯雷司令都称赞不已。他微笑着慢慢说："搭配鸡肉，我喜欢选用年份较老的 19 世纪昂里克产区（Enriquès）马德拉葡萄酒。这支酒一支被保留到这个世纪，经常以葡萄酒酱的方式出现。我还有一个拟定中的组合，就是用一种菜肴搭配口感极为丰富的葡萄酒。例如土豆饼佐松露，或者是斯蒂尔顿奶酪松露。"

阿布斯 (Ampuis)：吉佳乐世家的松露手册

伯纳黛特和马塞尔·吉佳乐用最美丽的词汇形容松露。在这个

家里，餐桌便是节日的舞台，家人会拿出世界各地知名的葡萄酒搭配"黑钻石"，比如孔德里约或是罗帝丘。伯纳黛特是生活艺术的卫士，她希望能够完全表现出松露的香味。"我首先会将松露在阿尔马尼亚克烧酒中腌制一个小时，然后将其沥干，用猪肉薄片包裹住，然后放进千层饼中封好，再放入烤箱中烤制。"如此制作出的佳肴，再搭配 1999 年份罗帝丘产区阿布斯酒庄，温和柔软，入口即化。我们不忍喝光杯中的美酒，不忍大口享用佳肴，生怕再也品尝不到这样的滋味。在孔德里约产区，窖藏葡萄酒通常搭配多脂的鲑鱼佐松露。

窖藏"杜里昂"酒色呈现美丽的金黄色，散发着橘香和白色花香，在口中持续时间长。伯纳黛特·吉佳乐预定了一支搭配松露的葡萄酒，这是一支神级的葡萄酒，在饮用前需要经过很多准备。马塞尔·吉佳乐收藏了几支特级葡萄酒：我们还是很喜欢 1987 年份杜克（Turque），它很甜美，搭配皇家野兔肉极其完美。1984 年份慕林（Mouline）散发着松香，带着巧克力的味道，十分成熟，搭配栗子酱鹿肉十分可口。1981 年份兰多妮（Landonne）更加强劲，散发着烟熏味、松露味和果酱香味。这支酒搭配红酒洋葱烧野猪佐松露十分合适。这三支酒被称为罗帝丘三杰，搭配松露堪称经典。1999 年份杜克适合在 2020 年开瓶饮用。

圣·多纳·埃尔巴斯：布鲁诺·查尔通餐厅

多姆（La Drôme）山丘气候温和，清澈的天空伴随着柔和的风，所有这一切都是那么温柔，美丽慵懒的乡村美景让人心旷神怡。阳光伴随着凛冽的风挥洒在孕育松露的橡树上，这是最美好的时光。在布鲁诺·查尔通孩童时，经常自由自在地在山间欢唱，那时我住在祖父家，我跟着邻居和他家的狗，开始了令人着迷的松露寻找之旅。从那时开始，我便成为了松露的忠实爱好者。而今松露事业慢慢复苏，每年冬季黑冬松露都成为炙手可热之物。在这家餐厅华丽的厅堂内，可以透过窗户看到圣·多纳·埃尔巴斯开放的海景。这个餐厅是这片产区最著名的建筑之一。布鲁诺·查尔通拥有自己的松露橡树，使他可以较为容易地采摘松露，和葡萄酒搭配，使二者达到和谐境界。这家餐厅的菜肴被葡萄酒松露品鉴师认为是用心之作，在宴会上搭配里米兹酒庄科鲁兹·艾米塔基产区白葡萄酒，令人回味。2002 年份圆润温和，已经准备好被开启，搭配散发着香味的松露烩饭，配以法国扇贝佐松露，香味在口中长留不散。而搭配猪脚松露配土豆饼则是经典之选。这支白葡萄酒十分宜人，搭配松露珍珠鸡配烤刺菜蓟和新鲜小芹菜，十分和谐。"应该选择多脂的珍珠鸡，这样才能更好地汲取骨髓中的香味。"这个拥有圆润口感的佳肴与这支温和的科鲁兹葡萄酒搭配，完美至极。这个极佳的组合让我们看到了葡萄酒与松露搭配更多的可能性。

慕林酒园的葡萄园。

葡萄酒与松露

拉 瓦 勒 斜 谷（Combe
Laval）：惊险的山路。

伊塞尔桥（Pont-de-l'Isère）：米歇尔·查布兰克餐厅

　　在伊塞尔桥有许多科鲁兹·艾米塔基产区的葡萄酒，米歇尔·查布兰克餐厅继承了家族流传下来的美味菜谱。在接待处的是卡尔罗，她最喜欢的是圣佩雷产区葡萄酒，该酒在餐厅随处可见，而她的丈夫负责这家餐厅的管理，为客人们提供绅士般的服务。作为星级厨师，米歇尔在厨房里与各种食材一起上演着奇妙的魔法。黑松露是这里的特色菜，如诗般的黑松露沙拉是这里的传统菜式，它有着这个家族很多的回忆："这道菜是我和朋友保罗·博古斯、让-保罗·拉库伯、日哈荷·查维在吃早餐和午餐时研究出来的，而这个菜适合搭配艾米塔基产区白葡萄酒。"米歇尔·查布兰克选择平静的圣佩雷搭配他所烹调的美味。这支酒散发着淡淡的花香和辛香，入口清爽，带有矿物气息，在口中尽情绽放。2001 年份让·玛珊园（Jean Marsanne）的圣约瑟夫白葡萄酒的纯净气息与松露的味道是理想搭配。

这间餐厅能够令所有客人都心情愉悦。圣约瑟夫圆润的气质配上螺丝菜南瓜松露天鹅绒般柔滑的口感，完美至极。酿酒师推荐的 2002 年份克伦比亚酒庄科鲁兹·艾米塔基产区白葡萄酒搭配法国扇贝佐松露，将其矿物气息与松露香完美结合："这支科鲁兹是搭配松露的理想之选，虽然是白葡萄酒，但是没有过多的新鲜感影响与黑冬松露的配合。"

在所有葡萄酒与松露的嬉戏中，孔德里约与"黑钻石"最为合拍。对于米歇尔·查布兰克来说，会选用窖藏九年或十年吉埃酒庄（Château Grillet）的孔德里约。提到 2001 年份里内·米歇尔园科尔纳·吉娜勒，她从语言到肢体都透着欢喜。这支红葡萄酒平静，散发着矿物气息，搭配小牛肉盖饭配鸡胗螯虾佐松露极为完美。葡萄酒中温和的矿物气息令人胃口大开。

瓦朗斯（Valence）：皮克餐厅

离开伊塞尔桥，我们驶上了通往瓦朗斯的 7 号国道，沿着河流，我们来到了这个村落。皮克家有三代人，整个家族都在为松露美食而努力着。特别是松露乳鸽卷、梭鱼猪肉血肠与艾米塔基产区最好的葡萄酒黎塞留搭配，非常合适。而儿子雅克·皮克则更喜欢温柔的多姆。搭配芹菜松露千层饼则可以选择科鲁兹或者圣约瑟夫白葡萄酒。如今，皮克家族一如既往受到葡萄酒松露品鉴师的推崇，因为家族保持着既往的传统，许多菜品都是代代相传的，而安妮索菲就追随了父亲的足迹。"葡萄酒和松露之间的关系是显而易见的。"安妮索菲说道，"我的父亲致力于松露的烹调，每年他都会搭配不同的葡萄酒，例如 1961 年份小教堂，多么值得回忆的时光啊！而我比较喜欢口感清新的葡萄酒，特别是绝妙的孔德里约的福耐。"

奇妙的皮克美味、高贵、清澈，口感具有创造性，搭配大厨安妮索菲烹调的美食，真是好极了。小牛肉煎蛋，精致的水萝卜果酱千层饼伏在栗子姜片装饰的盘子上，佐以黑松露和绿芦笋，搭配2002 年份圣约瑟夫白葡萄酒散发出的矿物气息，滋味无与伦比。多么美妙的享受！在这里，松露佳肴都是独一无二的，在别的地方无法品尝到，例如热奶油法国扇贝佐松露，带着淡淡朗姆酒的味道。孔德里约产区福耐酒园（Domaine Vernay）帝王特拉斯气质温和，搭配"黑钻石"大比目鱼佐黄油萝卜，再好不过！1976 年份吉埃酒庄充满魅力，给人带来愉悦。

丹尼·伯特兰（Denis Bertrand），记忆中的家

从丹尼·伯特兰开始为皮克家族寻找最好的葡萄酒，已经过去30 多年了。"我一直是这个家庭忠实的成员，我永远不会忘记雅克·皮克在我艰难时给予我的支持。在我 17 岁时，是他给了我自信……"福耐庄园弗农坡（Coteaux de Vernon）产区葡萄酒与松露几乎融为一体。"搭配这支酒，仅用一片烤面包涂抹上橄榄油放上黑冬松露薄片足矣。"

罗什克德酒庄：继续松露之路！

通过沃克吕兹产松露，罗什克德酒庄恢复了它的名望。它的庄园主昂德烈·查伯特对黑冬松露尤为喜爱，每周六都会到市场搜寻

珍贵的松露。他高贵的派头、幽默的语言吸引了不少巴黎名厨，例如米歇尔·鲁斯当。昂德烈·查伯特喜爱充满热情的橄榄油和葡萄酒，他喜欢在全法搜集珍藏葡萄酒，用来搭配上等松露，作为美食的骑士护卫，他能够将各种味道均衡发挥："橄榄油是葡萄酒与松露搭配时不可忽视的一个媒介，它自身散发的香气或者过度的植物性有可能破坏葡萄酒与黑冬松露的关系，所以使用时需要谨慎。另一方面，烹调时使用橄榄油的方法也有可能影响葡萄酒的质感。橄榄油应当用来使食物变得松脆，黄油应当为食物带来奶油味，这样才能更好地促进松露与葡萄酒的关系。我预定了今晚的晚餐，一份沙拉搭配一道主菜，使用温和的波谷橄榄油，以除去口中苦涩的味道。"

　　1993年份艾米塔基产区的查维和松露搭配令人身心愉悦。这支葡萄酒足够成熟，表现温和，搭配小块油炸面包配松露薄片十分适宜。而 2002 年份拉斯图散发着令人着迷的花香："这支年轻的葡萄酒需要一些盐分来释放酒中的单宁味，希拉独有的烟熏味使其与松露香味完美融合，这个结合简单却独特。苦味也是一种独特的味道，对于我来说，松露的味道首先是苦涩的，所以选择葡萄酒时首先要选择圆润温和的葡萄酒。如果这支年轻的红葡萄酒与松露合拍，那么它一定是已经窖藏十年并将单宁足够释放的一支酒。我特别推荐 1992 年份珍藏奈特酒庄（Château Nerthe）加戴特（Cadettes），一支教皇新堡酿制专门用来搭配松露的葡萄酒。"

塞德里克·杜特，昂德烈·查伯特的接班人，从 12 月到来年 3 月一直在进行松露庆典的准备工作。卡布奇诺配栗子酱松露，或者松露鸡肉，或是小牛肉佐松露，搭配罗什克德酒庄佳酿，能完美表现"黑钻石"的特色，是周末的经典之选。

由于长期与松露接触，一些葡萄园工人也开始了解葡萄酒松露的品鉴之旅。

罗纳河谷比福 (Les Pyfs) 三剑客

亚历山大·杜马，著名的罗纳河谷葡萄酒爱好者，列出这里的三剑客，分别为皮尔·盖拉德、伊弗·库勒荣和弗朗索瓦·维拉德，简称比福三剑客。

他们的产区被尊称为火枪手，在 1990 年末，从维恩河产区划分过来，是充满能量、幻想力、满足感和梦幻感的葡萄酒供应商，他们在阿尔达尼（Artagnan）也有产区，帕特克·亨利鲁在那里负责供应事宜。三剑客和他有着亲密无间、永不褪色的友谊，不被凡尘俗世所扰，他们经常一起狩猎，一起举杯共饮。他们所产的葡萄酒拥有悠久的历史，它们代表着真正的友谊，20 年后我们再来寻找珍藏在这里的葡萄酒。

有罗纳河谷恶魔之称的弗朗索瓦·维拉德是一位体力极佳的酿酒师，他将所有的精力都放在葡萄酒酿制上，他所酿制的葡萄酒浓郁、高贵、柔和。白葡萄酒与红葡萄酒一样，值得细心品味。这位年长的厨师喜欢在朋友帕特克·亨利鲁位于维恩河的家中品尝金字塔餐厅的松露美食。对于红葡萄酒，圣约瑟夫和罗帝丘布罗卡德（Brocarde）经过 6 年或 7 年的窖藏，搭配黑松露鹅肝酱刚刚好。在孔德里约，2002 年份波塞坡（Coteaux de Poncins），高贵，酒精含量高，搭配甲壳类海鲜佐松露，是葡萄酒盛宴最特别的搭配。

弗朗索瓦·维拉德和伊弗·库勒荣是葡萄品种维欧尼（Viognier）的好伙伴，酿制的孔德里约浓郁、高贵，散发的木质气息在窖藏 3 年后完美展现。比如小山丘园或是口味复杂的查耶埃（Chaillets），其 2001 年份与松露搭配，简单纯净。圣约瑟夫园圣皮尔白葡萄酒是罗纳河谷产区珍藏葡萄酒中能与松露完美配合的最好的酒之一。它是由 100% 葡萄品种胡珊（Roussane）酿制而成，散发着诱人的矿物气息，有些轻微的过熟。经过 4 年窖藏之后，和家禽肉佐松露或者是鱼肉佐松露十分搭配。伊弗非常喜欢将这支酒当做开胃酒，搭配上面撒有盐和松露薄片的烤小吐司。

在孔德里约产区，1996 年份小山坡园柔和的气质极适合搭配松露白鸡肉。这支酒最适合在 2003 年 12 月份饮用，经过 7 年的窖藏，散发迷人的光辉，皮尔·盖拉德拥有一瓶全新未开封的。

视线所能及之处，酒窖中收藏的都是罗帝丘的罗斯·布珀园和圣约瑟夫的库米奈园葡萄酒，这两款酒正统、丰裕，在窖藏 6 或 7 年后与松露鸭肉搭配品用，味道绝佳。这支圣约瑟夫在罗马第一帝国时期就已经出现了，克洛德国王是松露的爱好者，经常选用这支酒来搭配松露。

在罗纳河谷，还有另一条美食之路，可以发掘更多不同产区的葡萄酒和松露。

葡萄酒园

在罗纳河的北部，圣约瑟夫白葡萄酒园、圣佩雷、孔德里约和艾米塔基产区红葡萄酒园都是值得推荐的葡萄园，当然还包括阿尔巴产区，但该产区特有的大蒜气味并不容易被中和。孔德里约产区的品质并不均衡，而人们很少会提起艾米塔基产区。这些产区的年份葡萄酒都需要足够成熟才能够搭配松露饮用。

对于红葡萄酒、罗帝丘、艾米塔基、科鲁兹·艾米塔基、圣约瑟夫和科纳产区所产葡萄酒都十分柔和，需要窖藏5～10年才适宜开瓶饮用。最佳年份包括2000年份、1999年份、1997年份、1996年份、1995年份、1990年份、1989年份、1988年份、1985年份和1983年份。

15 世纪，孔德里约为了邀请贵族，庆祝节日而进行的装饰。

克利斯朵夫·塔桑：葡萄酒松露酿造师

受过酿酒师的专业训练，克利斯朵夫·塔桑获得 2004 年苏士·罗斯葡萄酒学校的全法嘉奖。在罗纳河谷，我专门列出了葡萄酒名目单以便于查找。当地人们喜欢选择白葡萄酒搭配松露。

我挑选的基本都是以葡萄品种胡珊或是玛珊酿制的葡萄酒，因为在挑选葡萄酒的时候必须考虑到松露的特性，它作为菌类拥有的味道与葡萄酒的矿物气息是否搭配。在开始烹饪之前，需要准备好基本材料，例如淀粉类食材、鸡蛋、鱼类或者白肉。我喜欢窖藏在 3 ~ 5 年，带有杏仁香味、矿物气息和蜂蜜味道，足够成熟的葡萄酒，不需要拥有过分的果味，因为如果果味过浓，就会影响其他香味的发挥。一些带有草木味的葡萄酒也是上佳之选，因为它可以与松露建立起特别的联系。当然我们首先要考虑的是年份。对于红葡萄酒，罗帝丘拥有一大片命中注定的搭配葡萄酒的松露。

高贵的罗帝丘

吉麦酒园

这个酒园的珍藏罗帝丘尽显高贵气质，它们和其酿造者让-保罗·吉麦一样，敏感精致。这位在高原上成长的男人，愿意为布里奶酪松露做任何事，他找到 1996 年份的葡萄酒搭配这款松露："在我家中，珍藏着 6 年和 9 年前的上等松露，还有窖藏 10 年的葡萄酒。1993 年份是其中的理想之选，这支酒年轻，充满活力，缓缓散发的矿物气息与菌类搭配十分完美。而另外两支能够配得上松露的葡萄酒是 1989 年份和 1990 年份。"

完全不需要用黑冬松露来引起人们的注意，只需用普通松露搭配这两支平静的 1998 年份和 1995 年份就足够产生革命性的变化。1991 年份的布鲁尼坡 (Côte Brune) 让人小小地惊艳了一把。阿布斯酒园是河谷产区内酒色最为出众的一个庄园。

伊莱恩·德斯鲍尔德酒园（Domaine Eliane Desbordes）

在盛产希拉的土地上，这位来自于阿布斯的园主为罗帝丘提供了一款纯正的，带着果香、辛香，口感润滑丰腴的佳酿。2001 年份是其中一支不可多得的上品，经过九年的窖藏，搭配松露小羊羔肉，将为我们带来不一样的感受。

繁茂的孔德里约（Condrieu）

对于孔德里约产区的繁茂和令人印象深刻的气质，其葡萄酒的品质有些令人担心，与松露搭配时，往往需要一个必不可少的"牵线人"，比如温柔的橄榄油，从而使二者关系达到和谐状态。我们也可以尝试用香草来牵线，搭配法国扇贝。可以搭配的经典的葡萄酒包括弗农坡的福耐园、谢礼坡（Coteaux de Chéry）的佩莱园（Perret），伊弗·库勒荣的小山丘园，或者是朗索瓦·维拉德珍藏弗波塞坡。

乔治·福耐（Georges Vernay），记忆中的产区

在孔德里约福耐的地窖里（村落的中心）我们进行了一场感性之旅。我们在那里品尝到了精致安静的乔治·福耐，它被称之为孔德里约的教皇。在 1952 年，福耐这位酒园建立者独自耕种着这片葡萄园，因为当时水果和蔬菜已经过剩。后来，他接待了弗南·布瓦，这位大厨想从他手上买下所有的葡萄，但是年轻的园主却告知他已经卖完了，弗南很惊讶，一再恳求协商，终于获得了一半的收成。这便开始了金字塔园与这个法定产区独立酒园的合作。

我们来谈谈另一个时期，"提到孔德里约，就能想到福耐，而提到福耐，自然也会联想到孔德里约。"1980 年，新一代的庄园主来到这片产区，乔治·福耐不再孤单，他的女儿克里斯蒂娜学习了酿酒专业，并于 1990 年成为了这个酒园新的领导者，她继承了父亲的步伐："我没有什么可以革新的，我只需要遵循父亲的脚步，因为我是如此爱他。"在说这些话时，她看着散发着金色光辉的 2002 年份昂弗的查耶埃。这支酒花香扑鼻，入口带有温和的果味和辛香。从 2005 年开始，这支酒就可以饮用并搭配松露烩饭。而 2002 年份弗农坡则需要更长时间的窖藏，这支酒的矿物气息与白肉、鱼肉或是甲壳类海鲜搭配都是一样的出色。最适合于 2005 年饮用的是 2002 年份皇家特拉斯，搭配沙拉或者法国扇贝佐松露非常合适。对于更早年份的葡萄酒，乔治·福耐也有他的心头好——酒窖里的一支 1985 年份孔德里约。他笑着说："这是一支乡村葡萄酒，并不被酿酒界所熟知。"这支酒带着松露的气息、口感温和、充满矿物气息，表现完

美。搭配半熟的鸡肉，让人不禁陷入幻境。克里斯蒂娜则更加喜欢2002 年份罗帝丘红屋园的李子香、紫罗兰香和辛香。这支酒口感温和、有厚厚的单宁味，轻轻晃动这支酒使其味道达到平衡。乔治·福耐建立了葡萄酒同好会，与大家一同分享对葡萄酒的感受，而 2003年份和 2004 年份是聚会时的必选。

最佳品质的松露：科鲁兹·艾米塔基（Crozes-Hermitage）

科鲁兹·艾米塔基产区葡萄酒色泽更加绚丽，味道更加美，年份也更新。对于白葡萄酒，杰尔·罗宾和阿兰·盖约特品尝的只窖藏了一年的葡萄酒搭配鳟鱼或者是鲈鱼佐松露，能够散发出黑冬松露的矿物气味。阿尔伯特·贝尔园和娄兰·孔比耶园对于葡萄酒松露品鉴师来说也是极佳之选。

拉娜吉酒园（Domaine Larnage）：阿尔伯特·贝尔

路易斯·贝尔的窖藏是科鲁兹·艾米塔基产区最为优秀的窖藏之一。这里的红葡萄酒口味甜美，窖藏一年就能够达到极佳品质，可以为外焦里嫩的烤猪脚佐松露带来清新的口感。

艾米塔基产区葡萄酒销量极好，1994 年份带着天鹅绒般丝滑的单宁味，1995 年份则令人充满期待。

伊塞尔桥（Pont de l'Isère）：孔比耶酒园（Domaine Combier）

吉福园是产区名录上的酒园之一。对于白葡萄酒来说，2001 年份味道甜美，结构良好，在口中留存时间长，搭配松露猪脚配土豆

饼，充满柔软的质感。红葡萄酒需要窖藏至少5年，温和的1998年份和1995年份搭配牛排配松露土豆饼，格外特别。2001年份、2000年份和1999年份亦十分值得期待。这是笔者最喜欢的产区之一。

令人鼓舞的艾米塔基

亚历山大·杜马不仅是葡萄酒品鉴师，还是出色的厨师，他和阿塔托派德公司的朋友制作了一个理想的烹饪日程表，每个月都有适合烹饪的菜式，而冬季则是最适合松露美食的季节。亚历山大·杜马喜欢艾米塔基的泰恩（Tain），如同他对松露的喜欢，而这两种美味最适合在浪漫的气氛中品尝。

艾米塔基白葡萄酒，醇厚复杂，搭配松露可以使其每个阶段的香味都得以完美展现，特别是窖藏6年的白葡萄酒，饱满、丰富、温和，带有的矿物气息与黑冬松露成为天作之合。属于路易斯·贝尔的泰恩酒窖有极高的性价比；经典的加宝莱酒园（Jaboulet）、莎普蒂尔园（Chapoutier）和吉佳乐园也拥有很多支持者；艾米塔基产区的让-路易斯·查维酒园（Jean-Louis Chave）是这里传奇般的酒园，来到这里至少要品尝一次松露搭配这支葡萄酒。

米歇尔·莎普蒂尔酒园（Domaine Michel Chapoutier）

米歇尔·莎普蒂尔如同它的葡萄酒一样出名，这里的葡萄酒口中持香时间较长，能够完美搭配佳肴，特别是黑冬松露。在米歇尔的邀请下，我们品尝到了这令人难以置信的美味。

"用牛骨髓烹调出的松露配上小吐司，搭配较老年份的艾米塔基白葡萄酒，令人感到原来生活可以如此简单。我最喜欢以白葡萄酒为主的婚礼。"这位园主向我们解释道，"我喜欢简单烹调的松露，这样才能保持松露原本的味道。"为了搭配松露，他选择了艾米塔基产区或是圣约瑟夫产区的葡萄酒。"因为用玛珊葡萄酿制的1998年份圣约瑟夫格朗尼（Granits）是搭配松露的理想之选。这支葡萄酒来自于一片每公顷产百升葡萄酒的葡萄园，酒精含量较高，拥有窖藏60～80年的潜质。它圆润的口感和甜美的味道非常适合在婚礼上饮用。

"1995年份艾米塔基珍藏欧利园（Orée）的矿物气息搭配松露再适合不过，而1997年份的米埃尔园（Méal），没有那么高的酸度，是一款极为甜美的葡萄酒，搭配松露口感精致，特别是搭配黑冬松露，能将其矿物气息表现得淋漓尽致。

"对于我来说，这些完美老熟的艾米塔基白葡萄酒与红葡萄酒一样可以存留上百年。不要忘了，曾经有一个时期，我们卖掉了窖藏了20年的艾米塔基白葡萄酒。我的那些白葡萄酒必须搭配佳肴一起品尝，才能更好地发挥其优势，单独饮用则会显得过于圆润或者过于柔和。"

但是请注意，在烹调松露的时候，温度不要高于70摄氏度，否则它的香味就会流失。带有矿物气息的热门年份的葡萄酒大概在3月饮用，搭配松露会给人带来强劲的感觉，直到季末都无法忘怀。

"葡萄酒生来就是为了搭配美食的，葡萄种植者应该坚信这一点。但是请注意！二者之间的关系是相辅相成的，而不是谁在控制谁。搭配松露时也要注意，并不是所有葡萄酒都适合黑冬松露，就像结婚，我们并不是在寻找与自己相像的那个人，而是在寻找能够与自己互补的那个人。很不幸的是，很多的葡萄种植者并不了解这一点，他们一味地追求葡萄酒在口中的持久度和复杂的香味，却忽视了怎样才能与菜肴，特别是松露合理搭配，他们只想着支配却忘记互相配合。"

艾米塔基产区泰恩园位
于罗纳河左岸。

保罗·加宝莱·埃内酒园（Paul Jaboulet Aîné）

艾米塔基小教堂：这个产区的葡萄酒富含丰富的果味，而加宝莱园在这片产区拥有三片不同土质的土壤。这个酒园的葡萄酒浓郁，酒精含量高，散发着紫罗兰的香味和辛香，清新爽口。这片葡萄园酿制的葡萄酒老熟充分，一些葡萄酒爱好者为我们提供了窖藏 40 年或 50 年的佳酿。从酒园酿造第二瓶葡萄酒开始，小教堂成为了这片葡萄园附近聚集最多教徒的地方。松露薄片搭配 2001 年份小教堂十分合适。而带有东方辛香味和胡椒味，足够成熟的 1991 年份，口味浓郁，如绸缎般丝滑却又不失强劲，搭配松露鸡肉，香味在口中绽放。1952 年份带有一阵雪松味、李子香和皮革味，搭配栗子卡布奇诺松露，其单宁味会在口中盛开。

莫福 (Mauves)：让-路易斯·查维酒园

日哈荷·查维和他的儿子让-路易斯是虔诚的
教徒，也是忠实的葡萄酒松露爱好者。他们所酿
制的清澈芳香葡萄酒在艾米塔基产区犹如闪亮的
魔法。在罗纳河谷流传着的优美诗歌中也提到了
这个酒园。六角形的法国在这里也变得柔和而和
谐，这里丰富的窖藏也是不可多得的瑰宝。日哈
荷·查维是实践型葡萄酒松露品鉴师，他对美食
也十分有研究。如果说松露是一出戏剧，那么日
哈荷则是这出剧中的主角，因为他拥有帝皇般的味觉，是罗纳河最受
人尊重的人之一。我认为用圆润的 1982 年份红葡萄酒搭配松露是理
所应当的，这支葡萄酒拥有柔和的香味。我们还可以将 1952 年份与
丰满多汁的松露搭配在一起。对于 1979 年份，日哈荷·查维十分了解：
"这支酒色彩迷人，富有魅力，年轻，华丽，如天鹅绒般润滑，带有
香草味和果味，口感极其清爽，给人带来愉悦的感觉。它的味道在口
中久久不散，令人充满热情。这是一支理想的葡萄酒，单宁味由内而
外散发出来，是搭配松露的必然选择。酒中的草木味可以除去松露带
来的苦涩。"无论是何种烹调方式制作的松露，日哈荷·查维用 1998
年份或者 1997 年份艾米塔基白葡萄酒搭配，都会有绝佳的效果。请
注意，必须是干白葡萄酒，我并不推荐有糖分残留的白葡萄酒。润滑
的 1992 年份、温和的 1985 年份或者复杂的 1982 年份搭配半熟鸡肉
或者煎苏沃诺夫鹅肝酱佐松露，无可挑剔。这些干白葡萄酒带有干果
的香味，口感如绸缎般丝柔，与松露搭配口味无与伦比。

圣·让·德穆佐：德拉"贝萨德园"

贝萨德园拥有艾米塔基产区最好的一片土地，出产的葡萄酒与
松露是绝佳组合。带有黑色水果香味和辛香的 1997 年份口感浓郁，

入口充满矿物气息，十分精致。这支酒润滑，轻轻抚摸舌尖，带来帝皇般的享受。而1998年份极具潜力，在2015年将会有极佳的表现。而这些年份的葡萄酒都可以窖藏20年或30年之久，与松露搭配都是再适合不过的。

科纳，葡萄酒法定产区，以及丰富多彩的松露佳肴

科纳是一片很难形容的产区，尽管很多酿酒师充满激情地试图在单宁味初现时将其驯服，但结果并不理想。科纳这片产区充满男子气和强壮的气质，酒感厚重，酒色深沉，酒体饱满，足够成熟，散发着辛香，与松露搭配会发生令人意想不到的变化，演变出贵腐味、栗子味、皮革味和甘草味。

这片土壤产出的葡萄酒需要窖藏至少10年，使其粗糙的单宁味变得圆润。如果想开一瓶年份较新的葡萄酒，饮用时需要在醒酒器中盛放至少4个小时。有时，在这片百公顷的产区上会酿制出味道截然不同的葡萄酒。这片红葡萄酒法定产区是罗纳河北方产区较小的一片。

经典之选
奥盖斯·克拉普酒园（Domaine Auguste Clape）

皮尔·克拉普追随父亲的脚步，继承家族传统，以酿造旗舰品质的成熟年份酒为己任。这里的葡萄酒在优质木桶中酝酿，在酿造的第一年就收到了很多预订单。随着窖藏年份的增长，品质越来越好，结构复杂，令人印象深刻。2001年份预计在2010年会有极佳的表现。我们品尝到的是松露蔬荤杂烩与绝妙的散发着皮革味，红色

果酱香和柔和烟熏味的 1990 年份的组合。这支
酒的持久度使其与松露在口中充分融合，令人
回味无穷。

　　1994 年份在开启时就令人充满期待，1995
年份则在 2010 年就会充分绽放，1998 年份和
1999 年份已经成为松露最好的伙伴。这些葡萄
酒已经得到认证，被刻上松露专属的印记。

柔和之选
让-吕克·哥伦博酒园（Domaine Jean-Luc Colombo）

科纳产区葡萄园田地。

　　充满活力的酿酒师让-吕克·哥伦博为罗纳
河谷产区的许多酒庄主提供建议。作为一名科
纳的葡萄种植者，他令很多土地重新充满活力，
这样的效果是他通过对当地大部分葡萄种植者进行培训而达到的。他
从收获时葡萄藤的茎秆到酿酒的橡木桶，每个细节都十分注意，所以
新酒也十分让人期待，不过新酒要窖藏五年之后才会成为真正的佳
酿。这个酒园的葡萄酒完美老熟，如果说 1999 年份和 2000 年份还需
要等待一段时间，那么笔者推荐已经足够完美的 1994 年份，浓郁正
统，与味道强劲的苏沃诺夫奶酪松露配鹅肝酱组合，无懈可击。

松露之选
蒂埃里·阿勒曼园（Thierry Allemand）

　　温和爽口的科纳蒂埃里·阿勒曼园吸引了松露爱好者前往品尝，
其中最受欢迎的是窖藏 5 年或 6 年的珍藏沙洛特。对于优质的 1999
年份和 1998 年份，2010 年就可开瓶品尝，和芹菜绿头鸭佐松露搭配，
再完美不过。

卢玛兰（Lourmarin）：塔第约·娄兰园（Tardieu-Laurent）

1995 年份科纳老藤已经可以开瓶饮用了，其口感如天鹅绒般润滑，集中度高，成熟的单宁味与松露菜肴搭配呈现出绝佳的味道。这是罗纳河谷产区极佳的年份葡萄酒之一。1999 年份深沉的酒色和扑鼻的辛香，黑色水果香及入口的紫罗兰味，令人印象深刻。这支酒十分浓郁，在口中柔和地流淌，窖藏至少 7 年后会有绝佳的表现。

圣约瑟夫

从这片土地被认定为法定产区开始，圣约瑟夫开始拓展它的范围，从科纳一直延伸到查瓦耐（Chavanay），其中大部分葡萄园都是以花岗岩为基底。南部的表现最为出色，而东部则在夏季有突出的表现。如果我们想更加了解这片产区，就需要请米歇尔·查布兰克这位大厨来为我们讲解圣约瑟夫的划分：北部的这一片是最早存在的，后来拓展的南部、中部与北部一起构成整个圣约瑟夫产区。这样原始的按照地图划分的圣约瑟夫使葡萄酒爱好者们可以更好地分辨这片区域的白葡萄酒。

圣约瑟夫的白葡萄酒特点是新鲜的杏仁味和山楂味，入口是淡淡的矿物气息，搭配松露表现完美。2002 年份昂弗酒园（Domaine des Amphores）在瓶中窖藏 5 年后才能与松露相配。格朗尼的质感则完全不同，强劲甜美，是蒜泥面包的理想对象。伊弗·库勒荣推荐的 1996 年份圣约瑟夫珍藏隆巴德木（Le Bois Lombard）是时尚的选择，不论是闻起来还是尝起来，都带着阵阵松露味，伴随着矿物气息，让人感受到它的甜美，应当搭配松露蒸梭鲈。经过 9 年的窖藏，这支珍藏佳酿充分表现出它的潜力。2002 年份圣皮尔也是高品质的保证。

润滑感十足的希拉也是这片土地的特色之一，昂德烈·佩莱对圣约瑟夫的优质红葡萄酒赞赏有加，将其比作罗帝丘的堂兄。北部一定数量的酒园主要有：

偏北地区：皮尔·盖拉德的库米奈园，弗朗索瓦·维拉德的乐福来园（Le Reflet），昂德烈·佩莱的格里斯耶园（Les Grisières），位于维恩河的埃鲁德园（Elouède），以及路福尔酒园（Domaine Rouvière）的安纳斯园（Cuvée Anaïs）。

偏南地区：托拉酒园，富得利酒园（Domaine Fautèrie），萨拉酒窖，库索东酒园（Domaine Coursodon）。

圣约瑟夫产区：伯纳德·格里帕酒园（Domaine Bernard Gripa），罗宾酒园（Domaine Robin），阿布斯酒庄。

偏北地区的葡萄酒需要窖藏大约 5 年才能与松露红肉搭配；而偏南地区的葡萄酒则需要窖藏 10 多年才能够有上佳表现；圣约瑟夫产区则不需要那么长时间，新酒便能够与松露相处融洽。

搭配松露的
精致窖藏
Le Vin & la Truffe

艾米塔基产区

阿布斯：艾米塔基吉佳乐前弗托

我们可以对艾米塔基吉佳乐前弗托新酒有所期待。它产自赫米特（Hermite）的穆埃（Murets），品质与杜克、兰多妮或者是罗帝丘的慕林不相上下，是推荐单上的必选。2001 年份是这款酒酿制的第一年，拥有精致华丽的气质，带有蜂蜜香和杏香，入口便有一阵淡淡的矿物气息。这支酒十分清爽，持久性强，窖藏 10 年后搭配弗南·布瓦烹调的鸡肉，完美无缺。

圣让·德穆佐园（Saint-Jean de Muzols）：德拉（Delas）

2001 年份艾米塔基杜莱特（Tourette）玛吉斯（Marquise）味道甜美，平衡感极佳，搭配黑钻石煎鹅蛋，表现出色。这支红葡萄酒在窖藏 10 年后与奶油双球松露蛋糕搭配，口味绝妙。

卢玛兰：塔第约·娄兰园

米歇尔·塔第约为了在罗纳河谷产区葡萄酒名录中占有一席之地花费了不少工夫。他所酿制的精致的令人印象深刻的珍藏葡萄酒令许多葡萄酒松露品鉴师赞不绝口。2002年艾米塔基红葡萄酒气质高贵，窖藏 6 ～ 7年搭配松露野猪肉会带来绝妙的感觉。而充满蜂蜜香和矿物气息的白葡萄酒则与松露构成和谐的组合。

2001 年份艾米塔基西泽纳园：查布缇（Cha-poutier）

这支带有黑色水果香气、甘草香和辛香的艾米塔基在窖藏 7 年或者 10 年后，与松露搭配充满激情，特别是搭配黑松露，美味在舌尖绽放。

圣佩雷和松露

如果我们没有什么特殊的要求，克利斯朵夫·塔桑就会推荐圣佩雷法定产区。与圣约瑟夫相比，这片产区并不出名，但是其性价比却十分出色。石灰岩为这片土地的葡萄酒带来了特殊的矿物气息。在装瓶几个月后我们就可以品尝圣佩雷葡萄酒了，因为这里的葡萄酒的香气可以很快达到成熟状态。在众多酒园中，我推荐查布酒园和艾米塔基泰恩酒窖。

圣约瑟夫

莫福（Mauves）：皮尔·库索东珍藏天堂圣皮尔

1990 年末，酒园的酿制葡萄酒更偏重于天堂圣皮尔。2001 年份的深沉成为其特色，加之成熟的辛香，丰韵带有冲劲的口感，柔和高贵的单宁味，在 2010 年开瓶时与松露炖乳鸽搭配，会有节日庆典般的效果。而 1997 年份珍藏橄榄园（L'Olivaie）单宁足够圆润，适合 2005 年饮用。2003 年份珍藏桑索尼（Sensonne）的渗透性搭配皇家兔肉，则会带来小小的惊喜。

利摩尼（Limony）：查兹酒园珍藏罗雷（Domaine Chèze Cuvée Rô-Rez）

珍藏罗雷是这个酒园较为复杂的一款葡萄酒。被珍藏的 1995 年份搭配皇家兔肉表现极佳，而搭配鹅肝酱也有不俗的表现。

阿布斯：阿布斯酒庄圣约瑟夫豪斯皮

圣约瑟夫豪斯皮是一支酒色出众的红葡萄酒。在 2001 年，这支强劲、结构性强的葡萄酒带着甜美的味道和天鹅绒般润滑的口感，伴随着辛香、海洋气息和精心调和的泥土和草药味的葡萄酒与松露炖山鹬搭配，堪称天作之合。

罗帝丘：2001 年份莎普蒂尔园贝卡思

这支高贵和强劲的珍藏佳酿带有完美的单宁味，与皮蒂维耶（Pithiviers）松露搭配，非常合适。

罗纳河谷产区南部

在福克鲁斯（Vaucluse）上千年的蓝色石子地上，遍地都是葡萄园。这些灰蓝色的石灰石伴随着密斯特拉（Mistral）强烈的光照为葡萄提供了丰富的养分。在凯尔尼园（Cairanne）和教皇新堡之间，在旺度山和蒙米赖 (Montmirail) 山之间，每天都上演着葡萄酒与松露的故事。在罗纳河谷产区的南边，虽然说教皇新堡、吉贡达园、瓦给拉斯园、凯尔尼园和拉斯图园是这个地区的雄狮，但也不能低估旺度丘和奇卡斯丹。事实上，最后这个产区是黑冬松露的主要产地。这里的葡萄种植者经常在葡萄园中的橡树下采挖松露，每年有经验的老饕们都会到这里挑选优质的圣安东尼葡萄酒来搭配这一年的松露。在许多优质年份中，2001 年份、2000 年份、1998 年份、1995 年份、1989 年份、1988 年份、1985 年份、1983 年份和1978 年份特别需要关注。

来到罗彻柯德（Rochegude），一条条小路都通向罗纳河谷的葡萄园中，随手便可摘到凯尔尼园中的歌海娜，教皇新堡中的吉贡达。拐弯处有一小片帐篷营地，在可以采摘松露的季节供人们短期休息使用，但是需要在赭色的房子里预约。

维森罗曼尼酒庄（Château Vaison-la-Romaine）。18世纪修建的高城原址。

蒙塔公（Mondragon），美砾石餐厅

对盖·朱立安来说，松露就如同基督徒的信条，30 年来他也是罗纳河谷产区的绝对领导者。"黑钻石"带来的绝妙美味让人难以忘怀，这里的葡萄酒与松露是固定搭配。从 12 月到次年 3 月，蒙塔公会吸引全球的葡萄酒松露爱好者来参加这豪华的盛宴。

松露集市

旺度桥的松露是福克鲁斯最为著名的，人们经常搭配从附近的维森罗曼尼北边到阿普特（Apt）南边 41 个产区的葡萄酒来享用松露美食。罗纳丘气候宜人，盛产成熟较晚酒色迷人的红葡萄酒。阿普特和卡庞特拉（Carpentras）是这里最大的两个松露市场。

而卡庞特拉市场……

卡庞特拉：弗莱瑟埃餐厅（Restaurant la Fraiseraie）

　　卡庞特拉周五的松露市场吸引了一批"黑钻石"行家。上午 9 点 30 分，餐厅大厅的墙上已经收到很多带着笑脸的便签，包括文森·德鲁巴克、保罗·范德拉、克利斯朵夫·萨博和丹尼尔·布鲁尼，他们都是著名的酿酒大师，也有着很多说不完的故事。餐厅主厨塞德里克·朱福十分愉悦地为我们展示了诗一般的松露煎蛋，让人如痴如醉。教皇新堡白葡萄酒、科纳红葡萄酒都是这个地方的经典之选。坐在大厅一角，手扶在沙发椅上的伯纳德·维吉埃正品尝着奶酪馅饼，餐厅里放着缓缓的音乐，仿佛在讲一个故事，空气中散发着淡淡的食物香味。宾客们可以在这里尽情享受，不受时间的限制，这时品尝松露沙拉配"黑钻石"羊羔肉再适合不过，再配上一杯开胃的红葡萄酒，所有语言都在这里失去了力量。

来自蒙特（Monteux）的米歇尔·菲利博和来自阿维翁（Avignon）的克里斯蒂安·艾蒂安都居住在卡庞特拉市场附近，是烹饪松露美食的专家。

蒙特：索勒·普利尔餐厅

餐厅位于旺度山脚下的村子里，米歇尔·菲利博为客人们提供老电报园（Vieux Télégraphe）搭配马洛桑原产加拉（Gala）松露(Malaucène) 的经典组合。米歇尔·菲利博喜欢回忆跟祖母学习烹饪时伴随着阵阵松露香交流的场景。这位主厨随着时间流逝而沉淀出的厨艺，慢慢揭开了"黑钻石"的秘密。20 年来，每到冬天，在 1月和 2 月他都会准备加拉松露搭配葡萄酒。在奶油南瓜内填入鹅肝和松露，搭配查松村（Chasson）卢贝隆丘（Côtes du Lubéron）干白葡萄酒再适合不过。而用面包和松露制作的松脆香甜的佳肴，搭配教皇新堡白葡萄酒或者甜美而带有矿物气息的 1992 年份美堡老藤，都是十分不错的。

如同好音乐是因为有好的主题，用加拉松露制作的松露苹果派表现极佳，可与旺度葡萄酒共谱动人篇章。2002 年份美山酒窖（Cave Beaumont）的珍藏古金（Vieil Or）有着极高的品质。我们还可以想象泰恩酒窖收藏的 1995 年份艾米塔基贵族河（Nobles Rives）白葡萄酒的甜美和蜜香。

1993 年份老电报园是晚宴开始的首选，这支红葡萄酒应在醒酒器中盛放一段时间，然后搭配可爱的卢思妮小牛肉或者松露牛肉饼。沉浸在加拉松露的日子让我们如同身处天堂。

罗纳河谷产区南部

在美砾石餐厅，盖·朱立安是松露和葡萄酒的总设计师，可以用一切美丽的词汇来形容他的作品。他说总存在一个年份的葡萄酒是为松露而生的。这 10 年里最美好的冬季孕育出的葡萄酒包括 1987 年份、1988 年份、1997 年份和 1998 年份。这些年份气候足够湿热，酿酒师可以充分发挥他们的技艺。在 2003 年，这几支酒已经可以开瓶品尝，从大约 3 月 15 号开始，有兴趣的红酒爱好者就开始蠢蠢欲动了。

2004 年的情况很糟糕么？

我们在试图弥补，考虑过增加数量，但是却降低不了成本。

在搭配松露时您更喜欢红葡萄酒还是白葡萄酒？

对于我来说，白葡萄酒与松露搭配最为合适，有 80% 的搭配都是十分完美的，但是我也会用红葡萄酒搭配烤松露。

您觉得罗纳河谷产的葡萄酒是否值得厚待？

当然，艾米塔基产的葡萄酒或者教皇新堡都有上佳的表现，特别是那些有些年头的葡萄酒。松露能够唤醒白葡萄酒中的圆润和滑腻。事实上，我更喜欢松露混合滑腻的香味而非酸味。

您比较推荐哪一个年份的白葡萄酒？

这取决于菜肴，若要搭配一道如天鹅绒般润滑的松露，我推荐 2001 年份伯充（Pochon）圣约瑟夫橄榄园。但是，搭配薄饼松露鸭肉浓汤，我则愿意选择窖藏十多年的教皇新堡教皇园（Clos des Papes）白葡萄酒。

还有什么别的推荐？

多年来我们一直关注教皇新堡，1962 年和 1988 年间许多年份的酒都非常优质。我喜欢有层次感的葡萄酒，而这里的葡萄酒随着时间的流逝，会慢慢酝酿出蜂蜜香、烤面包香和白松露香。

您在购买葡萄酒时，会考虑到它是否能够很好地与松露搭配么？

那是显而易见的，我对这个问题有着很多想法。我喜欢收藏古老的白葡萄酒，然后向客人们展示。

现在哪个产区是您的最爱？

我喜欢艾米塔基查维园和艾米塔基莎普蒂尔酒园的欧利园。

您不能这么专制，不能只谈论罗纳河谷！

不，我也很喜欢勃艮第的白葡萄酒和武费雷（Vouvray）干白。

您也烹调鱼肉么？

配松露的话，不！对于我来说，只有甲壳类海鲜才可以。我将法国扇贝搭配松露加上甜菜制作出美味的千层饼，还用温黄油煎松露搭配弗朗索瓦·维拉德家麦朗丘（Coôtes de Mairlant）圣约瑟夫，非常完美。

搭配红葡萄酒呢？

不要选择单宁味过重的红葡萄酒，我建议内含丰富持香时间长的新酒或是温和的红葡萄酒。

最好的组合？

牛排配红酒酱佐松露，搭配1962年份的美堡酒庄（Château de Beaucastel）完美无缺，或者是搭配1952年份的艾米塔基查维园，表现也极其出色。

对于哪种类型的佳肴，我们可以选择较为年轻的红葡萄酒？

松露酱汁烤猪排，口感松脆，外焦里嫩。

您对勃艮第的葡萄酒也很有信心？

那是当然，我喜欢带点甜味的足够老熟的黑品乐。搭配松露的话，我推荐三个有区别的产区：渥内村、沃恩村和香波。

那么甜品呢？

我会用冰激凌奶油松露搭配1955年份拉亚（Rayas）甜白葡萄酒。

阿维翁：克里斯蒂安·艾蒂安餐厅，教皇宫殿的官方用餐地

　　在教皇宫殿的两侧，闪耀着两片歌海娜葡萄园。克里斯蒂安·艾蒂安餐厅是葡萄酒与松露的教廷大使，它有着本笃会狡黠的面容。我们尝试将黑冬松露搭配教皇新堡、吉贡达园、瓦给拉斯园、科纳园、拉斯图园、卢贝隆园和旺度园。这些名字都是当地流传的优质之选。这是一家阿维翁星级餐厅，家禽肉配奶油芹菜搭配如天鹅绒般柔滑的白葡萄酒、牡蛎浓汤、橄榄油大蒜鳕鱼羹、烤鸡心、烤刺菜蓟、卡芒贝尔奶酪夹心、松露薄烤饼或松露馅饼都是这里的招牌菜。用"黑钻石"点缀的这些美食都让我们回味无穷。我们与克里斯蒂安·艾蒂安一起品味经典，研究新的葡萄酒与松露的搭配。

　　文森·德鲁巴克是这里的新任主厨，他将圆润并带有矿物气息的 2002 年份科纳和罗纳丘白葡萄酒搭配松露蔬菜炖肉，以达到滋补的效果。克里斯蒂安·艾蒂安舒缓了眉头，这是一个好兆头，下午过去，最美好的时光即将到来。

荷舍汉舍集市和特里卡斯汀坡

　　特里卡斯汀坡村位于教皇城堡（Enclave des Papes），荷舍汉舍集市是一个规模较大的松露集市。每周六，这里的主要街道上就会

松露与现金在手与手之间迅速交易。

充斥着松露的交易声。交易完毕，人们会来到普罗凡萨（Provençal），这是村里一家善于烹饪松露煎蛋的餐厅，这道菜适合搭配拉斯图酒窖的红葡萄酒。而星期天则是圣安东尼节，荷舍汉舍成为松露的首府。借此机会，餐厅会举办许多"黑钻石"和美食的品鉴会，这样的官方活动只有在法国才会举办，届时满街都飘散着黑冬松露的气息。唱诗班在吟唱：

美好的圣安东尼给我们带来丰富的松露。

它的香味和可口的味道使我们更加热爱我们的家乡……

集市上的小贩都有一个盛放松露的竹筐，那些松露都是刚刚采摘的，松露交易的部分收入被捐献给了教堂。在众多出色的教士中，来自瑟里涅·孔塔（Sérignan-du-Comtat）的帕斯卡·阿隆索（Pascal Alonso）和来自维森罗曼尼的罗伯特·巴尔多都是优秀的交易官。

维森罗曼尼：于勒（Huile）的穆兰酒店餐厅，萨宾尼和罗伯特·巴尔多

当我们提起位于于勒的穆兰酒店餐厅时，首先想到的是那个值得信赖的家族。萨宾尼·巴尔多和其家人都非常温和，在该餐厅仅仅几平米的空间，我们就已经发现它令人沉醉的地方。这里的装饰和色彩独具一格，为了使空间看起来统一宽敞，萨宾尼选用了颜色柔和的壁纸。这里的环境安静，伴随着轻轻的牧歌声，人们从荷舍汉舍集市来到这里，点一份松露美食作为晚餐，全身心都放松下来。

清晨，萨宾尼·巴尔多像母亲一样照看客人，为他们提供美味的甜酥式面包和果酱。为了得到好评，罗伯特·巴尔多用松露搭配旺度丘丰德利施酒园（Domaine de Fondrèche）白葡萄酒。

每天人们都可以在这里享受到穆兰带来的艺术生活，那是一种愉悦的享受。像罗伯特·巴尔多本人自在的风格一样，他所推荐的产品也是令人十分舒畅的。他每天都花费大量的时间研究如何烹调美食，每次他的创意都会为客人带来惊喜。

为了搭配奢侈的鹅肝酱、洋葱松露烤饼和烤培根，我们推荐1999年份瓦给拉斯的蒙塔蒂耶酒园（Domaine de la Monardière）老藤。

黄油嫩韭菜和生菜拌法国扇贝、龙虾肉、厚螺肉、黑松露搭配2001年份桑塔公爵酒园（Domaine Santa Duc）萨布莱白葡萄酒，完美至极。

顶级乳鸽肉鹅肝酱佐新鲜松露搭配1997年份罗帝丘大广场让-米歇尔·基兰（Jean-Michel Gerin），绝妙无比。

公元 1 世纪和 2 世纪普明 (Puymin) 地区遗址。

葡萄酒与松露 |

瑟里涅·孔塔：普雷·穆兰餐厅，帕斯卡·阿隆索——荷舍汉舍集市主厨

这间餐厅在瑟里涅安家，帕斯卡·阿隆索为葡萄酒与松露写下了完美的一页。这位主厨在 2003 年获得米其林星级厨师称号，这位勃艮第人选择歌海娜和胡珊作为搭配松露的葡萄酒。他用精细的烹饪技术烹调松露，使其圆润高贵。他用新鲜菊芋和南瓜包裹蛋黄，再覆上松露薄片，然后在平底锅中过一下油，达到松脆的口感。

这道爽口、甜美、松脆的理想佳肴可搭配 2002 年份萨布莱白葡萄酒。这支酒的矿物气息混合着松露的香味在口中尽情绽放。在这里，厨房就像是歌剧院，那里的一幕幕都是极其高贵的。以巴黎出产的菌类做馅的饺子、腌洋蓟、松露童子鸡都是这里的招牌菜。帕斯卡·阿隆索富有技巧地处理各种美味，柔和的、奶香的、松脆的，或者是强劲的黑冬松露，搭配科纳百代（Berthet）白葡萄酒刚刚好。

松露乳鸽烩饭非常美味，搭配香味持久的 2000 年份考林辛·库土里（Corinne Couturier）珍藏艾丝特芙娜（Estrevenas）或者 1999 年份的教皇新堡老电报园，都是极佳的选择；而菲林辛乳酪（Saint-Félicien）松露则应搭配 2002 年份萨布莱。这位戴着高帽的大厨期待着骄傲的教皇新堡教皇园葡萄酒来搭配他所烹调的松露美食，这吸引了埃杜瓦·卢柏（米其林二星厨师）和路马兰来到这里。

教皇堡的美食之战

教皇堡是教皇新堡家族中拥有最绝妙老熟度的酒园，它的红葡

萄酒和白葡萄酒同样优质。这是当今葡萄酒爱好者最喜欢的酒园之一。在与松露搭配时，要把它在醒酒器中放置一小会儿。红葡萄酒喜欢松露温和的气质，二者搭配会散发出诱人的气息和强劲的能量；而白葡萄酒则根据年份的不同搭配不同的松露。

为了松露，艾薇儿家族于 2004 年 2 月在教皇新堡组织了一次别开生面的葡萄酒松露品鉴会。品鉴会上，两位星级主厨——来自瑟里涅普雷·穆兰餐厅的帕斯卡·阿隆索和来自卡普隆格农舍餐厅的埃杜瓦·卢柏，在博尼约（Bonnieux）自发地展示了他们拿手的松露佳肴。

在白葡萄酒方面，2001 年份教皇园令人印象深刻，散发着花香和矿物气息，入口极具侵略感，年轻的气息搭配帕斯卡·阿隆索制作的松露薄饼和埃杜瓦·卢柏烹调的猪脚煎"黑钻石"，极为合适；1989 年份酒色晶莹，倒入杯中散发着干杏仁香，丰富的口感和高贵的质感为这支酒增添了更深的内涵。"应当搭配奶油松露薄饼。"埃杜瓦·卢柏说。帕斯卡·阿隆索喜欢松露煎鸡蛋配南瓜。而在红葡萄酒方面，两人意见比较一致。出色的 1993 年份散发着毛皮和烟熏的气味，口感平静丰韵，包含的单宁味与松露的香味在口中共舞；口味丰富的 1990 年份则需要搭配皇家兔肉；帕斯卡·阿隆索制作的薄荷"黑钻石"牛排，埃杜瓦·卢柏为其搭配了能够给人带来快感的 1985 年份；在 1984 年份面前，所有人都会变得恍惚，它能够与榛子烧狍子肉佐松露相互呼应；充满魅力的 1983 年份带有一束菌类的气息，伴随着月桂的甘甜，它柔和的单宁味使赫姆扎松露炖羊羔肉的香味在口中更加持久；1978 年份让人不能不仰视，我们这两位主厨在介绍它的时候如同唱诗班在吟唱："这才是可以搭配松露炖小牛肉的葡萄酒。"我们臣服在教皇新堡的魅力之下，这里的葡萄酒能够搭配大部分的松露。

以下是教皇园其他杰出年份葡萄酒的介绍。

教皇园白葡萄酒

2002 年份：酒色金黄，散发香草味、杏香和蜂蜜香，入口便感到一阵柔和的橘味，这支高贵的葡萄酒以柔和的杏仁香结束在口中的表演。

埃杜瓦·卢柏：我会用油煎煮玉米佐松露片搭配这支葡萄酒。

帕斯卡·阿隆索：由于这支酒充满活力，清新爽口，我喜欢用烤龙虾佐松露薄片搭配。

2000 年份：柔和的金色，带有淡淡的矿物气息，入口后薄荷和马鞭草的清香充满活力。

埃杜瓦·卢柏：刀削松露。

帕斯卡·阿隆索：松露烧鳟鱼。

1999 年份：酒色清透，散发着矿物气息和柔和的柑橘味，口中的结构感强劲高雅，口感油滑，品质极佳。

帕斯卡·阿隆索：松露菌类做馅的饺子。

埃杜瓦·卢柏：松露鹅肝烧白菜。

1998 年份：金黄的酒色，扑鼻的矿物气息和柠檬香，在口中散发着独一无二的柚子味和菠萝味。

埃杜瓦·卢柏：洋蓟香芹烤龙虾。

帕斯卡·阿隆索：松露填鸡肉。

1997 年份：金黄的酒色，扑鼻的松露香、橙香、蜂蜜香和糖煮木瓜香，入口便被甜美的味道所吸引，然后是缓缓而出的杏仁味和矿物气息，在口中完美展现。

帕斯卡·阿隆索：松露苹果派。

埃杜瓦·卢柏：松露烧小猪肉块。

1993 年份：金黄的酒色，浓郁的矿物气息，入口便被清淡的蜂蜜香所吸引，紧接着便是烤杏仁和杏干的味道。

埃杜瓦·卢柏：松露烧小牛肉配松露玉米粥。

帕斯卡·阿隆索：松露蒸梭鲈。

1991 年份：闪烁着金光的酒色，散发着香梨的味道，入口是温和的小茴香味、杜松子味、薄荷味和杏干味。

埃杜瓦·卢柏：胡萝卜杜松子松露布丁。

帕斯卡·阿隆索：明斯特小茴香拌松露。

1990 年份：金色中带有浅浅的黄绿色，橙香扑鼻，口感丰富平和，带有让人触动的矿物气息。

帕斯卡·阿隆索：松露烧大比目鱼。

埃杜瓦·卢柏：杏仁松露烧猪肉。

1988 年份：酒色十分鲜明，菌类气息带着温和的松露香，口感高贵，层次感强。

帕斯卡·阿隆索：装饰巧克力牛轧糖的香梨切片，搭配芫荽拌松露。

埃杜瓦·卢柏：松露牛肉饭配咖啡。

1985 年份：酒色仍然呈黄色，带着松露的香味，橙香味在口中绽放，圆润的口感使这支酒平衡感十足。

埃杜瓦·卢柏：猪血香肠配松露蒸海鳗。

帕斯卡·阿隆索：清蒸狼鲈配鸡油菌煎松露。

教皇园红葡萄酒

2001 年份：酒色深沉，散发着黑茶蔗子果香、月桂香和辛香，口味绝佳。

2000 年份：酒色较深，表现平和，柔和的单宁味和上佳的结构感。

1999 年份：酒色深沉，带有红色水果香味、百里香和迷迭香的气息，成熟度完美，高贵强劲。

帕斯卡·阿隆索：卡布奇诺法国扇贝佐松露。

埃杜瓦·卢柏：烟熏松露羊骨髓羊舌配芫荽酱。

1998 年份：酒色醇厚，带有芫荽味、百里香气息和黑色水果味，口感强劲，成熟的单宁味让人印象深刻。

帕斯卡·阿隆索：松露炖羊羔肩肉。

埃杜瓦·卢柏：鸡蛋鹅肝配橄榄油煎松露。

1997 年份：经过碘化作用散发出薄荷清香，口感平和，树莓和迷迭香的味道在口中交相呼应。

埃杜瓦·卢柏：炖牛肉佐橄榄油拌黑松露。

帕斯卡·阿隆索：烤猪肉佐黑松露。

1995 年份：酒色依旧深沉，非常值得留意的一支酒，单宁味极富潜力，柔和烟熏味和黑色水果味在口中轻触舌尖。

埃杜瓦·卢柏：月桂甜菜烧松露乳鸽。

帕斯卡·阿隆索也推荐同样类型的菜品。

1988 年份：酒色足够醇厚，带有辛香，气质高贵直爽，新鲜红色水果的味道侵入口中，仔细品味还有一股淡淡的薄荷味。

埃杜瓦·卢柏：松露烧小牛肉配松露奶油冰激凌。

帕斯卡·阿隆索：小牛肉配松露薄片。

1980 年份：酒色较浅，散发成熟的新鲜菌类气息，口中的单宁味足够平和，慢慢回甘。

帕斯卡·阿隆索：菲林辛乳酪佐松露。

埃杜瓦·卢柏：甜菜汤配松露冰糕。

教皇新堡

1316 年 8 月 7 日，雅克·杜艾斯 (Jacque Duèse) 成为教皇，同一年这个酒园被更名为教皇新堡。这里的酒庄教皇选举每两年举办一次，男女老少，甚至病人都会参与其中。事实上让二十二世在中世纪时期长达 18 年的时间里都是这里的酒庄教皇。阿维翁的生产商带动了这里的经济发展，使人们的生活开始变得多姿多彩。庆典、晚宴、酒席、建设……绘画、音乐、雕塑都被当做商品出售，使这里成为新兴地区的经济首府。阿维翁的人口也得到了十倍的增长，与此同时葡萄园面积也在不断增大。让二十二世毫不犹豫地为他的教皇新堡扩大种植面积。今天人们都很荣幸参观这个著名的葡萄酒庄园。

多姆圣母院（Notre-Dame-des-Doms）大教堂中让二十二世教皇做弥撒的雕像。

卢贝隆丘

位于山巅的赭石装饰的房子在这片土地上尽显温柔，卢贝隆也成了这片土地上被提得越来越多的产区，这里的村落还保持着中世纪的高贵建筑风格，而墙上的彩绘却又不失活泼。周围临近自然，树木环绕，当然也有许多小餐厅，人们被这里宁静的魅力所吸引。卢贝隆丘可以搭配松露的葡萄酒范围很广，斜坡上的卢玛兰因为其所产葡萄酒的绝佳表现，打破了这里的平静。在山林间，有窖藏丰富的小酒窖、星级餐厅和它的主厨米歇尔·塔第约，在这里，松露被完美展现，每个人都能在这里找到灵感。这里葡萄酒的老熟度极佳，特别是 1989 年份。

梅纳村 (Ménerbes)：葡萄酒和松露之家

　　在跑遍所有葡萄园之前，梅纳村是笔者认可的葡萄酒与松露之家。这里有许多古老的酒店，特别是这家建于 18 世纪的华丽的阿斯缇耶·蒙福冈（Astier Montfaucon），许多科班出身的酿酒师和美食家都十分推崇这里。它已经成为寻找松露和葡萄酒美食之旅途中必不可少的一个目的地，也是去往博尼约的必经之地。

博尼约：卡普隆格农舍餐厅，埃杜瓦·卢柏

　　卡普隆格农舍餐厅外的乡村风情与卢贝隆的景色很相像。埃杜瓦·卢柏在烹饪时十分认真，有时脑海内会显现十多种想法，而他所能够烹调出的佳肴也有上千道之多。来到餐厅的花园，就会了解到这里的星级菜单是如何构思出来的了。在蜜蜂花和罗勒柠檬之间，他找到了属于自己的乐趣，灵感伴随着干寒强烈的西北风呼啸而来。他将他在草木中、花中、根茎中所收集到的味道集中起来，然后在

萨德侯爵经常在他的拉寇斯特城堡（Château de Lacoste）小住。

厨房内与松露一起展现美味：他正在准备一客菊芋松露浓汤，身旁就是奶油双球吐司蛋糕佐"黑钻石"。这位主厨兼酿酒师选择了 2001 年份西塔戴尔酒园（Domaine de la Citadelle）的窖藏，这支卢贝隆白葡萄酒油滑的口感和这道佳肴交相辉映。而松露根菜浓汤如同卡布奇诺一般能够给人带来无尽想象和灵感，他推荐用 1998 年份崔宁酒园（Domaine de Triennes）霞多丽来搭配。这支餐酒带有清爽的气息，温和可口，还可以与烤龙虾配松露千层饼一起食用。松露猪血香肠配开心果"黑钻石"烧鸡肉的精致口感和芳香气味，最适合搭配 2000 年份西蒙酒庄（Château Simone）的甜白葡萄酒。这支酒甜美带有丝丝酸味，拉斯图老藤为这支酒带来清爽的口感，酒中的巧克力味和榛子味搭配酸甜口味的朗姆酒苹果汁拌松露，再合适不过。在这里不但能品尝到佳肴，还能感受到无尽的欢乐。埃杜瓦·卢柏这位松露烹调大师，将其毕生心血灌注在罗纳河谷这片土地上。

卢玛兰：卢玛兰磨坊餐厅（Le Moulin de Loumarin）

尽管埃杜瓦·卢柏的餐厅已经成为博尼约的美食典范，卢玛兰磨坊餐厅还是保持着它松露美食家的专业地位，特别是在圣诞节前

卢玛兰和当地的酒庄。

　　　　　　　　　　　　　葡萄酒与松露

那个周末的"黑钻石"市场上。埃杜瓦·卢柏在出门远足时就会把餐厅委托给这间餐厅的主厨艾瑞克·萨拜。菊芋蔬荤杂烩佐黑冬松露配上招牌烤面包是这里的经典菜式。而在选择搭配的葡萄酒上，这位主厨兼酿酒师偏好 2002 年份卢贝隆丘康斯坦丁骑士酒庄（Château Constantin-Chevalier）白葡萄酒，老藤神索（Rolle）作为主要酿制葡萄品种，为这支酒带来一束灌木林气息。鳕鱼松露配墨鱼意大利干面条也是这里的招牌菜。可可羊腿肉配"黑钻石"与 1990 年份教皇园十分契合，这支带有成熟单宁味的教皇新堡与羊肉一起在口中绽放香味。这里的松露佳肴和葡萄酒的温和口感给人们留下十分深刻的印象。

老电报酒园和它的葡萄园。

松露的葡萄酒
骑士卫队
Le Vin & la Truffe

教皇新堡

百达里德（Bedarrides）：老电报酒园

位于克劳（La Crau）的老电报园是教皇新堡的一部分，由鹅卵石构成的土地使这里的葡萄酒声名鹊起。特殊的微观环境使这里的收获季节较早，而这里无论是白葡萄酒还是红葡萄酒的老熟度都是令人称赞的。它们通常需要窖藏 3 年或者 8 年。1998 年份在 2004 年

2 月被打开，经过在醒酒器中的盛放，与酒汁炒兔肉配松露野猪肉，味道令人称赞。这支酒散发着浓郁的黑色水果香味，口感丰腴，黑茶藨子果、紫罗兰、黑橄榄，各种香味在口中尽情舞动，清新爽口，平衡度极佳。如果窖藏 10 年以上，与松露搭配也是极好的。如今甜美清新的高级 1993 年份揭开了它的面纱，可与松露完美搭配。

而 1994 年份更具有野性气息，带着松露的香味。1990 年份是经典之选，丰腴的口感带着辛香，搭配上等的鹅肝酱填乳鸽配芹菜松露，天衣无缝。能够品尝到 1978 年份是我们的幸运，其理想的单宁味和松露羊羔肉十分契合。2003 年份、2001 年份、2000 年份和 1999 年份也是明日之星。

丹尼尔，这个兄弟酒园的园主之一，是卡庞特拉市场的常客。充满辛香的甜美的 2001 年份和温和平静的 1992 年份是他的不二之选。老电报酒园的园主是罗纳河谷产区最大的葡萄酒供应商，也是最著名的葡萄酒松露品鉴师之一。

库特伦 (Courthezon)：美堡酒庄

美堡酒庄一直都是葡萄酒爱好者的理想之选，多年来，酒庄以其葡萄酒散发的松露气息而出名，搭配果酱鸽腿肉佐栗子松露再合适不过。1979 年份酒色轻盈，气质文雅，在醒酒器中盛放一个小时后会缓缓散发出辛香和松露气息，配上栗子的味道，十分融洽。这支酒味道甜美，伴随着皮革气味、月桂香和灌木丛气息。1983 年份拥有超乎人想象的丝滑口感，而 1985 年份则带着烟草味和灌木林气息。经典平静的 1988 年份是表现最好的年份之一，与佳肴搭配十分爽口。如果说 1990 年份的单宁味令人欢喜，那么 1995 年份、1998 年份、1999 年份、2000 年份和 2001 年份对于葡萄酒松露品鉴师来说是绝对值得等待 10 年的。白葡萄酒与松露的搭配是比较常见的组

合，热情的 2002 年份与松露笋瓜浓汤在味蕾上谱写完美一曲，而充满矿物气息的 1991 年份与松露法国扇贝配新鲜牛皮菜是最佳组合。

库特伦：佳纳斯酒园（Domaine de la Janasse）

克利斯朵夫·萨博是教皇新堡的园主之一，一直致力于葡萄酒事业。2002 年份白葡萄酒品质极佳，而 1998 年份与松露家禽肉类搭配则表现出高贵的气质。温和、甜美和散发着矿物气息的教皇新堡年份酒值得一尝。1998 年份珍藏邵邦（Chaupin）是一支十分成熟、结构圆润的红葡萄酒，与松露馅饼搭配十分理想。经过 5 年的窖藏与烤山鹬肉也是非常完美的搭配。

教皇新堡：希雅斯酒庄（Château Rayas）

这个属于教皇新堡的神秘酒园，如果不是老顾客是找不到这里的，在这里，酒窖管理员能够为每位客人提供独一无二的面对面讲解。罗伊科·勒·摩尔推荐了他珍藏的葡萄园主精选，这些酒都带着精致的花蜜香。事实上，希雅斯非常喜欢松露，而松露也对他回馈良多。这里的红葡萄酒天鹅绒般的质感是罗纳河谷独有的特色。1993 年份于 2005 年就可以开瓶品尝，而经典的以单一的歌海娜葡萄品种酿制的 1988 年份搭配松露乳鸽，无可挑剔。如果可以品尝到 1995 年份，一定会令人心醉神迷……这片土地上白葡萄酒的表现也十分出色。散发蜂蜜香和矿物气息的 1998 年份的甜美与橄榄凤尾鱼汤配火鱼搭配，堪称天作之合。这道佳肴是由欧赖创意型主厨菲利普·宝嘉丽烹调的。这位主厨烹饪出的美食与葡萄酒搭配一直都是令人期待的。而这支葡萄酒的特色便是极好的持久度和经过碘化作用后散发出的松露气息和香草味道。二者搭配，在餐桌上呈现完美的表现。而这种葡萄酒与松露的平衡感也是难得一见的。

教皇新堡：加蒂尼酒庄（Château La Gardine）

为了更持久更广泛地对黑松露进行了解，帕特克·布鲁内尔喜欢回忆他在这片土地上的童年生活："我们在将松露采摘后立刻烹调，时间不超过五分钟，多么霸气！"现实与梦境不断交替，餐桌上出现了一支1999年份教皇新堡珍藏改进型白葡萄酒。这支酒大气，散发着甜美的酒香。而红葡萄酒中，以下几个年份格外出色：1986年份、1987年份和1978年份。它们的单宁味搭配羊羔的颈肉配松露斯佩尔特小麦面，十分完美。教皇新堡葡萄酒总给人一种欲罢不能的感觉。

帕特克·布鲁内尔关于松露的趣事：

> 我喜欢将松露碾成碎末而不是切成节，这样更美味。而对于烹制手法，我认为松露在新鲜采摘后就与鸡蛋一起烹调，这样能够更好地散发出它的香味。

教皇新堡：梦和彤酒庄（Château Mont-Redon）

梦和彤酒庄第一年的表现并不出色，但经过一段时间的酝酿，就能与松露和谐搭配。1992年份白葡萄酒散发出杏仁香和花香，带着甜美的气息，是奶油松露小扁豆最理想的伴侣。而1995年份则与松露猪脚小灌肠配龙虾共谱一曲和谐乐章。而对于红葡萄酒，这个年份与波尔图酱汁鹅肝饺配松露十分搭配。2001 年份在 2010 年适合开启。

凯尔尼园（Cairanne）

在寒冷的冬季，凯尔尼的葡萄园散发着萧索的气息。我们能有机会品尝还在酿制过程中的年份酒搭配松露馅饼，是因为正赶上园主犒赏为酒庄辛勤劳动的葡萄种植者。

德鲁巴克酒园（Domaine Delubac），与松露一见钟情

德鲁巴克家族耕作葡萄的历史可以追溯到 1601 年。我们有幸见到了父亲安德烈整理的家族的手稿。戴着有螺丝帽和链子的眼镜，他为我们幽默地讲述了家族在福克鲁斯扎根的历史。德鲁巴克家族的脉搏是和单宁、松露和狩猎山鹬一起跳动的。这片葡萄园位于旺度山脚下，为人们带来愉悦，安德烈的两个儿子布鲁诺和文森特为这片葡萄园带来了新的能量。他们对葡萄酒都有着同样的热爱之情，在田间和酒窖都一样的辛勤，由此而酿制出的 1990 年份葡萄酒丰富饱满，可以成为法国最佳窖藏酒之一。而 2002 年份和 2003 年份则因为气候原因备受困扰。1999 年份珍藏凯尔尼园的温和和圆润的单宁味令人欣喜。布赫斯·索米耶是乔治·布兰克餐厅的守护者，不需要等待太久，他已经为位于沃纳斯（Vonnas）的餐厅预订了葡萄酒。2000 年份珍藏奥桑迪克（Authentique）结构性极佳，带有紫罗兰香味、辛香和甘草香，如天鹅绒般丝滑的单宁味与松露搭配带来精致的口感。5 ~ 6 年后，可以想象与山鹬肉搭配产生的化学反应，令文森特·德鲁巴克都为之动容，或者与松露肉馅，或与"黑钻石"拌刺菜蓟搭配也是令人充满期待的。

马塞尔·吉佳乐酒园 （Domiane Marcel Richaud）

马塞尔·吉佳乐是一位幸运的葡萄酒松露品鉴师："在我们的葡萄园中能够找到一些黑冬松露。"他喜欢用平底锅煎鸡蛋配松露，搭配上较新年份的罗纳白葡萄酒，十分理想。"不应该过分装饰菜品，我并不喜欢用高酒精度的葡萄酒搭配这个类型的菜品。珍藏佳丽葛(Garrigue) 搭配小甜点是无可厚非的。"而对于土豆沙拉，吐司配松露，马塞尔·吉佳乐推荐搭配带有灌木丛气息的 1998 年份珍藏埃布里斯卡德 (Ebrescade)。

瓦给拉斯园 （Vacqueyras）

瓦给拉斯园和拉斯图园是这个村庄用于搭配松露的葡萄酒供应商，也是人们话题的中心。越来越多的人来这里寻找搭配松露的红葡萄酒。

萨利昂 （Sarrians）：鸡血石酒园

这里的葡萄酒在年轻时充满激情，而经过 4 ～ 6 年的窖藏，则会变得圆润。1998 年份、2000 年份和 2003 年份是最适合松露的年份，特别推荐 1998 年份珍藏卢比 (Cuvée Lopy)，其天鹅绒般丝滑的质感搭配松露野猪肉佐佩里格尔调味汁，滋味无与伦比。较弱的集中度，温和的珍藏阿扎莱 (Cuvée Azalaïs) 可以考虑搭配哈布哥松露面包。

瓦给拉斯：莫纳缇耶酒园

2001 年份白葡萄酒带着辛香，口感高贵，清新爽口，搭配来自阿维翁新城的让-克洛德·欧贝丹所烹饪的松露鳕鱼浓汤，十分鲜美。2000 年份老藤红葡萄酒入口醇厚，如果在它年轻时品用，则应搭配松露末。法兰克·高梅烹调的鹅肝酱和特制火腿也是这支酒的好伙伴。

拉斯图松露（Rasteau truffe）

库特·马丁酒园（Domaine Gourt de Mantens）

1990 年，这个酒园成为家族产业，热罗姆·布里斯酿制的白葡萄酒和红葡萄酒都有上佳的表现，带有温和的气质，常与松露搭配。所有的年份都有极高的预订率。这里的招牌菜谱是松露沙拉。

拉斯图酒窖

黄油多层面饼配松露土豆泥与充满单宁气息的 1998 年份拉斯图红葡萄酒搭配，再适合不过。在荷舍汉舍市场经常可以看到酒窖经理让-雅克·多斯特的身影。他是富有经验的葡萄酒松露品鉴师，他将松露与罗纳丘的高村搭配。这个酒窖的品质受到葡萄酒松露品鉴师的一致称赞。

旺度丘（Côtes du Ventoux）

旺度丘并没有特里卡斯汀坡的名气，但是这里的气候使其所产的葡萄酒与松露十分搭配。

圣皮尔农庄：保罗·范德拉酒园

作为旺度的牧羊人，保罗·范德拉酒园和葡萄酒展现了绝佳的单宁气息，口中持续时间长，谱出一曲极美的乐章。对于白葡萄酒，珍藏维欧尼（Cuvée Viognier）是这片产区中最值得推荐的一款酒。而红葡萄酒，则推荐2002年份圣皮尔农庄，搭配烤鹌鹑配松露小牛肉，会令人眼前一亮。这位葡萄种植者喜欢用"2001年份帝王法内昂"（Roi Fainéant）搭配松露美食，这支酒单宁味柔和，散发着野性气息，在口中香味久久不散，适合搭配高级美食。

玛赞（Mazan）：尚佳雷麦德酒园

这个酒园第一个年份酒产自于1997年。对于葡萄酒松露品鉴，我推荐2001年份老藤红葡萄酒，这支酒极为顺滑，拥有天鹅绒般的质感，单宁味十足，带有香甜的黑色水果味，搭配松露炖牛脚、非

常理想。而白葡萄酒方面，珍藏水仙（Cuvée Narcisse）带着紫罗兰香、辛香和白色花香，柔和的口感和绝佳的矿物气息适合搭配煎蛋松露。

玛赞（Mazan）：丰德利施酒园

这是一个较为出名的产区。2000 年份的石榴红色中透着浓郁的深红色，带有辛香和红色果香，口感饱满，搭配由位于蒙特的索勒·普利尔餐厅主厨米歇尔·菲利博所烹调的羊羔肉配奶油南瓜松露，堪称天生一对。

卢贝隆丘（Côtes du Luberon）

梅纳村（Menerbes）：西塔戴尔酒园

在爬上村庄引人注目的峭壁之前，笔者受到了这个酒园热情的招待。在红葡萄酒方面，珍藏顾福诺（Cuvée du Gouverneur）是用老藤葡萄酿制，需要 5 年的成熟期，适合搭配松露炖猪脚。珍藏阿尔特姆斯（Cuvée des Artèmes）是一支拥有高贵气质的白葡萄酒，适合搭配猪血香肠配松露家禽肉。我们不能忽略设在餐厅旁边的开瓶器博物馆，这里有超过 1000 个开瓶器，从 17 世纪就开始收集了。

阿普特（Apt）：米尔酒庄

梅纳村博物馆收藏的葡萄酒开瓶器原件。

从博尼约取道 D3 号公路来到阿普特，在一片树林围绕中我们发现了这个充满历史的酒园，它曾经是教皇克莱蒙五世（Pape Clément V）的夏日行宫。米尔酒庄所提供的佳肴堪称这片产区的星级美食，这里出产的白葡萄酒也是与松露搭配的最佳选择。1997 年份和 1995

年份红葡萄酒搭配腓里牛排佐黑冬松露薄片，酒中的单宁味搭配甜美的松露，堪称黄金组合。1989 年份也是极佳的年份，与松露搭配，平衡感十足。

米拉波（Mirabeau）：克拉皮酒庄

在 18 世纪，这片农田被米拉波家族所拥有，建立了酒庄。这里的葡萄酒为人们带来帝皇般的感受，人们为庄园取了"酒桶"这个外号。托马斯·米拉波于 1995 年从他父亲手上继承了这个庄园，他喜欢为客人们讲述各种奇闻轶事。他推荐 2001 年份特选珍藏白葡萄酒，他还推荐窖藏 5 年的酒园红葡萄酒。"事实上，时间使葡萄酒变得圆润。"这就是为什么这个酒园的 1989 年，与小牛肉堡佐松露鸭肉搭配如此美味的原因。

普伊芙（Puyvert）：圣皮尔·德·梅琼酒庄

17 世纪，圣皮尔·德·梅琼酒庄曾是阿维翁新城圣安德烈修道院的一部分。经过工艺精湛的修复，酒园如今拥有 10.5 公顷的葡萄园。该酒园的白葡萄酒足够圆润，温和且带有绿色杏仁香味、梨香和木瓜的香甜。高产的 2003 年份已经在等待珍珠鸡佐杜松酱配松露与其一起共舞。而红葡萄酒方面，珍藏 1999 年帕里约（Prieuré）与羊肩肉佐松露搭配，是自然之选。

搭配松露的
精致窖藏
Le Vin & la Truffe

吉贡达酒园，围绕在松露周围

在蒙米赖群山环绕中，吉贡达产区浓浓的拉丁风让人眼前一亮。吉贡达园，拉丁文是Jucunditas，代表美丽、愉悦、魅力和温柔，形容这个酒园很合适。卡迪耶（Cartier）家族是吉贡达酒园的拥有者：他们的珍藏佛罗伦萨（Cuvée Florence）是罗纳河谷南部的一颗明星。这支酒搭配松露炖乳鸽配鹅肝酱，十分合适。

吉贡达园，拉丁文 Juc-unditas，在古罗马时期代表美丽，喜悦。

这个酒庄位于凯尔尼园的出口通往卡庞特拉的路上。这里的葡萄酒十分强劲，需要窖藏至少7年才能与松露搭配。从中间商塔第约·娄兰那里我们品尝到了许多年份极佳的吉贡达。

"黑钻石"与这个产区的珍藏佳酿相处愉快，

这里的葡萄酒清爽，单宁味集中，与橄榄油花盐拌松露烤面包片是完美搭配。

特里卡斯汀坡（Coteaux du Tricastin）

鲁萨克（Roussac），2000 年份格安吉酒园（Domaine de Grangeneuve），松露窖藏（Cuvée La Truffière）

红宝石色的酒体，隐约透出一些紫罗兰的淡雅，拥有皮革与甘草的闻香。入口后，可无限延伸至味蕾深处，口感浓厚且集中的单宁给人一种融化之感。这支迷人的窖藏可以与松露烤面包片加橄榄油或是食盐鲜食松露的口感完美融合。

吉利涅（Grignan），1999 年份蒙提尼酒园（Domaine de Montine 1999）

酒色呈石榴红色，带有辛香和淡淡黑色水果香，入口也带有淡淡的辛香和果香，最后是甘草的味道在口中长留。这支爽口的葡萄酒搭配黄油面包再适合不过。

格朗杰·孔塔德：1998 年份老米库利酒园（Domaine du Vieux Micoulier 1998）

这支 1998 年份带有一束菌类气息和辛香，口感圆润带有灌木丛气息，搭配平底锅煎巴黎鲜菌配松露，十分清爽。

波兰尼（Bollène）: 2000 年份夏布利耶十字酒园（Chateau La Croix Chabrière 2000）

特里卡斯汀珍藏拉迪娃（Cuvée La Diva）: 这支葡萄酒散发着杏香和辛香，口感圆润温和，在搭配松露时需要加入些橄榄油。

伊弗·库勒荣的菜谱

松露土豆泥

1. 将土豆在牛奶中煮好，然后制作成土豆泥拌入奶油。
2. 在上桌前，将松露末放入土豆泥中搅匀。
3. 搭配一种家禽肉一起食用。

佐酒推荐：孔德里约珍藏查耶埃，需要窖藏 4 年或 5 年。这支葡萄酒已经拥有足够的丰富度来搭配奶油松露土豆泥。

伯纳黛特·吉佳乐的菜谱

松露龙虾

1. 将布列塔尼龙虾切成两半。
2. 每一半都涂上橄榄油。
3. 撒上盐和胡椒粉，然后放入烤箱温火烤制。
4. 等到这两半都烤出水了，洒上孔德里约葡萄酒。
5. 在上桌前，将切好的松露薄片加热轻放在龙虾上。
6. 可以佐以奶油荷兰酱。
7. 搭配孔德里约珍藏拉多里安（Cuvée La Doriane）。

弗朗索瓦·维拉德的菜谱

甲壳类海鲜和松露蛙腿

4 人份食材：
2 打牡蛎；12 对蛙腿；16 只法国扇贝；家禽肉带汤；50 克黄油

1. 蛙腿去骨焯熟，将牡蛎在家禽肉汤中滚 30 秒。
2. 用平底锅将法国扇贝微热。
3. 将黄油烧热放入肉汤。
4. 将汤汁浇在牡蛎、法国扇贝和蛙腿上。
5. 最后加入松露碎末。

佐酒推荐：2002 年份孔德里约彭赞坡（Condrieu Coteaux de Poncins 2002），
这支酒高贵，口感集中，与这道佳肴搭配，可带来活泼的气氛。

第 9 章

普罗旺斯产区
Le Vin & la Truffe

普罗旺斯位于法国东南部的地中海岸边，魅力非凡，那里既有狂野的密史脱拉风（Mistral），也有水流湍急的峡谷；既有珍贵稀有的黑冬松露，也有美味的葡萄酒。高高的山丘上布满了大片的松树、古老的橄榄树和橡树，而山丘的四周则遍布着许许多多的葡萄田。即便在一月份，大自然也没有完全沉睡，一只眼睛虽然紧闭着，但另外一只却半睁开着，时刻审视着即将到来的松露与葡萄酒。阿帕斯（Aups）地区的"黑钻石"与普罗旺斯的葡萄酒搭配才是最完美的组合，而这里的酒有三种类型：邦斗尔产区（Bandol）的桃红葡萄酒总是使人对它产生浓厚的兴趣和好奇心；普罗旺斯丘地的干白葡萄酒细腻、油质；而艾克斯丘地（Coteaux d'Aix）的干红葡萄酒则以细腻如丝般顺滑的单宁而著称，甚至可以与附近的莱博（des Baux）地区出产的干红葡萄酒相媲美。

厨师们的美食交响音乐会

在普罗旺斯的瓦尔省（Var），绝大多数的美食厨师对松露的热爱近乎狂热，并热衷将普罗旺斯最优质的葡萄酒与之搭配。由于松露广泛分布在各个葡萄园中，因此，"黑钻石"已经成为最能激发美食厨师灵感的烹饪主料之一。

在维多邦市（Vidauban），有一位名叫克里斯蒂安·博夫的厨师从祖传的菜谱中获得灵感，将松露与葡萄酒巧妙地搭配在一起，使之成为节日盛宴中不可或缺的铁杆组合。布鲁诺是一位热爱谱写歌颂松露歌曲的作者，在游历过世界各地的美丽风景之后，他最终决定在洛尔格（Lorgues）定居，并在这里经营了一家餐馆，专门烹饪松露菜肴。

伯特兰·莱尔伯特是布鲁诺的一名徒弟，他曾是科朗（Correns）区的一位官员。在格拉斯地区，阳光普照着雅克·希布瓦餐厅，餐厅散发出温暖的冬天的味道，仿佛置身于享乐主义者的梦境之中。一会儿，主人分别打开了1990年份和1998年份的葡萄酒，享受着佳酿与松露搭配的美妙感觉。

邦斗尔海湾（Bandol）的渔民们，约瑟夫·瓦奈（Joseph Vernet，1714—1789，法国著名画家）的作品。

美食之旅

Le Vin & la Truffe

维多邦市（Vidauban）：蚕之屋酒店

克里斯蒂安·博夫是一位自学成才的葡萄酒专家，在其他葡萄酒产区也有不少类似的例子。克里斯蒂安曾参加过"雷萨阿克葡萄酒之家"（Maisons des Vins des Arcs）和"巴克斯美食俱乐部"（Bacchus Gourmand）的许多活动，并在活动中结识了当地非常有威望的美食厨师雅克·希布瓦先生。两人一见如故，雅克也因此决定移居克里斯蒂安的蚕之屋酒店，并帮助他一起打理酒店的美食厨房。猎斑鸠、掘松露、品普罗旺斯丘地的葡萄酒，克里斯蒂安就这样平淡地生活

着。每年 2 月的最后一个星期六，他都会在酒店附近的空地上组织一个松露市场，以便各地的松露商人及松露爱好者汇聚一堂，互通有无。这位热衷葡萄酒品鉴的烹饪好手每天都睡在他的酒窖中，他非常善于发现美食与美酒，而且喜欢与客人们一同分享他珍藏的葡萄酒，因此，这些客人们很快便成为了克里斯蒂安的朋友。当他

正要打开一瓶卡思维酒园（Clos Cassivet）酿制的干白葡萄酒时，旁边的人们马上就对这瓶具有普罗旺斯装潢特色的葡萄酒产生了浓厚的兴趣。这款白葡萄酒非常适合与意大利牛乳干酪、松露相结合。

2001 年份的卡思维干白葡萄酒闻上去有蜂蜜和辛料的香气，当与松露一起搭配品尝时，口感更加滑腻有肉感。

而对于干红葡萄酒来说，一定要陈放数年才可以开瓶品尝，例如 1999 年份的葡萄酒，柔顺、辛辣且醇烈，与炒鸡蛋组合搭配，红酒本身的油腻口感会更加强烈。2000 年和 2001 年份的干红葡萄酒也非常优质。如果要为一道土豆馅饼佐松露挑选适宜的葡萄酒的话，克里斯蒂安·博夫会建议两种不错的普罗旺斯丘地的红酒：一款是单宁细腻的 2001 年份的马斯-内格莱尔酒庄（Mas Negrel）的干红葡萄酒，而另一款是 1997 年份的巴斯蒂德酒园（Domaine de la Bastide）的昂坦窖藏（Cuvée d'Antan），这款酒有迷迭香以及松露的香气，酒体圆润丰满，非常可口。

第一款 2001 年份的葡萄酒可以与烧土豆搭配组合，而第二款 1997 年份的窖藏与松露搭配则更为适宜。蚕之屋酒店的一道经典菜肴是小牛肉配松露，主人精心选择了单宁口感突出的莫玛酒园（Château Maume）2001 年份的维洛尼卡窖藏（Cuvée Véronique）与之搭配。

另一组美味可口的组合是烧绿头鸭配松露泥搭配拉尔诺德酒园（Château L'Arnaude）1995 年份的老巴斯蒂德窖藏酒（Cuvée Vieille Bastide），这款酒的单宁圆润，与松露搭配非常和谐，也能使鸭肉的味道完美地释放出来。

特里安酒园（Château Trians）2000 年份的干红葡萄酒有着诱人的深色酒裙，可以与猪蹄肉灌肠配松露相佐。这支瓦鲁瓦丘地（Coteaux-Varois）的干红葡萄酒单宁紧致，需要在醒酒器中稍待片刻方可饮用，入口柔顺，丰满圆润。

在品尝了那么多的菜肴与美酒之后，甜点时间到来了，主人推荐了一份菠萝冰激凌和一份松露冰激凌，当然，甜点也不能缺少美酒的搭配，而一瓶科曼德利-佩拉索酒园（Commanderie de Peyrassol）的加盟则是再完美不过了。

蚕之屋酒店位于街道的一侧，它始终扮演着探索与创造美食的角色。酒店厨师勇于创新、待人真挚，烹饪松露菜肴的厨艺极其精湛，选择美酒的眼光也非常独到，所以深受过往宾客的喜爱。

洛尔格（Lorgues）：布鲁诺酒店，谱写歌颂松露歌曲的作家

"布鲁诺酒店如果没有了布鲁诺，那将不再是布鲁诺酒店了。"这句顺口溜出自著名的表演艺术家安德鲁·布鲁克·雷迪，而他本人就是普罗旺斯松露与葡萄酒的热衷追随者。无论是对黑冬松露有偏见的人，还是对这种"黑钻石"怀有完美主义理想的人，都不能否认松露在美食界的影响。人们来到洛尔格，就像到剧院观看一场盛大的演出一样，剧院的大门敞开了，而舞台上的幕布也被缓缓地升起来了。盛装打扮的布鲁诺走上舞台，将为人们带来一场美食的

盛宴。他先是准备了一份椰汁烩火腿佐松露，并搭配一支拉斯科酒庄（Château de Rasque）2002 年份的干白葡萄酒，这款酒酒体浓郁，有花香的香气，清新无比，口感奇妙、有趣。接着布鲁诺用他那洪亮的声音向宾客们讲述着他以往烹饪来自意大利、克罗地亚、匈牙利、西班牙以及普罗旺斯等不同产地的松露的故事，并在评论一份烤面包佐松露的同时，表达了他的人生哲学。只要在大堂里转一圈，你就会看到布鲁诺准备的松露鱼子酱和糖渍番茄，令人垂涎欲滴，再配上一些俄

罗斯烤薄饼和一支普罗旺斯丘地干白葡萄酒，堪称完美。侍者们穿梭于大堂的各个角落，紧张有序，像极了一群跳着芭蕾的舞者。店里女主人的脸上总是洋溢着灿烂的笑容，一些瑞典游客争先恐后地请她在菜单上签名以作留念，女主人也不忸怩，大方地回应着。这时候，布鲁诺拿出了一块香菇佐鹅肝和松露蛋糕，同时也带来了一支雷考斯特酒庄（Château Les Crostes）2000 年份的干红窖藏葡萄酒，这款酒柔和却略带一丝辛辣，而蛋糕中的甜味使酒的口感更加圆润丰盈。大堂里的谈话声越发热烈起来，小厅里播放的美国节目的声音也不时地闯进来，显得有些聒噪，但布鲁诺还是提高了嗓音，说道："松露是他永远的情人！"

洛尔格：贝尔纳城堡酒店（Château de Berne）

贝尔纳城堡酒店专营松露菜肴与优质葡萄酒，酒店也因此在当地享有颇高的美誉。作为酒店的主人，赛和·罗维拉对黑冬松露永远充满了激情，他曾是军队中的一位战略指挥军人，善于侦察追逐，现在已经退伍。如今，他将以往所学的技能全部用在找寻松露的事业中，最令他自豪的战利品是一块重达 1.38 公斤的松露。他烹饪的松露菜肴可以与贝尔纳酒庄 2002 年份的干白特别窖藏葡萄酒搭配，味道非常和谐。这支 2002 年份干白葡萄酒有浓郁的柑橘香气，口感滑腻、色彩明亮，非常适合与土豆浓汁鸡蛋佐松露丝搭配。如果是一份鹅肝佐松露，则建议搭配口感更加丰盈甘美的 2000 年份同品种葡萄酒。

与榛味狍子肉佐松露搭配，则需要选择一些较雅致的干红葡萄酒，例如 1999 年份的贝尔纳干红葡萄酒，闻上去有红色浆果的香味，单宁细致，酒龄成熟。又如 1998 年份的干红葡萄酒，黑色浆果香气浓郁，口感强劲、顺滑，并有一丝淡淡的甘草的味道，单宁深邃却

入口即化，非常适合与这样的野味相互组合。

如果想轻松寻找一瓶可以搭配菜肴的葡萄酒，这里推荐 1997 年份的贝尔纳葡萄酒，酒中淡淡的薄荷味道可以轻易地与许多菜肴互相搭配。

谈到那些具有陈酿潜质的优秀年份酒，就不得不提到 2000 年份的贝尔纳葡萄酒，这款酒酒体结构均衡，适宜收藏。在这里，每到松露丰收的季节，人们都会在周末组织一些与松露有关的活动。借此机会，人们可以参加一些烹饪和品酒的课程，而每个讲堂也会被布置得非常清新、舒适，很有一番田园牧歌式的意境，与旁边的贝尔纳城堡酒店相互呼应，演绎出一段"一千零一个松露"的传奇故事。

科朗区（Correns）：戴高乐广场上的公园客栈餐厅

公园客栈位于普罗旺斯地区的中心，是一座具有意大利建筑风格的酒店，由来自洛尔格的布鲁诺主持建造完成。普罗旺斯地区的葡萄酒酿造师们都非常喜欢来这里，为他们的葡萄酒寻找适宜搭配的松露。一份嫩煎小乳猪佐松露酱配烤面包，可以搭配一支科曼德利-佩拉索酒园 2002 年份的马利-艾斯戴尔（Marie Estelle）窖藏干白葡萄酒，这款具有矿物质特点的葡萄酒与这道菜肴组合，二者相辅相成。而对于一道美味的白菜肉卷来说，一支拉图酒庄 1999 年份的勒威克（Lévêque）干红葡萄酒则是必不可少的，这款酒口感强劲，却又有一丝柔顺和清淡，酸度稍强。还有一款菜肴，非常美味，那

就是焖烧带皮小土豆佐黑冬松露，可以与一支戈弗提酒园（Domaine Gavoty）1996 年份的克莱劳顿（Cuvée Clarendon）窖藏干白葡萄酒相互组合，这款酒口感非常和谐，与这道菜肴搭配堪称经典，给人一种意犹未尽的感觉。

香烤羔羊肉佐松露，则与干红葡萄酒搭配更为和谐，可以选择一支卡丽萨娜酒庄（Château de Calissane）1998 年份的珍贵窖藏（Cuvée Prestige），这款酒中的单宁可以与羊肉完美结合，也可以另外搭配一些时蔬作为配菜。另外，佩拉索酒庄（Château de Peyrassol）1999 年份的玛丽-艾斯黛尔口感清新，也与这道菜肴非常搭配。

图尔图尔（Tourtour）：绿橡树酒店

每年冬季，绿橡树酒店餐厅的美食厨师都会推出一份以松露为主的精选菜谱，供宾客们品尝。保罗·巴扎德是一位经验非常丰富的

厨师，他会精心挑选一些产自普罗旺斯的、有四五年酒龄的干红葡萄酒来搭配他烹饪的松露菜肴。他很喜欢选择一些酒体结构比较稳固的葡萄酒，这种酒经常能散发出在发酵过程中才有的二级酒香。例如作为前餐的橄榄油拌时蔬佐松露，可以搭配一支极其雅致的图艾利酒庄（Château Thuerry）2000 年份的干红葡萄酒。煮鸡蛋佐松露则需要搭配一支博尔纳德酒园（Domaine de la Bernarde）1998 年份的干红葡萄酒，而新鲜出炉的松露派则建议搭配一支撒莱特酒园（Domaine de Salettes）1995 年份的邦斗尔葡萄酒。小马铃薯炖羊肉配鹅肝和松露可以作为席间的主菜，味道非常鲜美，可以和一支勒维莱特酒庄（Château Revelette）2000 年份的优质干红葡萄酒搭配，这款酒酒液浓稠，香气四溢。最后的甜点是黄香蕉苹果蘸松露奶油沙司，这次需要改变一下葡萄酒的颜色了，可以选择一支图艾利酒庄的麝香干白葡萄酒作为搭配，将会非常完美。

格拉斯（Grasse）：巴斯蒂德-圣安托酒园

雅克·希布瓦是一位来自利穆赞（Limousin）的葡萄酒松露品鉴师，他的到来以及他带来的精湛的松露美食厨艺，使滨海阿尔卑斯地区的人们都爱上了这种"黑钻石"。每年 1 月的时候，雅克都会在自家举办一个聚会，而"黑钻石"就是聚会中当之无愧的主角，当地的松露种植户们会齐聚一堂，围绕着他们心中的"主角"，分享这美味的一刻。借此机会，他会同时为 350 位宾客准备一顿丰盛的大餐。这位对松露近乎痴迷的美食家用自己的

热情创造着松露美食，他准备了蘑菇慕斯佐黑冬松露，与它相搭配的是戈弗提酒园 1998 年份的克莱劳顿窖藏干白葡萄酒；之前提到的 1996 年份酒则更适合与松露组合，这款来自普罗旺斯的白葡萄酒还可以搭配意大利板栗浓汁鱼子酱面佐松露。

鹰嘴豆浓汤炖猪蹄佐松露则与酒体稠密的 1995 年份的彼巴农（Pibarnon）干红葡萄酒非常相配。春天伊始之际，一些松露已经从地底下开始蠢蠢欲动，这时候采集到的松露，可以用来烹饪一道橄榄油茄泥配帕尔玛干酪佐松露。为了使品尝大会继续进行，雅克又准备了一道香煎小龙虾配意大利鱼子酱面佐松露，而他为这道菜挑选的是纤细精致、矿物气息浓郁的菲古戈尔德-圣安德烈酒庄（Saint-André de Figuière）2003 年份的干白葡萄酒。贝雷地区（Belley）圣文森酒园 2001 年份的干红葡萄酒精致柔顺，与面包粉炸小牛胸腺佐松露配烤洋蓟，并淋上香芹汁搭配非常协调，品尝这道菜，口味与心情两相愉悦。雅克烹饪的菜肴看似随意，却独具匠心，每道菜肴都可以与一款普罗旺斯酿制的葡萄酒搭配，这位出色的美食家向我们展示了他高超的松露厨艺以及那永恒的美食精神。

维伦纽夫·露贝酒庄（Villeneuve Loubet）：奥古斯特·埃斯科菲耶的珍藏馆

被授予"厨师中的国王"和"国王的厨师"称号的奥古斯特·埃斯科菲耶的画像。

今天，所有的葡萄酒松露品鉴师都应该去奥古斯特·埃斯科菲耶的家乡转一转，和这位"厨师中的国王"做一次"亲密接触"。维伦纽夫·露贝成就了这位伟大的美食家，他所有的美食作品都在一座美丽的珍藏馆中展示出来。这位餐桌艺术的梦想家还拥有一个基金会。在当时的菜单中，尽管松露没有被明确标注在每道菜肴的食材介绍中，但宾客们却发现，几乎每道菜中都会有不少的松露相佐，使菜品更加美味。

松露的葡萄酒
骑士卫队
Le Vin & la Truffe

普罗旺斯丘地产区（Les Cotes de Provence）

就像紫罗兰花属于春天一样，普罗旺斯丘地是属于松露的，它向世人召唤，并展现着自己的魅力，它富有力量和文化底蕴。这里为世人奉献着精致考究的白葡萄酒和柔软顺滑的红葡萄酒，比如戈弗提酒园的克莱劳顿窖藏（Cuvée Clarendon）干白和圣·安德鲁·费戈耶酒园的干红。

卡巴斯（Cabasse）：戈弗提酒园（Domaine Gavoty）

戈弗提酒园紧挨着一片茂盛的森林，酒园中的葡萄藤错落有致，酒园的名字还要归功于祖父克莱劳顿先生，他曾是一位音乐评论家，在晚年时毅然决然地来到瓦尔地区开始种植葡萄。如今，他的侄女罗斯林娜继承了他的事业，她是一个精力充沛的女孩，拥有许多新奇的想法，经过改良，她酿制的葡萄酒被赋予了无限的魅力。特别是克莱劳顿窖藏干白葡萄酒有很强的陈放潜质，需要等待 7 或 8 年才能与松露菜肴组合从而发挥出其深藏的魅力。

1996 年份的克莱劳顿干白葡萄酒有迷人的松露和杏仁的香气，

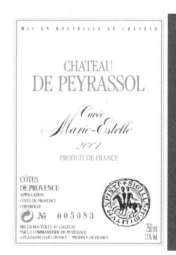

壮丽的摩尔群山。

口感滑腻，酸度适中，非常适合与奶油浓汁山土豆佐松露搭配饮用。而 1995 年份酒的矿物质味道则更为浓郁，酒体饱满、圆润，更适合与扇贝一起搭配。2001 年份和 2000 年份酒的发展趋势与 1985 年份酒有些相似，丰盈、紧致，有灌木的香气，和一丝淡淡的薄荷味道，与松露炖希斯特龙羊羔肉搭配非常合适。葡萄藤周围长满了常绿栎丛，有着像女巫指甲一般的尖尖的枝叶，人们经过这里的时候，都会将那些伸出来的矮枝踩断，发出噼噼啪啪的声音。有一些葡萄园还特意种植了有利于松露生长的植物，例如枫德布鲁克酒庄（Château Font-du-Broc）、阿拉里酒园（Clos d'Alari）、圣罗斯林娜酒园（Sainte Roseline）以及科曼德利-佩拉索酒园（Commanderie de Peyrassol）中都伴生着高雅、精细的松露。

吕克（Le Luc）：科曼德利-佩拉索酒园

科曼德利-佩拉索庄园在 1790 年时被作为国有资产向公众出售，里戈家族成为了庄园新的主人。1977 年，弗朗索瓦斯·里戈决定开始酿制葡萄酒，并逐渐开辟葡萄酒市场。经过她的一番努力，科曼德利-佩拉索已经成为远近闻名的名庄。弗朗索瓦斯同样热爱松露，她喜欢将一支矿物质香气浓郁的 2002 年份的金质艾佩戎窖藏干白葡萄酒（Cuvée Éperon D'Or）与松露味的面包干一起搭配。玛丽-艾斯黛尔（Marie Estelle）的口感则更为强劲一些，可以与奶油扇贝佐松露一起饮用。1999 年份的干红葡萄酒是松露的绝配，例如金质艾佩戎窖藏干红葡萄酒，口感鲜明，适合与鸡肝馅饼佐松露搭配。而玛丽-艾斯黛尔干红葡萄酒的单宁更为强劲，可以与面包皮煎牛排做松露一起饮用。

维多邦：圣朱利安-阿耶酒庄（Château Saint-Julien d'Aille）

圣朱利安-阿耶酒庄占地面积为 80 公顷，葡萄园的周围有许多橄榄树、常绿栎丛和一片树林。种植葡萄树的土壤是泥砂质，是适合种植栎树、软木树、百里香和刺柏的土壤质地。

这里的葡萄采摘和分拣工作都是由人工来完成的。那些专为搭配松露美食而酿制的最高贵的窖藏酒都是在容量为 600 升的橡木桶中培育而成的。特里姆威尔-汉博思干红葡萄酒（Triumvir des Rimbauds）酒体丰盈饱满，口味强劲有力，与松露菜肴搭配非常美味。1997 年份酒酒龄成熟，单宁圆润，可以与蔬菜炖鹿肉佐松露搭配饮用。对于 1998 年份和 2000 年份酒来说，2007 年已开瓶饮用。而 1999 年份酒则更加柔顺，可以与野猪肉馅饼佐松露搭配组合。

阿尔克-阿尔让（Les Arcs-sur-Argens）：圣罗斯林娜酒庄

阿尔克-阿尔让地处普罗旺斯，人们每年都要在这里举办一个松露集市。这个酒庄最早在 14 世纪初时由弗雷瑞斯（Fréjus）主教主持建造，直到现在，酒庄里还收藏着夏格尔（Chagall）和吉雅珂梅提（Giacometti）的一些名作。让-巴赞（Jean Bazaine）和拉乌尔·乌贝克的一些作品也为这个酒庄增添了一份艺术的气息，罗斯林娜就住在酒庄里，她是普罗旺斯地区非常受人尊敬的人。

圣罗斯林娜酒庄酿制的普里俄雷（Prieuré）窖藏干红葡萄酒与圣安托尼酒庄的葡萄酒有些相似：2001 年份酒有浓郁的桑葚和黑加

仑子的香气，入口饱满，酒龄成熟，单宁细腻，在 2007 年已开瓶与松露菜肴一起饮用。另有一款名字相同的窖藏干白葡萄酒，酒体结构明显，雅致，在陈放 2 ~ 3 年时，可以与一道鱼肉炒鸡蛋组合饮用。这个酒庄还出产一种橄榄油，味道极好，可以配合各种沙拉，但由于口味过于厚重，所以不太适合与松露搭配。贝尔纳德·泰朗德在 1994 年时买下了这个酒庄，从此，他便在这里创办了一套文化产业策略。

阿尔克-阿尔让：枫德布鲁克酒庄（Château Font-du-Broc）

枫德布鲁克酒庄被大片的葡萄田和常绿栎丛包围在其中，传统法式风格的花园，蜿蜒的长廊，还有几匹骏马在不远处的草地上悠闲漫步，所有来此的宾客们都有一种置身世外桃源的美妙感觉。酒园占地面积为 25 公顷，对面就是圣拉斐尔海湾，冬天时，酒园可以享受到来自海湾的徐徐海风。而夏季的时候，吹来的密史脱拉风则加速了葡萄的成熟。酒庄的干白葡萄酒由 95% 的侯尔（Rolle）酿制而成，需要陈放 5 年以上才可以开瓶饮用。这里的干红葡萄酒圆润、浓烈，建议与红色肉类配松露组合饮用。

圣-安托南·德瓦尔（Saint-Antonin du Var）：阿拉里酒园

阿拉里酒园占地面积为 8 公顷，园区土壤为钙质黏土，其中有 6 公顷属于普罗旺斯法定产区酒，另外 2 公顷属于地区餐酒。

娜塔莉·梵柯丽是阿拉里酒园的女主人，她那漂亮的咖啡色头发，给人一种甜蜜、柔美的感觉。她酿制葡萄酒、生产橄榄油，也会种植一些松露，仅是在她的松露园区中，就种植着多达 160 棵大树。像许多其他酒园一样，在她接手以后，才把这里改名为阿拉里。她曾说道："我非常喜欢新鲜的松露，尤其是刚刚挖掘出来的那种。"她一边说，一边品尝着一支阿拉里酒园酿制的 2000 年份酒，这同样也是酒园更名以来的第一款年份酒，可以与白汁牛肉佐松露配帕尔玛干酪丝搭配饮用。毕竟用单纯的语言来描述食物的美味还有些空洞，只有在真正品尝的过程中，才能享受到那一刻的欢愉。娜塔莉酿制的橄榄油口感非常柔和，可以与任何菜肴轻易地搭配。娜塔莉经常往来于巴黎与圣安托南-德瓦尔之间，她已经成为一位葡萄酒松露品鉴师，与更多的人分享着对"黑钻石"的这一份激情。

梅罗耶（Meyreuil）：西蒙酒庄

西蒙酒庄酿制的干白葡萄酒是全法国最适合与松露菜肴搭配的优质葡萄酒之一，酒体油腻、紧致，陈酿放置时间可以多达10多年。

这款干白葡萄酒与蒜泥烤面包佐松露配合，更加体现出酒体的油质的感觉。1992年份酒如今已非常出众，闻上去有松露的香气，入口有丰富的蜂蜜和杏仁的味道，且有一丝矿物质的气息，回味悠长，整体协调。在所有干白葡萄酒中，西蒙酒庄酿制的葡萄酒是许多优秀的葡萄酒松露品鉴师集体推崇的美酒，他们看中的是其复杂的香气、完美的酒精浓度以及细腻的酒体。

一个普罗旺斯鸽舍的近景。一直到法国大革命之前，鸽舍一直都是皇家威严与财富的象征。

博得-普罗旺斯产区（Les Baux-de-Provence）

普罗旺斯的圣雷米（Saint-Rémy de Provence）：罗曼尼酒庄（Château Romanin）。如果说罗曼尼酒庄只酿制三种干红葡萄酒的话，那么其中的两种都可以与松露完美搭配。其2000年份酒是由20%的幕尔伟德（Mourvèdre）以及其他葡萄品种酿制而成，酒体柔顺丝滑，有着无与伦比的陈酿潜质，被称为"罗曼尼酒庄的品质"，可以在盛大的聚会上搭配松露馅饼一同品尝。

罗兹耶尔酒园（Domaine de Lauzière）

让-安德烈·查理阿尔曾经是罗曼尼酒庄的业主之一，他一直为博得地区的葡萄酒贡献着自己的一份力量，他酿制的罗兹耶尔干红葡萄酒非常纤细精致、"富有感情"。2002年份酒散发着一股黑橄榄和辛香的味道，陈放五年之后酒体更加柔顺，可以与松露烤乳鸽一起组合搭配。而2003年份和2004年份酒也非常适合搭配松露美食。

拉龙德雷莫里斯（La Londe-les-Maures）：圣安德烈-德-费盖耶尔酒园

圣安德烈-德-费盖耶尔酒园就在距离土伦与圣·特洛佩几百米远的地方，坐落在莫里斯群山和地中海的中间位置。酒庄拥有两款非常适合搭配松露的葡萄酒：其中黛尔菲娜（Réserve Delphine）是一款珍藏干白葡萄酒，由100%的侯尔酿制而成，2001年份酒有一种烧烤的特殊香气，还有一丝淡淡的柑橘味道，入口后，油质与细腻口感相结合，有树木和水果的混合香气，后味非常雅致，可以与狼里脊肉佐松露搭配。另一款黛尔菲娜珍藏干红葡萄酒则是由一部分幕尔伟德酿制而成，1999年份酒有紫罗兰和松露的香气，细腻优雅，酒体平衡，适合与鹿肉佐松露搭配饮用。

圣-艾蒂安-德-格莱斯（Saint-Étienne-du-Grès）

特雷瓦隆酒园（Domaine de Trévallon）

特雷瓦隆酒园的干红葡萄酒由赤霞珠与希拉混合酿制而成，可以作为陈酿葡萄酒进行保存，是法国可以搭配松露菜肴的众多美酒之一。1995年份酒有黑加仑子、百里香和月桂的混合香气，入口丝滑，口感深邃。2001年份酒味道非常和谐，陈放至2010年时已与松露菜肴一起搭配。而1985年份酒有非常浓厚的松露味道，单宁细腻且入口即化，可以搭配野兔板栗块浓汤配鹅肝小饺子和松露。

普罗旺斯与松露的故事

让-路易·雷泽来自勃艮第的墨尔索，年轻时他曾对霞多丽和黑皮诺两个葡萄品种倾注了很多心血，并凭借优异的成绩取得了一个德国学位。

他就像一本百科大字典，在酿酒及品酒方面都很有造诣，在不断的实践中，已经品尝了法国几乎所有的葡萄酒，因此有能力给所有的葡萄酒爱好者们讲解品酒知识。从每年的2月开始，他都会走遍普罗旺斯的每个角落，品尝各地不同的葡萄酒，同样的路线他已经重复走了整整25年！

让-路易·雷泽经常来往于各种松露聚会之间，有着全法国最为敏锐的味蕾。他说："普罗旺斯最传统的是桃红葡萄酒，我们不能把这种酒完全排除出去，应该选择一些经得住陈放的10年酒龄酒，像米诺提酒庄（Château Minuty）或庞裴洛那酒庄（Château de Pampelonne）酿制的桃红葡萄酒，都可以与烤鱼佐松露一起搭配。至于干红葡萄酒就必须要选择酒龄较长、三级酒香突出的葡萄酒。近些年来，干白葡萄酒的酿制技术经历了飞跃性的发展，口味不再像以前那样沉重，而是更加清爽，矿物质味道更加浓郁，这种改变使得干白葡萄酒与松露的搭配更加自然。我个人极力推荐圣-马哥里特酒园（Domaine Saint-Marguerite）和米耶尔-奥特酒园（Clos Mireille D'Ott）酿制的葡萄酒。"

在邦斗尔地区，与其他酒类相比较，干白葡萄酒更适合与松露搭配，例如莱蒂埃尔酒园（Laidière）或奥利维特酒园（Olivette）酿制的白葡萄酒。但是与一些干红葡萄酒相比，白葡萄酒的余味也许并不那么长久。毋庸置疑，经过邦斗尔的土壤培养并收获的、由幕尔伟德葡萄酿制的葡萄酒的陈酿潜质非常出色。将松露与一支陈年邦斗尔葡萄酒搭配，没有比这更美妙的事了！

邦斗尔产区

许多葡萄酒松露品鉴师都被邦斗尔地区自有的微气候所折服，这个地区出产的干红葡萄酒是最有松露缘的葡萄酒之一。幕尔伟德葡萄的播种面积在整个产区占据着主导位置，这种葡萄酿制出的葡萄酒在初期会有些内敛，但随着酒龄的增加，直至10年左右的时候，会逐渐散发出二级或三级酒香，酒龄越长，单宁越细腻。1988年份、1990年份和2001年份酒都非常适合与松露搭配。

卡迪艾尔-阿祖尔（La Cadière-d'Azur）：彼巴农酒庄

通往彼巴农酒庄的曲折小路虽然看起来有些凌乱，但却充满着无尽的神秘，人们不得不努力地睁大双眼，欣赏着不远处宁静的大海和千变万化、起伏连绵的葡萄园。这一小片"伊甸园"可以为失恋的人们疗伤，为城市的人们减压，还能为居住在乡村的人们消除寂寞。圣-维克多家族是这片地区的葡萄酒松露品鉴师，他们总是非常热情好客。无论是阿帕斯（Aups），还是荷舍汉舍松露市场，最重要的是那里可以找到上等的松露。卡特琳娜·圣-维克多特意用一小块松露制作成项链吊坠，佩戴在自己的胸前，她经常在丈夫的支持下组织一些松露品鉴会。而为了能够寻找到松露与葡萄酒的最佳搭配组合，他们的儿子艾瑞克经常东奔西走，只为了在那么多年份酒和不同颜色的葡萄酒之间，找到一款最美味的"琼浆玉液"，这个本应为神灵保留的称谓，用来形容彼巴农出产的葡萄酒一点也不为过，因为这里的葡萄酒是美食界最优质的葡萄酒之一。

许多顶级的葡萄酒松露品鉴师都认为上帝在创造了黑冬松露的同时也创造了彼巴农。能够找到比 1988 年份酒更美味的酒已经不是一件轻松的事情了，这款酒闻上去有松露的味道，入口后感觉单宁非常绵软、并有紫罗兰和薄荷的味道，缓缓地咽下去，只觉得酒的后味完完全全地将你笼罩在里面，那种感觉长久不去。如果像 2004 年那样，松露的产量极其微小的话，那么这款 1988 年份酒绝对是搭配松露菜肴的不二选择。

与 1990 年份酒柔美的单宁相比较，1992 年份酒酒体平衡，魅力无穷。而 1985 年份酒有淡淡的松露味道、单宁细腻，可以与碳烤狍子肉配松露奶油浓汁组合饮用。1979 年份酒依然保持着充沛的活力，紧致，与野猪肉搭配则非常合适。2001 年份酒则被赋予了更多的期望，闻之有黑加仑子、面包和薄荷的香气，酒体丰盈，单宁入口即化。

1993 年份的桃红葡萄酒很有陈放潜质，可以与野苣土豆沙拉佐松露搭配，这款桃红葡萄酒颜色非常纯净，口感清新，如果沙拉中再加上几粒粗海盐作为点缀的话，将会更加衬托出酒的矿物质味道。

卡迪艾尔-阿祖尔：贝古德酒园

贝古德酒园是邦斗尔地区最优美的园区之一，几年前被来自梅多克产区的吉约姆·塔利收购，他经常在这里组织一些松露美食聚会。这里也是此产区最靠北的一个酒园。

2001年份酒有浓郁的花香和桑葚的香气，口感和谐，优雅且强劲，2010年时已开瓶品尝。

1999年份酒非常纯净，可以与碳烤狍子肉配松露浓汁搭配饮用。而1998年份酒酒体丝滑，口感更加强劲有力，可以陈放2～3年。1997年份酒已经可以开瓶品尝了，纤细柔顺，有淡淡的花香，可以与烤鹿肉搭配组合。

艾维诺斯（Evenos）：圣-安娜酒庄（Château Saint-Anne）

圣-安娜酒庄的酿酒历史悠久，酒庄里一座用石头修葺的、曾经储藏过无数佳酿的酒窖见证了这里的一切。如果想更多地感受一下这里的品酒文化，酒庄还建造了精致的客房，希望给宾客们留下难忘的回忆。

2001年份干红葡萄酒有辛香、玫瑰和桑葚的香气，可以长时间陈放。2000年份酒更加平衡，黑加仑子和常绿栎丛的香气非常诱人，单宁适中。1994年份酒有灌木、松露和辛香的气味，单宁入口即化，口感清新，与松露炖羊肉搭配非常合适。1993年份酒的酒裙颜色深邃，有薄荷、辛香的香气，单宁细腻，矿物质味道突出，与菲力牛排佐黑冬松露搭配饶有一番风味。

1980年份酒闻上去有松露的香气，单宁紧致，矿物质味道浓郁，开瓶后不久酒体会变得更加圆润，可以搭配烤乳鸽佐松露一起饮用。

搭配松露的
精致窖藏
Le Vin & la Truffe

普罗旺斯丘地产区

霍克弗-拉-贝杜尔（Roquefort-la-Bedoule）：霍克弗酒庄

来自维伦纽夫的雷蒙本是一位木器工人，却在 1995 年迷上了葡萄种植和葡萄酒酿造。他酿制的鲁本罗姆-奥本斯库罗姆窖藏（Cuvée Rubrum Obscurum）干红葡萄酒是黑冬松露的绝配搭档，这款酒酒体结构丰盈，充满肉感，最佳陈酿时间为 5 年。2000 年份和 2001 年份中的单宁则更为细腻、柔顺。

拉龙德-雷-莫里斯（La Londe-les-Maures）：马拉维那酒庄（Château de Maravenne）私人窖藏

马拉维那酒庄 1990 年份的窖藏葡萄酒是普罗旺斯丘地地区出产的最美味可口的干红葡萄酒之一，闻上去有独特的松露味道，使人垂涎欲滴，入口如丝般柔滑，味道和谐。到 2010 年时，1998 年份窖藏酒中的单宁将会被完全释放，自然可以与 1990 年份相媲美。

汝盖斯（Jouques）：勒维莱特（Château Revelette）

勒维莱特酒庄的优质干红葡萄酒闻上去有黑橄榄和香辛的味道，清新可口。2000 年份的勒维莱特可以与橄榄油火腿面包片佐松露搭配品尝。

维多邦：嘉乐酒园（Domaine de Jale）

克里斯蒂安·博夫是维多邦市巴斯蒂德-马涅酒园的主人，一提到与红肉松露搭配的葡萄酒，他总是向人们推荐嘉乐酒园的干红葡萄酒。2001 年份的尼贝尔（La Nible）窖藏葡萄酒细腻、柔软，与红色肉类佐松露的各种菜品都非常搭配。这款 2001 年份酒在饮用之前，需要在醒酒器中放置 3 个小时，才能够充分感受到它的魅力。

彼涅（Pignans）：黎莫雷斯克酒园（Domaine de Rimauresq）

黎莫雷斯克酒园是普罗旺斯丘地地区相对古老的酒园之一，受到来自密史脱拉风的吹拂。酒园酿制的 R 干红葡萄酒是由 50% 的希拉和 50% 的赤霞珠两种葡萄品种混合酿制而成的，单宁细腻，口感强劲、雅致，建议陈放 10 年后方可品尝。2001 年份的 R 干红葡萄酒甚至可以等到 2015 年时再与一道松露菜肴搭配品尝，味道将会无与伦比。

珀尔克罗勒岛（Ils de Porquerolles）：库尔泰德酒园（Domaine de la Courtade）

库尔泰德酒园 2001 年份的干白葡萄酒有洋槐、椴树和白色花朵的香气，可以与一道狼里脊肉佐松露搭配。

郎颂（Lançon）：卡丽萨娜酒庄（Château Calissanne），1998 优质窖藏

卡丽萨娜酒庄的这款 1998 年份酒拥有细腻柔滑的单宁，酒体饱满，可以与一道松露烩腰子配烤小土豆搭配品尝。

圣-马克西敏（Saint-Maximin）：德芳酒园（Domaine du Deffends）

德芳酒园的 2001 年份酒有非常浓郁的松露和黑色浆果的香气，非常适合与一道嘉布戈火腿佐松露配合。

邦斗尔产区

邦斗尔产区 2001 年份的干红葡萄酒最为出众，成为许多葡萄酒松露品鉴师必藏的一款美酒，这款酒可以储存到 2010 年甚至 2015 年，与松露肉类菜肴组合饮用。同一款酒通过不同年份的纵向品鉴，方能感受到高酒龄酒的强劲口感。

卡迪艾尔-阿祖尔：撒莱特酒庄（Château Salettes）

撒莱特酒庄的葡萄酒单宁优雅且紧致，后味清新，与腌小牛肉佐松露配风轮菜搭配非常适宜。

卡迪艾尔-阿祖尔：佩纳弗酒园（Domaine du Pey Neuf）

这款酒的酒裙颜色深邃，闻之有桑葚和黑加仑子的香气，酒体结构分明，入口饱满，口感平衡，与烤猪排条佐黑色松露搭配非常合适。

卡迪艾尔-阿祖尔：瓦尼埃尔酒庄（Château Vannières）

这款酒颜色深邃，有香草和桂皮的香味，入口有桑葚的味道，单宁雅致，可以与一道牛腰子佐松露组合饮用。

卡迪艾尔-阿祖尔：格鲁诺雷酒园（Domaine du Gros Noré）

这款酒有栎树的香气，入口有一丝动物的气味，酒龄成熟，可以搭配烤牛脊肉佐松露。

卡迪艾尔-阿祖尔：鲁维埃尔酒园（La Rouvière）

鲁维埃尔葡萄酒闻上去有黑色浆果的香气，口味强劲，单宁细腻。这里的主人是保罗·布南，他经常往来于阿帕斯、荷舍汉舍和阿尔巴松露市场之间，对松露了如指掌。他会选择一道碳烤狍子肉块淋松露汁与他的葡萄酒相搭配。

布鲁拉（Le Brulât）：图尔杜邦酒园（Tour du bon）

这支酒有紫罗兰花和香辛的香气，入口后先是感觉到紧致的单宁酸，稍后则变得非常柔和，有一丝甘草的味道，可以与鸡肉饼佐松露和鹅肝组合品尝。

海上圣希尔（Saint-Cyr-sur-Mer）：普拉朵酒庄

这款酒入口丰盈，黑加仑子的香气占据了主导位置，另外还有一丝淡淡的花香和碘的气味，可以搭配一道皇家野兔肉佐松露。

海上圣希尔：卡格鲁酒园（Domaine du Cagueloup）

单宁口感显著，酒体强劲、热烈，经得住陈放的考验，可与松露烤乳鸽配红头菜和月桂组合搭配。理查德·派宝斯特是这座酒园的主人，除了种植葡萄，他在酒园中还种植了几棵栎树。理查德对美食有着令人羡慕的天分，家族中的一位前辈曾经与伟大的埃斯科菲耶非常熟识。

理查德准备了一系列不同年份的卡格鲁酒园酿制的葡萄酒，从1999 年份开始，酒龄逐渐升高，味道各不相似，无一雷同。

当皮耶酒园（Domaine Tempier）酿制的葡萄酒有突出的黑色浆果的香气，单宁紧致、细腻，入口后期有一丝薄荷的味道，可以和蔬菜炖野猪肉搭配组合。

苏维雍酒园（Domaine de Souvion）

苏维雍酒园酿制的葡萄酒主要有黑加仑子和香辛的味道，口感丰盈，可以与烤松露鲈鱼搭配组合。

阿朗科山谷（Val d'Arenc）

这个地区出产的葡萄酒口感强劲，松露香气浓郁，单宁结构突出，可以与松露鸡肉饼搭配饮用。

让我们将时光向前推移至 1998 和 1997 两年，来比较一下这两个年份酒的特点：

- 莫贝尔纳德酒园（Domaine Maubernard）1998

口感丰盈，可以与鹿肉馅饼佐松露搭配组合。

- 莱蒂埃尔酒园（Domaine de la Laidière）1998

酒体结构明显，辛香味道浓厚，陈放 3 年后可以与野兔肉佐松露搭配组合。

- 让-皮埃尔·格桑酒庄（Château Jean-Pierre Gaussen）1997

这是一款酒龄酒，闻上去有动物和辛香的气味，单宁入口即化，与山鹬串淋松露浓汁搭配非常合适。

盛宴开始了！

在了解了这么多的窖藏酒的特质与风味之后，布塞酒店的美食厨师乔治·费列罗准备了一份绿色沙拉配巴黎洋菇佐松露，并打开了两种可以搭配这道菜肴的葡萄酒：一支是邦斗尔产区贵族酒庄2000年份的干红葡萄酒，红色浆果气息浓重，口感强劲、丝柔，使人愉悦；另一支则是泰尔布鲁纳（Terrebrune）1990年份的桃红葡萄酒，这款酒有一丝薄荷和黑胡椒的味道，非常可口。一般来说，大部分桃红葡萄酒都不太容易与松露菜肴搭配，而这一款尤其特殊，就连酿制这款酒的酿酒师海纳尔德·得利勒都对它能够与松露菜肴达到完美融合感到非常吃惊。

乔治·费列罗烹饪的奶油味十足的松露炒鸡蛋不知征服了多少人的味蕾，与一支单宁持久不散的泰尔布鲁纳1982年份的干红葡萄酒相组合，堪称完美。这款酒闻上去有香烟和松露的香气，入口有红色浆果和香辛的味道，二者相配，葡萄酒使炒鸡蛋中松露的味道更加充分地发挥了出来。

要是为香煎牛排佐黑冬松露搭配一款葡萄酒的话，那么，艾米塔吉酒园（Domaine de l'Hermitage）1993年份的干红葡萄酒则是不二选择，这款酒有松露的香气，还有一丝不易察觉的果脯的味道，整体感觉非常雅致，适合与肉类菜肴搭配。另外还可以选择邦斗尔产区普拉朵酒庄1992年份的干红葡萄酒，酒龄虽浅，但辛香味道浓郁，酒体结构明显，矿物质味道突出。随着时光的流逝，酒中的单宁会逐渐变得更加温和，陈放4～5年后，酒体将会更加圆润、成熟迷人，与松露牛排一同搭配饮用，会散发出更加清新的口感。

圣-维克多（Saint-Victor）的卡特琳娜的菜谱——邦斗尔产区，彼巴农酒庄

马铃薯炖牛腰佐松露

4人份食材：
选择2块牛腰（颜色越浅的口味越好）；600克小马铃薯；50克红洋葱；80克新鲜的牛前胸肉；2～4块上瓦尔（Haut Var）松露（依松露块的大小而定）；20毫升鲜奶油；60克黄油；3瓣大蒜；少许朗姆酒、盐和黑胡椒

1. 首先将烤箱预热到200摄氏度。小马铃薯切块，并在水中浸泡5分钟。将牛腰中的肉筋剔除，切块待用。把备好的猪油切成块状，去掉猪皮和坚硬的部位。小洋葱切成细丝。

2. 选取一个可以在烤箱中加热的陶瓷砂锅，用刷子将黄油均匀地涂抹在锅中。在锅的底部铺垫一层小土豆块，加少许盐和黑胡椒，将其中的一块牛腰放在马铃薯块上，撒上一层红洋葱丝，并将一半量的猪油放置其中，将其中的一个松露切丝，一同放入，再均匀地淋入一些朗姆酒，加少许盐和黑胡椒。接下来将之前的步骤重复一遍，一层小马铃薯，以及另一块牛腰……最后，在最上面再覆盖一层小马铃薯块，加少许盐和黑胡椒，并将

准备好的蒜瓣放置在上面，加入剩下的黄油。将锅边用稀释的面粉涂抹一圈，盖上锅盖静候。

3. 将砂锅放入烤箱中加热1个小时。利用这段时间，可以将余下的松露切成细丝状放入碗中，并加入一些鲜奶油，加少许盐和黑胡椒，然后将碗盖上，以保留香气。在这道菜上桌之前，揭掉砂锅盖，拿去表面的蒜瓣，再将刚才准备好的松露鲜奶油淋入锅中，并置于微波炉中加热片刻。注意，加热时间不宜过长，不可让其中的鲜奶油沸腾。

这道菜对居家主妇来说简单，易操作，但值得注意的是，这道菜一定要在出炉后马上食用，以保留其中的香气和美味。
可以与这道菜搭配的是彼巴农酒庄1997年份的干红葡萄酒，这款酒香气复杂，有水果和松露的混合味道。主菜与此酒搭配，使葡萄酒中的三级香气能够完美地挥发出来。

狗子腿配松露调味汁

首先在选择狗子腿肉的时候要选择年幼的狗子或雌狗子的后腿肉，否则，您还是炖着吃吧！

在烹饪的前一天，将狗子腿肉和小洋葱片、胡萝卜条一同放入容器中，加入适量黑胡椒，倒入两杯彼巴农干红葡萄酒和三勺食用油，搅拌均匀。将容器放入冰箱中，做腌制处理。在腌制过程中，时不时地搅拌数次。

在烹饪当天，调制酱汁：

50 克黄油；2 勺磨碎的面包干；2 个红洋葱；1 个洋葱；2 杯醋渍汁；1 杯原汁肉汤；125 克鲜奶油；盐、黑胡椒、大蒜；2 或 3 块松露

1. 将洋葱、红洋葱和香芹切成细丝状。
2. 平底锅小火加热，将黄油放入锅中加热至融化，把菜丝下锅快速翻炒至金黄色，但注意时间不要太长，以免炒煳。将面包干倒入锅中，调至中火，

翻炒片刻至金黄色，加入原汁肉汤和 2 杯醋渍汁。将火调小，盖上锅盖，加热 2 个小时。

3. 将松露切成细丝状，加入鲜奶油，搅拌均匀，加盖保留味道，放入冰箱待用。

4. 接下来将容器中的狍子腿肉撒上少许盐和胡椒，放入提前加热的烤箱中，时不时地取出，用之前准备好的浓汁淋在后腿肉上。烤炙时间不宜过长，否则肉质会变得干硬，没有水分，最理想的是呈粉红色。

5. 当肉块烤至 7 成熟的时候取出，放置在加热好的盘子中，切片，利用这段时间，可以将之前烤肉器皿中的浓汁倒在一个小锅中，并加入调好的浓汁和松露丝，快速搅拌片刻。上桌前品尝一下以确认调料（盐、胡椒等）是否加得合适，最后在切好的肉片上撒上一层香芹末，即可上桌品尝。

靠近塔莱朗城（Talairan）的
高山与葡萄园.

第 10 章

朗格多克产区
Le Vin & la Truffe

　　从普罗旺斯来到朗格多克，松露与葡萄酒的和弦便渐渐开始变化，我们驻足这里，与狂热的葡萄种植者和葡萄酒松露品鉴师们一起，将优雅的"黑钻石"融合在这迷人的自然景致中，在这里，"黑钻石"找寻到了它的幸福。

　　从法国中央高原（Montagnes du Massif Central）南下直到海边，朗格多克的平原从古代开始便在这里用葡萄树欢迎着每一位客人。冬季的天空中没有一丝云彩，金色的柔光照耀着这迷人的风景。每一个葡萄酒村庄都沐浴在这样的日光中，与伫立在身边、有着优雅身姿的小教堂为伴。与金色河塘中粗犷的沙粒装饰的酒庄比邻而立，围栏隔开了每一块葡萄园，打开大门，展现在我们面前的便是压榨机和硕大的酒桶。

　　我们来到这个半阴处的酒窖，在这里感受陈酿带来的时间的香气。在葡萄园中，由大型农场演变而来的"酒厂"，它们优美且特别的轮廓一一展现给我们。

朗格多克鲁西荣产区的松露

　　于泽斯地区（Uzès）从 20 世纪起便开始了葡萄酒松露品鉴的历史。经济状况的复苏使这一地区的农业种植者开始在加尔桥（Pont du Gard）附近销售他们所种植的黑冬松露。在于泽斯，每年 1 月的第三个星期日会举行一场盛大的松露集会，这座城里最著名的松露餐厅都会来参加。这一地区的其他省份，比如洛泽尔省（Lozère）、奥德省（Aude）、埃罗省（Hérault）和东比利牛斯省（Pyrénées-orientales）也同样拥有更为可观的松露产量。也有越来越多的葡萄园开始在哈帕斯（Rabasse）周边举行一些松露集会。这种现象无形中提高了橡树的种植数量，并且以松露为主体的盛会和市场也开始频繁出现。在克莱蒙·艾霍特（Clermont-l´Hérault），每年 2 月份的第二个星期五，布塞莱兄弟，蒙彼利埃城的星级厨师都会在一座小教堂中举办一次松露盛宴。在米内尔瓦新城（Villeneuve Minervois），市长先生努力将卡巴尔德（Cabardès）松露推广到每个星期六的早市中。黑冬松露总是会优先选择搭配地中海和大西洋沿岸的葡萄品种所酿制出来的佳酿，这一产区的葡萄酒总是会有一种无比清新的口感。

松露与朗格多克鲁西荣产区的年轻红葡萄酒

　　理论上来说，松露最好能够与至少经过十年陈酿期的红葡萄酒搭配，然而，对于某些产区的葡萄酒来说，松露则更加适合搭配它们的年轻葡萄酒。在这里，我们所需要的不是香气过于浓烈的葡萄酒，而是更加注重酒体自身的纹理与质地。

　　有时我们会很难寻求到一款合适的勃艮第或者波尔多产区的佳酿，这时，我们可以将目光投向朗格多克鲁西荣产区。皮埃尔·让罗特，这位在戴奥莱（Déols）的圣雅克宫（Relais Saint-Jacques）供职的星级厨师，烹制的西班牙哈武戈生火腿烤面包片加松露真正地上升到了另一个高度。他轻轻地在一片烤面包片上涂抹上一层黄油，再为其覆上一片薄薄的哈武戈生火腿片和几片精致的松露薄片。哈武戈生火腿可以驯服住年轻酒体中狂躁的单宁，为黑冬松露能更加接近酒体作出了不小的贡献。通过这样的搭配，我们能更深刻地领会到这一产区近几年在酒质方面所作出的不小的努力，在这里，优美和谐的酒体渐渐代替了 20 世纪 90 年代中期过于提纯的葡萄酒，松露钟爱极了这酒中清新的质感。

→粉色裙装和卡斯泰尔诺勒莱（Castelnau le Lez，位于埃罗省）的风景，让–费德里克·巴泽罗（Jean Frédéric Bazille，1841—1870，法国著名印象派画家）。

美食之旅

Le Vin & la Truffe

亚维农新城（Villeneuve-les-Avignon）：让-克洛德·欧伯丹的餐厅

让-克洛德·欧伯丹居住在位于朗格多克鲁西荣地区的加尔省（Gard）的亚维农新城。我们需要穿过沃克吕兹省（Vaucluse）来到这里。感谢上天赋予他的天分，让-克洛德·欧伯丹在这里用他灵秀且特别的味觉谱写着优美乐章。他烹制的松露奶油汤和煎鹅肝酱为

卡特里地区的城堡。

　　　　　　　　　　　　　　　葡萄酒与松露

我们带来了极其优美的感官享受，这道菜肴需要搭配一支酒体丰盈饱满且拥有迷人酸度的奥斯碧塔莱酒庄（Grand Hospitalet）1998 年份佳酿。这支产自纳博讷地区的葡萄酒拥有一种油滑柔顺的质感。这支佳酿还可以以同样的方式搭配生扇贝片配鹅肝酱松露佐调味香醋，在这样的和弦中，葡萄酒可以着重强调扇贝的柔软质地。福格尔产区（Faugères）的圣-昂托楠酒庄（Domaine Saint-Antonin）2001 年份的佳酿展现出了它完美的成熟度，其黑果与香料的香气可以很好地搭配松露烹小牛里脊佐牛肉圆馅饼，用一点芦笋做配菜，再搭配上一点佩里格尔调味汁。这道能让人刻骨铭心的菜肴是让-克洛德·欧伯丹通往成功的一个重要转折点。在这道美食中，黑冬松露延伸着它的迷人气质，却没有破坏其他食材的音域。当佳酿与这道美食碰触之时，福格尔产区的葡萄酒便会变得柔软顺滑且更为清新。

在卡尔卡松（Carcassonne）的北部地区，卡巴尔德（Cabardès）的黑松露和美酒为我们带来了一场美酒与美食的圣战。信徒们的归来要感谢让-马克·博雅（米其林二星厨师）。他的松露演说是朗格多克地区最为激动人心的，在他的宝藏餐厅中，我们可以找到非常罕见的松露菜肴。在拉斯图城（Lastours）中，卡特里人（Cathares）推举了让-马克·博雅担任这个松露餐厅的首领，带我们一起徜徉于松露世界。

拉斯图城：宝藏餐厅

让-马克·博雅会经常出现在米内尔瓦新城松露市场中，他很喜欢让卡巴尔德黑松露成为餐桌上的主角。这个来自于西南产区的厨师非常钟爱探寻利昂·巴罗酒庄（Léon Barral）白葡萄酒中氧化的特性："2002 年份的该酒庄佳酿能够包裹住鲮鲆鱼片佐松露柠檬汁的香味。"同一年份的仁善酒庄（Château Bonhomme）佳酿的质感可以

丰弗鲁瓦德修道院
(Abbaye de Fontfroide) 栖
身于科比埃 (Corbieres)
山谷的岩洞中。

与马铃薯肉冻佐黑冬松露萝卜韭菜相融合。我们还可以为这支佳酿
配以普罗旺斯奶油焗鳕鱼这道美食，其中的油质口感一定美到无可
比拟。2002 年份的朱韦纳尔修道院酒庄（Prieuré du Font Juvénal）佳
酿，拥有迷人的花香、矿物香气和清爽之感，可以完美地搭配松露
烹猪脚；而刺菜蓟佐松露更可以将 2002 年份的朱韦纳尔修道院酒庄

　　　　　　　　　　　　　　　　　　　　　　葡萄酒与松露 |

佳酿的油滑质感和柔软的单宁展现出来，该酒庄的索瓦窖藏（Cuvée Sauvage）卓越的酒姿更是成为了卡巴尔德山丘产区的骄傲。纯正、深邃，美食与美酒搭配形成了一曲别致的和弦。

孔克·奥比艾勒（Conques sur Orbiel）：朱韦纳尔修道院酒庄

我们沿着一条曲折的小路，从拉斯图城来到孔克·奥比艾勒城，到达朱韦纳尔修道院酒庄的那一刻时，我们被眼前这富有冲击力的景色吸引住了——山丘上绵延起伏的葡萄园闪烁着千变万化的色彩。在朱韦纳尔的小山谷中，爱德华·福坦在这里酿制着品质上乘的葡萄酒。他那柔和优美的单宁让酒体平衡的红葡萄酒为其轻轻颤动。2002年份索瓦窖藏拥有不可思议的典雅身姿与清新口感。而2003年份和2004年份也是极为出色的美酒典范，它们拥有卓越的陈年潜力，可以与松露烹猪脚完美地搭配。德里思卡丽格干白窖藏（Délice de Garrigue）用它特有的花香和矿物香赢得了松露烹鲮鲱的青睐。

我们会发现，在该产区有很多餐馆都会在每年的1月和2月份暂停营业，尤其是在朗格多克产区一些经常进行葡萄酒松露品鉴的酒园中。我们可以在成为多玛士·嘉萨酒园虔诚的信徒之前先来到瓦勒玛尼修道院，感受一下这里松露与葡萄酒的气氛。

松露的葡萄酒
骑士卫队

Le Vin & la Truffe

维勒韦拉克（Villeveyrac）：瓦勒玛尼修道院（Abbaye de Valmagne）

　　记忆中充满着朗格多克的香味，这个西都修道院从 12 世纪开始便一直延续着葡萄种植的传统。虽受到了宗教战争的侵袭，但这个优美而神奇的地方在路易十四的统治下存活了下来，并且开始了一段自由探寻葡萄酒与松露之旅的时期。在法国大革命之后，修道院的小礼拜堂变成了储存葡萄酒的酒窖，如今，外面的跨廊也变成了酒桶的储藏之地。

　　修道院中斑驳的色彩与典雅的风格，让我们想起了图尔纳窖藏（Cuvée Turenne）2002 年份的佳酿。这支优雅的白葡萄酒拥有白花和黄果的清新香气，这支甘露很适合搭配冷餐松露鸡蛋饼。在晚餐祷告的时段，我们可以选择一支经过五年陈酿期的图尔纳窖藏干红来搭配松露烹野猪肉罐这道美食。

阿尼亚讷（Aniane）：多玛士·嘉萨酒园（Mas de Daumas Gassac）

  从吉尼亚克（Gignac）到阿尼亚讷，道路两边的阔叶梧桐优雅地跳着慢步舞曲。在来到多玛士·嘉萨酒园之前，我们一定要先向艾梅·古伯特的辛勤劳作致以敬意，这位多玛士·嘉萨酒园的创新者成就了这个明星酒庄。他选择在这块混合着石灰质的土地上缩小酒园的种植面积，以便赋予葡萄酒上好的品质和丰盈的口感，从而拥有月桂、百里香、迷迭香、薄荷和松露的香气。在这里我们可以找到满溢幸福、载歌载舞的生命。这里更是欢乐的标记点，艾梅·古伯特从早晨9点便吹起轻盈欢快的口哨，稳坐在垫有木块且被树叶遮挡的工作台前，开始一天的探索与寻找。我们会在这里慢慢触摸到狂热跳动且拥有

炙热色彩的拉尔泽克高原（Larzac）。

　　远离城市的喧嚣，时间在这里停滞，形成了如梦似幻的自然生命。阵雨刚过，空气中可以嗅到野猪与黑冬松露的味道。"这好似一桌布满繁复香气的盛宴，尤其是松露那傲人的味道，"艾梅·古伯特兴奋地说道，"松露无处不在，它不仅仅存在于土壤中，还飘荡在空气中，它还邀请了葡萄藤的清香味道。多玛士·嘉萨酒园源自这大自然中非常特别的植物。覆盖着植被的山丘静悄悄地伫立在我的葡萄园中，而这里更是一片野猪与松露的富饶土地。"松露在这里自由自在地生长，空气中迷人的香气引诱着我们来到这里深入探寻它们的足迹。

　　艾梅·古伯特同样扮演着人类与自然传承者的角色，他的劳作同样结合了人文色彩。他在这里种植了80%的赤霞珠葡萄品种。

　　艾梅·古伯特完全遵照艾米乐·贝诺教授的酿造宗旨来酿制葡萄酒，这一宗旨是，以最自然的方式与松露的气味相结合。这是朗格多克唯一一个可以品尝其25年前成熟佳酿的优秀酒庄，也正是因为这一原因，多玛士·嘉萨酒园才成为了该产区最受葡萄酒松露品鉴师青睐的酒庄。经过4年陈酿后的多玛士·嘉萨佳酿已然很美味了，而艾梅·古伯特却仍不满意，执意要等到7年之后。"这是一支结构复杂的混合之酒，"他解释道，"年轻的酒体，它那富有果香的单宁拥有油滑柔顺的质感，如果能陈酿至5年，水果香会变得稍显平静，而酒体则变得朴实内敛。若能陈酿15年之久，这支佳酿则能重新附上果香的气息，并且进入蔬菜香气散发的阶段。当这支葡萄酒达到了25年的陈酿时限时，我们则会进入矿物香与土壤香气满溢的阶段。"

　　这个阿韦龙省人热情地向我们推荐了他2002年份佳酿中优美的单宁和红果泥香气。这支典雅且深邃的葡萄酒成就了纯正的口感。该佳酿受到了布列塔尼地区星级酒店高度的评价，位于圣塔维（位于布列塔尼省）的派索瓦餐厅钟爱它繁复的香气。饭店主厨伯纳德·朗波德特意烹制了口感细腻、饱满且富有张力的菜肴来搭配多玛士·嘉

萨佳酿。2000 年份丰腴的酒体可以使烤松露鲮鲆鱼大放光彩。

我们接着品尝了 1994 年份那玫瑰与红果的香味，慢慢优化的单宁已经拥有了柔和的质感，酒体浑厚有力。该佳酿可以与松露香栗鸡肉千层酥平稳且完美地结合，而 1988 年份的松露窖藏可以为这道美食铺垫一个优美的基点，我们同样可以选择非凡的 1985 年份佳酿中那柔软的单宁来搭配这道菜肴。

朗格多克山丘产区（Coteaux du Languedoc）

阿斯塔兰（Astarin）：桑波思亚别墅（Villa Symposia）

环绕着阿斯塔兰修道院，这个朗格多克山丘产区的葡萄园在种植柏树的石灰岩土壤上静静地成长。阿兰·费勒罗将他全部的热情倾注于此，他放弃了一切来到了贝泽纳斯开始了他的葡萄酒生涯。2003 年，他酿制出了第一瓶饱满且品质上乘的佳酿。油质顺滑且拥有迷人矿物香气的 2005 年份干白，可以完美地与松露菜肴相结合，可以是炒制的方式，与松露烹鱼肉和白肉等菜肴都可以创造出优美的和弦。该酒庄的红葡萄酒同样非常出色，拥有柔软单宁的奥尼尔津窖藏（Cuvée Origine）可以经过几年的陈酿期，于 2010 年为我们带来与松露搭配的和谐乐曲。

波勒罕（Paulhan）：康达明贝特朗酒庄（Domaine Condamine Bertrand）

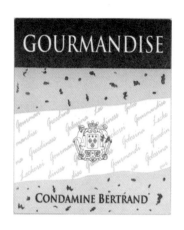

这一酒庄同其他该产区的酒庄一样，以酿制特别美味的窖藏来达到与众不同的目的。美食窖藏就以它显而易懂的名字引起了我们的注意。该窖藏的首个年份2001以其100%的小味尔多葡萄品种为我们呈现出了纯正的口感。该窖藏拥有黑果、橄榄和香料的香气，柔软的单宁在口中形成特殊的余韵。这是一支非常适合搭配松露与哈布哥黑脚猪生火腿烤面包片的美酒。

奥克地区餐酒（Vin du Pays d'Oc）：让-马克·布瓦罗酒园（Jean Marc Boillot）

让-马克·布瓦罗酒园分别在勃艮第产区和朗格多克产区设置了酒园，在勃艮第，布瓦罗先生在普里尼（Puligny）拥有一个松露酒园，深受葡萄酒松露爱好者们的喜爱。这位勃艮第人忠实地爱着这一级酒庄，并且在他奥克地区餐酒的酒标上也标记着松露酒园的名称。这个松露酒园2000年份干红是一支甘美柔和且拥有完美酒体结构的葡萄酒，可以经过至少3年的陈酿期后与松露野猪罐这道美食相搭配。而2002年份的干白同样也为松露带来了福音，清新优美的口感可以与炒制的松露菜肴相融合。

安格拉德（Anglade）：罗克·安格拉德酒园

海米·贝德罗讷曾经是一位计算机程序员，出于对葡萄酒的热爱，他最终进入这一领域。与很多人一样，他抵挡不住朗格多克的魅力，于1999年来到了这里并开始全心投入酿酒的浪潮中。

他所酿制出来的葡萄酒拥有优美的清新之感，成为了餐桌上一道美丽的风景线。罗克·安格拉德酒园的白葡萄酒成为了加尔地区餐酒中的典范，它是由 80% 的白诗南和 20% 的白歌海娜葡萄品种酿制而成的。该佳酿优雅的矿物香气可以在经过 6 年的陈酿期后与松露鸡蛋饼完美结合。

我们需要更多的耐心来继续品读朗格多克山丘产区的红葡萄酒，它们可以经过 10 年之久的陈酿期后，为我们呈现出非凡的松露特性。比如油质顺滑的 2000 年份与 2001 年份佳酿，它们可以与松露烹猪脚和谐搭配。

罗海（Lauret）：玛丽酒园（Clos Marie）

克利斯朵夫·贝卢思是一名地地道道的拉尔本克（Lalbenque）人，如今扎根在朗格多克省。对于美食与美酒的搭配，克利斯朵夫非常挑剔，他最为钟爱该酒园玛浓窖藏（Cuvée Manon）的干白：

"2000 年份拥有极为饱满的质感，香料的气息中包含茴香味道，可以完美地搭配松露黄油烤狼鲈这道美食。我们需要提前三天来准备这道精致的菜肴，将上好的乡村黄油涂抹到薄而精美的黑冬松露片上，让黄油的香脂充分进入松露的纹理中。红葡萄酒也同样能很好地与松露产生共鸣，我们将松露擦成粉屑放入平底锅中煎制，我们要感谢 1999 年份的奥利维特窖藏（Cuvée Olivette）中那成熟的歌海娜，可以让此佳酿完美地与这种烹饪方式相搭配。

"同样是用歌海娜葡萄品种酿制的美酒，1997 年份的西蒙窖藏（Cuvée Simon）将其柔软的质地奉献给了松露橄榄鸭。出锅前的十分钟，我们会在鸭肉的表面加上一层松露薄片。最后 10 分钟是收汁的过程，它所呈现出的口感则非常适合搭配此类型的佳酿。"

这一拥有皮克·圣·卢（朗格多克鲁西荣地区的山脉）山区特色的葡萄酒，让所有朗格多克产区葡萄酒爱好者们为之陶醉。

洛克泰亚德（Roquetaillade）：雄鹰酒园

纳迪讷·古波兰，这个籍贯为香槟产区的女人，又被称为"勃艮第产区葡萄酒夫人"，而她却没有再将双脚踏入这两个产区，而是将目光投在了朗格多克产区，与昂多南·罗戴共同经营着雄鹰酒园。她尤为钟爱酒体中清新与平衡的特性。由霞多丽酿制出来的白葡萄酒可以与松露鸡肉沙拉完美地结合。而该酒园用黑皮诺或是希拉酿制出来的红葡萄酒可以陈酿至少 5 年之久。

贝达里约（Bédarieux）：瓦龙酒园

卡特琳娜·罗克在 1990 年离开了她的建筑师事务所，来到朗格多克，开始了她建造葡萄酒酒体结构的生涯，也在这片同样适合橡树生长的石灰岩土壤上开辟了她精致的葡萄酒园。在她精心的培育与呵护下，瓦龙酒园被称为朗格多克山丘产区中优秀的"松露酒园"。黑冬松露可以像佳丽酿（Carignan）、希拉和维欧尼（Veognier）等葡萄品种一样很好地生长于此。卡特琳娜·罗克就是用这维欧尼葡萄酿制出了拥有白花和香料等香气的优雅干白。经过 5 年的陈酿期后，该酒口感则更加圆润，可以与松露橄榄油烤面包完美地结合。

圣-希尼昂产区（Saint-Chinian）

高斯维朗（Causses et Veyran）：波丽拉维塔海勒酒园（Domaine Borie La Vitarèle）

让-弗朗索瓦·伊萨赫是圣-希尼昂产区酿制高品质葡萄酒的先驱者，他所酿制的葡萄酒可以很自然地与任何一种松露菜肴相搭配。该酒园的科海窖藏（Cuvée Les Crès）是圣-希尼昂产区一款卓越的葡萄酒，拥有柔软细致的单宁。2001 年份可以在 6 年的陈酿期后与松露烹斑鸠完美地结合。

塞斯农（Cessenon）：卡奈·瓦莱特酒园（Domaine Canet-Valette）

马克·瓦莱特很喜欢将他酿制的葡萄酒与松露菜肴相搭配。在圣-希尼昂产区种植的他，同样珍惜每次与小派斯尼侍酒师克维耶·福汀在卢瓦尔河产区进行葡萄酒松露品鉴的机会。这同样也是品尝他所酿制的葡萄酒的好时机，卡奈·瓦莱特酒园的佳酿可以与小羊排佐松露椰子四季豆泥完美地搭配。还可以为此道美食搭配拥有深邃、张力酒体的 1998 年份玛格阿尼窖藏。1995 年份的该窖藏同样非常优秀，需要提前三个小时将该佳酿倒入醒酒瓶中。1993 年份也拥有非常优质、柔软的单宁。

圣-希尼昂：玛斯·尚帕酒园（Mas Champart）

伊莎贝拉·尚帕是一位狂热的葡萄酒松露品鉴师，当然，这也要归功于她的松露猎犬妮娜，它非常喜欢在主人位于圣-希尼昂产区的葡萄酒园中寻找松露的踪迹。"我很喜欢在自己的厨房中烹制松露菜肴，因为在冬季，这里大多数的餐馆都会暂停营业。我很喜欢玛斯·尚帕酒园的干白，它们可以在经过 3 ~ 4 年的陈酿期后与松露汤完美地搭配。如今，1999 年份的干白佳酿便可以很好地迎合炒制松露的菜肴。"该产区的干红也毫不逊色，我们可以到西莫奈特酒园（Clos de la Simonette）一看，在这里可以找到拥有柔软质地的上好圣-希尼昂红葡萄酒。其 1998 和 1999 两个年份的干红可以与鸭肉佐松露马铃薯泥完美搭配。而玛斯·尚帕酒园的佳酿以其优美的平衡酒体、清新的口感深深地吸引住了我们，这些佳酿可以被称为真正的美食之酒。

这里有 16 世纪的磨坊作为装饰，优雅无比，福格尔地区的高原好似被一种无法描述的力量笼罩着，这里满溢着简单与淳朴。我们沿着去往朗戴里克的小路前行，这是一个种植葡萄的小村庄，这里的利昂·巴罗酒庄和艾斯达尼尔酒庄所酿制的美酒，可以用它们出色的单宁来搭配任意一种松露菜肴。

卡博海浩勒（Cabrerolles）：艾斯达尼尔酒庄

莫尼克·路易松在自己的艾斯达尼尔酒园内种满了橡树，他是那样急切地想在它们周围找到那珍贵的"黑钻石"。这些橡树已经在利穆地区生长四年之久了，它们很快便能用生长在其脚下的珍馐为我们的厨房增光添彩，烹制出美味的白葡萄酒烩兔肉佐煎松露薄片了。若选择香料香气比较浓烈的白葡萄酒，那么炒松露佐马铃薯松露沙拉则是最好的搭配伙伴，我们也可以为这道美食搭配 2001 年份艾斯达尼尔酒庄的粉红葡萄酒。这支用 100%慕合怀特葡萄品种酿制的粉红佳酿在经过至少四年的陈酿期后，会拥有一种与众不同的松露特性。该酒庄的红葡萄酒也同样出色，我们可以品尝一下以希拉作为主要酿酒品种的艾斯达尼尔窖藏，2001 年份和 2000 年份的葡萄酒经过五年时间的陈酿期便可以呈现出其全部的魅力。这块拥有页岩质地的土壤可以为佳酿带来清爽的矿物香气。

如今，可以品尝 1993 年份的干红了，我们会为之搭配松露家禽类菜肴，而 1996 年份那柔软的口感则适合搭配松露烹小羊肉。在等待第一颗"黑珍珠"降临的同时，莫尼克会经常来到位于圣·古侯的含羞草餐厅，在这里，他可以品尝到朗格多克的所有精华与魅力。

卡博海浩勒：利昂·巴罗酒庄（Léon Barral）

迪叠·巴罗很喜欢为他的松露菜肴搭配贝达里约（Bédarieux）和其周边酒园的佳酿。这个天然葡萄酒庄一定会让人联想到淳朴的葡萄酒农。我们可以选择一支 2003 年份的干白来搭配松露烹狼鲈这道菜肴。

科比埃产区（Corbières）

塔莱朗（Talairan）：赛赫·马萨庄园（Domaine Serres-Mazard）

　　如果说卡特里人（Cathares）曾经离开过科比埃产区，那么一定是让-皮埃尔·马萨用他诱人的家庭美食储藏室又将他们吸引了回来。在丰弗鲁瓦德修道院（Abbaye de Fontfroide）发生的一件小轶事推动了兰花在这一地区的发展，因为这个能说会道且才华横溢的葡萄种植者对朗格多克地区所有的植物都非常感兴趣，当然这其中也包括珍贵的"黑钻石"："我在1986年便种植了我的第一棵橡树，但到1998年我才欣喜地收获了我的第一颗松露。"他的妻子安妮非常善于炒制松露，这为该酒庄的佳酿提供了发挥的空间，年轻年份的粉红葡萄酒所拥有的清新活力和优美的酒体结构，或是经过陈酿的红葡萄酒都非常适合搭配炒制的松露菜肴。干红中它那迷迭香、香料和桑葚的闻香超越了口中那柔软又不失张力的单宁，给我们留下了更加深刻的印象。2000年份如今已经拥有了非常圆润的口感，2001年份佳酿也在2010年为我们呈现出了其卓越的品质。这些拥有优美酒体结构的佳酿，高贵典雅、油滑柔顺，它们可以将自己全部奉献给同样优美的炭烤松露，是它们让厨房壁炉中的炭火尽情地燃烧。

　　我们可以继续留在这里来享受更多的美味，因为酒庄在塔莱朗城租了三处住所给客人。葡萄酒松露品鉴师们可以在这里咨询到每年二月在当地举行的松露集会的具体日期。

穆克斯（Moux）：曼森诺布勒堡（Château Mansenoble）

　　古德·让塞瑞曾是一位出色的比利时记者，但他将自己钢笔上的羽毛彻彻底底地浸泡在了葡萄酒这深红色的液体中。古德·让塞

利昂·巴罗酒庄。

瑞于 20 世纪 90 年代初期便扎根到了科比埃地区，就是在同一年，他酿制出了丰盈多汁、油滑柔顺的珍藏窖藏，该窖藏的质地可以完美地与松露菜肴相结合。如今，1994 和 1995 两个年份已经具有非常稳定的酒体，非常适合与松露意大利面相搭配。在一些重要的时刻，我们会选择开启玛丽·阿尼克窖藏（Cuvée Marie-Annick），柔软且结构优美，这一窖藏只会在一些特殊的年份酿制，比如 1998 年和 2001 年。我们至少要等待六年的陈酿期过后才能开启这支特别的窖藏，它可以在松露烹野羊面前尽情绽放。

鲁西容产区（Roussillon）

万格罗（Vingrau）：仙女酒园（Domaine du Clos des Fées）

艾荷维·比泽在鲁西荣产区一边种植橡树一边撰写着他以仙女为主题的短篇小说。这位葡萄园中的兰斯洛特（亚瑟传奇里亚瑟王领导的圆桌骑士中的传奇人物，勇敢、强大且乐于助人）拥有一个被松露所缠绕着的灵魂。仙女酒园直率灵锐的性格与考尔通·查理曼酒村的佳酿有几分相似："鲁西荣产区石灰岩黏土质地的土壤可以赋予松露一种力量型的香气。"艾荷维·比泽一边解释，一边将一支完美的该酒庄 2001 年份鲁西荣山坡产区的女巫窖藏（Côtes du

　　　　　　　　　　　　　　　　　　　葡萄酒与松露 |

Roussillon Sorcières）倒入杯中，酒杯旁是一盘松露四季豆沙拉。"这道菜肴需要搭配一支具有活力单宁的年轻葡萄酒。而该酒庄的老藤窖藏则更适合搭配松露裹烤鸭胸肉。"

艾荷维·比泽，一位真正的松露骑士，拥有世界上独一无二的圣杯和对葡萄酒与松露的灵锐味觉。

佩皮尼昂（Perpignan）：萨荷达-玛莱酒园（Domaine Sarda-Malet）

苏泽·玛莱是烹制松露千层包的高手。她所烹制的菜肴受到了法国乃至纳瓦尔（西班牙北部城市）地区所有葡萄酒松露品鉴师的青睐。

她的儿子杰罗姆酿制出了质地柔软且拥有力量型单宁的 2000 年份珍藏窖藏。这支佳酿可以与松露千层饼结合，而 2000 年份的玛耶罗特之土窖藏（Cuvée Terroir Maillottes）则需要等待两年的陈酿期才可以呈现出其柔软平衡的酒体。这些佳酿的单宁如绸缎一般纤细而优美，尾段的薄荷清香让人回味无穷。

苏泽·玛莱的菜谱

松露千层包

4 人份食材：

400 克黄油千层面；80 克清洗干净的松露；200 毫升的牛肉高汤；100 毫升
的松露汁；30 克黄油；1 个鸡蛋

调料：适量盐和胡椒粉

1. 将黄油千层面展开，擀成厚度为 3 毫米的面皮。
2. 将擀好的面皮切割成直径为 10 厘米的圆形。
3. 将鸡蛋与少许水混合搅拌均匀，用刷子在面片四周涂抹上搅拌均匀的鸡
蛋液。
4. 将松露均匀地分割成四份。
5. 将切割松露时留下的松露表皮和碎屑放入器皿中用来制作松露汁。
6. 将每块松露放置在圆形面皮的中间。
7. 将步骤 6 中已经放置好松露的面皮对折并封口，注意一定要将边缘紧致
地黏合好。
8. 将步骤 7 中制作好的松露千层包放入冰箱中约一个小时。
9. 将牛肉高汤与松露汁混合，小火收汁。
10. 在锅中放入黄油，再加入松露碎屑。
11. 将步骤 7 中包裹好的松露千层包放入略为潮湿的烤盘中，再将烤盘放
入预热 200 摄氏度的烤箱中进行烤制。
12. 6 分钟后，将烤箱温度调至 180 摄氏度，再继续烤制 12 分钟。
13. 将烹制好的松露千层包放入盘中，搭配调味汁一同食用。

配酒建议：鲁西荣山坡产区红葡萄酒

萨荷达·玛莱酒园 2000 年份的珍藏窖藏

孔克是去往圣雅克-德-孔波
斯特拉朝圣之路的必经之地。

第 11 章

西 南 大 区

Le Vin & la Truffe

从朗格多克出发，西行到西南大区，途中会经过法国中央高原，还有白雪皑皑的黑山，中间还要借道 112 国道穿过法国小镇阿尔比。来到这个小镇，一定不要忘记参观一下著名画家图鲁斯-劳特雷克的画廊，他是艺术领域中最伟大的一位葡萄酒松露品鉴师。继续前行，到达阿韦龙省（Aveyron），这里出产的阿莱登羔羊肉味道非常鲜美。在从孔克去往罗德兹（Rodez）的路上，远处的一间间羊舍在起伏的山丘中若隐若现，旅途中会有无数的美丽邂逅。

美食之旅

Le Vin & la Truffe

阿韦龙省（L'Aveyron）

阿韦龙省的阿莱登羔羊肉，西南大区的松露和葡萄酒

从 20 世纪初开始，格勒弗耶一家就开始饲养羔羊，直到 80 年代末，已经发展壮大成一支具有 250 位饲养员的庞大团队。团队保留了传统的饲养方式，但同时也紧跟时代步伐，引进现代的饲养方法，以保证肉质的鲜美。这里的羊群大部分由拉科讷母羊组成，主要在封闭或半露天式的羊舍中饲养，母羊在一年中有若干次生产期。这里对于母羊的饮食严格把关，因此产的奶味道鲜美，营养均衡。由于羊群终年都会在羊舍中生长，因此，在食物的作用下，每只羊都长得非常肥硕，但肌肉却不会那么发达。另外，这里的养殖场一般都会严格遵守一套质量监控追踪体系，每只羊都会被一枚独一无二的铭牌区分开来，而这些牌子将跟随它们一生，直到接受屠宰的那一刻才会被摘下来。

雅克·格勒弗耶会对羊群进行严格的筛选，只有 15% 的羊才会被优先挑选出来，它们的肉质最优质，不同寻常。这些羊被屠宰后，会被盖上 3A 字样的蓝戳以示区分，这些羊的肉质软嫩、细腻，非常

适合与松露一起搭配。实际上，松露不太适合与一些过于厚重的肉质相搭配，而阿莱登羔羊肉质地柔软，还有一丝淡淡的榛子味道，与松露组合堪称完美搭配。

在阿韦龙省有一些美食狂人，如孔克的埃尔维·布塞和罗德兹的让-卢克·弗，都从阿莱登羔羊肉鲜美的味道中得到了许多美食灵感。

孔克："冈贝隆的磨坊"餐厅，埃尔维·布塞（Herve Busset）

在去往圣雅克·德·孔波斯特拉（Saint-Jacques de Compostelle）的朝圣之路上，这座具有典型杜尔杜（Dourdou）地方风格的磨坊餐厅绝对是一处值得停留的地方。餐厅主人会向您推荐一款 2001 年份艾斯克斯酒园（Domaine d'Escausse）酿制的葛亚克（Gaillac）干白葡萄酒，这款酒口感柔顺，矿物气息浓郁，可以与松露南瓜奶油汤搭配组合。鹅肝松露配弗奥涅传统菜是餐厅的另一道美味菜肴，可以搭配古阿裴酒园（Domaine de Cauhapé）2000 年份的 10 月芭蕾干白葡萄酒。

阿莱登烤羔羊肉配松露也是这里的一道拿手好菜，在产自马尔斯雅克（Marcillac）的葡萄酒中，让-吕克·玛塔酒园（Jean-Luc Matha）的 2000 年份的佩拉斐窖藏葡萄酒（Cuvée Peirafi）有口感圆润的单宁，以及巴尔维酒庄（Château Palvie）2000 年份酒都非常适合与这道菜肴搭配。

这道烤羔羊肉搭配吕克·德·孔蒂酒园（Luc de Conti）的一款贝尔热拉克（Bergerac）干红葡萄酒（西南产区最优质的葡萄酒之一）同样非常美味。

罗德兹："美味与颜色"餐厅

"美味与颜色"餐厅坐落在古老小城罗德兹一条幽静的街道旁边，

不远处可以看到罗德兹城的一个小教堂。让-吕克·弗很喜欢在闲暇时间弹钢琴，也非常热衷绘画，这些都为他的生活增添了不少乐趣。他经常会创作一些美食类画作，并将这些画悬挂在餐厅中，这会让餐厅顿时增添一份雅致和现代感。在这样的餐厅中，主人会向您推荐一款格·卡夫斯亚酒园（Guy Cavssials）酿制的 2000 年份昂泰格干白葡萄酒（Entraygues），并搭配松露口味的鹅肝饼干。

2002 年份的马尔斯雅克干红葡萄酒入口即化，滋补健身，口感清新，与羔羊肉佐松露搭配恰到好处。而鹅肝羊蹄佐松露可以搭配蛋黄酱、印度酸辣酱或香脂味焦糖，同时与一支口感圆润、有淡淡动物气息的 1997 年份的菲利浦·特利埃（Philippe Teulier）窖藏葡萄酒组合，美味无比。这款酒与松露蒜泥烤羊后腿配薄荷口味的茄泥搭配也非常合适。

1994 年份的马尔斯雅克干红葡萄酒有一丝烟草和辛料的香气，与菜肴相搭配，更加体现出其清新的口感。让-吕克·弗潜心创造了许多种以阿莱登羔羊肉为原料的菜肴，无不显示出其高超的烹饪技艺。

卡奥尔产区（Cahors）

从罗德兹出发来到卡奥尔，沿途的小路蜿蜒曲折。这里是一片

　　　　　　　　　　　　　　　　葡萄酒与松露 |

未经开发的土地，随着时间的变迁，大自然的伟大力量使这片土地产生了一层又一层的褶皱。这里有着无数的葡萄酒庄，是它们缔造了洛特的历史。而洛特的首府是法国最有名望的松露及葡萄酒的故乡之一。这里的餐馆中都会有一些以松露为原料的菜肴，如果想进一步接触那些葡萄种植者、松露采摘者或松露专家，就一定要去卡奥尔，著名的松露采摘专家让-皮埃尔·佩伯尔就居住在那里，他经常将上好的松露与 1985 年份或 2000 年份的葡萄酒一起搭配品尝。

让-皮埃尔·佩伯尔：神秘的卡奥尔

德卡酒园（Domaine de Decas）2002 年份酒

这款酒酒质纯净，独具凯尔西酿制风格，非常适合与松露野苣沙拉淋香醋搭配组合。

路的尽头酒园（Domaine Le Bout du Lieu）2001 年份酒

这款酒有浓郁的桑葚和辛料的香气，酒体紧致，口味优雅，单宁强劲且圆润。

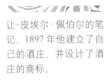

让-皮埃尔·佩伯尔的笔记。1897 年他建立了自己的酒庄，并设计了酒庄的商标。

拉马蒂尼酒园（Domaine Lamartine）1996 窖藏年份酒

这款酒的酒裙颜色深邃，有松露和香辛的味道，以及矿物质气息的后味。酒体非常有结构感，适宜长时间陈放。

帕亚斯酒庄（Château Paillas）2000 年份酒

这是卡奥尔地区仅有的几款没有树木味道的葡萄酒之一。

来自卡奥尔的葡萄酒松露品鉴师：让－皮埃尔·佩伯尔

让-皮埃尔·佩伯尔出自一个松露商人世家，家族从很久以前就来到卡奥尔并在这里定居，如今已是第四代人了。让-皮埃尔·佩伯尔继承了这个家族企业，并坚定地将它发扬光大，如今，世界上一些著名餐厅和酒店所烹饪的松露都是由他的企业提供的。当人们一提到松露，就会想起让-皮埃尔·佩伯尔，就像提到索甸产区（Sauternes），就一定不会忘记伊甘酒庄一样。他总是喜欢自然而然地将松露和葡萄酒联系起来。

其实，松露与葡萄藤之间有着非常紧密的联系。首先，它们都选择生长在富含钙质的土壤中，对某些品种来说，都同样享受着地中海气候的滋润。从 19 世纪以来，到葡萄藤根瘤蚜病害的广泛蔓延，在这段时间中，许多葡萄种植者们曾经竭力阻止松露在葡萄园中与葡萄藤一起伴生。但一些葡萄农曾冒险在园中种植了一些有利于松露生长的树木，这样，截止到 1900 年，松露的产量曾一度逼近 800 吨。如今，情况却已完全不同了，在罗纳河谷和卡奥尔地区，葡萄藤的数量逐渐增多。在我看来，大片整齐的葡萄藤中间点缀着几棵有利于松露生长的树木，那景色是何其得优美啊！

松露的品质是不是也像优质葡萄酒那样取决于土壤的土质呢？

对于松露来说，土壤的好坏没有影响，但每块松露的形状则与土壤的质地有一定关系。例如：如果松露生长在一片沙质土壤中，则每块松露的形状都会很相似；如果生长在一片多岩石的土壤中，那么每块松露的形状则各不相同，甚至会与土壤中石块的形状有些相似。评判一块松露的好坏，最好的办法就是亲自品尝，一块生长在佩里格尔地区的黑冬松露，与一块来自罗纳河谷的松露的味道几乎相差无几。通常，多生松露的地区和土壤，都会得到当地旅游协会的大力推广和宣传，实际上，松露已经成为一个地区以及该地区的旅游和餐饮业重要的代言人。

松露是否也可以用 A.O.C 来划分等级？

一般来说是不可以的，因为松露的产量原本就不多，也不能用简单的、以评级为目的的标准来区分各地区的松露的品质。另外，还应该建立一个产量申报体系，以便了解松露的总产量。

优质的年份松露是怎样辨别的？

有别于葡萄酒的辨别，只有当松露的产量在某一年大幅增加的时候，这一年出产的松露品质才会相对较好。与其他种类的农作物不同，当松露产量很少的时候，便不会集中生长。通常来说，松露的全法年均产量在 20 吨左右，仅相当于波尔多一个酒庄的葡萄年产量。

　　一些松露爱好者认为：在山丘中生长的松露品质要比在平原中生长的更胜一筹？
　　其实不然，这是因为有些人想借助这种说法为现有的葡萄种植分布划分等级来说明某些问题。

　　那么，冯度山（Mont Ventoux）出产的松露品质怎样？
　　即使是冯度山出产的松露的品质也不是恒定的，因为，气候是影响松露品质最根本的原因，由于气候变化多端，因此松露的品质也具有很多的不确定性。通常，人们总是非常相信已在他们心中根深蒂固的事情，正因为如此，他们才将应用在葡萄酒上的概念也同样运用在松露上。我感到非常遗憾的一件事情，就是在人们心中，松露的产品形象已经远远超出了其自身实际的产品品质。

拉格杰酒庄（Château Lagrezette）

1997 年份的彼日涅窖藏干红葡萄酒（Cuvée Pigeonnier）口感非常爽滑、柔顺，可以与烤斑尾林鸽佐松露搭配组合。

巴贝·佩伯尔是一位顶级的美食厨师，她的菜谱曾经得到美国许多知名杂志的一致推选。她同时也是一位松露名家，无论是对新鲜的松露或是长期储存的黑冬松露都非常了解，她总是能够提出一些经典的建议："对于长期储存的松露，在烹饪时不能将其切成细丝状，因为它的质地已经不像新鲜松露那样爽脆，只能加入汤中或切成小块以做点缀。在烹饪储存后的松露时，一定要有加热烧制的过程，例如在调制鹅肝浓汁或制作肉碎时可以加入一些这种松露。我个人非常喜欢在摊鸡蛋时加入一些切碎的松露块。"这种烹饪方法改变了与葡萄酒搭配的习惯，尤其是干红葡萄酒，非常适合与松露菜肴一起搭配。但用这种方法烹饪的同时，最好将松露加热的次数控制为一次，以便最大限度地保留松露的原味。

在火车站的对面，巴朗德餐厅推出的松露菜肴远近闻名，这里的葡萄酒也非常美味，每支酒的背后都有一段美丽的故事。在离餐厅几公里远的地方，有一个名叫圣-梅达尔的小村庄。阿雷克斯·佩利苏在这里经营着一家名为贞德罗的餐厅，他烹饪的松露菜肴则有另一番风味了。

圣-梅达尔，贞德罗餐厅：松露学校

阿雷克斯·佩利苏被人们称作是"黑钻石共和国的轻骑兵"，他很早就被松露的迷人气质所折服，曾在一所学校中向人们传授松露知识。他说："凯尔西松露的香气不是最出众的，但会与其他食物完美融合，相得益彰。和葡萄酒组合搭配，二者必须平分秋色。"他一边说着，一边将一瓶赛德勒酒庄（Château Le Cèdre）干白葡萄酒轻轻

打开，并搭配松露黄油烤小土豆品尝起来。另一位知名的葡萄酒侍酒师罗伯特·格斯鲁，也从容地打开了一瓶塞纳克（Cénac）1989年份的普利俄雷（Prieuré），这款酒单宁柔顺，可以搭配洋白菜鹅肝卷配松露碎一起品尝。美味之旅还没有完全结束，接下来，可以以一份口感滑腻的白奶酪作为主菜后的点睛之笔。在这里，松露出现在每道菜肴之中，并变化多端，使人们享尽美味。毫无疑问，在这家餐厅里，松露就是制造幸福的源泉！

卡奥尔，巴朗德餐厅

洛朗·玛尔是卡奥尔地区的王子，西南大区的一位英勇的骑士，他就是巴朗德餐厅的"狮心王理查德"。他一直都非常关注葡萄酒与美食的搭配，并在美食方面展示了其精湛的厨艺，也从他的兄弟吉尔那里汲取了许多经验。渐渐地，巴朗德餐厅在松露爱好者的心目中占据了非常重要的位置，每年的1—3月，爱好者们都会来到这里探讨关于松露与美食的话题。在品尝松露菜肴的同时，主人会推荐一款1999年份拉佩酒园（Clos Lapeyre）酿制的葡萄酒，这是一款产自汝拉松的葡萄酒，有松露的自然香气，酒体优雅，口感强烈，可以与土豆饼组合搭配。当然，洛朗没有忘记卡奥尔地区的葡萄酒。接下来，他轻轻地打开了一支卡米那德酒园（Caminade）1986年份的柯芒德雷（Commanderie）葡萄酒，这款酒闻上去有辛料的香气，口感清新，可以与时蔬佐松露沙拉组合饮用。洛朗是一位名副其实的餐桌历史学家，他非常欣赏卡奥尔另一家名为"遥远餐馆"的经营者，皮埃尔·埃斯科皮亚克，就是他首次将松露加入三明治中，使普通的三明治变得不再平凡，可以搭配1976年份的特里戈迪娜酒园（Clos Triguedina）的葡萄酒，这款酒酒体肥硕，入口丝滑，且有一丝薄荷的口感。香烤扇贝佐松露则可以搭配贝尔蒙酒园（Domaine de Belmont）2000年份的葡萄酒，这是一款产自洛特的葡萄酒，酒体圆润，深邃且雅致。佳莫酒园（Clos de Gamot）1945年份的干红葡萄酒口感则更加柔顺，充分显示出卡奥尔地区葡萄酒的陈酿潜质，口感紧致，酒体优雅，富含果味，清新爽口，可以与鹅肝小饺子配小葱芦笋浓汤搭配组合。主菜之后可以品尝热孔泰奶酪佐松露丝，与1992年份的罗伯特·普拉乔勒（Robert Plageolles）葡萄酒搭配，这款酒有核桃的香气，与松露和奶酪搭配非常合适。作为最后的餐后甜点，主人最得意的就是松露巧克力，再与一支1998年份的葛亚克地区（Gaillac）罗提耶酒园（Domaine Rotier）酿制的甜白葡萄酒相搭配，酒中的甜杏和松露的味道与这款甜点组合美妙非凡。

接下来，洛朗带我们参观了他的酒窖，那里珍藏了卡奥尔地区几乎所有品种的葡萄酒。他说："佳莫酒园的葡萄酒，是整个卡奥尔地区运用最传统的方法酿制而成的。大约在60年前，卡奥尔地区的酒庄几乎快消失了，幸亏茹弗侯一家在那段非常困难的时期重整旗鼓，不辞辛苦酿制葡萄酒，这也是现今能够找到的该地区最古老的年份酒之一，其中有1943年份、1947年份和1949年份酒。我曾经将一支1949年份酒与烤猪里脊佐松露搭配组合，味道鲜美，印象深刻。"

他停顿了片刻继续说道："提到卡奥尔地区种植葡萄的土壤，每种精心挑选出来的窖藏年份酒都分别对应了各自不同的土壤品质。

葡萄酒与松露 |

而唯一不曾改变的，只有葡萄品种——马尔贝克。"

在特里戈迪娜酒园或是拉马蒂尼酒园，我们还可以见到一些非常古老的葡萄酒。在这些酒园中，一些早在 1960 年酿制的葡萄酒被完好地保存至今。最初的酒园负责人已经将园中的葡萄藤做了很大的改进，而后来年轻的经营者们再次改革，并创新酿制了许多由于土壤的差异而品质各不相同的窖藏年份酒。其中一些葡萄酒的口感圆润饱满，与烤野味佐松露搭配非常合适。

近 10 年来，葡萄酒的酿制方式发生了很大变化，卡奥尔地区也受到一些新式酿造方法的冲击，但洛朗似乎没有为这些变化所动容，他解释说："我认为还是有必要说一说那些传统的酿酒师，例如赛德勒酒庄的酿酒师，他酿造的许多窖藏年份酒都获得了很大的成功。其中 1996 年份酒与炖羔羊肉佐松露浓汁搭配组合，非常完美，这款酒在饮用之前，需要提前倒入醒酒瓶中静置至少 2 个小时。我个人同样非常喜欢拉格杰酒庄，这个酒庄酿制的窖藏葡萄酒都非常适合与松露菜肴搭配组合。如果想寻找一款酒体比较复杂的葡萄酒，1999 年份的'伴娘'葡萄酒则当之无愧，这款酒有迷人的松露香气，非常适合与鲈鱼佐松露搭配品尝。"

通常情况下，卡奥尔地区酿制的葡萄酒需要陈酿一段时间才能与松露菜肴进行搭配，洛朗继续说道："的确如此，但也有一些口感柔顺、圆润丰满的葡萄酒，例如欧也妮酒庄（Château Eugénie）酿制的葡萄酒，一般在酿制一段时间之后，很快就可以与松露搭配饮用。"

性价比高的松露与葡萄酒组合是完全存在的。他说："例如拉芒

迪艾尔酒庄（Château Larmandière），1990 年份的钻石窖藏干红葡萄酒相对来说口感比较柔顺，可以与时蔬佐松露沙拉搭配饮用。"贝朗吉莱酒园（Domaine de la Bérangeraie）酿制的 1997 年份穆兰窖藏葡萄酒（Cuvée Maurin），是由生长在钙质黏土中的葡萄酿制而成的，可以与松露煎鸡排搭配。这个种类的葡萄酒就算不是优秀年份酒，其品质和口感也很出色。另外，奥勒特山谷

（Coteaux d'Olt）中酿酒合作社酿制的布伊斯葡萄酒（Bouysses）也很值得一提，这款酒由马尔贝克葡萄酿制而成，1990 年份和 1998 年份酒都非常适合与松露结缘。

说到卡奥尔与松露的联系，不得不提到塞纳克的普利俄雷酒园，这个酒园酿制的葡萄酒的品质都很均衡，1989 年份和 1990 年份的干红葡萄酒特别适合与烤羔羊胸肉佐松露搭配组合。另外，卡米那德酒园的柯芒德雷窖藏葡萄酒被认为是一个经典，从头盘到甜点，它可以贯穿整个用餐过程。在卡奥尔地区还有一个名为"在阿泽马特的一天"（un Jour d'Azémart）的酒园，这里的主人是一群朝气蓬勃的年轻人，他们酿制的 2000 年份葡萄酒非常适合与松露小饼干搭配组合。

在距离拉班克（Lalbenque）几公里远的地方，有一个非常著名的松露市场，每周二的下午，市场都会如期开放，开放时间为下午 2 点半。在这之前，人们会聚集在火车站旁边的"世界咖啡"餐厅，在吉尔·玛尔的安排下共进午餐，气氛令人愉悦。另外，在每年的 1 月中的两个星期日，会举行松露评选会；3 月初，松露评选大会会将各地的松露爱好者全部吸引过来；7 月，这里会举办一个卡奥尔和凯尔西葡萄酒大会，最令人兴奋的是，主办方会制作一个巨大的松露摊鸡蛋饼供人们品尝。因此，拉班克是所有葡萄酒松露品鉴师们的必经之地。

莫萨克（Moissac）：拿破仑大桥餐厅

拿破仑大桥餐厅位于法国的塔尔纳省（Tarn），米歇尔·杜梭是这家餐厅的主人，他最擅长制作以黑冬松露为主料的菜肴。这位"厨房中的大战略家"经常和他的"元帅搭档"马修·科斯一同钻研松露美食。他们为松露摊鸡蛋饼选择搭配了一支 2002 年份的拉法耶（Laffaye）干红葡萄酒，这款酒的单宁口感强劲，非常

适合与这道菜肴组合。2001 年份的拉盖特（Laquets）干红葡萄酒味道则更为深邃，香气和谐，可以与煮鸡蛋佐松露淋牛肉浓汁搭配组合，回味无穷，使人真正享受到品尝美食时的那份愉悦和满足。为了延续这份小小的激动，米歇尔还推荐 2002 年份的拉盖特葡萄酒，并与一份香烤斑尾林鸽配蔬菜沙拉佐松露组合搭配。至于餐后甜点，松露巧克力绝对是不可或缺的，没有任何一个人会掩饰对它的喜爱。所有这些都倾注了餐厅主人无数的心血与热情，如果想要领略松露美食与葡萄酒的完美搭配，拿破仑大桥餐厅绝对是明智的选择。

卡瓦涅克（Cavagnac）：马修-科斯酒园

　　马修-科斯从 1999 年开始在他的酒园中酿制葡萄酒，他从来不会为他的葡萄酒的品质而担忧，因为从第一支年份酒开始，他酿制的葡萄酒就轻松跻身卡奥尔地区最优质葡萄酒的行列之中。紧接着，他又酿制了拉盖特窖藏葡萄酒，以其柔顺的酒体质地而在众多酒类中博得头筹。他的酒都是由在富含钙质的土壤中收获的葡萄酿制而成的，矿物质香气非常浓郁，需要陈酿大约 10 年才可与松露菜肴互相搭配。如今，2001 年份酒已经可以开瓶品尝了，但在饮用之前，需要倒入醒酒瓶中静置 4 个小时，以充分和空气中的氧气接触，这款酒可以与嫩煎猪排配松露丝搭配组合。猪排最好选用加斯科地的猪肉，因为这类猪肉的猪油在烹饪后不油腻，而且会与年轻葡萄酒中的单宁酸结合使其变得更加温和，并能充分保留黑冬松露的原味。马修-科斯是一位十分有趣的葡萄酒松露品鉴师，他将他酿制的所有颜色的葡萄酒全部带到拿破仑大桥餐厅供人们品尝，也最终成为了西南大区松露文化的坐标人物。

卡奥尔葡萄酒的复兴之路

教皇让二十二世、诗人克莱蒙·马洛都曾经对卡奥尔地区的葡萄酒赞赏有加，沙皇彼得大帝也是因为服用了这个地区的葡萄酒而医好了缠身多年的胃溃疡。如此好的名声一下传遍了俄国的宫廷上下，凯尔西葡萄酒也成了罗曼诺夫王室家族最喜爱的酒品之一。但是，卡奥尔地区葡萄酒的发展曾经在两次世界大战之后一度停滞不前。然而，一些葡萄农并没有因此而放弃，他们凭借对葡萄酒的无限热爱和自身顽强的坚持精神，最终力挽狂澜，在 20 世纪 70 年代将这个地区的葡萄酒业重新发展起来，并将酿制的葡萄酒最终带入了"原产地法定区域管制"的行列之中。当时的法国总统乔治·蓬皮杜先生也为卡奥尔地区葡萄酒的复兴贡献了自己的一份力量。

围绕着葡萄藤、葡萄叶和葡萄串的金花瓶，让-白岚（Jean-Belin）创作（1653—1715）。

普雷维克（Puy l'Eveque）：特里戈迪娜酒园

特里戈迪娜酒园建于 1830 年，酒园四周环绕着蜿蜒的河流。时光荏苒，酒园已经经历了八代人不懈地发展壮大，让-吕克·巴尔戴斯总是喜欢向人们诉说自己家族的光荣历史。经过几次并购，如今的特里戈迪娜酒园占地 25 公顷，土质为含硅石和钙质的黏土，主人在这里酿制着本地区最优质的葡萄酒，其中，1976 年酿制的普罗布斯窖藏干红葡萄酒（Cuvée Probus）已经成为酒园的荣耀。他的夫人约瑟特在接待来访宾客的时候，也绝不会对那些有意或无意靠近酿酒库的人放松警惕。从每年的 12 月起，她就开始着手准备一些松露菜肴。为了向我们展示她精湛的厨艺，她准备了一份香焖鸭肉佐松露，并选择了一支单宁可口的 2001 年份的特里戈迪娜葡萄酒作为搭配。另外还有香喷喷的南瓜汤，并以松露细丝做点缀，让-吕克将一支酒龄非常成熟的 2001 年份的白葡萄酒打开与之搭配。这款酒由诗南葡萄酿制而成，酒体柔软，非常适合与浓菜汤组合品尝。

拉卡佩尔-卡巴纳克（Lacapelle-Cabanac）：上-愉悦山酒庄（Château Haut- Montplaisir）

卡迪·弗尔尼耶在 1998 年时继承了家族的酿酒事业，并利用短短几年的时间便把酒庄的葡萄酒打造成卡奥尔地区的高端产品。有两款窖藏酒可以在陈放 5 ~ 6 年后与松露炖猪蹄组合搭配：一款是 2000 年份的上-愉悦山干红葡萄酒，全部由马尔贝克葡萄酿制而成；另一款是"愉悦至上"，是由树龄较长的葡萄酿制而成的，这款酒柔滑顺口，酒体紧致，复杂多样。

从卡奥尔出发，途径高斯高原，并顺着多尔多涅的分支河道一路前行。偶尔在山崖上小憩片刻，可以看见远处山顶上的堡垒和山脚下聚集的小房子。

这里的一切都很美，美得像一幅画作，而佩里格尔和它孕育的松露就是这幅画作的主角。西南大区对葡萄酒松露品鉴师们来说是一片福地，索尔日（Sorges）是远近闻名的松露盛产地，那里出产的黑松露总会出现在各个节日盛宴中，与当地的葡萄酒搭配非常美味。但贝尔热拉克地区出产的葡萄酒却不一定能与松露组合搭配。

佩里格尔地区和那里出产的黑松露

佩里格尔地区黑松露的产量有限，尽管阿尔萨斯人对这种先来

后到的评级有些争论，但这里的黑冬松露还是被赋予了"高贵美食"的称号，可以与鹅肝搭配。黑冬松露芬芳的味道与优美的质地构成了一个完美的组合，再与意大利面相结合，成为了佩里格尔地区的经典美食。这道美食在 18 世纪时被人们创造并被它的美味完全迷住了，人们通常将烤山鹑、鹅肝和松露搭配在一起。这道菜肴是皮埃尔·维勒海涅尔的拿手好菜，他原本是一位甜点师，却通过自己的努力，将这道菜肴发扬光大，甚至连皇家的人们都钟爱这道菜。由于黑冬松露的发展，佩里格尔地区也成了著名的旅游胜地。18 世纪末时，烤山鹑这道菜肴已经完全被鹅肝所代替了。如今，鹅肝和松露已经成为美食界中能够代表佩里格尔地区的经典菜肴了。

索尔日：松露的"首都"

每一位葡萄酒松露品鉴师都希望在佩里格尔地区多做一些停留，当他们乘着小火车从艾克斯德耶（Excideuil）到佩里格尔的首府的时候，连车厢中都弥漫着一股淡淡的松露清香，使他们徒增了一份思乡的情怀。索尔日是黑冬松露的"首都"，在这里，松露仿佛是一块块看不见摸不着的瑰宝。大片的橡树和栗子树为松露的生长创造了非常有利的条件。当地的人们在挖掘到一块松露的同时，在周围不远处肯定还会找到更多的松露。匹茄苏教授就来自这片美丽的土地，这里也是让-查尔斯·赛维涅克的故乡，他是法国松露农协会的会长。

这里有一间名叫"松露旅馆"的餐厅，每到周末的时候，人们都会聚集在这里，满心欢喜地品尝松露美食。

索尔日：松露珍藏馆

松露珍藏馆在索尔日一条小路的尽头若隐若现，进入馆中，首先向人们展示的是松露生长的自然环境及其生态系统。黑冬松露无疑是这里的主角，但也不要忘记在法国其他地区，甚至在世界范围内，还有许许多多盛产松露的国家和地区。馆中有一些文字说明松露的发展历程，还有一些文献资料向人们讲述了松露曾经在19世纪经历过发展的辉煌时代。当然，这些都离不开约瑟夫·塔隆的贡献，是他将许许多多的橡树种子播种在冯度山的山坡之上，才使得十年之后人们收获了遍地的松露。不久之后，来自卡尔邦特拉（Carpentras）的奥古斯特·卢梭将这种种植方法传播到了法国其他

适合种植松露的地区，尤其是一些被根瘤蚜传染的地区。1892年，法国当时的松露产量高达2000多吨，而如今的产量却只有区区的50吨左右。第一次世界大战之后，松露的产量急剧下降，这是因为那时一些熟知松露种植技术的松露农们相继死去。随着第二次世界大战的到来，这种情况继续恶化：田地里的耕种作业开始大量使用机械化的工具，而这些恰恰严重损坏了植物在土壤中的根

喜食松露的野猪找到隐藏的松露，并用鼻子将松露从泥土中拱出的情景。

部系统，松露种植业便从此一蹶不振。

　　索尔日今天已经成为了松露的"首都"，每年的产量在6吨左右。在烹饪家禽肉的菜肴时，可以少量地加入1或2磅的松露以做调味之用，因为松露的产量已经远远不及以前。所以，最好不要将以前的菜谱与现在的菜谱拿来做比较。佩里格尔、艾克斯德耶和布朗托姆（Brantôme）都有各自的松露市场，以吸引各地的游人来这里参观。

索尔日："松露旅馆"餐厅

　　雅克琳娜·雷玛莉是这家餐厅的主人，主要经营松露菜肴。这家餐厅位于小镇的中心，每到冬去春来的时候，餐厅里的食客数量就会大幅增加，热闹非凡。雅克琳娜推荐的松露菜肴味道总是那样的鲜美："我会在一月大量选购一批松露，因为这时的松露品质是最为上乘的。之后将它们真空冷藏保存起来。在需要的时候，我会将一些松露取出，并及时烹饪。"这位女强人在冬季时会和服务生们来到远处的田地里，只为挖掘到质量上乘的松露。她在烹饪松露菜肴的时候，要求自己要最大限度地保留松露的原味，她常做的菜肴有摊鸡蛋、鹅肝、菲力牛排等。

　　1870年时，西南大区出产了全国松露产量的35%，而如今的产量却已经迅速下降至10%，但是佩里格尔的黑冬松露仍是值得骄傲的美味。亨利四世曾经这样评价佩里格尔地区："多尔多涅的美酒搭配美妙的松露美食，佩里格尔就是曼妙的人间天堂！"

只可惜在多尔多涅地区，葡萄农们很少与松露建立联系。这种缺陷通常与各个地区酿制不同的葡萄酒有关。

在多姆地区，人们非常赞赏埃斯普莱纳德餐馆的经营理念，这是一家家族式餐厅，这里的厨师非常善于烹饪储存过的松露，他们熟知怎样做才能将松露的味道完全释放出来。

多姆地区（Domme）：埃斯普莱纳德（Esplanade）餐厅

埃斯普莱纳德餐馆一年四季都会烹饪松露菜肴，是多尔多涅地区不可错过的餐馆之一。与松露菜肴搭配的有西南产区、贝尔热拉克山谷出产的优质葡萄酒。

埃斯普莱纳德餐馆在每年的 12 月至来年的 3 月是不对外营业的，利用这段时间，餐馆的美食厨师会制作一些美味的松露罐头。用这些松露罐头制作的美食，香气四溢，质地丝滑柔顺，可以与戴维·福尔度酿制的 1995 年份的贝尔热拉克山谷干红葡萄酒搭配组合，这款酒的单宁细腻，丝滑可口。

伊斯雅克（Issigeac）：阿兰家餐馆

阿兰家餐馆位于伊斯雅克地区，布鲁诺·戈蒂凡是这里的主人，他非常喜欢钻研并开发以松露为主料的各类菜肴。2005 年，在厨师的辅助下，布鲁诺推出了一本全部为松露菜肴的菜单：鸭肉松露养元

汤，烤小土豆配松露，小龙虾肉馅饼佐松露，煎小牛肉配松露和香芹浓汁，还有松露冰激凌，每道菜再搭配一款美味的葡萄酒，碰撞出无限的火花。吕克·德·孔蒂解释说："我们的白葡萄酒要比红葡萄酒更适合搭配松露菜肴，因为白葡萄酒中矿物质的香气会使酒的味道更加清爽。"

颇具特色的地方建筑。

伊斯雅克（Issigeac）：维尔多酒园

　　戴维·福尔度是贝尔热拉克地区著名的松露品鉴师，他在自己的酒园里建造了一个塔楼，里面有几间给宾客们预留的客房，舒适大方，而在客房的底下就是用来储藏葡萄酒和松露的储藏室。储藏室的装饰优美雅致，主人颇费心思地设计了潺潺的流水和柔美的灯光，这个地窖可称得上是最美丽的地窖之一了。1982年份的维尔多酒园的葡萄酒丝滑柔顺，口感迷人；而1989年份酒富有油质，单宁精致，这两款酒都可以搭配烤羊后腿配松露浓汁；1996年份酒高雅超俗，单宁口感分明，与煎牛里脊佐松露搭配非常合适。多年之后，1996年份、1998年份和2000年份酒已经可以开瓶饮用，和香煎鳕鱼配面包和松露浓汁搭配组合，同时还可以搭配生蚝和密斯卡岱葡萄酒（Muscadelle）。

雷巴涅克（Ribagnac）：女婿塔酒庄（Château Tour des Gendres）

　　吕克·德·孔蒂，似乎命中就注定了他对松露的无限追求，这份真挚之情也继而融合在他酿制的葡萄酒中。他酿制的干白葡萄酒非常适合与意大利面佐松露搭配组合。2001 年份的夫人磨坊窖藏干白葡萄酒（Cuvée du Moulin des Dames）有淡淡的矿物质香气，可以与小龙虾肉馅饼佐松露搭配品尝。2002 年份酒则更加圆润饱满，搭配扇贝佐松露，别有一番风味。1996 年份的安托罗吉亚（Anthologia）葡萄酒则有独特的蜂蜜香气，口感柔顺，可以搭配松露干贝馅饼。至于干红葡萄酒，1995 年份的夫人磨坊葡萄酒口感丝滑，单宁强劲，可以搭配烤羔羊肉佐松露。2002 年份酒纯净、清新且雅致。这些酒清新利口，非常有助于饭后消化。

蒙特威尔（Montravel）：全新入选"原产地法定区域管制"等级的、可以与松露搭配的葡萄酒

米歇尔·蒙田是法国著名的散文家，他曾经在拉莫特-蒙特威尔（Lamothe-Montravel）居住时被那里的一切所吸引，并获得了很多灵感，在圣-米歇尔（Saint-Michel）创作了大量的传世佳作，以至于人们给这个地方取名圣-米歇尔，以此来纪念这位伟大的作家。这个地区的葡萄农们酿造的干红葡萄酒一鸣惊人，原产地法定区域管制的范围也一直扩展到了卡斯蒂隆谷地（Côte de Castillon）和利布尔纳（Libournais）等地区。

凯撒大帝攻克高卢时期建造的唯——座保存至今的城楼。

圣-安托尼-德-布罗耶（Saint-Antoine-de-Breuilh），卡斯磨坊酒庄（Château Moulin-Caresse）的葡萄酒松露品鉴师

让-弗朗索瓦·德法热是卡斯磨坊酒庄的负责人，热情洋溢，笑声委婉，总是喜欢向人们讲述他与松露的故事。

他对松露的激情与活力完全来源于这片种满了葡萄藤和隐藏着无数松露的土地。他也非常享受生活，有时会以一支2002年份的卡斯磨坊干白葡萄酒作为餐前开胃酒，自斟自饮。

2002年份的"百分百"干白葡萄酒富含花香，还有辛料的香气，口感清新，矿物质味道独特，酒体轮廓线条分明。这款酒可以和滴了几滴柠檬汁的新鲜牡蛎搭配组合。再过5年，这款酒就可以与松露鹅肝相搭配，这也是西尔维的一道拿手好菜。

酒庄中壁炉里的火苗发出噼噼啪啪的声响，使人们联想起穿在叉子上被慢慢烤熟的斑鸠肉，当然，这样鲜美的野味自然要选择一款2002年份的蒙特威尔葡萄酒，还会淋上一些佩里格尔鹅肝浓汁和松露。而2001年份酒的酒体结构更加突出，口感和谐，就像蒙田描写的那样：酒不是用来喝的，你要给它一个吻，它才会轻轻地抚摸你的味蕾。在月圆的夜晚，酒庄的主人会带上一把吉他，在院子中央，轻轻地吟唱对松露的赞美歌谣，那歌声在寂静的夜空传得很远……

搭配松露的
精致窖藏
Le Vin & la Truffe

蒙特威尔葡萄酒的品质非常均衡，无论是干红葡萄酒或是干白葡萄酒，都非常适合与松露菜肴进行搭配，其中 2001 年份的葡萄酒尤为值得一提。

干白葡萄酒

洛雷利酒庄（Château Laulerie）

洛雷利酒庄酿制的葡萄酒有白色花朵和柑橘的香气，入口清新，矿物质味道浓郁，油性适中，最令人着迷的是其纯净、多变的香气，可以搭配任何一种松露。

普-赛尔宛酒庄（Château Puy-Servain）

这款酒有浓郁的橘子和辛料的香气，可以与松露鹅肝搭配组合。

罗克-贝尔酒庄（Château Roque-Peyre）

这款酒的油质与西芹鸡蛋松露沙拉搭配恰到好处。

布鲁瓦酒庄（Château du Bloy）

入口时会感到一丝油质，与香煎鳟鱼配勃艮第松露搭配非常鲜美。

比克-赛格酒庄（Château Pique-Sègue）

口感爽滑可口，可以与香葱松露佐帕尔玛奶酪搭配组合。

干红葡萄酒

洛雷利酒庄（Château Laulerie）

酒裙颜色深邃，闻上去有欧洲越橘的香气，入口水果味道浓郁，单宁结构平衡。这款酒酒体优雅，丝滑柔顺，味道和谐。2005 年份酒可以搭配松露炖牛蹄，而 1996 年份酒如今已经非常清新爽口了。

雷兹酒庄（Château Le Raz）

这款酒有浓厚的黑浆果香气，单宁线条突出，酒体优雅，口感强劲，后味有甘草和辛料的香气。1999 年份酒与松露炖羊肉搭配将会非常美味。

多赞·拉维格酒庄（Château Dauzan La Vergue）

闻上去有非常浓郁的黑色浆果味道，单宁强劲，但入口即化，可以与煎鹅胸肉佐松露搭配饮用。

罗克贝尔酒庄（Château Roque-Peyre）

这款酒酒体肥硕，可以与松露煎牛排搭配。2002 年份酒品质尤为突出。

普-赛尔宛酒庄（Songe de Puy-Servain）

酒体圆润，结构明显。2000 年份古老葡萄藤窖藏干红葡萄酒获得了很大的成功。这款酒可以在陈年 3 年后开瓶饮用，与松露炖牛尾配鹅肝搭配组合。

布鲁瓦酒庄（Château du Bloy）

酒裙的颜色近乎黑色，闻上去有辛料和黑加仑子的香气，口感紧致，单宁线条明显。饮用前需倒入醒酒器放置 2 个小时，与煎鸭胸肉配佩里格尔浓汁搭配饮用。

戎克-布朗酒庄（Château Jonc-Blanc）

酒裙颜色深邃，有紫罗兰花和松露的香气，酒体丝滑、有肉感。2002 年份酒尤为优秀，可陈放至 2010 年，与松露炖野兔肉配佩里格尔浓汁一起搭配。

多尔多涅山区中布满了无数蜿蜒曲折的小路，非常迷人，在从贝尔热拉克去往汝拉松（Jurançon）的路程上，会经历无数松露与葡萄酒的完美搭配，使人流连忘返。

汝拉松地区

在 16 世纪下半叶的时候，松露的发展曾经因为地区战争的缘故而一度遭到破坏，幸亏有弗朗索瓦一世的扶持，才使松露又回到王室的餐桌之上。这些战争给人民带来了无尽的贫困和破坏，但松露却偏偏需要在平静的条件下才可以生长丰收。所以在历史上，每当战役来临的时候，松露总是成为最先受到影响的受害者之一。当进入亨利四世的统治时期，随着南特法令的颁布，和平的日子才逐渐到来。

苏什酒园（Domaine de Souch）

苏什酒园酿制的 2000 年份酒口感柔顺，有淡淡的白色松露的味道，可以陈放数年，搭配汝拉松醋汁野苣配黑夏松露一起品尝。1996 年份的特别窖藏葡萄酒美味可口，有蜂蜜和白松露的香气，口感丰盈，有油质，可以与鹅肝佐松露丝搭配饮用。

拉佩酒园（Clos Lapeyre）

由小芒森葡萄（Petit Manseng）酿造而成，建议陈放至少 10 年再开瓶饮用，可以与松露鹅肝搭配饮用。

图酒园（Clos de Thou）

图酒园酿制的 2001 年份酒有白松露的香气，而 2006 年份酒的

白松露香气则更加浓郁，可以与猪油鹅肉卷心菜浓汤佐松露细丝搭配品尝，这款酒口感丰盈，使浓汤散发出更加香浓的味道。

让-皮埃尔·弗舍，西南地区著名的葡萄酒松露品鉴师

让-皮埃尔·弗舍是夏尔提耶-费利埃尔松露市场的组织者，对美食厨艺怀着一种娱乐的心态。他曾是余萨克地区"小酒园"餐厅的美食厨师，最擅长的是烹饪松露菜肴并搭配艾利安-达-罗斯葡萄酒。他制作的时蔬沙拉配松露清新可口，并搭配一支酒龄成熟的苏阿·斯朋特干白葡萄酒，两者组合，相得益彰。而质地柔滑的牛肝菌配肥鸭肝和黑冬松露，可以搭配一支 2000 年份的巴克盖酒园（Clos Bacquey）酿制的干红葡萄酒，酒香复杂，酒体细腻的质地与松露菜肴组合非常完美。

巴贝·佩伯尔的菜谱

炭烧松露

将松露稍加调味，洒上白兰地，再裹上薄薄的一层腌猪肉，用防火纸包好，放进灰烬中熏烤 10 分钟，取出后即可品尝。

西尔维·德法热的菜谱

鹅肝松露派

所需原料：
一块大约 500 克的鹅肝。
15 克新鲜的松露。
3 汤匙上-蒙特威尔甜白葡萄酒。

需要在前一天提前准备的：
将准备好的一块新鲜鹅肝放入一个沙拉碗中，并用盐水浸泡一晚（调配比例：60 克盐溶解在 1 升水中）。

第二天：
将鹅肝从盐水中取出，并用刀将鹅肝中的组织神经、筋腱以及靠近胆器官附近的部分剔除。然后在鹅肝的两面适当多撒上一些盐和胡椒。

将鹅肝放入大小相当的砂锅中，把松露切成细丝状，均匀地撒在鹅肝上。在砂锅中倒入 3 勺上-蒙特威尔甜白葡萄酒。如果您选取的是罐头式的松露，则要将罐头中的汁水与甜白葡萄酒一起倒入。砂锅封闭，在已预热的烤箱中加热 45 分钟左右（烤箱温度建议在 100 摄氏度左右），取出，方可品尝。

图卢兹-罗泰克珍藏馆的入口处。这个珍藏馆位于历史小镇阿尔比的中心地带。

拿破仑一世在 1810 年建造的
皮埃尔桥（Pont de Pierre）

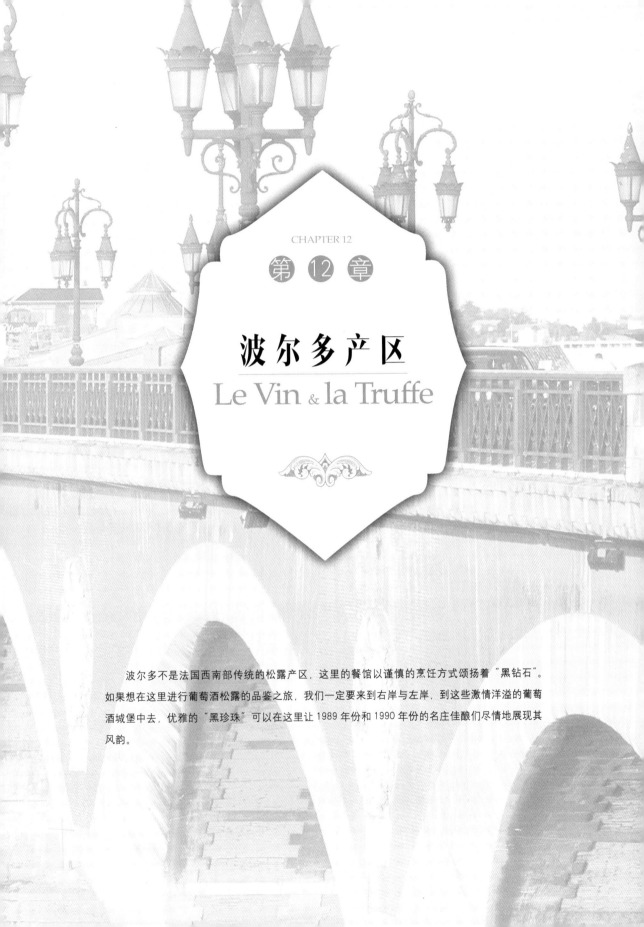

CHAPTER 12

第 12 章

波尔多产区
Le Vin & la Truffe

　　波尔多不是法国西南部传统的松露产区，这里的餐馆以谨慎的烹饪方式颂扬着"黑钻石"。如果想在这里进行葡萄酒松露的品鉴之旅，我们一定要来到右岸与左岸，到这些激情洋溢的葡萄酒城堡中去，优雅的"黑珍珠"可以在这里让1989年份和1990年份的名庄佳酿们尽情地展现其风韵。

波尔多右岸产区

从蒙哈维尔山坡（Coteaux de Montravel）一直到利布尔讷山坡，一排排的葡萄树环绕着整个山丘。

在圣·艾美浓产区，这里有散发着魅力的土壤、著名的酒庄和明星酒店帕莱桑斯，这些都让"黑珍珠"为之颤动。这个石灰岩土质的山丘酿造出来的葡萄酒爱极了松露，这种钟爱要归功于 1989 和 1995 两个极佳年份的葡萄酒，简直可以称为是为松露而生的年份。

即将从波尔多港口出发的远游轮船，理查德·法克松作品（1816—1875，法国著名画家）。

　　　　　　　　　葡萄酒与松露

圣-艾美浓产区（Saint-Émilion）

冬季的圣·艾美浓产区拥有不可思议的美妙光晕。这份美好与安详来自于上天赐予它那静止的财富。我们攀缘到中世纪的塔顶上，那连绵起伏的山丘以及那一块块美丽的葡萄园尽收眼底。葡萄酒松露品鉴师无比钟爱帕莱桑斯酒店主厨菲利普·艾赤贝特（法国米其林二星厨师）的烹饪技术。一些葡萄酒庄主自发地酿制特殊年份的葡萄酒专门来搭配松露，而葡萄酒优质的成熟过程便是左右这支佳酿的奥秘。

圣·艾美浓产区，帕莱桑斯酒店，主厨菲利普·艾赤贝特

这个圣·艾美浓地区的主导者——帕莱桑斯酒店，犹如一个巨大的熔炉，唯有主厨菲利普·艾赤贝特可以将它完美地诠释出来。这个巴斯克人创造出了真正意义上的活力的美食、欢愉

圣·艾美浓来源于一个流浪神父的名字，艾美浓神父在13世纪时隐居于一个岩洞中。

的美食和高贵的美食。这个前橄榄球运动员将他饱满的活力倾注到了美食上。在佩里格尔探寻过葡萄酒与松露的足迹之后，他回到了这片拥有奥松庄园（Château Ausone）等著名酒庄的土地上，在这里将他的烹饪灵性发挥到极致，一道香煎蘑菇馅的意大利千层面配松露乳酪汁，再为之搭配著名的鹅肝酱，就让食客们垂涎欲滴。这道菜肴柔软的质感和奶油般的味道唤醒了卡斯蒂隆坡产区（Côte de Castillon）柔软而高雅的佳酿，比如圣·哥伦城堡2001年份的葡萄酒。将松露盖扇贝放置于红马铃薯泥之上，再为之搭配口感纤细的佩里格尔调味汁和用黄葡萄酒烹制而成的扇贝调味汁。这一让人流连忘返的美食，我们需要选用一支白葡萄酒，而蒙布斯奎庄园（Château Monbousquet）2001年份的佳酿则再合适不过了。

多米尼克·维弘（Dom-inique Vayron，画家兼新村维弘堡堡主）的水墨作品。

当夜幕降临之时，1998年份的柏菲庄园（Château Pavie）佳酿安静地沉醉于它那丝般柔顺的质感和层次复杂的酒体结构之中。它将入口后四散出来的光芒全部赠予了松露乳鸽，一道将皮下埋有松露薄片的乳鸽，用架在干草中的泥制炖锅烧制出来的鲜嫩美食。这道菜肴的烹饪过程绝对是充满乐趣的。为了无限延伸这种创造的乐趣，一道蒙多瓦什酣奶酪搭配松露黄油面包块又让我们沉浸于其中，我们会为这道菜肴搭配一支蒙布斯奎庄园2002年份的白葡萄酒。我们还可以为这道菜肴搭配1998年份的柏菲庄园佳酿、饱满丰盈的1998年份柏菲德赛思窖藏（Pavie Decesse）或是充满香气的1998年份蒙布斯奎庄园的佳酿。

波美侯产区（Pomerol）

　　无论怎样，在我们的一生中应该像"横渡卢比孔河"那样（卢比孔河，意大利北部河流，"横渡卢比孔河"是一句很流行的谚语，意为"破釜沉舟"）到法国波尔多右岸地区的波美侯产区去看一看。

　　每当说到一颗松露拥有"波尔多式的风格"时，我们便会立刻想到"黑冬松露与波美侯"这一对完美的组合。这个葡萄酒松露品鉴师们评价颇高的产区酿出的葡萄酒，拥有一种无可比拟的柔顺口感，这种优美的感官享受和它散发出来的香气不禁让人联想到了"黑钻石"。该产区的葡萄酒，口感圆润，极具芳香且饱满高贵，可以与松露结合出愉悦之感。

　　波美侯产区的名庄酒甚至能够以极其年轻充满活力的状态来搭配松露菜肴。从它们进入橡木酒桶开始陈酿的那一刻开始，这些年轻的血液便以一种神秘独特的方式让自身的香气完美地演变着，同时，松露也开始慢慢地由内而外优化着自己。经过漫长的 10 年，柔顺平衡的单宁与松露的香气融合，二者相辅相成。尤其是 1961 年份的歌路酒堡和泰耶佛酒堡，拥有一种松露式的诠释方法。让-克洛德·贝侯特，这位柏图斯庄园（Chateau Petrus）的酿酒师认为："如果一支葡萄酒拥有松露般的香气，则说明它是一支品质上乘的佳酿，这也同样证明了这支葡萄酒具有出色的陈年天分和潜力。因此这一因素对我而言是至关重要的。"

　　葡萄酒松露品鉴师们与所有的葡萄酒人士一起来颂扬 1990 和 1985 这两个伟大年份。在这个对松露许下诺言的富饶产区，葡萄酒在这里展开了它味觉的翅膀，很多艺术的殿堂也在这里兴起。艺术、美食与美酒在这里相交汇，互相传递着它们对松露的热情。在这些艺术的殿堂中，美食盛宴成为了一种饱含着松露情愫的艺术之旅。

让-克洛德·贝侯特的艺术殿堂

在圣·艾美浓山的村庄中，我们的视野可以拥抱整片原野和葡萄园。让-克洛德·贝侯特的别墅刚好位于村庄的出口处，12月的微风轻拂，周围环境舒适安逸。但从灰色寒冷的氛围中，绽出一抹美丽的蓝。人们在这一年中最重要的时刻——耶稣诞生之日，品尝着美味的盛宴。犹如圣诞老人一般，让-克洛德·贝侯特将他特别珍藏的几瓶珍稀佳酿藏在烟囱后面。他指向天空，用他无限的仁爱召唤着他的甘露。美食的诱惑闪现在他的目光中。他的好友皮埃尔·让·佩伯尔刚刚送给了他几只优质的黑松露，用来表达他对1990年柏图斯庄园佳酿、1995年卓龙酒庄（Château Trotanoy）佳酿、1985年萨米隆庄园（Chateau Samion）佳酿、1995年和1982年两支古老年份的圣安德烈庄（Château Saint-André）佳酿的崇敬之情。这其中的最后两支美酒同时拥有拉朗德波美侯产区和圣·艾美浓山两个产区的不同特点。让-克洛德·贝侯特作为回赠，也慷慨地将这些美酒赠送给了皮埃尔。或许是因为谦虚，让-克洛德·贝侯特很少提及酿制这些美酒的酒庄。他与让-梅日洛（巴讷贡的莎梅隆磨坊饭店的主厨）一同烹制了一顿有三种主菜的晚餐：松露意大利面；用黄油或橄榄油制作的松露嫩煎马铃薯；松露烹小牛肉饼。松露那精致的薄片让每一道菜肴精致生辉。

1995 年份的圣唐德烈庄佳酿将可可粉、樱桃果核、皮革、月桂和松露等香味汇聚在一起，交织成一种温婉柔和的芳香。

　　"我们会酿造可以最大化体现产区特色的葡萄酒，将其柔美精巧和复杂酒体融为一体。少量的萃取提纯加之较久的陈酿，葡萄酒尽情地释放其纤细精妙的特性。"让-克洛德·贝侯特说道。那融于口中的矿物余韵唤醒了沉睡的松露。1982 年份圣唐德烈庄的佳酿拥有一种高傲的姿态，它那薄荷和皮革的闻香极为诱人，继续品尝，我们会发现那种嗅觉与味觉和谐的平衡感。优质的矿物香气是它最大的优势，而柔软的单宁则用一种拉伸的方式与味蕾糅合交错在一起。这支丝般柔软顺滑的葡萄酒好似一只不停歇的乒乓球游走于松露与意大利干面中。我们同样需要一支 1985 年份萨米隆庄园的佳酿用来软化我们的味蕾。这支拉朗德波美侯产区的美酒可以散发出皮革与香料的闻香；入口后可感觉到其紧实且浓缩醇厚的口感，可以与松露和面包相搭配凸显其清爽自然的口感。1995 年份的卓龙酒庄佳酿则更加紧实有力，它拥有一种熟透的红果闻香，入口时，那浓稠的密度、饱满且油质顺滑的口感让人沉醉。这种美妙给人一种欲望，想要将之比喻为一个表面圆润的球体，柔滑的单宁则可以渗入口中每一个角落。卓龙酒庄不断地演绎着它那富有力量的香气和坚实的酒体结构，而这便深深地吸引住了松露菜肴。用黄油来煎制松露马铃薯，这道菜肴呈现出了一种稍显干涩的口感，尽管这道菜肴凸显出了松露的味道，但却是运用了一种颇具棱角的烹饪方式。幸运的是，我们可以为之搭配卓龙酒庄的佳酿，它那油滑的质感和一系列的红果香气不仅可以使这道菜肴变得温和柔软，同时也可以改变它自身来贴近菜肴的质地。如果用油质且平稳的橄榄油来制作这道菜肴，则可以构成一种灵活的口感，马铃薯的香味和质地则可以与卓龙酒庄的佳酿形成最为愉悦的优美和弦。

　　这是波美侯产区最适合松露的几支佳酿。1998 年份的卓龙酒庄也是很值得关注的，对于这支葡萄酒，我们需要 10 年的陈酿期。同样位于宝座之上的、1990 年份的柏图斯庄园佳酿拥有面包、桉树叶、干草和桂皮混合的闻香。入口时，这些香气随之而来，让我们感觉好似在地中海边静享海风的轻抚一样。这支佳酿年份虽老，却以紫罗兰的芬芳让我们感受到其活力与清爽。融化的单宁极为柔软，犹如在触摸天鹅绒一般。我们在葡萄酒的海洋中前行，愈发地感觉到其奢华与高雅。这支柏图斯庄园的佳酿每一分钟都在变化，这就是一支极为特殊的珍稀窖藏，金黄色的烟叶香气和"黑钻石"相碰撞，这只满载香味的托盘让我们感知到了口中的雍容余韵，最后化成世界上独一无二的"柏图斯松露"！

搭配松露烹小牛肉饼，我们可以在小牛肉、松露和高雅的柏图斯佳酿之间创造出一曲让人感触颇深的悦耳和弦。小牛肉是葡萄酒与松露的彰显剂，可以无限发挥它们的魅力，这将是餐桌上难得一见的神秘时刻。

在让-皮埃赫·莫意克（柏图斯庄园庄主）的酒庄中，让-克洛德·贝侯特所酿造出的琼浆玉液的香味，是其他人望尘莫及的，这是一种特殊的、拥有松露清香的波美侯特酿。

若想与小牛胸肉烤黑冬松露马铃薯这道美味相搭配，我们可以选择柏图斯之花堡（Château Lafleur Pétrus）的两个非常卓越的年份。1994 年份佳酿拥有一种非常纤细的闻香和优雅的口感，这支平稳高贵的葡萄酒在口中结束于甘草的余韵，这种余香既可以很好地与松露产生共鸣，还可以让小牛胸肉的口感升华至极。而另一个优秀的年份，1998 年份则饱含较为成熟的闻香，成就了极为柔软的单宁和精致的酒体，更是力量与高雅的结合体。它不仅用那饱满的活力和特有的松露香气征服了小牛胸肉和松露，并且还巩固了黑冬松露绝美的味道。与柏图斯酒庄相比，知名度略低的波美侯产区的格拉芙酒堡（Château La Grave）拥有饱满的口感和平衡的单宁。它非常适合与松露煎牛脊肉相搭配。1998 年份的格拉芙酒堡佳酿给予我们一种丰盈且富有力量的口感，其光芒四散于盘中。而 1989 年份则拥有一种诱人的松露和牡丹的闻香，甘美柔顺的口感，在舌尖无限延伸着一种张力，其与红肉的搭配则更能凸显其雄浑的力量。

将松露埋在炭火中烤熟是一道纯粹主义者所钟爱的菜肴，我们要为这道菜肴搭配一支特别的或是一支年份较为成熟的葡萄酒。波美侯产区的拉图堡（Château Latour）平稳的酒体让人愉悦，它那甘草和松露的闻香贯穿整个鼻腔，1995 年份的佳酿已经向我们展示了它那柔软圆滑的单宁和完美成熟的酒体，它将清新的薄荷香气带给炭烤松露，若在菜肴中加一点盐，则更能与这支佳酿完美结合。拥有完美酒体结构的 1990 年份佳酿好似一件不朽的艺术珍品，我们钟爱它所散发出的炭烤松露之香。这支力量与高雅并存的葡萄酒赋予食客们一种难得的感官盛宴。丝般柔顺的质地让人为之狂热。若与炭烤松露相搭配必然创造出完美的和弦，它们互敬互爱，一同谱写着利布尔讷式的悦耳韵律。

夏尔·瓦里耶（拉菲庄的技术总监）和克里斯蒂安·希利（碧尚男爵庄园总裁）的艺术殿堂

我们来到另外一个产区，来品尝一下夏尔·瓦里耶和克里斯蒂安·希利创建的乐王吉尔酒堡（Château l'Évangile）和小村庄堡（Château Petit Village）的美酒。这两个酒堡的佳酿与口感柔软的塔布四季豆烹黑松露相搭配可尽显其中的松露芳香。需要特别提到的是，在饮用之前，需要提前两小时将葡萄酒倒入醒酒瓶中。乐王吉

尔酒堡 1995 年份的葡萄酒与其他年份相比稍显平庸，显示了其淡雅的紫罗兰闻香、较为封闭的口感和柔软的单宁。而 1985 年份则不同，它那松露的闻香、口中柔软融化的单宁和末尾朴素的余香为其揭去了神秘的面纱。这道口感柔软的松露菜肴让此佳酿更加圆润。小村庄堡 1989 年份美酒的松露闻香主宰着入口时的质地，它与此道菜肴的合作给予食客一种感官上的享受。我们为小村庄堡 1976 年份佳酿的清新之感所震撼，具有层次的深色调酒体、森林气息的深邃闻香、丰盈柔滑的口感，都将与这道松露菜肴演奏出同样的节拍。

新村维弘堡（Château Bourgneuf-Vayron）中多米尼克·维弘（画家兼新村维弘堡堡主）的艺术殿堂：艺术、松露与波美侯

波美侯这块黏土可以让冬季的初次霜冻变得柔软，并且可以与炭烤松露的味道弹射出优美的回声。在新村维弘堡中，就有这神话般的黑冬松露。在蜿蜒起伏的美乐葡萄产区，新村维弘堡内每天都会有那么一场诱人的盛宴。泽维尔（Xavier）这个充满欢乐与幻想的男人，在厨房中同他的夫人多米尼克一起忙碌了起来，他们的家是那样盈溢着温情，空气中充盈着美食的味道和优雅的音乐，正是在这里，所有幸福的香气相约而至，好似在演绎热情的踢踏舞，2004年份、2003年份和2001年份佳酿中那些焦急的单宁们迫不及待地跳出来，寻找它们的松露舞伴。2000年份的酒体稠密。1998年份的饱满口感刺激着舌尖那慢慢伸展开来的喜悦，这支温柔且醇厚的佳酿总能让人寻到一丝清新与高雅。卓越的1990年份也拥有同样的口感，也可以称得上是右岸产区口感最复杂的葡萄酒之一。1985年份是在大酒桶中酿制而成的，它从未流入橡木桶中，而它如今却是波美侯产区最具芳香的佳酿之一，可以与松露小牛排完美结合。

新村维弘堡被认为是该产区最出色的酒庄之一，它与邻居卓龙酒庄具有一定的相似性。在这里，松露不仅仅与葡萄酒有一场约会，当然还有艺术。因为多米尼克·维弘将她的艺术殿堂安放了在了葡萄园中。就让我们跟随伯纳德·克拉维（1923—2010，法国著名作家）的笔迹来领略一下这里的艺术气息："多米尼克是一个慷慨且伟大的人物，她用心地诠释了一种对特殊的爱的渴望，这便是对生命的爱，同样也是对土地的爱，这片倾注了她无限心血的土地。这里是多米尼克最重要的领地，在这里生长出来的琼浆玉液被她带到了全世界的各个角落。她的画布在波美侯的微风中飘扬着。"

"当多米尼克迈着抽象艺术的步履前行时，她将自己沁入了每株葡萄树的根茎中，在画布上展开风帆，起伏的波浪与空中的白云浑

然一体；又或者一座山峰在狂风暴雨中毅然高耸。你或许会问到，这些画作与葡萄树毫不相干，那多米尼克又是怎么来诠释她对葡萄生命、对土地的热爱呢？这个身姿曼妙的女子会像一个男人一样带着她的长镐和充沛的精力来到葡萄园中，不带丝毫矫揉造作地翻铲着土地，让其能够尽情地呼吸。就是这样一个拥有奇特性格的女庄主，用尽全力去酒窖的最深处探寻最纯正、最富有力量的甘露。这支富有坚实的力量、优美的酒体结构和纤细的口感的佳酿让我们永世难忘。"新村维弘堡，一个优雅高贵且让我们难忘的酒庄，一个可以自由释放灵魂的地方。

泰耶佛酒堡（Château Taillefer）的艺术殿堂

凯瑟琳·莫意克（泰耶佛酒堡首席酿酒师）用她浑身散发着的活力与毅力，抒写出了泰耶佛酒堡最绚丽的篇章。这个充满香气的高贵酒庄，在过去的几年中创造了具有代表性的成功。1996 年份那坚实的酒体与圆面包配松露鹅肝酱产生了优雅的共鸣。1998 年份的佳酿与黑松露布丁的搭配则更加让人如痴如醉。卓越的 2000 年份那深厚且诱人的酒质可以与熏猪肉配松露馅饼相结合，凸显其优质的单宁。口感柔软的 1989 年份佳酿偏爱干炒松露。富有力量又不失柔顺的 1990 年份佳酿则更喜欢炭烤松露。1961 年份的佳酿拥有轻微的松露清香，那年轻的活力和光滑如缎的单宁可以与松露煎小牛排共谱优美和弦。1967 年的佳酿可以演绎出同一类型的和弦。这些出色的年份被整齐地排放在那充满诱惑的酒窖中，成为了波尔多右岸产区杰出的代表，这其中当然也少不了 2004 这个极为特别的年份。

歌路酒堡的艺术殿堂

当我们祝贺他近几年的成功时，在那副精致的眼镜后面，让-保罗·吕克（歌路酒堡堡主）的目光闪现着微微的灵动，露出满意的笑容。歌路酒堡可称得上名副其实的美食酒庄，它首先最看重的是松露。1961 年份的佳酿拥有深厚的色调，迷人的花香可以与松露很好地搭配，纤细的薄荷与桉树叶的香气也可以加固松露的层次。这支让人感到奢华的松露窖藏，一旦入手便使您不再想放下酒杯，可以与炭烤松露相呼应。1982 年份以非常轻柔的手法演绎着同样风格的搭配。1971 年份柔顺的单宁进入到了松露小牛肉中，成为了这道菜肴不可或缺的一个组成部分。如果我们为这道美食加入一点奶油泥，那么 1988 年份的佳酿则更适合陪伴其左右。1990 年份那诱人的甘草香气带来了醇厚的单宁，可以与鸡肉松露杂烩更好地结合。

拉弗尔庄园（Château Lafleur）：吉劳德的艺术殿堂

留着他那微微颤动的、法兰西第三共和国式的小胡子，杰克·吉劳德津津乐道地讲述着他家族的往事："我的祖父的祖父在 19 世纪时购买了拉弗尔庄园，当时他已经拥有了乐凯庄园（Château Le Gay），而在那一年代，他的经商逻辑已经很超前了，不想只拘泥于此，因此决定购买另一块土地，开采并经营这个庄园，经过他对每一小块土地的用心培育，才成就了今天的拉弗尔酒庄。"

杰克·吉劳德一边将几近黑色的酒体倒出，一边讲述着这块完美的土壤："拉弗尔庄园，我将其根植于心，家族在 1985 年时以租赁的方式获得这块土地，后来在 2002 年的时候，我坚决地从现已去世的我的堂姐手里买下了这块土地。"也就是从 2002 年开始，拉弗尔庄园的葡萄酒变得更加充满激情。2002 年份佳酿丝般柔顺的单宁、纯粹的口感与坚实有力的酒体结构相结合形成了高雅、清新的口中余韵，它便是波美侯产区的唯一。若此酒与松露相结合，则需要 8 年的陈酿期。

混入相同比例的美乐葡萄品种可使酒体变得更加平稳和谐，2002 年份的这支拉弗尔庄园被荣幸地评为波尔多地区该年份最卓越的葡萄酒。

2001 年份的拉弗尔庄园佳酿成为了两岸产区名庄中的领袖。其充满香气的酒体拥有极具线条且口感醇厚的单宁。令人陶醉的 2010 年份可以完美地与松露千层酥包配佩里格尔调味汁相结合。我们在拉弗尔庄园体验到一种感官享受的境界，品尝一下 2000 年份的佳酿，它的清新之感可以带领着我们在时光中穿梭。

另一支极具特色的年份则是 1990 年份，那柔软光滑的酒体拥有非常出色的甘草香气。1989 年份油质腻滑的口感可以与松露烹野羊佐佩里格尔调味汁相搭配。

同时，它还可以轻触菜肴中松露的味道。拉弗尔庄园为我们呈现了这一产区独一无二的清爽与张力。

拉弗尔箴言：最出色的副牌松露窖藏

拉弗尔箴言（拉弗尔庄园的副牌酒）成为了右岸产区最优秀的副牌酒。"这里没有什么标准，"庄主杰克·吉劳德解释说，"同一个年份，我们会精选一些葡萄，平均生产五分之三的拉弗尔庄园和五分之一的拉弗尔箴言，而剩下的葡萄我们则选择放弃。而在 1987 和 1991 两个年份，我们只酿制了拉弗尔箴言，我们希望它能成为一支品质上乘的佳酿。"这两个年份的拉弗尔箴言拥有平衡的口感，可以与松露烹小母鸡相佐。

蒙威城堡（Chateau Montviel）与乐凯庄园（Château Le Gay）：艾伦·杜卡斯在凯瑟琳·贝蕾·维海优雅的艺术长廊中

　　我们与凯瑟琳·贝蕾·维海是在乐凯庄园中相遇的，这个时候她已经开始在蒙威城堡中进行葡萄酒灌装了。我们只能与她在拉朗德波美侯产区简短地打了声招呼，因为她马上要去巴黎乘坐飞机飞往阿根廷。在巴黎的"卡片餐厅"，她遇到了主厨皮埃尔·卡聂尔，并将其酒庄的佳酿带给了餐厅的侍酒师品尝。凯瑟琳·贝蕾·维海是一个永不停歇的工作狂人，他恨不得每天 35 小时的时间争分夺秒地工作和生活。1985 年，她购买了蒙威城堡，开始了她对葡萄园的热情追随。10 年过去了，实际结果证明她当初的选择和努力是值得的，她所酿制的葡萄酒拥有稠密的酒体和沁人的香气。为了探寻葡萄酒与松露的神秘和弦，凯瑟琳虚心地向她的朋友艾伦·杜卡斯请教，艾伦为她讲述了黑冬松露那优美诱人的秘密。

　　他们每个月要相约几次来一起研究美食与美酒的和谐音符："为了产生更完美的碰撞，我首先会考虑到菜肴的各项参数，然后再为之搭配合适的葡萄酒，"这位葡萄酒松露作曲家优雅地微笑着，"松露与波美侯的乐曲是非常简洁的，为了赋予它更浑厚的曲风，我喜欢将松露绞碎，这样可以最大化地释放松露的香味，然后我会将这些珍贵的碎末与土豆和高汤一起烹制，当它优美地呈现在餐桌上时，我会为之奉上一杯口感醇厚的 2003 年份蒙威城堡的佳酿。我同样可以将高雅纯正的 1998 年份搭配一道松露碎烤野鸡。"1998 这一年份同样诱惑着凯瑟琳,她将一道阿尔巴白松露鹅肝酱饺子与其搭配,惊喜地出现了完美的效果。2001 年份和 2002 年份都拥有更佳丰盈的口感,可以与一道皇家野兔相搭配。

我们将视线转向"气势与活力的结合体"——乐凯庄园。

我们很难找到这样洋溢着激情的美酒。这里的土壤散发着美乐葡萄那复杂的香气,而解百纳则为我们带来了波美侯产区最细腻的松露和香料的味道。这一切没有逃过凯瑟琳·贝蕾·维海的眼睛,她于 2001 年购买了这块让她欣喜的土地:"乐凯庄园那迷人的松露清香是我购买它的原因,我们可以在 2003 年份和 2004 年份的乐凯庄园佳酿中寻见这特有的芬芳。我认为,可以与松露搭配,产生最悦耳音符的便是波美侯的佳酿了。"这个美乐葡萄夫人、雅克·佩柏荷的好友充满自信地微笑着。2002 年,这个自她收购酒庄以来的第一个年份,不负众望地酿制出了高雅的美酒,迷人的紫罗兰香气在漫长的时光中与松露相遇了。而 2003 年份和 2004 年份纯粹的质感给我们极大的感官享受。1994 年份佳酿的浓密酒体和柔顺的质感让人感到震惊,它可以与野兔栗子蒸汤配松露鹅肝酱饺子合作出迷人的诗篇。艾伦·杜卡斯很钟爱该酒庄的葡萄酒,他举着手中的酒杯,说道:"我首先会单独品尝葡萄酒,然后我会为了搭配菜肴而选择适当的温度,让葡萄酒的香气得以转变。2003 年份拥有一股热土的气息,它皮革的闻香与光滑的口感让我沉醉,考虑到它的质感与香气,我们可以为之搭配松露烤马铃薯,最后需要撒上一点盐,这样可以驯服葡萄酒中的未成熟因子。口感醇厚的 2002 年份,我会搭配黑松露烹皮蒂维耶野味。"远离城市的繁华,这个星级的葡萄酒园在这里勾画出了它美好的未来。

塞丹德梅堡（Château Certan de May）

塞丹德梅堡，这个神秘的酒庄拥有着典型的波美侯韵律。让-卢克在这片土地上充满热情地生活着，当他在葡萄园或酒窖中工作的时候，目光中闪现着灵动的光芒。这一酒庄的葡萄酒在过去的 10 年中揭开了优雅的面纱。充满激情的 1988 年份佳酿，以它那复杂的香气在 80 年代末期的葡萄酒中崭露头角。这一类型的葡萄酒可以与松露焖猪脚搭配。2004、2003、2001 和 2000 四个年份的佳酿可以搭配用最出色的松露烹饪方式制作的菜肴。塞丹德梅堡，让我们可以在时光中尽情品尝生命的味道。在品尝 1982 年份和可以与松露并驾齐驱的 1985 年份佳酿前，为它们奉上一盘松露焖野猪肉佐黑松露泥则再完美不过了。如今，当我们用心品尝 1997 年份那天鹅绒般柔软顺滑的酒体时，一定要为它搭配一道松露烹小牛胸肉；如果餐盘中的美食是波罗门参配松露，那么 1996、1999 和 2002 三个年份的佳酿那深层次的酒体则可以完美地彰显菜肴的美味。油质顺滑的 1995 年份和拥有松露气息的 1998 年份可以与松露烹乳鸽搭配，将自身的优美质地奉献给了这道美食。需要注意的是，在品尝这些佳酿之前，至少要将它们提前三小时倒入醒酒瓶中。松露与葡萄酒则在这里以更加优雅的姿态与对方相逢，让我们为这一美好的时刻干杯。

在圣·艾美浓产区，葡萄酒松露品鉴师们以最优雅宁静的状态享受着这悦耳的美食乐曲。

圣·艾美浓产区

唐·隐士庄园：凯瑟琳·莫意克

　　这个酒庄坐落在一片生长着黑栎木的优质土地上，这里同样也因适合松露生长而著名。庄园主凯瑟琳·莫意克将松露与葡萄酒的探寻之旅很好地与艺术结合在一起。2001年份柔软且深厚的酒体非常适合搭配松露烹乳鸽。2000年份与2003年份给人的无限感官享受可以与黑松露野兔圆馅饼演奏出悦耳的旋律。

宝雅堡（Château Bélair），帕斯卡·得贝克（酒庄酿酒师）的葡萄酒与松露之旅

　　酒庄由内而外地散发着解百纳与美乐音符组成的轻柔音色。帕斯卡·得贝克对松露的香气极为敏感："我愿促成黑冬松露与葡萄酒这对神仙眷侣的联姻。1973年份的宝雅堡佳酿不是一个极为出色的年份，但当它轻触我们的鼻尖之时，一种刚刚采摘出来的新鲜松露

之香悠悠飘出，然后我们又会感觉到它极为出色的矿物香气，这可以搭配用炉火炭烧的烹饪方式制作出来的松露菜肴，可以最大限度地保护好黑冬松露的清新之感。我会在烤面包片上加上少许的热骨髓，然后再加上一片薄而精美的松露片和一点点古朗德食盐，这样精致而简洁的一道菜肴，若搭配 1973 年份的佳酿则完美无比，菜肴柔软的口感可以让酒中的单宁更加充实饱满。"

古罗马阶梯式的建筑，圣·艾美浓被联合国教科文组织（UNESCO）列为历史保护遗产。

帕斯卡·得贝克将一支 1988 年份的宝雅堡佳酿倒入醒酒瓶中，说道："您知道吗，若与松露菜肴相佐，坚实有力的口感、清爽的矿物闻香便可以在这支 1988 年份的佳酿中寻见。这些优质的条件可以让这一经典年份的葡萄酒与海味松露菜肴相搭配，比如扇贝烹松露就非常适合这支酒。1973、1974 和 1987 三个老年份的葡萄酒很钟爱小牛排这道美食，它可以为这三支成熟的佳酿带来些许松露的气息，而 1981 年份是一个非常值得特别关注的年份佳酿，紧实且又不失柔软的质感，可以让它在肉类松露菜肴中得以充分地释放。1990 年份将其活力完全展现给了松露配马铃薯蜂窝煎饼佐栗子酱。这道神秘的菜肴是由罗莫朗坦金狮饭店（Restaurant du Lion d'Or）的主厨迪叠·克莱芒创造的。"2001 年份、2000 年份和 1998 年份是三支大有前途的美酒，经过 10 年的陈酿期，它们会展现出极为出色的矿物香气、平衡的酒体和优雅的品质，它们将被荣幸地定义为卓越的"松露窖藏"。

帕斯卡·得贝克手中拿着一片烤好的乡村面包，再加上一点牛肉骨髓和精美的松露，最后再为它们撒上少许食盐。为其搭配一支 1989 年份的佳酿再完美不过了。

苏塔堡（Château Soutard），弗朗索瓦·德·里内里（前苏塔堡庄主）

弗朗索瓦·德·里内里被誉为圣·艾美浓的松露代表，我们可以在他位于圣·艾美浓镇上的葡萄酒酒吧——"反面与表面"，来品尝几款松露菜肴。"黑钻石"是他倾心已久的珍宝，很早以前他便在科比埃法定产区（Corbières）购买了一块葡萄园，并种植了几棵适合松露生长的橡树。黑冬松露在炭灰中的烤制得到了优待，可以为其搭配一支卓越的 1985 年份苏塔堡佳酿，它拥有圆润的质感、清新的口感和坚实有力且高雅的气质。1982 年份的单宁口感极佳，那特别的香气可以搭配神秘的小羊腿佐松露泥。

1955 年份的成熟佳酿，仍然富有年轻的活力，这一点则肯定了圣·艾美浓产区的名庄酒具备很好的陈年能力。为了更好地将这一在时光中的演变进行到底，我们可以将 2003 年份、2001 年份、2000 年份或 1998 年份的葡萄酒进行完美的陈酿，然后等待品尝 1995 年份、1990 年份和 1989 年份的甘露。

为了唤醒我们对生命的味道的渴望，苏塔堡酿制了很多可以与松露相佐的佳酿，葡萄酒松露品鉴师们在这里可以尽情地发挥与释放。

金钟庄（Château Angélus），于贝尔·德·布阿（金钟庄庄主兼酿酒师）：悦耳钟声中的松露与扁豆

于贝尔·德·布阿来到拉尔本克松露市场之后，便被这里所吸引，成为了一名虔诚的葡萄酒松露品鉴师。在他的地址簿上记录着所有著名的松露生产商和松露餐馆的地址。这是个善于使用平底锅的人，他更偏爱用最简单的方式来烹制"黑钻

石"。"在我看来，黑冬松露与扁豆的联姻是最完美的。"他闪烁着他那充满美食灵光的眼睛说道。他的这个说法有幸得到了盖萨沃伊餐厅的支持，这个三星级的巴黎主厨也是这一理论的忠实拥护者，他曾说过："扁豆中含有大量的淀粉，而淀粉又是松露最好的支持者。黑松露扁豆杂烩再搭配一支品质上乘的波尔多葡萄酒是我的最爱。"于贝尔也说道："扁豆中土地的清新味道与松露中的相吻合，我们需要为之搭配洋葱和哈布哥黑脚猪生火腿的油脂，因为伊比利亚火腿带有一点榛子香味。另外我还会用沙拉的形式加一点榛子油来烹制口感松脆的扁豆，将松露切成小块后加入扁豆沙拉中，然后覆盖上一层保鲜膜，将其放入冰箱进行至少 4 小时的冷却。"于贝尔将一支 1999 年份的宝花庄（Château Lafleur de Bouard）倒入杯中，这是一支非常柔和纤细的拉朗德波美侯产区佳酿。2000 年份的宝花庄佳酿拥有圆滑优质的单宁，它将成熟优雅的身姿献给了松露。1992 年份的金钟庄佳酿因那清新的口感而赢得了极大的肯定，这便是一支典型的圣·艾美浓产区的葡萄酒，它那甘草的余韵可以同时与黑冬松露和扁豆进行很好地搭配。1990 年份的金钟庄佳酿是一支酒域无限宽广的葡萄酒，它可以很好地支撑住松露的香气并最大化地提升扁豆的味道。

白马庄园（Château Cheval Blanc）：松露的 A 等列级名庄

它那细腻且具有力量的质地，加之柔软且考究的单宁是世界上独一无二的，白马庄园将时尚的风格贯穿其酒体。皮埃尔·吕东——

葡萄酒与松露 |

庄园的掌门人，经常会选择 1996 年份佳酿来探寻松露与葡萄酒的奥秘，这支佳酿富有年轻的活力，可以与罗莫朗坦金狮饭店主厨迪叠·克莱芒那鲜活的美味相呼应。当这一年份的窖藏成为了右岸产区最卓越的成就时，它遇到了松露与扁豆。

我们必须为之搭配不含过多土地香气的 1 月和 2 月份采摘的黑冬松露，和当年产出的新鲜扁豆，这样精选的食材制作出来的沙拉，口感会更加纤细，我们不会选择香醋调味汁，而会选择些许松露油，最后搭配上像蝴蝶一样轻盈飞舞的 1996 年份白马庄园佳酿，我们要感谢它那优美的清新和紧实的单宁。1998 年份的白马佳酿拥有让人赞叹的平衡酒体和出奇的陈年潜力，非常适合与松露烤小羊腿相佐。

1999 年份的佳酿，拥有圆润、甘美的口感和卓越的单宁，可以被称为这个"魅力年份"中最富有底蕴的美酒。它最喜欢搭配口感松脆的松露烹猪脚。

可以给予我们柔软且油滑的酒干和优美的清爽之感的，一定是 1995 年份白马庄园的佳酿了，如今更拥有多种香气的完美酒体结构，可以为它献媚的精品松露菜肴，要属用鸡汤熬制的小牛排了，最后再加上些许松露碎末，鲜美至极。

玛德莱娜庄园（Château Magdelaine）

那优美的波旁威士忌香草和可可粉的闻香，让 1998 年份拥有极为深邃的气质、柔软的单宁和优雅的矿物香气。"这是具有圣·艾美浓产区贵族气派的葡萄酒。"让-克洛德·贝侯特的门徒——艾瑞克·穆里撒斯——说道。对于让-克洛德而言，这支佳酿可以在餐桌上完美地展现其纤细且高贵的名庄气质。若为之搭配松露扁豆沙拉，则有如进入了如梦似幻的仙境。1995 年份的佳酿拥有让人陶醉的圆润口感，它优雅的矿物香气没有辜负人们赋予它的赞诗，它可以与任何一种方式烹饪的黑冬松露相感应。1990 年份的佳酿充满活力和矿物香气，它会自觉地来到松露烹小羊肉佐松露椰泥面前，向这道美食致敬。同样还是这道美味，1961 这支成熟年份的佳酿以其黑加仑和松露的闻香、富有张力又不失柔滑的口感而光芒四射。玛德莱娜庄园透过其高雅的气质成为了利布尔讷产区最

出色的"松露窖藏"之一，这也是所有葡萄酒松露品鉴师们最应该珍藏的甘露。

瓦兰德鲁庄园（Château de Valandraud），图内文夫妇：一对虔诚的葡萄酒松露品鉴夫妇

为了用洋溢着热情的情感来拥抱松露，穆希拉和她的丈夫让-吕克·图内文来到了优美的圣·艾美浓产区，开始了他们的葡萄酒松露品鉴之旅。他们熟知松露的一切特性。松露马铃薯沙拉加上少许橄榄油可以将松露的味道第一时间释放出来。穆希拉打开一瓶 2001 年份的瓦兰德鲁庄园佳酿，沙拉中的少许食盐让酒中的单宁变得柔软顺滑，可以更加符合松露柔软的步伐。1998 年份那性感柔软的酒体可以与小牛排佐松露意大利面完美结合。我们被它那纯净的味道和松露的气息所吸引，奶油的清新与这支圣·艾美浓列级名庄产生了极大的默契。

菲康拉杰城堡（Château Ferrand-Larti-gue）：皮埃尔和米歇尔·菲康

皮埃尔·菲康在 90 年代初期以对葡萄酒极大的热情购买了圣·艾美浓产区的几公顷葡萄园。从此他便开始在这片土地上倾注他所有

的心血。菲康拉杰城堡好似他的指纹一样，牢牢地粘在了他的皮肤上。他的妻子米歇尔也被这片土地上的神秘气息所吸引，成为了一名优秀的葡萄酒松露品鉴师。她就像一位小牛排的女王，肉中油汁牵住黑松露香气的这一幕深深吸引住了她。

1995 年份、1997 年份和 1998 年份的菲康拉杰城堡佳酿的柔软单宁和在醒酒瓶中的优美姿态让人垂涎欲滴。1997 年份获得了极大的成功，极具圆润的美乐葡萄特色，入口后充满力量。1995 年份适合搭配可口的肉类菜肴，1998 年份则更加钟爱松露烹小牛肉。

波美侯产区

波美侯产区的葡萄酒拥有一种特殊的松露香气，口感饱满丰盈，酒姿高雅婀娜，香气深邃且纤细，形成了一种优美悦耳的和弦。

克罗河内酒庄（Château Clos René）

好客且考究的让-马里·歌德好似波美侯的骨肉，他酿造出的清澄透亮的波美侯葡萄酒可以与当地的美食生成优雅的和弦。当这个克罗河内酒庄庄主开始探寻葡萄酒与松露的奥秘时，他来到了阿日尼拉宾餐馆，在这里遇到了饭店主厨米歇尔·古哈荷。

这支酒体圆润且具有完美陈年能力的波美侯葡萄酒立刻为我们带来了迷人的微笑。如今，1975 年份的佳酿仍然拥有上乘的品质，与 1981 年份、1982 年份、1985 年份、1988 年份、1989 年份、1990 年份的葡萄酒一样，均属于卓越的"松露年份葡萄酒"，拥有灵锐且优美的单宁。1995 年的酒体无比柔软，而 2000 年份拥有无与伦比的力量和高雅的品质。2001 年份展现了它的经典酒体。2003 年份和 2004 年份用它们迷人的紫罗兰香气尽显其诱人姿色。克罗河内酒庄的佳酿是可以与松露广泛搭配的葡萄酒。我们最好能够有幸预留一支大瓶装的克罗河内酒庄佳酿，用来搭配松露杂烩配鹅肝酱、蘑菇和牛舌。

邦高酒庄（Château Bonalgue）

利布尔讷市田野的不远处，一个波美侯产区的葡萄酒庄园坐落在这片非常适合松露生长的沙砾黏土质地的土地上。这多肉丰盈且圆润美味的葡萄酒可以与黑冬松露的任何一道菜肴完美相称。该酒庄荣幸地被列入利布尔讷产区前五名优秀酒庄之一。因此这是一个性价比极高的葡萄酒庄，优秀的陈年能力可以让它陈酿至少 5 年。1998 年份拥有迷人的松露和紫罗兰香；1994 年份则拥有诱人的口感；2004 年份的佳酿也是非常出众，获得了极大的成功。

无论是松露小牛肉、松露乳羊还是松露烹牛肉，这支波美侯都可以完美地与任何一种方式烹制出的松露菜肴相结合。尤其是该酒庄酿制的 1985 年份和 1990 年份佳酿，具有非常卓越的气味演化能力和优质的单宁，而 1979 这支成熟年份的完美佳酿更是可以凸显出其迷人的酒姿。

马泽骑士堡（Château Mazeyres）

带着他曾作为一名火枪手的经历，阿兰·莫意克那穿着神秘长靴的脚悠然地晃动在波美侯的餐桌下，这里就是马泽骑士堡。极易入口、圆润光滑、多肉丰盈，这支产于利布尔讷市郊的酒庄的美酒很容易地便被食客们所接受了。我们爱上了它那与美食搭配时所散发出来的年轻气息。1995 年份、1996 年份、1998 年份、1999 年份、2000 年份、2001 年份和 2002 年份这些卓越的佳酿拥有上乘的品质，可以与松露烹鸡肉完美相佐。这是一支值得我们拥有的甘露。

钟楼园酒庄（Clos du Clocher）

该酒庄是波美侯地区最迷人的酒庄之一，尤其是在与松露菜肴搭配的时候。饱满丰盈、温柔甘美、高雅精致，在与帕芒蒂埃小牛肉烹松露相遇之前，它是一支值得我们耐心等待的美酒。1985 年份温柔地抚摸着黑冬松露；质地柔软的 1990 年份佳酿可以与任何一道口感圆润的菜肴相搭配；1971 这支成熟年份的佳酿柔软纤细；2004 年份那多样的香气可以在优美的单宁中尽显其光彩。热情好客的布洛特家族最钟爱美味的 2001 年份和 2004 年份佳酿。

红鱼酒庄（Château Rouget）

从 20 世纪 90 年代中期开始，红鱼酒庄便成为了波美侯的星座天宫中一颗新兴的星宿。这个波美侯酒庄以极快的速度渗入了人们心中。从 1998 年开始它温柔甘美的神秘身影便在波美侯安营扎寨了。如果我们想品尝 1998 年份、2000 年份和 2001 年份的佳酿，还有些为时尚早。至少要再耐心等待 5 ~ 10 年。现在我们可以先享受 1997 年份、1999 年份和 2002 年份的佳酿，它们可以为我们呈现其优秀的气味演化能力。我们为油滑柔美的 1995 年份佳酿搭配洋葱小羊胸烹松露这道美食，优美的旋律让人垂涎欲滴。

克里奈堡（Château Clinet）

酒体圆润且多汁，克里奈堡经过陈酿期的提炼，带给我们一种松露质地式的丰盈饱满。1997 年份的克里奈堡佳酿如今所呈现的完美可以与松露山鹬热面条相搭配。而 2001 年份需要再至少等待 6 年才能完美地与松露菜肴结合。

克里奈教堂庄园（Château l'Église Clinet）

2003 年的克里奈教堂庄园佳酿呈现了一种完美的饱满酒姿，经典主义者 2004 年份、2002 年份和 2001 年份的佳酿同样备受青睐。这支拥有坚实酒体的波美侯葡萄酒可以与皇家野兔烹松露这道美味优美地呼应。

盖伊十字庄园（Château La Croix de Gay），1985 年份的顶级"松露窖藏"

1988 年份的盖伊十字庄园葡萄酒在单宁方面获得了巨大的收获，特别的松露香气、圆润的口感和多汁多味的佳酿与松露烤小牛肉的质地可以很好地结合。1985 年份的佳酿给予我们一种感官上的享受，它那更加柔滑的单宁、松露的芳香让我们感受到了"纯粹"二字的优雅含义。我们徜徉在这份诱惑中，感受着这支美酒搭配牛脊肉佐松露鹅肝酱汁的魅力。"这是一道适合自家烹制的菜肴，只要你尝试就不会失败。"盖伊十字庄园的庄主尚塔·勒伯彤说道，"父亲来自佩里格尔，而母亲来自波美侯，是它们孕育出了这经典的味道。"如今我们只能向您推荐 2001 年份和 2004 年份的盖伊十字庄园佳酿了。

1998 年份获得极大的成功，这可以称得上是一支松露葡萄酒，与 1989 年份的拉弗尔乐贵庄园的佳酿一样可以与炭烧松露结合焕发其绚丽的色彩。

卡赞堡（Château Gazin）

1970 年份的卡赞堡佳酿在波美侯产区犹如一支传授奥义的美酒。它柔软的质地和松露的芳香可以完全展示在松露烤小牛肉的面前。1971 年份是一支极为高雅的窖藏，非常适合与松露烹鸡翅一同品尝。1989 年份、1990 年份、1995 年份、1998 年份、2000 年份、2001 年份和 2004 年份的佳酿同样可以进入松露的传奇世界中。

列兰堡（Château Nénin），葡萄酒松露品鉴师的未来

1997 年，让-余博贺-德隆接手掌管了列兰堡，从这时开始列兰堡便成为了波美侯产区的杰出代表。该酒庄 2002 年份的佳酿称得上是波美侯产区最悦耳的乐曲，若经过 8 年的陈酿，到了 2010 年，它就可以与板栗松露煮鸡千层包完美地搭配。

2003 年份、2001 年份和 2000 年份同样酿制出了极为出色的美酒。而该酒庄的副牌酒小列兰（Fugue de Nénin）同样非常卓越。2001 年份圆润灵动的酒体可以搭配松露烹珍珠鸡。

康赛隆庄园（Château La Conseillante），松露经典之作

与白马庄园一样，康赛隆庄园在法国葡萄酒园的这个巨大的舞台散发着光芒。它那柔软的酒质让它成为了波美侯产区最优秀的酒庄之一。从装瓶后的第一个月起它便开始尽情地展现着它的魅力。

1995 年份的可以在装瓶 6 个月后进行品尝，具有可以与任意美食搭配的潜质。而到了今天，它变得更加精练，更加与众不同，可以与炭烤松露相搭配产生意想不到的效果。我们同样可以将这道菜

肴搭配油滑柔顺的 1990 年份和丝绒般甘美的 1989 年份佳酿。

这个具有极为出色的陈年能力的酒庄为我们展现了其 1985 年和 1976 年两个成熟年份佳酿那让人惊讶的青春活力。2001 年份那优秀的质感也是非常值得我们关注的。

老塞丹酒庄（Vieux Château Certan）

这是一个让人难忘的、以解百纳著称的波美侯产区酒庄。该酒庄 1996 和 1986 这两个"解百纳年份"的佳酿要比其他波美侯产区的解百纳葡萄酒出众许多。我们选择用这两个年份的美酒来搭配皇家乳鸭焖松露时蔬。这道美食若能够搭配该美酒中出色的单宁，品质则可以无限升华。

美颜庄园（Château Beauregard）

在 2 月份散发着乳白光晕的一个下午，文森·布里（Vincent Priou）拔开了 1995、1998、2000、2001 和 2004 五个年份的佳酿，将它们分别倒入醒酒瓶中。只有 1992、

1993 和 1999 三个年份在品尝的最后一刻才被开启。值得一提的是，美颜庄园从 90 年代初期便被列入了波美侯产区最出色的葡萄酒级别中。30% 的品丽珠在每一个年份都会为我们展现其神秘且清新的单宁，而平易近人的美乐则会让它们之间的配合更为亲密。该酒庄经过十年陈酿后的葡萄酒将自己的魅力全部贡献给了板栗黑松露鲜奶泡沫汤。

玛耶老城堡（Château Vieux-Maillet）

是伊莎贝拉·莫特将玛耶老城堡推向了舞台。而如今是艾荷维·拉维拉接手掌管酒庄，他是利布尔讷地区著名的葡萄酒松露品鉴师，同时还拥有圣·艾美浓产区的两个名庄：吕萨克庄园（Château de Lussac）和弗朗梅诺堡（Château Franc-Mayne）。只用了几年的时间，这个从前是记者身份的庄主就可以出版一期以 2001 年份玛耶老城堡配小牛腿肉烹松露为主题的刊物。2004 年份佳酿那让人难忘的柔软质地成为了葡萄酒中的领航者。从 2002 年开始，我们同样钟爱吕萨克庄园的高雅酒姿。

飞卓玫瑰堡（Château La Rose Figeac）

　　尼古拉·德斯帕尼旨在酿造出品质卓越、柔软灵活、圆润油滑的波美侯葡萄酒，正如他所酿制的 2001 年份和充满坚实力量的 2004、2003 和 2000 三个年份的美酒。这些葡萄酒在经过五年的陈酿期后可以与鹿肉松露小灌肠这道美食搭配而产生不同的效果。1990 年份和 1985 年份的油滑质地证明了这两支波美侯佳酿强大的陈年能力。这个家族中的另外一个成员——圣·艾美浓山坡产区的白宫酒堡，其 2004 年份的佳酿与野鸭无花果松露馅烤时蔬的相遇充满了无限的活力，而 1959 年份仍然能够以其活力的质感搭配同样风格的菜肴。

弗龙萨克产区（Fronsac）和卡侬·弗龙萨克产区（Canon–Fronsac）

　　从伊斯乐河（Isle）跨过利布尔讷，到弗龙萨克和卡侬弗龙萨克地区来赞美虔诚的葡萄酒松露品鉴师。这是波尔多大产区唯一拥有可以盛产黑冬松露的葡萄酒庄园的次产区。带着这一特色，我们来到了圣米歇尔·弗龙萨克，卡萨奥卡侬松露酒庄（Cassagne Haut Canon-La Truffière）就是一个很好的例子，这里经常被慕名而来的葡萄酒松露爱好者们挤得水泄不通。它的身后跟随着 15 个葡萄酒庄，正是它们证明了弗龙萨克产区呈上升趋势的实力。在波尔多的右岸产区中，弗龙萨克酿制着性价比最佳的美酒。

　　　　　　　　　　　葡萄酒与松露 |

这一地区从史前开始便有居民存在了。

卡萨奥卡侬松露酒庄：为松露干杯

一个寒冷而寂静的清晨，在卡侬弗龙萨克产区正中心的小圆丘上，一栋造型高雅的砖石建筑物挺立在多尔多涅河的平原上。这是一幅让人沉醉的景色。这 15 公顷拥有英国贵族血统的葡萄园，拥有一片多石块且地层较浅的土地。1970 年，自波尔多农业研究所颁布决议以后，现庄主的父亲决定在葡萄园中种植几棵适合松露生长的橡树。为了圆满完成父亲的愿望，儿子让-克洛·德杜伯便从 1985 年开始研究酿制适合搭配松露菜肴的"松露窖藏"。经过严谨的葡萄果实筛选，这一窖藏最终只会用到全园葡萄总产量约 20% 的果实。而如今，经过对葡萄质量的改善，可以精选到约 70% 的葡萄果实酿制"松露窖藏"。这位尽善尽美的庄主，通过悉心的培育，酿造出了右岸产区最平衡考究的葡萄酒。富有活力的酒体将其高贵的品质牢牢地抓住。2004 年份的佳酿将在未来成为无可限量的松露美酒。我们将手持这支美酒来参加像花朵一样盛开的美宴。

第一个登上这美食餐桌的是干炒松露。

1989 年份的"松露佳酿",拥有一种皮革和一丝紫罗兰的闻香,入口后油滑的单宁给予我们一种极为美好的感官享受,这种种的特质都证明它将可以与干炒松露很好地结合,产生一种极为优美的味道,当然前提是一定要避开面包的侵袭。1990 年份的佳酿,拥有柔缓的口感加之黑加仑和甘草的香气,清新的葡萄酒香气将是与这一菜肴结合的关键。而带有面包的菜肴则更适合搭配 1995 年份佳酿,这要感谢口感稍显紧致的单宁。我们不需要一支口感过于强劲的葡萄酒,1987 年份可以作为这道菜肴一个别致且恰到好处的点缀。1997 年份柔软融化的单宁可以将这道美味升华至极致。1985 年份拥有黑加仑的气息,甘美温柔的酒体和富含香气的单宁可以完全与这道菜肴融为一体。为松露鹅肝酱意面搭配一支 1988 年份佳酿,菜肴中的煎鹅肝可以使美酒变得更加圆润细腻,唤醒酒体中的黑加仑和草莓的香韵。1959 年份的松露窖藏,更是美不胜收。

尚戴奈酒堡（Château Chadenne）

这家科雷兹人刚刚入住波尔多,便在葡萄酒领域中获得了极大的成功。菲利普和维罗尼克·让履行了他们的诺言,从 2000 年份开始,他们便将尚戴奈酒堡推向了巅峰,成为了弗龙萨克产区最出色的酒庄之一。

这支至少要经过 6 年陈酿期的美酒,高雅美艳。六年过后它便可以将维罗尼克赋予它的所有能量全部贡献给松露菜肴。煎松露和鸡肉炖松露搭配此酒将会让我们在耶稣受难日享受到无限的美味。

大荷诺酒庄（Château Grand Renouil）

米歇尔·庞迪这个神秘的男人,特别钟爱葡萄酒中单宁与松露的搭配。他的大荷诺酒庄似乎得到了大自然的青睐,成为了利布尔讷地区最卓越的酒庄之一。如果盲品,我们通常会将该酒庄 1990 年

份的佳酿误认为是一支上好的波美侯葡萄酒。它那轻松活泼的香料、罗兰和松露闻香超越了其匀称平衡的口感，可称得上是力量、高雅与清新的共存体。1990 年份酒是一支非常优美的"松露窖藏"，可以与小牛排佐松露菊芋泥搭配，这将是美味至极的和谐交融。

2003 年份、2002 年份、2000 年份、1998 年份和 1995 年份的佳酿也是非常出众的"松露窖藏"，1988 和 1989 两个成熟年份也可以加入这个队伍中来。2004 年份的美酒可以搭配一道松露千层酥包配佩里格尔调味汁，这是与黑冬松露最经典的搭配方法之一。这是右岸产区一片牵引着松露的富饶土地。

木兰奥拉洛克酒庄（Château Moulin Haut-Laroque）

让–诺埃尔·艾荷维拥有敏锐的鉴赏力和满满一个酒窖的美酒佳酿，他要向世人证明弗龙萨克的葡萄酒具有非常卓越的陈年能力，并可以很好地与松露相融汇。1997 年份比较适合现在品尝，它圆润的口感可以在经过几年的陈酿期后唤醒松露的味道。1995 年份的佳酿开始展现它无穷的潜力，我们必须在品尝之前两个小时将它倒入醒酒瓶中让它渐渐苏醒。1989 年份和 1990 年份的佳酿非常富有张力，它可以在加斯科猪肉配土豆面包和洋葱松露面前展现其光彩。

弗龙萨克产区以它的美丽景色而著称，它那绵延起伏的山丘屹立于利布尔讷山坡之上。

圣·艾美浓产区

卡侬庄园（Château Canon）、卡侬·嘉芙丽庄园（Château Canon La Gaffelière）和多明尼格庄园（Château La Dominique）

　　清晨的圣·艾美浓是非常适合探寻松露与葡萄酒的美好时刻，我们可以在单宁的旋涡中体会"黑钻石"的优雅芳香。

　　法国著名的老厨师弗朗西斯·古雷曾经在清晨六点时为卡侬庄园1982年份的佳酿寻找可以与其搭配的松露菜肴，而最终，他选择了最甘美可口的烹饪方式，制作出了一道松露千层酥包。这支美酒可以抓住菜肴的味道，并且可以激发它们的潜能。如今，名厨弗朗西斯已经光荣地退休了，而1982年份的卡侬佳酿却丝毫没有停止它前进的步伐，经过多年的陈酿，直到今天，魅力仍在继续演化。另两支"松露窖藏"则是口感圆润甘美的1989年份和拥有出色单宁的1998年份。

　　在一个美好的上午，松露扁豆沙拉开始了与卡侬嘉芙丽庄园和多明尼格庄园相互追逐的游戏。

卡侬嘉芙丽庄园的高贵气质绝
对配得上它一等列级名庄的称号。
我们钟爱它那可以与扁豆和松露完
美搭配的油质顺滑且清新的口感。
1997 年份单宁如今已经非常圆润
了，同样可以与扁豆松露沙拉完美
搭配。而 1999 年份和 2000 年份的
葡萄酒则还需要等待 10 年的陈酿
期，2010 年我们便可以品尝到奢华
无比的两支佳酿。

14 世纪的修道院教堂。

多明尼格庄园的丰盈的酒体结构可以与类似的菜肴进行搭配，
如该酒庄的 1990 年份和 1995 年份佳酿，圆润的单宁可以使扁豆的
口感变得柔软。

餐桌上的另一欢愉场景是松露小牛排搭配这支一级名庄美酒。
借着酒中那柔软融化的口感，小牛排爱上了它的伙伴——黑冬松露。
烹制过后，加入一点奶油调味汁，这一油质滑腻的汁液可以很好地
与饱满丰盈的圣·艾美浓葡萄酒产生共鸣。仍然是同一支佳酿，我
们还可以为它搭配其他肉类松露菜肴、松露通心粉或者酵母面包。
带有轻微酸度和坚硬口感的酵母面包可以吸引 1989、1990 和 1995
这三个卓越年份的葡萄酒，若搭配上松露则会更加完美。

1997 年份的多明尼格庄园已经开始进行演化了，如果我们想要
在未来品尝出色的佳酿，那么现在就可以将 1998 年份和 2000 年份
的佳酿收入囊中了。

博塞留贝戈堡（Château Beau séjour Bécot）1988 年份佳酿：我
们不可低估了这支佳酿，它笔直的酒体结构和经典韵味使所有波尔
多爱好者们心醉神迷，松露小牛排可以徜徉在它优美的单宁中。而
1982 年份同样可以让我们品尝到其优雅圆润的单宁。

弗禾岱庄园（Clos Fourtet）1990 年份佳酿：富有坚实的力量和
浓稠的酒体，其优美结构可以在酵母面包中找到它不可小视的地位，
酵母面包的酸度和坚硬的口感可以阻止葡萄酒与小牛排相遇后其不

卡侬庄园版画。

断上升的地位，旨在保护松露的味道与口感。

老托特庄园（Château Trottevieille）1989 年份佳酿：深邃的色泽、清新的闻香、柔软的单宁，这支搭配着刚刚浇过奶油调味汁的松露小牛排味美至极，纤细的和弦让葡萄酒散发出了更多的香气。

在 20 世纪 90 年代中期到 21 世纪初期，圣·艾美浓产区一些品质极佳的葡萄酒被葡萄酒松露品鉴师发掘，这要感谢那些新近的酒庄庄主长期不懈的努力，才得以让我们品尝到这些甘美的琼浆玉液。

卡迪娜酒庄（Château Fleur Cardinale）

浮罗朗斯和多米尼克·德考斯特是卡迪娜酒庄两位新的守护神。这位前哈维兰法国瓷器的老总，在圣·艾美浓遇到了让他重拾激情的让-吕克·图内文，从此便开始了他的葡萄酒生涯。2001 年份是他所酿制的第一个年份美酒，高雅别致；2002 年份也是非常卓越的一支佳酿。这对充满活力的葡萄酒松露品鉴师夫妇用心地经营着他们的爱好，就像这"黑钻石"与著名的图内文夫妇一样。我们可以耐心等待 5 ～ 6 年的时间来品尝 2003 年份的佳酿搭配松露烤小羊肉，当然更不要忘记美味的 2004 年份佳酿。

侯勒情人酒庄（Château Rol-Valentin）

这个前专业足球运动员艾瑞克·布里塞特在 2003 年 9 月份来到了圣·艾美浓产区购买了 5 公顷的葡萄园，开始了他的葡萄酒生涯，并且获得了圣·艾美浓产区名庄的称号。他所酿制的 1995 年份佳酿口感圆润，可以完美地搭配松露塔布四季豆配小羊肉。高雅的 1999 年份建议在 3 年后进行品尝。2004 年份、2003 年份、2002 年份和2001 年份的美酒仍处于起飞阶段，不过我们也可以为之搭配鸽子松露馅烤蔬菜包提前进行品尝。

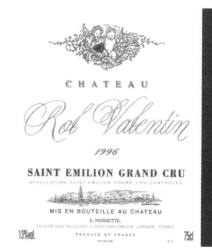

君豪庄园（Château Quinault l'Enclos）

该酒庄高雅的美酒从刚刚酿制好的那一刻起便深深地吸引了我们。它醇厚的质地和香气与最出色的松露菜肴非常相符。该酒庄佳酿在灌装入瓶后仍然需要等待 6 ~ 7 年的陈酿期，之后它便可以完美地展现在野羊佐黑冬松露鹅肝酱调味汁的面前了。这道菜肴让君豪庄园庄主阿兰·海诺博士为之一震。

圣·艾美浓产区：奥哈多尔酒园（Clos de l'Oratoire）

我们每年都愿意来到美丽的奥哈多尔酒园采摘葡萄。从 1997 年份佳酿开始，该酒园的柔软单宁便可以很好地与松露相搭配了。之后每一个年份酒都拥有油质圆润的口感和柔软的单宁，口中后段的清新余韵于平衡的酒体中，让人刻骨铭心。品尝 1998 年份、2000 年份、2001 年份、2003 年份和 2004 年份仍需等待，而 1999 年份的美酒已经非常柔软顺滑。芬芳甘美的 1997 年份与松露香栗清汤炖野鸡的搭配可以尽显其优美平衡的酒体。

特里亚侬酒庄（Château Trianon），多米尼克·艾博哈禾

当多米尼克·艾博哈禾还是个孩子的时候就开始对白马庄园产生浓厚的兴趣了，尤其是对解百纳的爱慕之情让人记忆犹新。他灵敏的鼻腔微微颤动着，为特里亚侬酒庄带来了高雅的气息。他将酿

酒的重心放在酒体的平衡感、坚实感和朴实感上，永远尝试着最适合这片土壤的酿酒技术。他的第一个年份佳酿——2001，给了他最忠诚的回报。2002年份则拥有多汁多味的口感，5%的佳美娜葡萄让酒体质地激发出松露的敏锐度，若在2010年品尝，则可以搭配味道迷人的松露烹小牛肉。

弗朗梅诺堡（Château Franc-Mayne）

2月，阳光自然地照耀着纤细优美的弗朗梅诺堡。酒庄庄主格鲁耶·拉瓦勒女士拥有利布尔讷式的独特味觉，并将她的天资与热情全部投入到了弗朗梅诺堡中。松露腌鹌鹑这道美食与1983年份和1988年份佳酿谱写出来的和谐旋律见证了她倾注的所有心血。经过5年陈酿后的2004年份佳酿同样可以给予这道菜肴全部的能量。1998年份、2000年份和2003年份也是该酒堡出色的"松露窖藏"。

贝斯雅古堡（Château Bellefont-Belcier）

在柏菲庄和拉斯杜嘉庄园（Château Larcis-Ducasse）的延伸部分，贝斯雅古堡拥有非常优质的圣·艾美浓土壤。90年代中期，新的庄主便开始在这里倾注他所有的努力，以成就具有坚实酒体和平衡口

感的贝斯雅古堡的佳酿。多米尼克·艾博哈禾作为酿酒师的到来让该酒庄的佳酿在品质上更上了一个层次，并可以与圣·艾美浓产区其他的酒庄相媲美。1998和2000两个年份的美酒可以与松露烹野猪佐"黑珍珠"香芹泥相结合。而2002年份和2004年份佳酿也承载着无限的美食灵感。

罗斯贝尔酒庄（Château Rochebelle）

这个与蒙多特酒堡为邻且盛产"松露窖藏"的卓越酒庄——罗斯贝尔酒庄，以其1997年份佳酿赢得了2001年"名庄杯佳酿"的桂冠，随即这支佳酿便成为了该年份全产区最出色的葡萄酒，它非常钟爱松露香栗清汤炖鸡这道菜肴的味道。迷人的矿物香气赋予了这支美酒清爽的美感。1995年份的佳酿同样可以搭配这道菜肴给人一种美好的味觉享受。而2000年份佳酿已在2005年为我们呈现出了它最精彩的一面。

阿蒂斯花堡（Château Fleur d'Arthus）

口感饱满的2004年份阿蒂斯花堡葡萄酒在未来若与松露山鹑馅饼相搭配一定会产生完美的旋律。该酒庄的佳酿可以将其高贵的单宁浸泡在黑冬松露菜肴中，可以称得上是利布尔讷地区最具有无限上升空间的酒庄之一。

塞颂内特酒庄（Château Sansonnet）

该酒庄具有悠久的历史，庄主曾是德卡兹公爵，正值路易十八的统治时期，他绝对可以称得上是法国历史上一位出色的"葡萄酒松露品鉴师国王"，也正是他将"山雀松露泥"这道美食推向极致。这道皇家菜肴可以与塞颂内特酒庄2002年份佳酿完美结合，柔软且高贵。2001年份和2004年份的佳酿也同样展现了可以与松露相搭配的优秀品质。

拉图飞卓堡（Château La Tour Figeac）

2000 年份佳酿可以凭借其丰盈、饱满、高贵的气质牢牢吸引住松露鸡血肠这道美食。

桑克杜斯酒庄（Château Sanctus）

从 1998 年开始酿制第一个年份的新贵——桑克杜斯酒庄，总是被无数的葡萄酒松露品鉴师所青睐，他们为它高唱着赞歌，只因它那高雅的品质可以与松露奶油面包完美地演绎一段人间佳话。

波美侯产区

2004 年份的德瓦拉堡（Château de Valois）佳酿，和其悦耳动听的 2002 年份佳酿均拥有非常自然的气息，清新柔软的质感可以满足松露马铃薯烤薄饼所有的需求。从 2000 年开始，费迪克奈堡（Château Feytit-Clinet）便开始潜心研究它对单宁的特殊要求，经过 7 年陈酿后的柔顺单宁可以更加接近松露奶酪脆皮这道菜肴的味道。若希望更快地得到口感上的满足，那么，十字城堡（Chateau La Croix）只需要 5 年的陈酿期便可以完美搭配松露马铃薯千层酥包。

卡斯蒂隆产区

迪拿酒庄（Domaine de l'A）

卡斯蒂永拉贝塔（Castil-
lon-la-Bataille）上的多
尔多涅河。

　　这个法国葡萄酒园中的重要人物——斯特凡·泰合诺库，钟
爱在各个不同的经纬度探寻葡萄酒与松露的奥秘。他的名字叩响在
每一处松露与单宁的优雅和弦上。他在自己的酒庄中，如同在其他
的酒庄中一样，津津乐道地建议食客们选择一些高雅、匀称尤其是
拥有柔软单宁的葡萄酒来搭配松露。比如 2000 年份、2001 年份和
2002 年份的迪拿酒庄佳酿就获得了极大的成功，2000 年份现在已经
开始品尝了，我们会为之搭配松露椰子四季豆泥。而 2004 年份则让
它在时光的隧道中继续徜徉。

山峰酒庄（Château d'Aiguilhe）

　　2005 年，我们便可以享受 1999 年份的山峰酒庄佳酿了，或是深
厚品质的 2000 年份和平衡酒体的 2001 年份佳酿。这些葡萄酒可以
将它大鹅绒般柔滑的单宁全部献给松露鱼子酱佐玉米奶油。

祖安贝嘉庄园（Château Joanin Bécot）

　　日哈荷·贝嘉的女儿祖安·贝嘉是该庄园的庄主，同时也是博
塞留贝戈堡（Château Beauséjour-Bécot）的联合庄主之一。该酒庄的
前三个年份 2001、2002 和 2003 获得了非常大的成就。这些佳酿可
以在 5 年的陈酿期后进行品尝，可与松露焖猪脚进行完美搭配。

弗龙萨克产区和卡侬弗龙萨克产区

弗龙萨克产区的"松露窖藏"愈发地被人们所关注，秉承着优质的理念，每一个年份的佳酿都在不断进步着。

富地拉堡（Château Fontenil）

1995 年份的富地拉堡佳酿如今已经非常出色了。如果您还珍藏着几瓶 1988 年份或 1989 年份的该酒庄佳酿，那现在是品尝的最好时机。建议您用佩里格尔松露烹牛肉片来搭配这些年份的美酒。

贝拉比酒庄（Château Pey-Labrie）

弗龙萨克产区和多尔多涅河产区上的葡萄园美景。

卓越的 1988 年份成为了该产区一个重要的参考年份，而我们则更偏爱该酒庄 1989 年份的佳酿，可以完美与松露母鸡炖小牛肉相结合。1991 年份同样也成就了一支迷人甘露，拥有不容置疑的松露特性。永远是这样的精致考究，这个卡侬弗龙萨克的酒庄成为了产区的领军者。

拉杜芬酒庄（Château de la Dauphine）

2002 年份和 2001 年份的美酒多汁饱满且充满了香气。经过 3 ～ 4 年的陈酿期后，这些年份的窖藏将会拥有非常平稳的酒体，可以很好地与松露烹帕芒蒂埃鸭相搭配。

维拉城堡（Château Villars）

从 19 世纪初期开始，经过高迪家族六代人的努力，维拉城堡获得了极大的肯定，在弗龙萨克产区这片美丽的景致中站稳了脚步。我们非常喜爱该酒庄那平稳、朴实之感。神秘的 1988 年份和 1989 年份佳酿更是得到了食客们的认同。1995 年份的美酒拥有一种特别的松露音域，而之后的一些年份佳酿则可以幸运地与松露烹帕芒蒂埃鹅相搭配。

当然，我们不排除在这里没有提到的拉卢索酒庄、老教堂城堡、迪林酒庄、卡侬布莱姆庄园和三十字酒堡等一些非常优秀的酒庄，他们同样也在 2004 年份获得了极大的成功。

波尔多左岸产区

　　在去往苏特恩产区（Sauternais）、格拉夫产区（Graves）和梅多克产区（Médoc）之前，我们会先在波尔多这座浪漫之城停下脚步，著名的莎澎帆餐馆的主厨尼古拉·弗昂在这里等待着我们与他一同品尝美味的葡萄酒与松露。

波尔多
左岸产区

波尔多：莎澎帆餐馆，主厨尼古拉·弗昂

　　洛可可式的装修风格、墙壁上的突饰、实木质地的装饰线脚、仿制的木料和逼真的大理石组成了这个装修于 1900 年的莎澎帆餐馆。莎拉·伯恩哈特（1844—1923，法国戏剧演员、导演）、图卢思·劳特雷克（1864—1901，法国著名印象派画家）、乔治·曼德尔（法国著名记者和政治家）和保罗·雷诺（二战初期法国投降前主战派代表人物、政府总理）都先后在这里享用过美味。可以肯定的是，这些著名人物都曾在这里探寻过松露与葡萄酒那神秘莫测的关系，1937 年 12 月 6 日的菜谱足以证明我们的推测，这一天的菜谱包括罐烧松露野兔、鸭肝松露酱和波尔图酒烹松露，这些精美的菜肴代表了那一时期最经典的松露美食。穿过时光的隧道，如今，一个著名酒庄的庄主掌管着波尔多这个最具历史价值的餐厅，他就是让-米歇尔·卡兹，他将他所有的信任交给了一个年轻的厨师——尼古拉·弗昂，尼古拉毕业于瑟埃里·马克思厨师学校（米其林二星厨师）。这位刚过 30 岁、思维活跃且聪慧的烹饪界新贵，肩负着探寻靓茨伯庄园佳酿与松露和弦的使命。醒酒瓶中 1995 年份的靓茨伯庄园美酒拥有美妙的黑加仑、甘草和香料的闻香，他为这支美酒搭配了马铃薯

泥佐普罗旺斯调松露味汁和鹅肝酱片点缀一点点食盐。这道纤细入微的美食使酒体完全得到了放松，渗进了食客的每一处味蕾。之后，他又烹制了一道辣味小牛肺灼松露，并打开了一瓶 1986 年份的靓茨伯庄园美酒，那优雅且紧实的单宁拥有令人惊讶的成熟质感，华丽的酒姿为这道美食带来了全新的元素。这一美食的灵感充分地与松露相交汇。

苏特恩产区（Sauternes）

　　道路从拉布拉德（La Brède）和堡禾泰（Portets）开始迅速延伸下去，轻轻地掠过宁静的村庄，那些高贵的古老城堡主塔和一些中世纪的老城门仍然风度翩翩地向我们招手。这里的冬天好似晚秋，薄薄的轻雾穿过苏特恩和巴尔萨克（Barsac）后变得更加柔和。

　　跨过加龙河，我们遇到了波尔多葡萄种植顾问丹尼斯·迪布迪厄，他使我们深层次地了解到了苏特恩产区葡萄酒的反作用力。

丹尼斯·迪布迪厄的葡萄酒松露理论

　　波尔多酿酒学院的知名教授、世界著名的葡萄酒顾问——丹尼斯·迪布迪厄，是苏特恩产区一个列级名庄的庄主，钟爱拥有松露香气的甘露。

　　"若酒中拥有松露的闻香，这便是一支相当高贵的佳酿，因为松

露的香气是在酒体还原中达到的效果，也就是说是与氧化作用完全
相反的。我们不能在一支过早地进入老龄化、或是在酿造过程中或
瓶塞上出现问题、或是使用腐烂葡萄酿制的葡萄酒中找到松露的气
味。更进一步地说，倘若葡萄酒没有达到一定水平的还原能力，则
说明用来酿制葡萄酒的葡萄已经过于成熟，或是它的浓缩度还达不
到一种还原的水平，这样酒体本身将会朝着松露香气的反方向发展。
具有松露香气，则证明这支葡萄酒获得了一种上等美酒才会拥有的
'还原味道'，而其他的葡萄酒则会遵循正常的氧化程序进行陈酿。
在红葡萄酒中，与松露气味相对立的有熟李子、李子干、葡萄干和
果酱等这些过于甜腻的香气；而在白葡萄酒中，蜂蜡、地板蜡或坚果
的香气则与其相对。构成松露香气的重要因素与其对氧化作用的敏
感度相互关联。这些松露的香气更钟爱隐藏在高品质的红葡萄酒和
适合陈年珍藏的白葡萄酒中。"

　　这位杰出的大学教授，将葡萄酒中的矿物香气和松露香气相提
并论："在矿物香、烘焙香与松露香之间存在着一种平行共存的香气
类型。它可以演变成矿物、松露与烘焙香气的共同体，因为这些香
气的化学稳定属性均属于同一等级。与矿物香气一样，在松露的香
气中存在着硫黄因子，而它极易被氧化。"作为苏特恩产区一个酒庄
庄主，他觉得有一种类型的葡萄酒很适合用来搭配松露菜肴：

　　"这神奇的甘露可以很好地与松露搭配，它创造了一种类似两性
之间的挑逗之情。事实上，松露拥有一种蔬菜的清香，且稍稍带有
一点肉类香气，而苏特恩产区年轻的葡萄酒则充满着活力与丰富的
情感。我深刻领会到了这种感情，如果将二者结合起来，则会创造
一种与生俱来的和谐美。无论是何种类型的苏特恩葡萄酒，这种优

美和弦都可以并然有序地出现。首先出场的是巴尔萨克产区的清爽质感，拥有一点柠檬皮、柚子、香杏的清香气息，我们也可以在一些苏特恩产区的葡萄酒中找到同样的淡雅之情。相反的，有一些苏特恩葡萄酒拥有甜腻的口感和复杂的结构，其年轻有力的酒体会让多数松露菜肴失去平衡。

"为了与松露菜肴相伴，我们不能选择一些过于大众的年份，比如 1990 年，而是需要关注一些拥有一点异国情调且矿物香气非常丰富的长相思葡萄酒。我更倾向于拥有丰富果香的 2002 年份和口感饱满的 2001 年份，同样 1996 年份和 1997 年份也是相当不错的选择。1999 年份对于松露菜肴来说是一个非常完美的年份，我会绕开 1990 年份，直接选择品尝 1989、1988、1986 和 1983 等年份的葡萄酒。另外，1975 和 1976 这两个成熟年份的佳酿也是非常适合松露的。以上我所推荐的几个年份的清爽之感，是对于黑冬松露来说必不可少的重要因素。另外还有一些其他类型，比如我们可以在很多苏特恩佳酿中感受到菠萝的香气，这是一种非常清爽且没有被氧化的香气，可以与松露缔造出优美的旋律。"

丹尼斯·迪布迪厄将一瓶 2001 年份的多西戴恩庄园（Château Doisy-Daëne）佳酿倒入酒杯中，这支巴尔萨克佳酿在晶莹的酒杯中完美地展现了它饱满的酒体，满溢着矿物香气和一抹柚子的清新。

多西戴恩庄园的葡萄
枝蔓。

他构造了一种完美的口感，将生扇贝片佐小白菜松露搭配 1996 年份和 1997 年份的多西戴恩庄园佳酿。1996 年份的佳酿可以将柑橘、蜂蜜的闻香与小白菜交织在一起。口感更为油质饱满的 1997 年份佳酿向名厨克洛德·达罗兹的菜肴致以敬意。这个朗贡镇（Langon）的星级名厨将松露和小白菜带来的香气深深地注入了这道菜肴中。这支神秘且满溢矿物香气的 1997 年份佳酿可以释放出黑冬松露的味道，并可以中和小白菜中略带的苦涩味道，这是一种清新且让人兴奋的和谐旋律。这一富有活力的、令人陶醉的时刻追赶着多西戴恩庄园 1947 年份的古老佳酿。时光的力量开始膨胀，它的华丽出席带着丰富且纤细的香橙、木瓜和面包的闻香，以一抹迷人的矿物香气作为点缀。所有的香气因子均神奇地融合在一起，可以为之搭配小牛肺佐松露香芹泥。品鉴者们更加钟爱滴金庄园的甘露，丹尼斯·迪布迪厄为我们展现了几款卓越的"松露窖藏"："在年轻的佳酿中，1998 年份极为出色，因为它拥有非凡的清新之感。而老年份中，可以选择 1929 年份、1937 年份、1943 年份、1945 年份、1955 年份、1967 年份和 1975 年份的佳酿。"当然，1962、1988 和 1996 三个年份的"滴金甘露"也是非同一般，这些金黄色的珍宝舞动着它成熟的酒体，好似在盛情邀请品鉴者们加入这永恒之旅。

滴金庄园与松露的约会

在一个柔美的清晨，似薄纱的空气慢慢消散，一缕阳光害羞地来到了冬日的面前，轻触着苏特恩那些古老的石块。

这是一个愉悦、梦幻、非凡的发源之地。2004 年 3 月 1 日，一个星期一的清晨，在滴金庄园里，我们与松露的浪漫约会开始了。这支拥有传奇般寿命的甘露只有一位神秘的"艺术家"才能拥它登上舞台，他了解这个世界一级名庄的所有味道，这就是美籍华裔中餐大师——谭荣辉。这位烹饪界的艺术天才轻身游刃于美食的海洋中，如今生活在英国的他，却喜欢来到位于盖西省（Quercy）卡图斯镇的别墅中来一窥松露与葡萄酒的堂奥。

这位著名的烹饪书籍作者活跃于芒什省（Manche）电视台的烹饪节目中，让儿位全国顶级厨师的味蕾得到发挥，这是一位可以将"金地毯"展开的"美食之神"。

滴金庄园的灵魂人物——亚历克桑·德·吕荷·萨鲁斯，拥有温柔迷人的声音，他安静地等待着那神秘的初次入口。1996 年份的滴金庄园佳酿那丰富的水果奶油、异乡果实浸渍蜂蜜中的香气成就了它的独一无二。这支醇厚的甘露展现了它浓郁多汁的酒体、油质顺滑的口感和纯正且悠长的余韵，它可以给予松露蒸鹅肝酱白菜这

道美食完全不同的质感，强壮的酒姿可以延长松露的余味，这将是如水晶一般晶莹清澈的优雅和旋。舌尖品尝着美食，幸福洋溢在每一位食客的脸上。

1988年份如诗歌一般婉约的佳酿带有杏干和蜂蜜的闻香，我们为其笔直、丰盈且充满矿物清新气息的口感而倾倒。这支佳酿可以搭配三文鱼松露酥米馅饼，三文鱼的油汁可以稳定住黑冬松露的味道。

亚历克桑眼中流露出光芒，他将滴金庄园自己最钟爱的一支佳酿展现在我们面前。柔软的嘴唇碰触到这琼浆时，和着松露所散发出来的香味，在口中的每一次翻滚都让人心醉神迷，仿佛空中的微风也为它而停止一般。这就是滴金庄园1962年份的佳酿，咏唱着优雅、经典、柔和的乐章。它那琥珀色的金黄酒体溢出木瓜、芒果和蜂蜜的闻香，可以与松露芒果泥巧妙结合，缔造出令人赞叹的柔和质地，滴金庄园低声咏叹着这曲圣歌。

一天的葡萄酒松露探寻之旅总是很短暂，每一支葡萄酒都拥有与众不同的音调。在巴尔萨克产区，金色柔雅的古岱庄园轻轻揭去它神秘的面纱，菲利普·百利在这里倾注了他对葡萄酒与松露的所有热情。

古岱庄园（Château Coutet）

当我们遇到安德烈·沙柏赫，这位狂热的葡萄酒松露品鉴师时，他滔滔不绝地为我们讲述了他一生中最难忘的葡萄酒与美食的和弦："盘中一只被掩盖的熟松露加一支1995年份古岱庄园的贵妇佳酿（Cuvée Madame）。"这个神秘的酒庄是1855年一等列级名庄，一直以极高的酒品让此称号蝉联了一个多世纪，当时的酒庄庄主吕

极具巴尔萨克产区特点
的矮墙。

荷·萨鲁斯家族还同时拥有马乐堡酒庄（Château de Malle）、菲乐庄园（Château Filhot）和滴金庄园。后来，古岱庄园在 1977 年的时候被百利家族收购，如今该酒庄是整个产区维护最好的庄园。

菲利普·百利，这个拥有细腻味蕾的男人带着他所有的激情精心养护着他的酒庄。他承认自己非常喜欢将那些古老年份且出身名门的珍稀美酒，与年轻厨师费德里克·维戈霍的菜肴一同搭配。

2004 年 3 月 17 日，在古岱庄园举行的晚宴是一场名副其实的葡萄酒美食盛宴，那些佳酿中优雅细腻的矿物香气全部奉献给了松露。巴尔萨克式的酸度、优质的矿物香和纯洁的土壤造就了这份神奇。1975 年份的古岱佳酿轻轻地舞动着优雅的身姿，带着一抹优雅的矿物香气和极为清爽的口中余韵。这支诱人的佳酿可以很好地搭配松露肉末千层酥这道美食。1981 年份的美酒，仍然具有年轻的气息和纯正的口感，它那芒果和菠萝的闻香超越了其清爽的口感，矿物和蜂蜜的香气可以完美地与松露生扇贝片相搭配。

油质顺滑、矿物香丰富且带有一点烧烤香的 1983 年份佳酿钟爱鹅肝酱吐司面包佐松露薄片。这样的菜肴同样可以搭配具有蜂蜡、橙皮和蜂蜜香气的 1959 年份佳酿，该酒体中的清新之感还可以与扇贝的味道相融合。而扇贝的清新又可以延长 1988 年份那神秘的饱满口感。1973 年份的口感出人意料，可以将它的酸度与鸡蛋萝卜奶油佐松露面包片相融合，这支佳酿能够着重强调松露的香味，同时菜肴也可以给予它一种油质顺滑的口感。

将黑冬松露用干酪丝烘烤，用来搭配核桃波罗门参佐海螯虾，可以很好地烘托出大号海螯虾的鲜味；而核桃的坚果香可以与 1998 年份佳酿中笔直有力的酒体产生共鸣。我们永远也阻挡不了 1989 年份贵妇窖藏的魅惑身影，让人惊讶的是，这支佳酿中蜂蜜和矿物香气给予我们一种油质柔缓的口感。巴尔萨克产区的美酒是高雅与力量的结合体，若与鸡肉结合，可以让原酒香转向杏干香，这道由松露烹制的"旷野的足迹"，将松露埋藏在鸡皮之下，再为之搭配绿芦笋和奶油调味汁。绿芦笋在这一和谐旋律中完美地展现了它那富有力量的口感。

口感清脆的小牛肺搭配马铃薯香芹松露碎可以与 1976 年份的古岱佳酿相结合，酒中那柔软的橙子果酱和蜂蜜的香气可以有效地牵制住香芹那强有力的味道。

可以夺得压轴桂冠的松露菠萝登场了，搭配 1989 年份的贵妇窖藏可以为它赢得更多的掌声；我们沉醉于这支美酒迷人身姿的同时，也深陷于松露的优雅味道中无法自拔。

佩萨克-雷奥良产区（Pessac-Léognan）

奥-比安酒庄（Château Haut-Brion）与修道院红颜容酒庄（La Mission Haut-Brion）的松露

19 世纪时，查尔斯·莫里斯·塔列朗（法国大革命后著名的外交家）让奥比安酒庄扮演了几年重要的葡萄酒松露品鉴师的角色。这个著名的外交家带着法国葡萄酒、松露菜肴和再也没有回到佩萨克的法国厨师安东尼·卡海莫，在 1815 年维也纳会议上拯救了法国。这朵法国葡萄酒园之花——奥比安酒庄，从它第一个年份开始便酿制着完美的珍稀窖藏。庄主和酒庄的管理者们倾注一切力量旨在酿制出上乘品质的美酒。德尔玛斯家族延续着这一美丽的传说，如今，让-菲利普·德尔玛斯汲取着父亲让·德尔玛斯的灵感经营着奥比安酒庄。这是一位充满经验的葡萄酒松露品鉴师，他用精湛的技艺探寻着可以与奥比安酒庄和修道院红颜容酒庄佳酿搭配的松露菜肴。拉维红颜容庄园 1989 年份的佳酿拥有圆润的口感，而 1995 年份奥比安酒庄的佳酿则更多了几分清新之感，这是两支适合搭配炒制菜肴的白葡萄酒。对于这一风格的葡萄酒来说，若品尝大瓶 1500 毫升装则更能凸显其纯正质感。松露菜肴配烤面包，它将是奥比安酒庄佳酿理想的伴侣。

下面来变化一下颜色，迷人的 1985 年份修道院红颜容美酒拥有

1801—1804，任奥比安酒庄庄主的查尔斯·莫里斯·塔列朗。

非常柔软的单宁和优雅温柔的口中余韵。它可以与松露烹鸡佐松露烩饭相结合。稍稍年轻些的 1990 年份修道院红颜容，优雅且纤细，是一支可以搭配炭烤松露的"松露窖藏"，甚至可以超越伟大的奥比安酒庄 2000 年份的美酒。这支奥比安拥有一种柔和的质地、顺滑的单宁和一抹熏烤香气，正是这样的气质才能紧密地与松露菜肴相贴合。这是一个精致考究的世界，这支佳酿几乎可以与所有松露菜肴完美结合，并形成一种味道上的互补。我们可以为 1989 年份的奥比安搭配一道松露鸡肉烩饭，而 1982 年份的柔和质地同样可以搭配这道美食。为了永不放弃这神秘的葡萄酒松露品鉴之旅，奥比安酒庄创造了一个大瓶装美酒的传奇，其中 1933 年份的大瓶装便可以与松露炖小鸡结合。

修道院红颜容酒庄中的法式小教堂和花园。

　　波尔多左岸产区拥有无限的空间。我们不在阿芭蒂耶（Abatilles）做停留，直接来到位于产区最北面的波亚克产区（Pauillac）。这是一片可以开出赤霞珠之花的传奇土地。
　　在梅多克产区可以探寻葡萄酒与松露之奥秘的地方很多，比如可以在雄狮庄园、碧尚男爵、拉克斯特城堡、飞龙世家、卡隆圣嘉庄园和三蓟庄园品尝午餐，使他们在这里扎根寻找着"黑钻石"与梅多克佳酿之间那种情投意合的美意。

梅多克产区

雄狮庄园（Château Léoville-Las-Caes）：高贵的松露

　　一只石狮子高傲地伫立在纪龙德省（Gironde）这个著名的葡萄

　　　　　　　　　　　　　　　　　　　　　　葡萄酒与松露 |

酒园中。如果我们对松露和葡萄酒仍有一些疑问，那么在这里你一定可以寻找到答案。雄狮庄园的庄主让-余博贺·德隆一年四季都在这里探寻葡萄酒与松露的奥秘。雄狮庄园 2003 年份的佳酿在经过 20 年的陈酿期后，会为我们呈现一个奇妙的明天；2002 年份则是一支经典佳酿；而 2000 年份则会带来充满魅力的感官享受。精彩的三重奏后，我们再来感受一下令人兴奋的 2001 年份美酒，这称得上是真正的松露诗史，首先登场的是罐头装的松露，佩柏荷松露商店的松露罐头当然是最出色的，它荣幸地礼遇了十个年份的葡萄酒。出于对追求细节的考虑，让-余博贺·德隆邀请了劳伦斯·拉沃德，她是梅多克地区最出色的厨师之一。她将这支圣·朱里安产区列级名庄中高贵的单宁当作了搭配因子中的重中之重。1964 年份的雄狮庄园佳酿，绝对称得上是"酒中之灵"，它拥有一种迷人的悦耳旋律，柔软的单宁还仍然保有一种清爽之感。这支酒体非常平衡的佳酿引来了食客们狂热的崇拜。1961 年份会将它饱满丰盈的汁液与鹅肝酱松露鸡蛋相结合。感谢鹅肝酱和"黑钻石"，这支 1961 年份的佳酿会变得更加柔软顺滑。

同样是非常得高贵雅致，雄狮庄园的副牌酒——雄狮侯爵 1989 年份的佳酿，可以与松露菜肴合作。1990 年份甘草和薄荷的闻香为我们呈现了清爽的口感，1996 年份则富有一种柚子的清新和饱满之感。

在雄狮庄园，我们从不会半途而废，劳伦斯·拉沃德戴着星级的厨师帽开始烹制松露菜肴：罗西尼腓里牛排配松露马铃薯泥是一道像散文一样充满魅力的波尔多菜肴，烤制的牛排与赤霞珠的结合可以让梅多克上好年份的美酒尽显其魅力。1986 年份会更加温和，拥有一种清爽的单宁；而 1996 年份则展现了它丰富的陈年潜力。尽管已有如此多的美酒相伴，我们又怎能遗忘 1995 年份和 1985 年份的美艳享受、1990 年份深厚的薄荷香气、1988 年份笔直酒体和 1989 年份松露对它的喝彩？我们拜倒在 1982 年份的石榴裙下，它那永恒不灭的灵魂在 2004 年的春天悄然出现了。面对这一奇迹，我们紧握酒杯一同品尝松露冷泥这道美食。这块每年为我们奉献梅多克第五元素的土地让我们为之兴奋。在这里，存在着真正的葡萄酒松露共鸣，以及永无止境的探寻乐趣。

玛歌酒庄。

松露餐桌上的碧尚男爵、拉菲庄（Château Lafite）和玛歌酒庄（Château Margaux）

上天让我们将最值得回忆的时光深植于心，正如这些扎根在一级名庄土壤上的藤蔓一样。2004 年 2 月 19 日，河口湾处的葡萄汁气息弥漫了这个覆盖着赤霞珠那醉人面纱的碧尚男爵庄园。我们跟着保罗·彭塔利（玛歌酒庄 CEO 兼酿酒师）和夏尔·瓦里耶（拉菲庄的技术总监）的步伐慢慢向前。

从 1983 年开始，第一个充满着无限才华的酒庄便是玛歌酒庄，之后是拉菲庄。克里斯汀·斯里，这个法国安盛酒业的经理，闪烁着安详的目光带领我们在这个宁静美好的晌午享受了一场单宁的盛宴。

这场美食始于盖勒·伯瓦斯特·皮罗烹制的罐鸡胸肉冻配松露鸡肉调味汁佐时蔬，她是玛歌酒庄的著名的厨师。她为这道口感油滑的禽类菜肴搭配了梅多克产区最出色的三个酒庄的佳酿，为了避免先后顺序的问题，我们将三支佳酿同时品尝。

第一个向我们打招呼的是 1995 年份玛歌酒庄佳酿的年轻活力，我们钟爱它那深红色的酒体和牡丹、香料的闻香，酒体在口中流淌震颤，我们能感受到一种纯正，若同时有面包的相佐则可以让这支美酒的味道更加接近菜肴，从而获得一种与众不同的圆润口感，这是一支值得我们为其唱赞歌的优雅佳酿。

1989 年份的碧尚男爵绝对可以在一级酒庄的王朝中游走，它那皮革的、香料和松露的香气在鼻腔与口中穿梭。非常完美的成熟，它就像一只孔雀在炫耀美丽的尾翼一样，在我们面前尽情地展现着它与松露优美的和弦。

最为经典的要数1988年份的拉菲庄珍藏佳酿了，深暗的酒体加之皮革与香料的闻香，与口腔中那像鲜花一样绽放的清爽之感一起为我们带来了些许松露和烟叶的尾段余韵。矿物香气萦绕着纤细柔软的美酒，这支1988年份的稀世窖藏充分展示了其波亚克产区那动人的薄荷清香。

1985年份的玛歌酒庄美酒成为了名副其实的诱惑者："从期酒时期开始，它就已经与众不同了。"保罗·彭塔利说道。这支充满魔力的1985年佳酿中柔软的酒体可以与家禽类菜肴相搭配，当然先决条件是一定不能搭配面包。与这美妙的时刻相伴，我们不忍松开手中的酒杯。

之后，1982年份的拉菲庄佳酿吸引了我们的味蕾，它那深色酒体、雪松与烟叶的闻香、入口即融的柔软单宁和尾段持久的余韵都让我们为之倾倒。菜肴中的松露鸡肉调味汁可以让这支美酒与鸡胸肉紧密贴合在一起，这是一场完美的味觉享受宴会。

大瓶装的1959年份的碧尚男爵，橙色的光泽与皮革、烟叶和松露的闻香深深地吸引着我们，甘美柔润的单宁汲取了松露鸡肉调味汁的活力。手持着酒杯，那古希腊酒神的赞美之歌在每一支佳酿中徜徉。这些琼浆玉液中飘着优美单宁的云朵，让我们感受着无限的幸福。

拉菲庄。

碧尚女爵庄园。

波亚克产区：考蒂兰·巴赤餐厅（Cordeillan-Bages），松露与瑟埃里·马克思的世界

他好似这片土地上味觉的"平衡杂技演员"，瑟埃里·马克思用他特别的味蕾创造着与众不同的菜肴。这些独特巧妙且大胆的结合，总能让我们从中得到满足。当眼前这个男人开始发挥灵感进行创作之时，连美丽的河口湾和葡萄酒园都为之喝彩。他具有一种可以让您在新梅多克气味中摇摆起来的天资。他的美食集创新、力量、纯正为一体，并且可以与波亚克著名的小羊排相融为一体。而此时，焦急等待的心情被一道扇贝佐松露烩饭配 2002 年份口感极为清爽的靓茨伯庄园（Château Lynch-Bages）干白所平息。此后，另一风格的豆芽生蚝杂烩佐松露又让我们着实享受了一番，它拥有松脆不失绵软的质地，而"黑钻石"的脆感将它所有的香气释放到了整盘菜肴中。拥有顺滑单宁的 1970 年份卡隆圣嘉庄园佳酿可以将它的成熟美奉献给这道菜肴，而黑冬松露则可以延长酒的余韵。1964 年份葡萄酒是一支非常优秀的中级庄佳酿，它将烟叶和林木的闻香、笔直的酒体赠予了这道时蔬松露火腿泥。这是一道让我们为之惊讶的菜肴，唤醒了沉睡着的美酒，让它完美地呈现了第二个春天。瑟埃里·马克思只有在进行创作和探寻的时候才会感到无限的幸福，最为经典的一道菜肴是将意大利面搭配小牛肺松露馅饼，再为它点缀一点小牛肉香醋加咖啡制作出来的调味汁。这道美食可以与 1990 年份靓茨伯庄园佳酿相结合，柔软的质地和轻微的烘焙香气与菜肴相

互交织在一起，形成了极美的感官享受。饱满、丰盈、甘美，下面将是另一个完美搭配，这最后一道奇妙的美食便隐藏于法国这个六边形中最出色的殿堂之一，它让极具松露灵感的靓茨伯庄园庄主让-米歇尔·卡兹感到非常愉快，因为这是他自主创造并烹制的一道菜肴，是用千层酥的方式制作整只松露："浑身散发着充满力量的香味，我们轻轻地将千层酥打一个小洞，那松露的芳香便一涌而出。它需要食客们小口小口地慢慢品尝，不需要任何调味汁或佐餐菜，松露足以展现它的魅力。这样一道美食，我会为它精选一支老年份的靓茨伯庄园佳酿，比如 1985 年，或者稍年轻些但拥有优雅酒体和柔软单宁的 1997 年份、1994 或 1991 年份。"当我们想到布里松露干酪片时，则需要准备一只锋利的奶酪刀，切片后逐一摆放在松露薄片上，这将是一场纯正的筵席，我们需要为之搭配一支饱满有力、单宁圆润顺滑的葡萄酒，比如靓茨伯庄园或者来自于圣埃斯泰夫产区的奥德碧斯堡（Château Ormes de Pez）佳酿，无论 1998 年份、1996 年份、1990 年份、1989 年份或 1986 年份都是不错的选择。就让我们安坐在这里静享美妙的单宁。

拉克斯特城堡（Château Grand-Puy-Lacoste）：持久的发展

在拉克斯特城堡的空气中飘扬着一种鲜活的单宁香，是它让这个具有代表性酒庄的庄主——玛丽·海琳·波丽——的松露晚餐倍显迷人。松露野鸡圆馅饼构成了最优美的美食之旅，为之搭配些许奶油调味汁会使之升华，弗朗索瓦·克维耶·波丽坚信，是这道菜肴唤醒了拉克斯特城堡的传奇年份的窖藏。赤霞珠的颂歌将始于一支坚实有力且多汁饱满的 1985 年份，或是一支拥有清爽口感和优雅单宁的 1970 年份佳酿。1961 年份的佳酿则可以包裹住马铃薯的味道，并且更接近松露的质地。1959 年份的佳酿拥有金色烟草和皮革的闻香，是一支丰盈多汁的美酒。一支 1955 年份的佳酿可以使千层酥面散发出香气，而千层酥面则可以使酒中的单宁更加完美。我们被 1953 年份所吸引，它绝对可以称得上是一支"松露猎人"窖藏，它那口中的持久留香吸引住了松露，彼此在餐桌上的配合成就了美丽的诗篇。这是一支可长时间安静盛放的甘露，千层酥面也愿为它歌唱。当经过久长的陈酿期后，拉克斯特城堡带着它那清爽且极易入口的质感在年份的花园中徜徉，向世人证明它是一支精致完美的"松露窖藏"。就让我们尽情分享此刻松露与单宁完美结合的欢愉时光吧。

飞龙世家（Château Phélan-Ségur）的"黑钻石"

当克维耶·卡蒂尼要探寻松露与葡萄酒的奥秘之时，他选择去香槟产区，在那里他拥有位于兰斯的著名餐馆卡耶城堡，抑或是选择来到圣爱斯泰夫产区，在这里有他于1985年收购的酒庄飞龙世家。这是一位"黑钻石"忠实的爱好者，他经常为松露菜肴搭配他的酒庄佳酿。他从不让任何人烹制他的拿手菜肴——松露鸡蛋饼。通常情况下，他会为这道美食搭配一支柔韧的1991年份佳酿。而圆润柔滑的1995年份中那一抹矿物香气则更适合松露烹龙虾，这将是极为和谐的选择。更为深邃的1996年份佳酿有非常平稳的酒体，它更喜欢鹅肝油嫩煎马铃薯松露丝这道美食。口中饱满的酒体完美地包合住了菜肴中的三样食材。听从了卡耶酒店天才主厨——迪叠·艾纳——的建议，克维耶·卡蒂尼成为了松露千层酥的忠实追随者，并为之搭配一支1990年份的佳酿，这支美酒用它饱满多味的汁液报答了克维耶的美意。在飞龙世家，这里的厨师均是瑟埃里·马克思培养出来的，这是一位用灵活的头脑烹制松露菜肴的著名厨师。克维耶·卡蒂尼先生的儿子瑟埃里·卡蒂尼，在接手酒庄之后，也爱上了葡萄酒与松露的探寻之旅。他为布莱斯小鸡炖松露佐时蔬献上了一支1966年份的佳酿，酒中化开的单宁和林木闻香可以与菜肴最大化地相触，产生优美共鸣。1959年份同样也是一支值得我们关注的奇妙的梅多克美酒。

玛歌产区：安德露·沙荷彤和克洛德·沙荷彤

安德露·沙荷彤和克洛德·沙荷彤是在索尔日城爱上了葡萄酒松露品鉴之旅的。他们汲取了皮加索教授的经验以及建议，这对玛歌产区的夫妇对炭烧松露记忆犹新，"当时我们正在掌管宝马庄园（Château Palmer）。"克洛德回忆道，他的目光闪烁，带着纯正的梅多克口音，用极大的热情将他的佳酿推往世界各地，"当我们出发去佩里格尔的时候，我带上了 1945 年份的拉图堡和木桐庄、1959 年份的拉菲庄、1953 年份的玛歌和 1961 年份的宝马庄园一起同行。"是松露这首优美的诗歌将它们糅合在一起。沙荷彤夫妇经常将"黑钻石"与康特纳克（Cantenac）地区那些年份久远的单宁相搭配，正是在该地区他们创造了一个像自己孩子一样的酒庄——三蓟庄园。这个出身高贵的酒庄极其钟爱"黑钻石"。安德露非常了解怎样搭配二者，她可以在这场美食中极为完美地演绎"松露妈妈"这个角色。黄油炒鸡蛋在一支 1988 年份的宝马佳酿面前挑逗着松露，酒体中的单宁在这场演出中扮演了极为重要的角色，这支完美的"松露窖藏"和其强壮的酒体给了这道菜肴满意的回应。1986 年份的三蓟庄园拥有卓越的色调，它可以给予松露一身闪烁的光芒和更加诱人的深层口感。该佳酿若搭配煎牛脊肉佐佩里格尔调味汁，充满芳香的酒体则会深深吸引着食客。搭配这道美味的松露菜肴，1983 年份的三蓟庄园总会让我们感到欣喜，它那丝绒般柔软的单宁可以与牛肉产生共鸣。安德露一

边优雅地倒出 1961 年份的宝马酒庄佳酿，一边向我们展示着这支酒生命的力量，无花果、松露和薄荷的闻香超越了柔软油质的口感，成就了一支优雅高贵且清爽的美酒。安德鲁·布沙（法国著名电视演员）说过："一支 1961 年份的宝马酒庄佳酿，无需过多的语言，一切尽在我们美妙难忘的记忆中。"克洛德·沙荷彤永远是那样活泼，他不断地用自己的想象力丰富着酒庄的正厅，他时常大声喊道："海鸥的脚干了。"意思是，他的酒杯空了，该是时候为他斟满一支 2003 年份拥有柔软单宁的三蓟庄园佳酿了。

玛歌产区：依罕庄园（Château Les Eyrins）

玛歌葡萄园曾被几代人辛勤耕耘，他们就是格朗偌胡家族。父亲让·格朗偌胡曾经是玛歌庄园最受尊敬的酿酒师之一，每年 12 月 31 日这一天，他都会与沙荷彤家族一同边享受松露的盛宴边度过新年。他的儿子艾瑞克，同样会因对葡萄酒与松露的热爱而出席这难得的聚会。依罕庄园具有非常深厚的底蕴，经过 7 年的陈酿期后，若与松露烹鹅脊肉相搭配，则能彰显出其"松露佳酿"的潜力。2004 年份、2003 年份和 2002 年份则是最佳的选择。

上梅多克产区（Haut-Médoc）

巴伯济约（Barbezieux）的珍宝：卡隆圣嘉庄园（Château Caronne Sainte-Gemme）

低调地隐藏在一个植被覆盖的公园中，卡隆圣嘉庄园为我们展示了它新古典主义的外形。酿酒技师奥利维·多卡是一位来自于夏朗德省的葡萄酒松露品鉴师，他那与生俱来的完美味觉赋予了他无限的灵感，他创造了巴伯济约的珍宝与布瑞拉特·萨伐仑奶酪（一种产自于诺曼底地区的奶酪）的完美结合。这个创新深深地吸引住了这个美食酒庄的庄主诺尼家族。

　　在这里，我们喜欢用家禽类的菜肴来搭配葡萄酒。切开鸡肉的表皮，将冬松露埋入鸡皮下，这样烹制出的黑冬松露与这支中级酒庄的佳酿会产生极大的默契。我们钟爱 1949 年份的佳酿，它拥有松露的闻香，那油滑的质感和饱含矿物香的入口可以完美地搭配松露小牛肉卷。1959 年份的佳酿则拥有更为优美的酒体结构，它那幽深的酒体色泽、松露与薄荷的闻香、充满芳香的单宁将为松露蒜香面包块千层酥包呈现丝绒般柔美的质感。1961 年份能够很好地支撑住松露菜肴的味道，它是这一年份中最完整的美酒。1962 年份的佳酿拥有更为灵锐的酒体和优质的单宁。而 1964 年份也是一支非常迷人的佳酿。1970 年份拥有甘草和薄荷香气的美酒，可以与多汁的松露煎牛脊共度奇妙的旅行，皮革和一抹果酱的闻香伴有饱满的单宁和矿物的清新。1982 年份对于松露菜肴来说绝对称得上是诱惑者。而柔软的 1989 年份借助它多汁的质感可以搭配任何一道以松露作为食材的美食。弗朗索瓦·诺尼时刻准备着去探寻葡萄酒与松露的奥秘，他自豪地向我们展示了他的窖藏，2000 年份、2001 年份、2002 年份和 2003 年份这些较为年轻的佳酿，拥有非常平衡的酒体和饱满的结构，经过十年左右的陈酿期，它们便可以呈现其最卓越的状态，这些巴伯济约的珍宝可以与任何一种家禽菜肴相搭配。卡隆圣嘉庄园的佳酿没有低声的旋律，而这正是松露最喜欢聆听的曲调。

苏特恩产区

如果说滴金庄园、古岱庄园和多西戴恩庄园为我们树立了一座美食的里程碑，那么苏特恩产区的其他优秀酒庄同样能将我们带入美妙的葡萄酒松露世界。

克利芒庄园（Château Climens）

这个巴尔萨克产区的高品质酒庄让这"黑钻石"的味道更为牢固。

在 拉 罗 什 贝 尔 纳 省（La Roche-Bernard），雅克·托海莱，这个厨师界的教主将松露菜肴与 1999 年份的克利芒庄园相搭配："扇贝可以将这支佳酿和松露的味道调和在一起，对于我来说，这盘菜肴便是 GTV（Gout，Truffe，Vin，即味觉、松露和葡萄酒）的融合。"我们可以在克利芒庄园佳酿中真实地感受扇贝的质感。1998 年份的美酒，它可以完

全渗入海螯虾佐鼠尾草叶、菠萝和松露中的每一道食材里。纯正的1986年份克利芒美酒可以与松露烤鸡佐鹅肝酱调味汁相结合。

　　罗莫朗坦的著名厨师迪叠·克莱芒创作了一道"缝合系葡萄酒"，他让1988年份克利芒庄园佳酿在煎鹅肝酱佐松露韭菜配香醋调味汁面前大放光彩。晶莹透亮且具有迷人矿物香气的葡萄酒向我们展示了其清爽的口感和纯正特别的香味。酒体的质地可以与鹅肝酱曲折的质地互补，而酒中的矿物香气则与松露和韭菜的味道极为般配。又是一道精美的菜肴，柔和的松露海螯虾咖喱饺子唤醒了克利芒庄园中最为丰腴的一个年份佳酿，这便是1989年份，它那充满芳香的清爽之感可以让菜肴中的味道一涌而出。1978年份的克利芒佳酿口感融化柔和，拥有卓越的平衡酒体，它的矿物香气可以自然而然地与松露相结合。若搭配一支1996年份的克利芒葡萄酒，与松露的和谐旋律则会更加富有底蕴。

拉佛瑞·佩拉庄园（Château Lafaurie-Peyraguey）

　　乔治·保利（首席酿酒师）是苏特恩产区名副其实的"大鼻子情圣"，他用非同一般的嗅觉精心打造着自己的葡萄酒园。1996年的佳酿，具有优美的金色酒体，满溢着芒果、蜂蜜和柑橘的香气。饱满、高贵且清新，这支佳酿可以与松露马铃薯泥相搭配，使其口感更加油质顺滑。1986年份则可以赠与松露蒜香烤面包块一种多汁多味的质感。1999年份的佳酿如今已经具有卓越的表现，可以与苏特恩产区的松露沙拉完美搭配。

琉塞克庄园（Château Rieussec）

夏尔·瓦里耶创造着该庄园中每一个年份酒不同的个性，它们潜伏在每一支琉塞克庄园酒瓶中，饱满丰盈、坚实有力且柔润油滑，这鲜美多汁的琉塞克庄园甘露可以覆盖所有的美食味道。这支苏特恩一等列级名庄拥有卓越的陈年潜力。在葡萄酒与松露的品鉴之旅开始时，我们会为您推荐 1986 年份具有柔软易融酒体的佳酿，那芒果、蜂蜜和菠萝的闻香鲜美清爽。这支佳酿无论搭配松露家禽的冷盘还是热菜，都非常美味。1989 年份可以很好地领会松露菠萝沙拉这道美食，那优美饱满的酒体结构可以为松露甜品留有完美的余韵。

绪帝罗庄园（Château Suduiraut）

绪帝罗庄园的佳酿结合了水果芳香和清爽口感，是拥有巴尔萨克式力量的苏特恩产区的葡萄酒。该酒庄 1997 年份是一支非常出色的美酒，经过 10 年之久的陈酿期，它完美地与龙虾佐松露薄片进行了结合。1999 年份的富有力量的佳酿，拥有平衡的酒体结构，它可以与任何一道菜肴优美结合，比如苏特恩的松露沙拉、松露鸡肉或芒果松露沙拉。

佩萨克·雷奥良产区和格拉夫产区

当我们从苏特恩产区来到格拉夫产区和佩萨克·雷奥良产区时，空间感开始变得精巧狭小，都市化之感也开始慢慢延伸。这是一个并不会过于引人注意的地区，然而这里城镇式的种植规范是非常标准化的，年复一年地酿制着精致纤细的佳酿，使之拥有一种口中余韵，留香持久。

该产区的佳酿均可以完美地与松露相结合，尤其是 1989 和 1985 两个年份。

佩萨克·雷奥良产区：最具都市化的 A.O.C. 法定产区"松露窖藏"

这一法定产区成立于 1987 年，由十个坐落于格拉夫产区北面的城镇组成。这个城市密集化的产区聚集了这里所有的列级酒庄，其密度让人惊叹，比如毗邻的奥比安酒庄和修道院红颜容酒庄。

高柏丽庄园（Château Haut-Bailly）

阿斯德·贝洛特·戴·米尼耶禾是高柏丽庄园历史上最著名的庄园主，他无限的活力和热情让他在 19 世纪末期获得了"葡萄园之王"的别号。是他，将高柏丽庄园佳酿的价格推向了一等列级名庄的水平，并且一直保持至 1940 年。在那之后，酒庄的状况开始下滑，幸运的是，高柏丽庄园在 1955 年时被桑戴尔家族收购，在该家族精心的酿制与经营下，高柏丽庄园又重新登上了优美单宁这座大舞台，尤其是自 1979 年，让·桑戴尔掌管酒庄以来，更是卓有成效。这个崇尚人文主义的庄主成功摘得了"波尔多产区一等美酒"的桂冠，代替了高柏丽庄园原有的"雷奥良产区名庄佳酿"的称号。他的卓越成绩将酒庄的价值带往了另一个高度。由于家族内部原因，高柏丽庄园于 1998 年被美国银行家罗伯特·乔治·韦尔马斯收购。

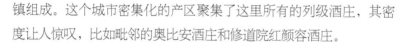

格拉夫产区的日出景色。

维罗尼克·桑戴尔女士一直以酒庄主管的身份留在这里进行管理，"高柏丽的风格从未改变过。"桑戴尔说道。高雅、纯正、考究，该酒庄的佳酿拥有令人惊讶的陈年能力，是一个极为出众的"美食窖藏"。1989年份那柔和的质感或1986年份那笔直的酒体可以与松露巴黎小蘑菇饺子轻松地结合。1998年份的佳酿在松露烹鹅肝酱面前呈现了最完美的一面。我们更是钟爱1985年份的丝绒质感，或者1990年份那优美的酒体结构。1996年份是一个非凡的年份，需要耐心等到2010年再进行品尝。2004年份、2003年份、2002年份、2001年份和2000年份将于2015年为我们展现其最华美的一面。高柏丽庄园绝对可以称得上是法国"松露窖藏"中最悦耳的篇章。

丽嘉红颜容堡（Château Les Carmes Haut Brion）

这是一支非常精巧纤细的美酒，甚至可以认为它是该产区最优秀的美酒之一。1996年份拥有熏烤的香气、柔软的质感备受松露烹小羊肉的青睐。1998年份同样获得了卓越的成就。2000、2002和2004三个年份的丽嘉红颜容堡佳酿同样为我们呈现了一场葡萄酒松露的珍馐盛宴。

骑士庄园（Domaine de Chevalier）

骑士庄园拥有完美陈年能力的干白可以称得上是波尔多产区最棒的白葡萄酒。它非常适合搭配松露家禽类菜肴或是松露烹大鲮鲆鱼。若是与第一道菜肴搭配，我们可以选择一支口感油滑的1997年份，若是与松露烹大鲮鲟鱼搭配，那么高贵、丰腴的 1996 年份则非常适合。2001、2000 和 1998 三个年份在 2010 年的陈酿期结束后就可以品尝。骑士庄园庄主奥利维·伯纳德是一位狂热的松露爱好者，他经常会在他的庄园中举办美食盛宴。说到该酒庄的红葡萄酒，我们一定要为 1964 年份的骑士庄园干红唱一曲赞歌，它绝对称得上是波尔多产区最为优雅的一支美酒。一支酒体结构极为平衡的 1978 年份干红也是珍藏之选。1998 年份、1999 年份、2000 年份、2001 年份和 2004 年份则需要维持住经久不熄的火焰，2010 年就可以开启它们并为其搭配上美味的松露菜肴。

史密斯·拉菲特庄园（Château Smith Haut-Lafitte）

欧缇丽（法国的化妆品牌，以葡萄籽精华而著称）在这里建造了世界级别的葡萄酒 SPA 美容疗养中心。而我们所要提到的类似于这一全新概念的美食理念在 2003 年 11 月诞生于意大利皮埃蒙特大区（Piémont）葡萄酒园中的圣莫里兹·方济各慧修道院（Monastère Franciscain San Maurizio）。这个全新的葡萄酒美食 SPA 会让我们品尝到意大利阿尔巴白松露。在这场"美食疗养中"，卡帝亚德家族为我们奉上了最为著名的白松露。2004 年份的史密斯拉菲特庄园干白经过久长的陈酿期后形成坚实有力却又不失纤细的酒体。而 2000 年份的佳酿则已经可以在松露龙虾杂烩中找到自己的位置了。若用 2002 年份搭配这道美食，我们则可以感受到一种强劲有力的和谐旋律。该酒庄的红葡萄酒也是极为卓越的，我们现在已经可以开始品

尝在陈酿期表现优秀的 2000 年份干红，其紧实的酒体唤醒了松露佐牛肩肉薄片这道美食的香味。

歌唯酒庄（Château Malatic-Lagravière）

歌唯酒庄拥有一块非常优质的法定产区土壤，在这片布满砂砾的圆形山丘上大放光彩。1998 年，酒庄庄主的更换让酒庄的品质更上了一个台阶，葡萄酒松露品鉴师们一定要向这里的博尼家族致以敬意。

该酒庄的干白拥有富有张力且高贵的酒体。我们钟爱它 2002 年份的干白，这支酒可以完美搭配一道蟹肉泥佐松露马铃薯。我们还可以用具有灵锐酒体的 2001 年份干白搭配这道菜肴。该酒庄的红葡萄酒也非常出众，具有深邃酒体的 2000 年份干红经过 10 年之久的陈酿期后可以与去骨乳鸽配松露鹅肝酱千层酥相结合。2002 年份、2003 年份和 2004 年份的佳酿同样可以以其饱满的酒体与松露菜肴相搭配。这个与众不同的酒庄表现出了波尔多产区葡萄酒大师的风范，可以非常完美地搭配松露菜肴，该酒庄 1953 年份葡萄酒以极为微妙的方式与松露烹小鸡一同满足了食客们的味蕾，这将是一个让葡萄酒松露品鉴师们舞动的美好时刻。

拉图·马蒂亚克堡（Château Latour-Martillac）

拉图·马蒂亚克堡是一个以其甘美且酒体纤细的葡萄酒征服我们的酒庄。出自这里的白葡萄酒堪称是整个产区中最为出众的。它要经过至少 5 年的陈酿期才可以完美地为松露菜肴展示它繁复的酒体结构。1988 年份的佳酿拥有非常坚实的结构，非常适合搭配松露烤小牛肺。我们同样钟爱完美的 1996 年份佳酿，它可以与松露栗香鲮鲱鱼脊肉的味道互相融合。该酒庄的干红若搭配松露烹小鸡，同样赠予了我们一种独一无二的美感。诱人的 1986 年份和 1996 年份的坚实酒体更让我们为之倾倒。

德弗泽尔城堡（Château de Fieuzal）

　　酒庄的酿酒总监让-吕克·马克赤伟是一位狂热的葡萄酒松露品鉴师，他经常自发地举办一些葡萄酒松露的宴会邀请葡萄酒松露爱好者们来参加。他还于 2003 年 2 月参加过在沙特里·菲里耶（Chartrier-Ferriere）举办的"全国松露之日"。该酒庄 1988 年份的红葡萄酒在还年轻的时候口感有些坚硬，经过久长的陈年后可以完美地与松露烹鸭胸肉相搭配。我们将 1995 年份的佳酿于饮用之前的 2 小时倒入醒酒瓶中，它同样可以在这样一道菜肴面前展示其所有的潜在魅力。在未来年份的"松露窖藏"中，1998 和 2000 两个年份的美酒会让我们铭记于心。1997 年份的干白若搭配食盐鲜松露蘸这道经典主义与纯粹主义相结合的菜肴，口味则完美至极。倘若想要寻找更有张力的口感，我们可以选择 1996 年份的干白。而拥有蜂蜜和松露闻香的 1995 年份干白同样可以与这样一道经典的松露菜肴演奏出完美的旋律。

　　我们要感谢安德鲁·吕东先生（佩萨克·雷奥良法定产区的创始人），感谢他坚持不懈的努力，感谢他所打拼出来的葡萄酒帝国，下面我们将来到他所拥有的四个酒庄探寻它们与优雅的"黑钻石"之间的秘密。

拉露维亚庄园（Château La Louvière）

　　当葡萄酒松露品鉴师们遇到清脆悦耳或是具有完美陈年能力的红葡萄酒，都会赞叹不已，而这些红葡萄酒中一定包括拉露维亚庄园的干红。其 1983 年份的佳酿永远充满活力，1990 年份则拥有饱满充实的酒体。1994 年份的拉露维亚庄园干红在这个普遍表现一般的年份中脱颖而出。而 1998 年份充满香料闻香的美酒如今已经可以为我们展现它最为精彩的一面了。这几支佳酿均可以以其最优美的方式与松露结合。

拉露维亚庄园。

歌欣乐顿庄园（Château Couhins-Lurton）

这支由佩萨克·雷奥良法定产区列级名庄酿造出的与松露最为般配的干白，纤细的酒体加陈年的天资都会让我们情不自禁地为它歌唱。是缓慢的时光让我们感知到了歌欣乐顿庄园，让我们铭记在它陈年期的演变中，那永远年轻的长相思和赋予它能量的雷奥良土壤。

1995 年份歌欣乐顿干白那丰盈的酒体和清爽的口感可以与具有相同口感的松露沙拉相结合。1990 年份那蜂蜜和香料的闻香使它更具张力，以轻盈优美的舞姿打动松露烹小鸡这道美食。我们同样会被 1993 年份的干白吸引，笔直的酒体可以很完美地与这道美食相融合。

克露兹古堡（Château de Cruzeau）

赫许城堡。

克露兹古堡精美的红葡萄酒需要经过 5 ～ 6 年的陈酿期，才可以与它的崇拜者扁豆松露奶油汤完美结合。1997 年份的干红就把这一角色演绎得淋漓尽致。如果我们想要一支口感更为成熟饱满的美酒，那么 1995 年份的克露兹古堡干红会是你最好的选择。

赫许城堡（Château de Rochemorin）

赫许城堡的干红葡萄酒可以让我们轻松愉快地探寻葡萄酒与松露的奥秘。1993 年份的干红具有笔直的酒体和坚实的结构，1995 年份饱满且多汁多味，而 1998 年份那优美的单宁可以让它与松露调味汁烹小牛肉完美融合。前两个年份的佳酿还拥有与众不同的松露香气，与松露的细腻结合自然是最完美不过的了。

格拉夫产区

相比北部而言，格拉夫产区的南段稍显寂静，然而却以其高性价比让我们流连忘返，并且在与松露菜肴的搭配中凸显出其重要性。

佛罗伦丹尼酒园（Clos Floridène）

佛罗伦丹尼酒园的庄主、酿酒师和松露品鉴师，是让丹尼斯·迪布迪厄感到幸福的三个职称。佛罗伦丹尼酒园是波尔多酿制白葡萄酒的酒庄之一。其纯正、笔直、清爽的酒体和带有矿物气息的闻香使其成为了最出色的"松露窖藏"之一。2000 年份那灵锐且制作精良的干白非常适合香芹萝卜松露馅千层包，这道美食同样可以搭配 1996 年份那富有张力和清爽口感的干白，而 2001 和 2003 年份则再需要等待 5 ～ 6 年，才能为我们完美展现其风姿。

2002 年份佛罗伦丹尼酒园干白是一支值得我们优先珍藏的葡萄酒，会让葡萄酒松露品鉴师们痴狂，与江鳕鱼面包佐松露生蚝调味汁的搭配可以尽情展现其晶莹的酒体。

佛罗伦丹尼酒园的干红同样可以在松露菜肴中找到自己的位置。1998 年份的干红可以在松露鸡肉血肠佐开心果中发挥它具有伸展能力的味觉尺度，这要感谢它优美绵长的单宁和高贵的酒体。2000 年份的干红拥有深邃的酒体，可以与鹅脊肉佐松露泥产生独一无二的和谐音律。

罗斯碧塔酒庄（Château de l'Hospital）

罗斯碧塔酒庄以其独一无二的干红让我们记忆深刻，1999 年份高贵且拥有优质单宁的佳酿经过三年的陈酿期后搭配松露文火炖小牛肺非常完美。若选用 2000 年份的干红搭配这道菜肴，口感则更加富有张力。

鲁伊勒酒庄（Château de Rouillac）

鲁伊勒酒庄的干红可以在酒瓶中陈酿至少 4 ～ 5 年的时间。它拥有非常美丽的酒体，它平衡的酒体结构和清新的口感吸引着我们。1999 年份已经可以为我们展现它与小牛肉烹松露的完美和弦。更为油质顺滑的 2000 年份可以优雅地追随着松露千层酥的味道。

梅多克产区

穿过波尔多，我们可以在启蒙时代那充满艺术气息的建筑物中找到柔和雅致的幸福时光。朝着梅多克的城门迈进，我们踏上了通往名庄的旅程。这是一块如梦似幻的土壤，这个梅多克的小岛是一块可以成就优美单宁的富饶土壤。在这些庄园城墙内，庄主们都在精心探寻着葡萄酒与松露的美妙旅程。

路易十五喜欢带着小狗在穆里特庄园（Château de la Muette）中探寻松露的踪迹。坐在品尝盛宴的高椅上，即将登场的菜肴让他兴奋，这是一场美食的角逐，每位厨师尽情地展现其高超的烹饪技术。这位国王毫不犹豫地将餐叉伸向了松露意面。

如他的祖辈一样，他偏爱黑冬松露搭配勃艮第产区的葡萄酒和香槟产区的甘露，当然他更不会错过梅多克的佳酿。我们要感谢曾经统治过古彦（Guyenne）地区的黎塞留公爵，是他让朝廷中的很多人开始对波尔多产区的佳酿感兴趣。19 世纪时，人们对波尔多产区佳酿的喜爱开始无限扩大，让我们领会了政治力量的伟大之处。

梅多克产区的佳酿与松露

葡萄酒松露爱好者们经常会优先选择用波尔多右岸产区的葡萄酒来搭配松露美食，不过今天我将带你们来到纪龙德省的另一边，去了解那里的美妙佳酿，它同样可以与松露完美地融为一体。

按逻辑来讲，我们更喜欢选择梅多克北面含有美乐葡萄品种的佳酿，比如牟利产区或里斯塔克产区（Listrac）的佳酿。在这里我们可以找到能够陈酿 6～7 年的完美窖藏，还有已经陈酿数十年之久的精致美酒，如 1947 年份、1953 年份、1955 年份或 1961 年份，其中那狂喜的单宁为我们带来了紫红色的深邃酒体，并且能够与松露用它们之间特殊的语言和心灵来交流。

玛歌酒庄

玛歌产区的葡萄酒通常比波亚克或圣朱利安产区的葡萄酒更为柔和，具有更出色的陈年能力和更高雅的单宁，这让精美的松露菜肴为之倾倒。

玛歌酒庄的佳酿可以经过 15 年的陈酿，是梅多克产区最为出色

的"松露窖藏"之一。1959 和 1961 这两个传奇年份的佳酿永远保持着它高贵的姿态。而 1983 年份则在芳香与纤细中拥有非常平衡的酒体结构，这支佳酿在口中活力四射，堪称完美之作。

宝马庄园

宝马庄园 1998 年份是梅多克产区这一年份中唯一称得上是"松露窖藏"的佳酿。它深邃的红果香和一抹紫罗兰的闻香让我们迫不及待地想将它送入口腔中，其天鹅绒般柔顺的单宁可以与波尔图葡萄酒制作的松露奶油调味汁完美结合。葡萄酒的圆润口感和成熟度可以完美搭配松露烹牛脊。列级名庄玛歌永远是用它的细腻感打动松露，这要感谢大比例的美乐葡萄品种，是它赋予了酒体能够与任何一种松露烹饪方式相结合的柔软质感。我们亦钟爱 1985 年份的佳酿，它与牛脊奶油面包佐松露搭配，天衣无缝。而柔媚的 1981 年份美酒，平衡且充实的酒体结构可以完美搭配松露鸡肉卷。1996 年份具有充沛的活力，全身布满了柔和与宁静，它慷慨地将自己奉献给了松露烹小羊肺。2000 年份的佳酿于 2010 年向我们展示了它不可思议的质地和酒体结构，可以与松露烹牛肉佐圆片面包的质感互相吸引互相融合，活跃的单宁赋予了 2001 年份佳酿热情的个性，它也同样非常适合这道菜肴。1961 年份拥有神秘的松露气息，它可谓是梅多克产区最为神奇的美酒之一，优雅的酒姿与柔软的单宁缠绕在一起，可以搭配纯正的鲜松露佐食盐配面包这道美食，二者的融合完美至极。

三蓟庄园

在玛歌产区，这是最让葡萄酒松露品鉴师们倾心的酒庄之一，它好似一颗玛歌产区三等列级名庄中的"美乐金滴"，晶莹闪烁。这永远是一支质地柔软、口感清爽、结构平衡的美酒。2002年份借助它优质的单宁而大放光彩，2001年份向我们许诺了它美好的未来，而2000年份则让我们见识了它的潜在灵性。餐桌上，克洛德·沙荷彤会选择神采焕发的佳酿来搭配他的妻子·安德露·沙荷彤烹制的菜肴。她绝对可以称得上是烹制煎牛排佐佩里格尔调味汁的高手，她会为这个拿手菜搭配单宁正在开始慢慢融化的1996年份、口感油质顺滑的1990年份或是丝绒般柔滑的1989年份佳酿。

班卡塔纳庄园（Château Brane-Cantenac）

在我们的一生中，一定要到受人敬仰的班卡塔纳庄园来，看一看这里鲁斯·吕东精心护养的优质土壤。如今他已退休，将自己毕生的事业传给了自己的儿子。从1990年开始，他的儿子亨利就继承了他的事业，继续酿制着梅多克产区与众不同的美酒，多汁且富有张力。

心急的品鉴者现在已经可以开启这支堪称梅多克最成功的美酒之一——1997年份的班卡塔纳佳酿了，而具有柔软质地的1989年份和拥有圆润口感的1985年份也是不错的选择。我们可以将这些美酒与烤牛肉佐松露焖马铃薯相搭配。

鲁臣世家庄园（Château Rauzan-Ségla）

从1983年开始，鲁臣世家庄园便享有所有玛歌产区爱好者的盛誉。其1983年份的佳酿拥有李子、香料和林木的闻香，柔绵的口感拥有持久的余韵，酒体结构平衡，可以巧妙呼应松露腓里牛排的质感。1996年份佳酿的美感、深邃、纤细、柔和可以与迷人的松露鹅肝酱饺子佐波尔图调味汁相搭配。而2001年份则会在10年后为我们奉上同样美好的感官享受。

肯德布朗庄园（Château Cantenac Brown）

20世纪90年代中期，我们爱上了这个重新复苏了的玛歌列级名庄，被它柔软的质地和6～7年的陈年能力所吸引。1995年份或是1999年份可以与松露烹鹅脊肉佐松露马铃薯泥完美搭配。而2002年份、2001年份和2000年份的佳酿则可以在10年以后与松露共谱优美的旋律。

麒麟庄园（Château Kirwan）

如果我们想探寻麒麟庄园佳酿与松露的美妙旅程，一定要为单宁留有更充分的时间，因为这支充满力量且饱满丰盈的美酒在10年的陈酿期中可以尽现玛歌产区的特色。我们选择1993年份的佳酿来同我们一起享受盛宴，融化的口感与卷心菜洋葱烤松露完美结合。1995年份优美的酒体结构则需要煎牛排的陪伴才会更加光彩照人，在品尝这道菜肴之前，我们会为之加上一点松露碎末以做点睛之笔。

杜霍酒庄（Château Durfort Vivens）

杜霍酒庄1986年份是一个成功的年份，1985年份和1978年份也不错，1985年份的佳酿酒体圆润，1978年份则拥有融化的单宁，它们可以与松露牛肝菌汤产生和谐的共鸣。1978年份那优雅的甘草闻香与柔和单宁共同缔造出了清爽之感，是一支可以与松露千层酥包完美融合的佳酿。2000年份、2001年份和2004年份在10年后就可以优雅地与松露结伴同行。

费里埃庄园（Château Ferrière）

我们一定要耐心等待在陈酿过程中凸显出极为柔软质地的列级名庄窖藏。该园1993年份佳酿可以与松露香芹馅饼这道美食构造出美妙的和弦。1996年份那深邃的酒体可以沁入松露香栗清炖野兔的汤汁中，带来味觉的漩涡。1999年份已经可以用它迷人的姿态来诱惑松露黄油面包片这道菜肴了，若以一点点食盐作为点缀，味道则更加完美。2001年份的费里埃庄园则是玛歌产区的成功典范，这支甘露可在10年后开启，耐心等待"黑钻石"的融合。

里斯塔克产区

当里斯塔克产区葡萄酒经过漫长的陈酿期逐渐苏醒后，展现在我们面前的是一种优美的清爽、一种圆润的质感、一种迷人的矿物香气，当它们交织在一起便是松露最想进入的仙境。

威捍狮堡（Château Cap-Léon-Veyrin）

1947年份的威捍狮堡美酒被誉为里斯塔克产区最传奇的窖藏——鲜美、多汁且充满矿物香气，可以牢牢锁住松露煎牛排的美味。葡萄酒松露品鉴师们可以在该酒庄中探寻20世纪80年代末期的佳酿，这一定是你们苦苦追寻的。这里的私人窖藏拥有珍贵的1970年份、1949年份、1943年份和1937年份的稀世佳酿，它们迷人的风韵能深深吸引住波亚克小羊肉佐四季豆椰丝松露泥。2003、2002和1995这三个年轻年份的美酒可以在未来的几年缓慢而优雅地陈酿。这绝对是葡萄酒松露品鉴师们不可错过的高贵酒庄。

利万庄园（Château Liouner）

帕斯卡·伯斯克为他在自己酒园中种植的松露橡树感到自豪，几年后，利万庄园就会变成梅多克产区第一个拥有黑冬松露的葡萄酒庄。从第一个"黑钻石"年份开始，我们便可以开启味美多汁的1959年份、1961年份、1964年份和1966年份的佳酿与之搭配。我们已经可以预想到这优雅的四重奏搭配何种类型的松露音符才更加

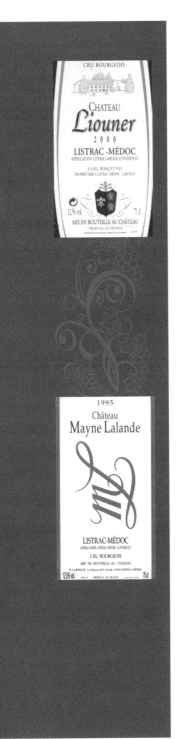

完美，因为利万庄园的庄主是一个善于烹饪的"平底锅女王"。这是一个极易被美食与美酒的和弦打动的酒庄，如果我们将 2003 年份的佳酿珍藏起来，那么 2000 年份、1996 年份、1995 年份、1990 年份和 1989 年份则可以率先打开这道美丽的牛排佐松露片的香气之窗。

梅蓝庄园（Château Mayne-Lalande）

伯纳德·拉荷迪戈有一把嗅觉灵敏的餐叉，当我们谈论松露这一话题时，他会焕发出最光彩夺目的笑容，并慷慨展现他所珍藏的大瓶装佳酿。1988 年份、1990 年份、1997 年份构成了梅蓝庄园最迷人的"三剑客"。饱满丰腴、高贵典雅、绵长优雅的单宁缔造了这支具有完美陈年能力的 1997 年份佳酿。它的单宁结构可以永远吸引住食客的味蕾，我们可以为它准备一道烤鲈鱼脊肉佐松露碎，来搭配它那口感圆润的单宁。法布里斯·吉拉德，这个毕卡莎梦香槟（Champagne Billecart Salmon）的销售总监和他的好友毕卡莎梦香槟庄主非常喜欢来到里斯塔克产区探寻松露与葡萄酒的奥秘。1988 年份的美酒在酒杯中流淌，温柔地抚摸着松露罗西尼腓力牛排。

克拉克城堡（Château Clarke）

2000 年份的克拉克城堡佳酿如今已经成为了最理想的"松露窖藏"。这支饱满柔和的佳酿拥有优质的单宁，可以与松露罐鹅相结合。它那平稳且柔软的酒体结构适合搭配最为精良的烹饪手法。最为经典的 2001 年份佳酿也可以很好地与这道菜肴相佐。在我们已经可以开启的年份中，圆润柔和的 1995 年份和酒体稳定的 1996 年份也是最佳之选。

富丽庄园（Château Fourcas-Dupré）

巴特里斯·帕戈，这位富丽庄园的庄主，戴着一副松露式的眼镜寻觅着，他只在菜单上标有富丽庄园的餐厅品尝松露菜肴。在洛尔格（Lorgues）的布鲁诺家中，富丽庄园的佳酿是普罗旺斯人最喜爱的

梅多克酒庄之一，优雅的酒姿使它成为了非常经典的酒庄窖藏。带着感恩的情愫去陈酿，1996 年份、1995 年份、1990 年份、1986 年份和1985 年份的美酒，如今已经可以与松露烹小羊肩肉共谱优美的旋律。

牟利产区

在牟利产区，我们可以优先探索两个特级中级酒庄，它们分别是宝捷庄（Château Poujeaux）和夏斯普林酒庄（Château Chasse-Spleen）。

宝捷庄

在所有梅多克的酒庄中，这个特级中级酒庄是一个可以完美地将松露带上舞台的酒庄之一。它柔和的单宁神奇地出现在每一个年份的美酒中，其中也包括不太出众的 1994 年份。美乐葡萄的比例差不多占 40%，这为宝捷庄能够较快地与其他味道融合提供了条件。葡萄酒松露品鉴师们可以在 5 年之后享受这支牟利产区佳酿带来的柔美的感官享受。1928 年份的传世美酒仍然具有饱满的酒姿，1995 年份、1996 年份或 1990 年份那味美多汁的美酒可以搭配佩里格尔松露鹅肝酱烤鸭胸肉。我们为 1975 年份的优美酒体和 1978 年份的深邃质地感到震惊，我们可以为这两支沉着饱满的佳酿搭配松露烹小牛腿肉。1985 年份那纯正柔美的口感可以将其美好奉献给"黑钻石"鸡肉卷。

夏斯普林酒庄

2001 年份和 2000 年份的佳酿经过 10 年的陈酿期后被誉为两支非凡的"松露年份窖藏"，我们可以为之献上精致的牛脊肉裹松露奶酪皮这道美食。这个牟利产区的特级中级酒庄的佳酿在陈酿过程中要经过多个不同的阶段。我们可以先来品尝 1970 年份的佳酿，相较某些列级名庄而言，它具有非常悦耳的旋律。这一类型的年份窖藏可以完美搭配松露鹅肝酱烤鹅脊肉。1978 年份佳酿则向我们证明了自己具有非凡的"松露潜能"，我们可以在它的酒体中找到黑冬松露的味道和绸缎一样光滑的纹理，它可以完美地诠释松露鹅肝酱饺子的细腻味道和松露汁浸鸡肉的柔软质感。1990 年份可以坚实地支撑住松露煎小羊排的味道，这是如诗如画般美好的融汇。

圣朱利安产区

圣朱利安是梅多克地区最均质的一个产区，这里的佳酿均拥有细腻且充满力量的口感，经过 10 年的陈酿，所有圣朱利安产区的列级名庄均可以与松露谱写出优美的和弦。1982 年份、1985 年份、1989 年份、1990 年份、1995 年份、2000 年份和 2003 年份的佳酿具有搭配松露的天赋，而1999 年份、2001 年份、2002 年份、1998 年份、

1997 年份和 1991 年份虽不及前面几个年份，却也可以给予松露很好的回应。赤霞珠的两个非凡年份——1986 年份和 1996 年份，我们还需要为它们多留一些时间，等待它们能够与松露结合的最完美状态。

雄狮庄园

这个二等列级名庄并不亚于波亚克产区的某些一等名庄。2003 年份和 2000 两个年份的雄狮庄园美酒可以在未来与松露完美搭配，微妙且深邃的酒体可以与松露杂烩佐奶油面包共谱和谐乐章。2002 年份和 2001 年份满溢着纯正的味道，15 年以后，它将可以与松露鹅肝酱面包两情相悦。心急的人可以选择圣朱利安庄主的另一支佳酿，雄狮庄园的副牌酒——雄狮侯爵（Clos du Marquis），这是一支非常特别的美乐式佳酿，几乎适合搭配所有的松露菜肴。1995 年份的圆润、1996 年份的张力，以一种凯旋的方式开辟出了一条与野羊脊肉佐佩里格尔调味汁的交汇之路。1999 年份的高雅风格同样非常适合这道菜肴。2003、2002、2001 和 2000 四个年份的雄狮侯爵佳酿绝对是葡萄酒松露品鉴师们优先的选择。

宝嘉龙庄园（Château Ducru-Beaucaillou）：葡萄酒松露品鉴师们的圣朱利安

带着它那梅多克产区独一无二的柔软质地，宝嘉龙庄园的佳酿为布利诺·波里的菜肴提供了最出色的保障。这个"美食庄主"会将它的松露提供给他指定的猪肉加工商，让他们为他制作出可以与宝嘉龙庄园副牌——小宝嘉龙 1996 年份美酒——搭配的扁平松露小灌肠。布利诺·波里最拿手的一道美味当属清煮鲮鱼佐松露马铃薯了，它的口感可以与 1993 年份的宝嘉龙庄园佳酿高雅的质感完美融合。

这个二等列级名庄可以将它的陈年老酒奉献给松露菜肴，这些佳酿永远拥有一种柔和的质感，比如 1961 年份、1970 年份和 1982 年份，其非同一般的品质绝对可以被藏入"松露窖藏万神殿"之中了。

班尼尔酒庄（Château Branaire）

　　20 世纪 80 年代末期，在班尼尔家族还没有购买该酒庄之前，帕特里克·玛侯朵曾经在沙特尔城中的帝王酒店探寻过松露与葡萄酒的奥秘。今天，圣朱利安产区四等列级名庄的庄主为我们开启了 1989 年份和 1990 年份的班尼尔佳酿，这是两支极为出色的松露窖藏。1989 年份拥有一种皮革和水果酱的闻香，入口则拥有高贵且完美融化的单宁，尾段会在口中留有薄荷的清香，这是一支可以与帝王酒店的松露烹小牛肺相搭配的理想窖藏。而 1990 年份佳酿为我们呈现了丰盈的口感，它可以与相佐的美食展开一段盛放的爱情。1996 年份班尼尔佳酿的深邃且富有力量的酒体可以与沙特尔城肉酱完美结合。

拉格喜酒庄（Château Lagrange）

　　从 1985 年开始，拉格喜酒庄便重新找到了它的位置，每一个年份都让葡萄酒爱好者们垂涎并迫不及待。玛塞莱·杜卡斯和甘吉·苏祖塔精心谱写着这美妙的乐曲，如今该酒庄已经成了葡萄酒松露品鉴师们最向往的酒庄之一，其 2002 年份的张力、2001 年份的经典酒姿和 2000 年份的优美结构更是备受期待。

　　我们现在便可以来领略一下 1997 年份那已经非常圆润细腻的酒体，它可以与松露烹小羊肩肉完美搭配。非凡的 1990 年份那柔软坚实的质感唤醒了炭烧松露那沉睡的活力。而 1989 年份的佳酿则更喜欢陪伴牛排佐佩里格尔调味汁，如果我们将佩里格尔调味汁去掉，换上松露马铃薯泥，那么 1988 年份这个经典之作或是拥有优雅单宁的 1995 年份佳酿则更适合搭配这样的美食。

金玫瑰庄园（Château Gruaud-Larose）

这个二等列级名庄的柔顺质感适合搭配任何一道松露菜肴。有一些金玫瑰庄园的佳酿需要我们耐心等待 10 年的陈酿期，比如 2002 年份和 2001 年份两支具有柔润质地的佳酿要等到 2015 年才可以与松露完美融合，若是 2000 年份，我们则建议等到 2020 年再将其开启。现在，我们已经可以开始品尝 1995、1990、1989、1988、1985 和 1982 等年份的卓越"松露窖藏"了，1996 年份更是一支灵魂之作。我们可以选择松露鹅肝酱春卷来搭配 1988 年份这支经典之作，它自有一种说服力来征服美食中奔放的味道。这是一支经典佳酿，金玫瑰庄园一定要向这位单宁的保护者——乔治·保利——致敬，这位葡萄酒松露品鉴师将他的爱都献给了松露的盛宴。

龙船庄园（Château Beychevelle）

1986 年份的龙船庄园佳酿献给我们一份精致与考究的纤细单宁，那梅多克式的优雅刚好可以完美搭配梅多克红酒烹帕芒蒂埃牛尾松露。我们同样可以将这道经典的菜肴与 1982 年份搭配。我们期待着 2015 年的到来，经典的 2000 年份和 2001 年份的美酒将是葡萄酒松露品鉴师们最大的期望。

圣皮尔庄园（Château Saint-Pierre）

迷人且柔软的 1985 年份圣皮尔庄园佳酿充满魅力，深邃的 1986 年份酒姿丰盈，甘美的 1990 年份酒体富有张力。我们可以将这充满传奇色彩的三支"松露窖藏"搭配松露牛奶烹乳猪佐香栗泥。醇厚温柔的 1995 年份佳酿可在 2010 年开启，而 1996 年份的美酒我们则需要等待至 2020 年，直到它毫无保留地绽放，它将是一支多汁饱满且浓缩的佳酿，并可以将它的全部奉献给松露。

巴顿庄园（Château Léoville-Barton）

酒杯中流淌的 2000 年份巴顿庄园佳酿可以称得上是将平衡、深邃、油顺结合于一体的艺术品。1997 年份的美酒给予我们饱满的口感。而 1996 年份那完美的平衡感非常值得我们收藏。多汁丰腴且深邃的 1995 年份佳酿让松露菜肴狂热追随。1989 年份那完美的品质，1990 年份深厚的酒体，1988 年份那多汁坚实的质感和 1986 年份那巴顿式的复杂口感让我们为之兴奋不已。2001 年份、2002 年份和 2003 年份的佳酿同样可以为我们演奏出其高品质的单宁旋律。当它们宁静地度过陈酿期后，这些非凡的巴顿庄园美酒便可以搭配松露烹鹿肉。我们可以选择已经拥有融化柔顺单宁的 1985 年份美酒，这是圣朱利安产区的绅士——安东尼·巴顿——的第一支杰作。

波亚克产区

年轻时期充满力量且毫无装饰的美酒，这就是波亚克，这里孕育着高贵雅致且拥有柔软单宁的稀世佳酿。它们那烟草、雪松、薄荷的香气不仅可以搭配松露烹红肉菜肴，还可以与家禽类美食相融合，当然一定不要忘记为它们点缀上美味的调味汁。

拉菲庄

带有传奇色彩的柔软质地结合优雅的酒体结构，这就是拉菲庄。

经过至少 10 年的陈酿期后，它绝对可以称得上是葡萄酒与松露的和弦中最为高贵的手笔。1995 年份的拉菲美酒拥有圆润和富有层次的质地，整个酒体披上了纤细的外衣，这样一支美酒可以与口感乃至味道都非常富有力量的松露煎牛排佐奶油面包搭配。

完美的 1986 年份佳酿那富有力量的酒体创造出了精练考究的质地，带有高贵香料的闻香可以与去骨乳鸽烤松露完美融合。1990 年份那柔软圆润的质地可以在牛排佐松露马铃薯泥中寻找到它的松露伙伴。1989 年份的拉菲那如丝绒般细腻的质感和如蜂蜜般醇厚的口感非常适合搭配松露煎牛脊肉。这是一支神奇、坚实、滑润的甘露，葡萄酒松露品鉴师们不禁在这宏伟的拉菲前驻足，要将这份非凡分享于众。若要分享拉菲风的效应，我们需要选择一支大瓶装拉菲。就是这样一个与众不同的酒庄造就了葡萄酒一个新的顶峰，而松露则堪称这一美酒中单宁的最佳伴侣。

木桐庄

丰腴、深厚、多汁，木桐庄的佳酿可以说是为松露量身打造的。它质地紧密且富有张力，黑加仑的香气在 15 年的陈酿期间不断演变，最后成为雪松、烟草、薄荷、皮革和香料所混合的复杂闻香。1996 年份、1998 年份、2000 年份、2001 年份、2002 年份和 2003 年份的佳酿在 20 年之后方能亮相，不过我们可以先来开启下面这四支佳酿来搭配松露：首先是火焰般热情的 1989 年份木桐佳酿，它丰盈且充满异域情调，可以完美贴合菜肴中的鸡蛋、鹅肝酱、松露和芦笋等食材的香味。它可以支撑住松露与鹅肝酱的混合香味，用最感性的方式包裹住菜肴中的每一种味道。多米尼克·戈西亚，阿兰·沙拜勒的前任侍酒师，建议男爵将这一年份的木桐窖藏搭配皮下嵌入松露的清炖小鸡，再为其配上以马德拉葡萄酒为基调加入鹅肝酱制作而成的奶油调味汁。下面一支则是 1995 年份的珍藏佳酿，其平衡的单宁可以搭配松露烹鸽脊肉佐黄油煎"黑钻石"卷心菜。卓越的 1985 年份美酒要感恩于它柔软的单宁，它可以温柔触摸松露煎牛脊肉。富有甘草和薄荷清香的 1988 年份佳酿可以与松露巧克力千层酥这道特别的甜品完美契合，这是一道非常考究的甜品，关键之处在于一定要让黑冬松露的味道与巧克力的香气相平衡。

靓茨伯庄园

坚实、饱满、深厚，靓茨伯庄园将它丰盈的酒体带入我们的口中。经过 10 年陈酿出来的浑厚多汁的酒体和香气自然而然吸引住了松露。1981 年份佳酿那桉树的香气使它获得了极大的成功，它的平衡酒体寻找到了与它合拍的松露馅饼。柔软又不失坚实质感的 1989 年份高贵佳酿在与焦糖着色的烤乳鸽佐松露调味饭的搭配中光芒四射。1990 年份的美酒拥有甘草和薄荷的闻香，它会兢兢业业地陪伴在牛尾佐松露马铃薯泥的旁边，为其做点睛之笔。1988 年份这支"松露窖藏"的柔软单宁使它成为了最为传奇的经典作品，我们钟爱为之搭配马铃薯松露佐圆面包片。1975 年份拥有特别的松露闻香，它的单宁坚实且与众不同，可以完美地回应松露鹅肝酱烹珍珠鸡。

拉克斯特城堡

拉克斯特城堡代表了波亚克产区列级名庄中最纯正的经典作品。这支拥有笔直酒体的佳酿向我们展现了它经过 10 年陈酿期后所凸显出的魅力，纤细柔润的单宁和纯正的味道让我们为之赞叹。若说 1953 年份在经过陈酿期后实现了它的承诺，那么我们将带着神秘的 1978 年份来享受这场松露盛宴，它那雪松、香烟与香料的闻香让我们倾倒，柔软的单宁和坚实的酒体结构可以与松露奶酪烤波亚克小羊肉完美地搭配。我们同样可以将这道经典菜肴搭配迷人的 1985 年份美酒、拥有完美成熟度的 1990 年份佳酿和具有柔润单宁的 1989 年份窖藏。若想留住这份经典，我们同样可以唤醒 1988 年份那沉睡着的笔直酒体。1995 年份和 2000 年份的佳酿将是未来最迷人的"松露窖藏"。

碧尚男爵

碧尚男爵的酿酒师让-海内·玛迪浓是一个非常出色的葡萄酒松露品鉴师，他了解碧尚男爵那柔润的单宁一定可以搭配精致的"黑钻石"。这支二等列级名庄在 10 年的陈酿期后可以凸显出其与松露搭配的潜能。2004 年份是一个可以让我们铭记的上好年份，但仍需我们耐心地等待。如今，我们已经可以开始品尝 1988 年份、1989 年份和 1990 年份了。经典的 1988 年份那深厚且笔直的酒体可以搭配牛肉松露饺子。1989 和 1990 两个年份可以称得上是梅多克两大杰出的佳酿。1989 年份那柔顺的旋律和多维的口感唤醒了炭烧松露，而 1990 年份则潜伏在皇家雏鸭佐松露烤鹅肝酱这道美食中。这三支美酒仍然具有让葡萄酒松露品鉴师们梦寐以求的陈酿潜力。

碧尚女爵

碧尚女爵是波亚克产区最具有吸引松露的天赋的列级名庄之一。美乐葡萄赋予了它柔软的质地，年轻的时候它就已经拥有迷人的酒体了，该酒庄具有良好陈酿能力的佳酿可以很快地与松露成为和谐的伴侣。某些梅多克产区的年份佳酿对于松露菜肴来说可能口感稍显坚硬，但 1981 年份或是 1994 年份的佳酿则多了几分柔软与圆滑。上好年份的窖藏，如 2001 年份和 2000 年份，被幸运地授予了桂冠，它们展现了非凡的纯正之感。在位于罗莫朗坦的金狮饭店，朗格萨英将军非常喜欢为他的葡萄酒搭配迪叠·克莱芒的美味菜肴。具有吸引力的 1998 年份佳酿搭配松露油烹扇贝，充满了一种成熟的菠萝香气，这是一对充满新鲜力量的理想组合。若与松露椰叶烹热鸭肝搭配，具有柔软单宁的 1995 年份佳酿最为合适了。1989 年份佳酿拥有优美的肌肤纹路，可以深深地渗入松露马铃薯香栗蜂窝饼的质地中。丰盈饱满的佳酿可以在辐射到其他食材之前，先让栗子的香

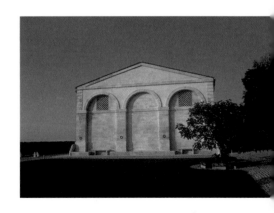

木桐庄。

气完美绽放，这种平衡的香味可以创造出无限的悦耳和弦。

克拉米伦酒庄（Château Clerc-Milon）

一定要感谢美乐葡萄赐予这支波亚克产区佳酿克拉米伦酒庄那圆润柔软的口感。经过 10 年的陈酿之后，我们彻底被它的柔软质地所吸引了，它可以与红肉菜肴、禽类菜肴或是松露巧克力甜品搭配出朦胧的色调。1990 年份甘草的香气可以在松露卷心菜乳鸽千层酥上尽情展示它丰腴的酒姿。拥有更经典单宁的 1986 年份佳酿也可以毫不逊色地搭配这道美食。关于 1996 年份佳酿，我们至少还要等待 3 年的时间才能看到它卓越的风姿。1981 年份的克拉米伦酒庄在这个较为干涩的年份创造出了一个完美的奇迹，它可以搭配松露软巧克力这道美味的甜品，为它带来清新的薄荷香气。1998 年份同样使人振奋。

都夏美隆庄园（Château Duhart-Milon）

2003 年份的都夏美隆庄园美酒可以在 10 年的陈酿期后展现出它波亚克产区经典"松露窖藏"的特性，其雪松、紫罗兰和香料的闻香超越了紧致口感的单宁和其深邃的酒体。1989 年份佳酿拥有融化的口感，可以和松露马铃薯牛肉佐面包搭配。酒庄庄主夏尔·瓦里耶是都夏美隆庄园的灵魂，在酒杯与餐叉间带领着我们探寻葡萄酒与松露的奥秘。

达玛雅克酒庄（Château d'Armailhac）

当我们品尝达玛雅克酒庄 1981 年份的佳酿时，这个旧时名为木桐菲利普男爵夫人的酒庄让我们为之赞叹。这是一支名副其实的"松露窖藏"，可以与松露扁豆奶油汤完美搭配。这道在本书开始时便出现的名菜非常适合这支波亚克产区列级名庄中的富有贵气单宁的佳酿。2002 年份、2001 年份和 2000 年份的佳酿获得了极大的成功，这些年份的美酒在为我们展示它与这道菜肴的完美和弦之前，需要先度过 10 年的陈酿期。1989 年份的美酒则同样非常适合搭配松露扁豆奶油汤，它可以透过扁豆和奶油的质地温柔地抚触着"黑钻石"。

奥巴特利酒庄（Château Haut-Batailley）

高贵的波亚克产区奥巴特利酒庄在经过 7 年的陈酿期后可以为我们展示出它卓越的陈年潜能。在一些卓越的"松露窖藏"年份中，我们一定要向大家推荐这支具有柔软质地的 1982 年份，它可以在松露罐鹅这道美食面前尽现风采。我们还可以品尝具有优美单宁的 1989 年份佳酿。而 1996 年份的美酒已经开始为它 5 年之后的"梅多克式风采"整装待发了。

旁提卡内庄园（Château Pontet-Canet）

旁提卡内庄园在它进行陈酿之时，便已经显示出了它波亚克产区列级名庄的与众不同之处。它 2001 年份的佳酿可以在 2010—2015 年为我们诠释出它深邃且充满芳香的酒体。2000 年份那坚实有力的酒体让它成为了卓越的"松露窖藏"。我们还可以在松露罐鹅搭配 1996 年份旁提卡内庄园美酒中找寻到梅多克式风采的优雅旋律。

奥巴里奇酒庄（Château Haut-Bages Libéral）

这支波亚克佳酿至少要等待 10 年的陈酿期才可以完美地搭配松露菜肴。我们可以选择 1996 年份的奥巴里奇美酒来搭配松露烹小羊肩肉。而 2001 年份非凡的质地则可以在 2010 年彰显出来。2002 年份的未来则会拥有一份坚实的结构、一份富有活力的酒体和克莱儿·薇拉（奥巴里奇酒庄庄主）式的优雅。2015 年，奥巴里奇佳酿则会展现出它与生俱来的"松露魅力"。

枫柏庄园（Château Fonbadet）

1982 年份、1986 年份和 1990 年份的枫柏庄园佳酿谱写了一曲震撼的美酒美食三重奏。这是一个品质上乘的酒庄，其佳酿并不亚于一些列级名庄。1982 年份美酒那雪松、烟草和香料的闻香和松露香吸引了众多梅多克爱好者。我们可以将这支佳酿搭配松露烹波亚克小羊肉作椰香四季豆。

圣爱斯泰夫产区

像大多数厨师一样，沙鲁·海纳（法国著名美食家）在 1956 年时踏进了巴黎著名的杜朗餐厅，并挑选品尝了 1893 年份和 1904 年份圣爱斯泰夫产区玫瑰庄园（Château Montrose）的陈年美酒，这让他了解到了这奇妙产区独一无二的味道。当他回到他位于布里夫（Brive）的凯美丽埃餐厅时，便开始认真地创造可以与圣爱斯泰夫产区佳酿相融合的神秘味道。他经常会为之搭配松露沙拉。戴着高耸洁白的厨师帽，沙鲁经常带着他迷人的歌声，游走于波伊庄园（Château Pomys）、玫瑰庄园或是柯斯拉柏丽庄园（Château Cos-Labory）的葡萄园中。当一些盛大的典礼来临时，他总会将他与众不同的"黑钻石"之香带到所有圣爱斯泰夫的佳酿身边。

玫瑰庄园

石质的雄鹰高傲地屹立于纪龙德省的玫瑰庄园门前。在这个有些寒冷的冬季清晨，沙鲁·海纳将圣爱斯泰夫的佳酿带入了松露的舞台。他那高贵的科雷兹牧羊帽让他浑身散发着话剧演员的气质，他低压着帽子，以一支 2003 年份充满紧实力量与深邃酒体的玫瑰佳酿开场。这个年份美酒为我们展示了它不同寻常的酒体结构和混有

红果、薄荷和香料的复杂闻香。我们可以在 2002 年份和 2001 年份美酒中寻找到相同的风格，葡萄酒松露品鉴师必须为这一完美的风姿耐心等待 10 ～ 15 年的时间。在陈酿期间，玫瑰佳酿的酒体可以变得更有力量、更复杂化且更高雅纤细，随着时间的变化，香气也逐渐丰富起来，黑加仑、雪松、香料、皮革和松露的闻香慢慢显现。2000 年份的美酒可以在 15 年后展现其风采，而 1995 年份佳酿则需要再等待 3 ～ 5 年的时间。沙鲁·海纳将特别的松露沙拉献给我们，他为这独一无二的味道搭配了具有传奇色彩的 1989 年份和 1990 年份的玫瑰佳酿。那具有油滑质感且饱满丰盈的 1989 年份佳酿可以带给沙拉一种清爽的平衡感。满溢着情感的 1990 年份也迫不及待想展示着自己，它可以让我们感受到前所未有的纯正之感。葡萄酒松露品鉴师们每年都要来这里尝试能带给他们饱满口感的组合，而这组合的重点就是这迷人的玫瑰庄园佳酿。

　　这样的诗篇永远也不会缺少迷人的韵脚，这个圣爱斯泰夫产区明灯酒庄的三支经典窖藏 1975 年份、1964 年份和 1955 年份永远是其他佳酿所无法媲美的。1975 年份的美酒可以搭配松露泥佐牛排。甘美柔润的 1964 年份佳酿凸显了它非凡的高贵气质。而 1955 年份绝对称得上是绝世美酒，这支令人尊敬的古老窖藏因其牛肉般的质地与松露产生优美的共鸣。这三个年份美酒谱写出了沙墨路家族那独特的幸福味道，这个列级名庄的主人，是最与众不同的葡萄酒松露品鉴师。

圣爱斯泰夫产区囊括了五个出色的列级名庄。

爱士图尔庄园（Château Cos d'Estournel）

多汁而深邃，爱士图尔庄园在松露面前向我们展示着它的圆润与细腻。我们需要为之等待 10 ～ 15 年的陈年时间，比如 1989 年份的爱士图尔庄园佳酿，经过漫长的陈酿之后，方能显现其最优美的身姿。我们钟爱它那好似即将要融化的饱满单宁和香料、松露、葡萄的深邃闻香，其饱满的单宁可以与松露奶酪酥佐佩里格尔调味汁神奇搭配，丰润的美酒可以包裹住菜肴中的每一个食材的味道。经典之作 2001 年份的佳酿需要我们等待 10 年的陈酿期才能为我们展现如此优雅的酒体。

奥玛堡（Château Haut-Marbuzet）的松露

"在陈酿的过程中，圣爱斯泰夫的佳酿探索着松露的喜好，而黑冬松露则在奥玛堡中探索着庄主亨利·杜伯斯克所酿制的美酒。我还是认为对于松露来说，最适合它的甘露当属年轻时期的奥玛堡佳酿。"边说，他边将一支 2002 年份的奥玛堡干红倒入杯中，我们一定会觉得松露的味道会完全带走这支年轻的葡萄酒的味道，形成一种对立，实则不然：我们首先会单品尝松露薄片的味道，其次再为其搭配这支奥玛堡美酒。"它会一直深入自身最深处寻找到一种可以与松露先抗衡后互补的元素，然后二者结合，在口腔中形成第三个融合的极端。"对于亨利·杜伯斯克来说，品尝奥玛堡美酒与松露的和弦就犹如黑格尔的辩证学说，因为黑格尔曾经说过："和谐的旋律来自于逆向事物的争斗过程，但它们彼此之间永远不会决出胜负，直到它们互相纠缠，进入另一个世界中后，一边相互抗衡一边相互延伸便可以形成这种和谐的美。"而位于伊·苏丹的科涅特餐厅的主厨阿兰·诺奈便启发亨利·杜伯斯克创造出了奥玛堡与松露的完美和弦。"1984 年时，阿兰·诺奈为我开启了一支 1980 年份的奥玛堡，并搭配了黑

冬松露。这支轻薄灵锐的佳酿充满魅力，但它却不具备与松露搭配的天资，并且在搭配的过程中显得过于焦急不安。在这场与松露的对抗中，我再也找不到我的葡萄酒的味道，而这却出乎意料地让我感到兴奋，因为松露的味道会因此变得更加强烈，以给奥玛堡葡萄酒更加猛烈的击打。"我们品尝了他的拿手名菜松露扁豆奶油汤，这个伊·苏丹地区的厨师非常喜欢这个酒庄，并为它的菜肴搭配上具有圆润单宁的 1975 年份奥玛堡佳酿。1978 年份也同样很适合搭配以奶油为食材的菜肴。而更具张力的 1982 年份的美酒则可以完美留住松露的芳香。

在中级酒庄和列级酒庄之间的葡萄酒松露品鉴之旅

伯纳德·奥多瓦很喜欢位于阿海桑城（Arcins）的金狮饭店分店，在这里，让-保罗·巴比（金狮饭店分店主厨）非常重视圣爱斯泰夫产区两个酒庄佳酿中那优雅的单宁，它们分别是柯斯拉柏丽庄园（Château Cos Labory）和安德鲁布朗堡（Château Andron Blanquet）。

安德鲁布朗堡是该产区最优秀的中级酒庄之一，它 1978 年份、1982 年份、1985 年份、1989 年份和 1990 年份的佳酿均可以与鸭胸肉佐松露马铃薯泥完美地结合。这些成熟的年份佳酿可以自如地在美食的海洋中徜徉。而 1995 年份、2000 年份和 2003 年份的安德鲁布朗堡美酒可以在 2015 年的陈年期过后展现出同样优美的旋律。五等列级名庄柯斯拉柏丽庄园可以在酒窖中沉睡 10 ～ 30 年之久。

我们钟爱 1970 年份那融化的单宁、1978 年份的完美"松露窖藏"、1982 年份那柔软的质感、1985 年份那绸缎一样的纹理和 1989 年份油质顺滑的口感。这些年份佳酿均可以完美搭配波亚克小羊肉烹松露佐菊芋"黑钻石"。

若在菜肴中去除面包，我们还可以为其搭配酒体更为坚实的 1981 年份佳酿，而 2003 年份和 2004 年份将会在不久的将来夺得"松露窖藏"的桂冠。

居伊·德隆（Guy Delon），圣爱斯泰夫产区与圣朱利安产区

　　这位梅多克快乐的大叔，居伊·德隆好似出生在圣朱利安产区和圣爱斯泰夫产区中间的酿酒木桶中一样，他坚持着他的真理，在这个三角河口湾探寻着他的葡萄酒与松露。这一天早上9点30，他来到让-保罗·巴比的餐厅中，带着刚刚灌装入瓶的2004年份卡巴拿世家堡（Château Ségur de Cabanac）的佳酿，品尝着这里著名的松露鸡蛋饼。这支圣爱斯泰夫产区美酒用它那高贵的气质和丰润的酒姿为这道菜肴温柔地做着单宁的按摩；之后他又品尝了一支大瓶装1997年份的佳酿，成熟的单宁唤醒了松露烹小牛肺这道美食的味道。我们可以将煎牛排做佩里格尔调味汁放入红磨坊玫瑰酒庄（Château Moulin de La Rose）的保护伞下，这是来自于圣朱利安产区的另一个"松露名庄"。该酒庄1989年份和1990年份的齐鸣从喉咙中喷发出来，我们等待着杯中酒入口后的那一阵源自宁静中的满足。这个优质中级酒庄经过漫长的陈酿期后，我们便可以从中寻到那纯正的松露味道。

美娜堡（Château Meyney）：一块名副其实的"松露窖藏"土壤

　　在这里，2.5米深的土层中含有一定厚度的黏土，美娜堡这块富饶的土壤与柏图斯庄园和位于邦斗尔产区彼巴农酒庄（Château de Pibarnon）的土壤是一样的。这个圣爱斯泰夫产区的中级酒庄在不凡的陈年能力中不断地向松露靠近。我们经常会在美娜堡找到松露的韵律。2004年份美娜堡具有理想的天赋，1988年份、1989年份和1990年份这神奇的三连冠又让我们爱慕不已，它们拥有一抹黑冬松露的香气，这些甘露可以自如地与松露奶油面包佐鹅肝酱相融合。1989年份的发散、1990年份的内敛和1988年份的给予完美抒写了它们与众不同的搭配风格。

上梅多克产区

乔治城堡（Château de Villegeorge）

如果我们想要在乔治城堡和松露的搭配中获得富有焦烧质感的单宁，我们应该选择大瓶装 1985 年份的佳酿。这支高贵的葡萄酒拥有一种清爽与柔和共存的平衡感，这一类型的佳酿可以唤醒松露蚕豆烹小牛肉的鲜美味道，1983 年份的佳酿甚至可以与玛歌产区的佳酿媲美。口感更为温和的 1989 年份与 2003 年份和 2002 年份的佳酿一样可以完美地与红肉类型的菜肴搭配。这个优质中级酒庄与它的庄主玛丽·罗兰·吕东女士——一个一生都充满活力的女人——的韵味如出一辙。

卡隆圣嘉庄园

1949 年份、1959 年份、1961 年份、1962 年份、1970 年份、1975 年份和 1982 年份的卡隆圣嘉庄园美酒完美地表现了该酒庄优质的土壤和卓越的陈年能力，它们可以将自身的价值完全呈现在松露千层酥的面前。弗朗索瓦·诺尼对酒庄的继承标志着一个精致考究时代的到来，以 2001 年份到 2003 年份的佳酿为代表。2003 年份极具高性价比的美酒为葡萄酒松露的品鉴之旅增添了一份与众不同的情调，它可以在 10 年的陈酿期后与松露鹅肝酱烹马铃薯完美地结合。

古兰古堡（Château Coufran）

该酒庄的佳酿含有 80% 的美乐葡萄品种，松露可以在古兰古堡中寻找到两支让它青睐的佳酿。其一是 2000 年份佳酿，经过陈年，会为我们展现它全部的魅力。而如今，我们可以开始品尝那已经具有圆润口感的 1995 年份佳酿，它可以与享乐派庄主艾瑞克·米埃荷

亲手烹制的松露烤牛肉相结合。这个洋溢着热情的葡萄酒松露品鉴
师可是一个厨房中的佼佼者，一生从未停止对松露菜肴的探寻。

梅多克产区

富有单宁气息的梅多克之风轻拂着北面的半岛，在这里，松露
的音符在奥姆索庄园（Château Ormes Sorbet）、波坦萨古堡（Château
Pontensac）、露德尼古堡（Château Ludenne）和罗兰德拜城堡
（Château Rollan de By）欢快地跳动着。

露德尼古堡

酒庄的轮廓在夕阳的余晖中透着一抹迷人的粉红色。在这个古
堡中，每一个房间都可以惬意地欣赏到纪龙德省的优美精致。透过
落地窗，我们可以看到犹如平静的海洋一般的葡萄园。

一代又一代拉弗莱特家族的成员在"金灿的秋天"和"炙热的
冬天"探寻着松露与葡萄酒的玄奥。这个葡萄酒与松露的品鉴之家
每一天都会为不同的松露美食搭配它们的美酒，这习惯已经深深地
注入了他们的日常生活，这是一场在味道中的漫游，我们需要等待、
需要敏悟、需要渗透。我们开启了1990年份的露德尼古堡佳酿，它

的松露香与绽放出来的圆润口感让我们不禁为之赞叹。1989年份的复杂香气竞相释放，林木、烟草和香料的闻香让人陶醉。这些佳酿可以在炭烤松露面前尽显本色，让我们在壁炉旁尽情享受这美妙的时刻。

波坦萨古堡

这是梅多克产区唯一一个特级中级酒庄，波坦萨古堡创造了卓越的松露和弦。其1993年份获得了极大的成功，它钟爱与绿头鸭佐松露泥相搭配。口感更为饱满的1994年份佳酿从另外一个方面为这道菜肴注入了新的力量。若与1989年份佳酿搭配，旋律则更为美妙。酒庄的庄主让-余博贺·德隆为他这极为出色的佳酿而感到自豪。2000年份、2001年份、2002年份和2003年份的美酒可以在10年之后为我们展现它们迷人的风姿。

奥姆索庄园

在这片葡萄园，让·博瓦维欢快地赞颂着他酿制的甘露。作为一个梅多克古盖克地区（Couquèques）的居民他骄傲无比，这讨人喜爱的性格不是来自于他那天生的幽默感，而是源自他对优质单宁那坚持不懈的追求。他与他的朋友让-保罗·巴比一同探寻松露与葡萄酒的奥秘。他喜欢将用蘑菇、松露、肉汁制成的调味汁搭配一道皇家野兔，再为它奉上柔软甘美的1990年份奥姆索庄园佳酿。我们还可以回过头来追忆1989、1985、1961和1944等上好的老年份佳酿。2000年份、2001年份和2002年份使让·博瓦维倍感骄傲，他灵敏的味蕾为每一个年份的佳酿创造出独特的味道。在众多的梅多克之星中，让·博瓦维继续用他特有的方式来酿制他的葡萄酒，并已经开始着手将这方法传承于子嗣，他的两个儿子弗朗索瓦和文森所酿制的下一个年份的松露美酒，让我们拭目以待。

罗兰德拜城堡

　　这是一个位于贝加当地区（Bégadan）的酒庄，庄主让·古洋是一位忠实的葡萄酒松露品鉴师。在巴黎，他曾邀请乔治五世酒店世界一流的侍酒师艾瑞克·伯玛为他服务。艾瑞克·伯玛为乔治五世酒店的主厨菲利普·莱让德制作的松露烹小羊肉搭配了一支拥有优美质地的瑟安塔城堡（Château Tour Serran）2001 年份佳酿。"2003 年份为我们展现了它饱满的酒体和一种东方美的韵味，这个酒庄可以在 5 ~ 10 年的陈酿期后与松露卷心菜烹母鸡完美地搭配，"让·古洋微笑着说道，"洋百合松露薄饼佐洋葱奶油调味汁可以与芳香甘美的罗兰德拜城堡 1990 年份佳酿相结合。而口感更为坚实又不失柔软的上康迪萨堡（Château Haut-Condissas）1998 年份美酒可以与松露浅层酥结合，为我们带来无限的感官享受。"

满布于加龙河（Garonne）岸边的捕鱼网。

搭配松露的
精致窖藏
Le Vin & la Truffe

苏特恩产区

这些金色美酒的颂扬者——图卢思·劳特雷克（1864—1901，法国著名印象派画家），是一个不折不扣的苏特恩"松露窖藏"的追随者，下面，这些佳酿将要隆重登场了。

苏特恩、松露与创作的灵感：图卢思·劳特雷克

创作的前方，是通往奇遇的出口，尘世繁华向图卢思·劳特雷克敞开了生命之门。为了能与欢乐和成功共同流淌在这个奢华的世界，他将艺术带到了这里，带着他的书籍、画笔、画刷还有他最爱的鹅肝酱、松露和苏特恩佳酿。这个图卢兹公爵的后代在他还很年轻的时候就被餐桌上的美所感染了。对于他来说，每一道美食不仅仅是盘中的珍馐，它们还具有鲜活的灵魂。亨利很快掌握了食盐的纹理与重要性，这是一剂永恒的调味品，他还偶然探寻到了鳝鱼与松露的独特和弦。当这个艺术家在厨房中持起锅柄，他便将他烹饪的技艺散播到了所有的可能性中。

这"黑珍珠"光芒四射的滴金庄园、琉塞克庄园、绪帝罗庄园、克利芒庄园、古岱庄园、米拉特庄园或是拉佛瑞佩拉庄园都将无限的精致与风韵送给了它。这些甘露将它们温柔的吻献给了那薄雾般轻柔的圆润身姿。松露野苣沙拉与苏特恩佳酿在画布中那和谐的美让人难忘,它可以将很多不同风格的苏特恩甘露带上这个艺术的舞台,比如斯格拉哈伯庄园(Château Sigalas-Rabaud)、芝路庄园(Château Guiraud)、奥派瑞庄园(Château Clos Haut-Peyraguey)和马乐堡酒庄(Château de Malle)。

1996 年份斯格拉哈伯庄园佳酿

柔软的口感与蜂蜜和杏干的闻香并存,口中的后端拥有着清新柔和的余韵,可以与菜肴中的任何一样食材互相搭配。

1999 年份芝路庄园佳酿

拥有木瓜和杏干的闻香,能够给予我们一种新鲜活泼的质感,它可以将它苏特恩式甘露那特优的清爽口感奉献给具有同样口感的沙拉菜肴。

1996 年份奥派瑞庄园佳酿

蜜一般的甘美,油质顺滑,它的味道不会超过沙拉,我们可以再为它搭配上图卢思·劳特雷克钟爱一生的鹅肝酱。

1998 年份马乐堡酒庄佳酿

具有柑橘、蜂蜜的闻香和丰富饱满的口感,入口后端带有一抹柚子的香味,正是这样的甘露才可以与松露完美地搭配。

巴黎文学界的名流们同样也很喜欢来到苏特恩产区马塞尔·普鲁斯特（20世纪法国最伟大的小说家之一）的家，到这里探寻葡萄酒与松露的奥秘。

　　普鲁斯特有著作《在葡萄藤之花的影子下》。

　　马塞尔·普鲁斯特为了他的文学盛宴购买了一些当时最卓越的佳酿，一些可以与烹饪艺术相结合的美酒。他非常喜欢松露菠萝沙拉，与这样的菜肴搭配，需要一支相对年轻且富有活力的年份，以为松露带来清爽的口感。米拉特庄园1999年份的佳酿拥有一种菠萝的闻香，可以为我们创造出一种清爽且纯正的口感。琉塞克庄园1999年份的佳酿也可以将它蜂蜜、香杏和少许芒果的闻香带给我们，饱满丰盈的口感可以在不破坏松露和菠萝味道的基础上，给予它们油质的口感和优美的清新。

于贝尔·德·布阿的菜谱

贝里地区的绿扁豆非常适合搭配圣·艾美浓产区最出色的葡萄酒。

25 年前，于贝尔·朔维将他所有的烹饪技术与灵感都奉献给了贝里地区的绿扁豆。大部分情况下，这里的扁豆包装上不会显示它们的保质期和重量。"我敢肯定，这是贝里人的传统习惯，通常情况下，他们只会标识出采摘的日期。在采摘之后的第二年食用最理想，这是贝里人都知道的常识。"一个扁豆种植者一边认真地说，一边在手中的扁豆包装上印上年份。这里的扁豆种植者用一种可追溯性的方式记录着他们的成果。用松露扁豆沙拉搭配圣·艾美浓产区的名庄葡萄酒将是一场完美的味觉盛宴。

贝里绿扁豆松露沙拉

6 人份食材：
500 克贝里地区的年份绿扁豆；6 只 30 克的贝里地区黑松露

1. 用少许洋葱和哈布哥黑脚猪生火腿的油脂将扁豆炒熟。
2. 将松露切片后与炒好的扁豆一同放入沙拉碗中。
3. 倒入少许榛子油搅匀，作为调味汁。
4. 将制作好的沙拉放入冰箱半天的时间，让其冷却。
5. 食用之前要提前半个小时从冰箱中取出。

玛丽·海琳·波丽的菜谱
波亚克产区拉克斯特城堡的名菜

松露野鸡圆馅饼

备料时间：45 分钟
烹饪时间：40 分钟
6 人份食材：
一整只去骨的野鸡；250 毫升液体奶油；一个鸡蛋黄加两只整鸡蛋；2 张千层酥面饼；50 克松露；6 个马铃薯；2 块黄油，分别 50 克与 30 克；2 头红洋葱；

少许食盐和胡椒

1. 将洋葱切成薄片。将锅中放入 50 克黄油，用小火将其融化，再放入洋葱，保持小火将洋葱炒熟。将马铃薯切成薄片，放入已经烧开的沸水中，加少许盐煮一分钟。将土豆片取出淋干，平铺在吸水布上将表面的水分吸干。

2. 将野鸡的大腿肉切成很小的块，与鸡蛋一同放入容器中用搅拌器搅拌。同时加入液体奶油、食盐和胡椒粉，继续搅拌，直到成为纹理细腻的肉馅。将烤箱预热 250 摄氏度。

3. 在两张千层酥面饼上切割出两个圆形的面片，一张直径为 24 厘米，另一张直径为 20 厘米。将 24 厘米的面饼平铺在圆形的烘焙圆饼的模具中，将步骤 2 中搅拌好的三分之一的肉馅平铺在 24 厘米的圆饼上，注意要留出 1 厘米的边距。再在肉馅上撒上少许盐和胡椒粉，加入一半炒好的洋葱，最后再铺上一层土豆薄片。

4. 将野鸡的鸡胸肉切成 6 个小块。将这 6 小块的鸡胸肉和松露薄片平铺在步骤 3 的土豆之上。再在这上面平铺三分之一的肉馅，重复步骤 2，将剩下的洋葱和土豆平铺上去。

5. 将鸡蛋黄放入半杯水中，将其搅拌均匀，将搅拌好的液体鸡蛋黄涂在饼底留出的 1 厘米的边距上，然后将直径为 20 厘米的面饼扣在步骤 4 中已铺好的肉馅上，与面底相对。

6. 靠鸡蛋黄的黏度将两张面饼黏合封口，在封好口的面饼表面涂抹上一层液体鸡蛋黄，以达到上色的作用。

7. 将在圆形烘焙模具中的面饼放入已经预热的烤箱中，以 250 摄氏度的恒温烤制。待其熟透以后取出，冷却 10 分钟后将其切割成小块。

8. 将剩下的三分之一肉馅放入锅中，加入液体奶油，使其沸腾 2 分钟，加入少许食盐和胡椒粉。将 30 克黄油与松露薄片用搅拌机搅碎，放入锅中，轻轻搅拌至均匀，关火，调味汁制成。

9. 将制作完成的调味汁浇在烤制好的松露野鸡馅饼上食用即可。

纪龙德省的遗迹如今是波尔多最受欢迎的旅游景点之一。

葡萄酒与松露

位于波亚克地区的考蒂兰·巴赤餐厅

豆芽生蚝杂烩佐松露

6 人份食材：

12 支生蚝；125 克小洋葱；500 毫升干白葡萄酒；100 克巴黎蘑菇；250 克纯奶油；20 克黄油；600 克豆芽；40 克松露；少许食盐和胡椒

1. 将生蚝剥开，将它们从壳中取出，留好生蚝汁液，备用。
2. 在平底锅中，放入小洋葱和干白葡萄酒，直到熬干锅中的汤汁。
3. 清洗巴黎蘑菇，并将其切成薄片，放入水中沸煮后，将蘑菇汤汁留好备用。
4. 将熬干的小洋葱、调好的蘑菇汁以及纯奶油和生蚝汁倒入锅中，小火烹制 20 分钟。
5. 在这期间，需要准备豆芽。用剪刀将豆芽剪成大米粒长短的碎屑，备用。
6. 将生蚝切成小块，并将松露切成薄片。
7. 在平底锅中放入黄油，待其融化后将豆芽碎屑倒入锅中，轻轻地搅动，并慢慢地加入步骤 4 中熬制好的汤汁和生蚝块。3 ~ 4 分钟后关火。
8. 将步骤 7 中熬制好的食材倒入餐盘的正中央，点缀上几片松露和一点食盐即完成。

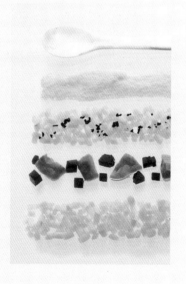

画家弗雷德里克·布尔茹瓦-
德-麦尔塞（Frederic Bourgeois,
1805-1860）拍摄的橡树园的风景

第 13 章

夏朗德产区
Le Vin & la Truffe

接下来，让我们走进夏朗德产区，一个有着悠久松露文化历史的地区。

20世纪初期，夏朗德地区就已成为法国第四大松露产区，这里的松露文化源远流长。尽管在一段时间内，葡萄栽培在全世界范围内都经历了一场不小的危机，但夏朗德地区的葡萄种植却始终没有停止发展。其主要产区集中分布在塞贡扎克（Segonzac）和卢雅克（Rouillac），都位于干邑的中心地带。

近些年来，随着越来越多美食创新的诞生，干邑产区的葡萄酒与松露的联系也越来越紧密。泰利·维拉是一位非常出色的厨师，他不断地尝试着将干邑葡萄酒、比诺酒以及松露搭配在一起。他还得到两位女强人的鼎力相助：比阿特丽丝·珂宛托和弗朗索瓦·巴尔斌－雷克来维斯。从2004年至今，她们一直管理着亚纳克（Jarnac）松露市场，每逢周二，松露种植爱好者们都会来到这里，互通有无。

Le Vin & la Truffe

比阿特丽丝·珂宛托在夏朗德

比阿特丽丝·珂宛托从小就受到松露美食文化的熏陶，她对美食有与生俱来的烹饪和品鉴才能，钟爱鲜明和结构感强的味道，只要一有时间，她就会将自己关在厨房中烹饪美食。她曾经说过：她的美食天赋是遗传的，是家庭的熏陶使她成为了一名美食家。比阿特丽丝自己也会在院中种植大片的橡树，以采摘随之而生的松露块。

能够与松露组成完美搭配的干邑葡萄酒，是那些通过细酒渣泥蒸馏而得到的葡萄酒，弗拉潘酒园（Frapin）就是利用这种方法酿制干邑的。这种干邑入口后会感到酒液完全覆盖住了舌上的味蕾，散发出的香气与松露的香气相得益彰。

比阿特丽丝非常崇尚用橡木桶陈酿葡萄酒，但她觉得陈酿时间不宜过长，否则葡萄酒中木头的味道会非常干涩，尤其是与松露搭配品尝的时候，这种令人不快的味道会更加强烈。在酒液培养过程中，需要在酒窖中创造相对湿润的环境，但这还远远不够，她说："我喜欢的那种陈酿酒不是只有这个特点，因为这样酿制出来的白兰地将会过于圆润，而会缺少一些雅致的感觉，水果香气会远远超过

花香的香气。枫彼诺酒园（Château Fonpinot）的酒窖会相对干燥一些，培养出的酒会更加强劲且优雅。相对于松露来说，与之搭配的干邑葡萄酒应同时拥有相当的花香和水果的香气，但这两种香气中的哪一种都不能太过浓郁。"

"与葡萄酒相同，酒龄越长的干邑酒味道越好。例如大香槟区的干邑酒需要陈放 8 ~ 15 年或者更久一些，以使酒体经过时间的打磨变得更加成熟。正如一些波尔多顶级酒庄酿制的葡萄酒，我们酿制的干邑酒也需要更长的时间来使酒体完美绽放。"有时候我们会问，与一份松露菜肴相比较，干邑酒会不会更适合与肉类菜肴搭配呢？"其实，在烤肉中佐入少量的松露是非常经典的烹饪方法，既保留了菜肴和干邑酒的香味，酒中的酒精成分也会使烤肉和松露变得更加美味。"这样的搭配方法也同样适用于鱼肉菜肴。

"我稍后会邀请您品尝一道烤小鳕鱼，您将会发现，与一支干邑酒搭配是何等的美妙！"干邑酒与苏法莱（一种用打透的蛋白做的点心）搭配也很完美。有时候，在制作苏法莱的过程中，可以加入少量的干邑酒，以得到一种独特的口感。我非常喜欢南瓜苏法莱和松露苏法莱，它们可以与枫彼诺酒园干邑酒的细腻相结合。而帕尔玛干酪苏法莱则应该搭配像弗拉潘酒园酿制的那种更为肥硕的干邑酒。谈到奶酪，可以挑选一块莫市（Meaux）的布里干酪，将它从中间切成两块，在里面加入一块松露，放置至少 24 小时以使干酪与松露的味道充分混合在一起。

利用同样的方法，也可以在布里亚奶酪中间放入一块松露，再涂上一些鲜奶油加以点缀。这道工序需要在前一天晚上完成并放入冰箱中。翌日，提前半个小时从冰箱中将其取出，方可品尝。

一般来说，在品鉴干邑酒的过程中，酒的温度的高低也是很有

　　讲究的。在品鉴之前，都要先将干邑酒放在冰箱中冷藏一段时间。
许多干邑酒在与松露搭配时，都需要提前冰镇片刻以降低酒温。酒
瓶从冰箱中取出的一刹那，表面会立即覆盖上一层薄霜，从而带给
人们一份小小的惊喜。

　　　干邑酒与松露有两个经典的组合：首先是皮埃尔·加涅尔厨师制
作的新鲜出炉的苏法莱，这是一款加入了干邑酒制成的小点心，香

草味道十足，而且表面还覆盖了满满的松露蓉。另外一款是由米歇尔·罗斯唐制作的香草松露夹心可可碎棒。这两款甜点都非常适合与弗拉潘干邑酒搭配。

每当比阿特丽丝·珂宛托来到夏朗德寻找松露与干邑酒的完美组合时，都会来到泰利·维拉在布格-夏朗特（Bourg-Charente）的星级餐馆或者是他的家中，两个人一同探讨、创新。

一道扇贝千层酥佐卢雅克松露可以搭配一支酒温为 5 摄氏度的大香槟区 VS 名仕干邑，随着干邑在酒杯中温度的逐渐升高，这慢慢散发出香橙蜜饯和香草的味道。这款弗拉潘干邑酒使松露的香气完全挥发出来，并带来一丝清新之感，水果和香辛味道四溢开来，令人留恋。与这款干邑酒相比，大香槟区的 V.S.O.P 干邑酒的水果香味则更加浓郁，适宜饮用酒温为 8 摄氏度，可以与松露马铃薯泥配烤小鳕鱼佐牛肝菌浓汁搭配。

枫彼诺酒庄。

枫彼诺酒园被列在顶级酒庄之列，出产的干邑酒都是在酒园里面酿制并培养的，酒窖的环境相对较为干燥，这使得酒液中的水分比酒精蒸发得要快一些，酿制出的干邑酒自然会更加强劲，却不失优雅。酒体纯净，闻上去有杏仁和香辛的气味，口感平衡，非常和谐，可以与一道小肉肠配羊肚菌和松露淋奶油浓汁搭配。枫彼诺酒园酿制的另一款大香槟 V.I.P XO 干邑酒更具特色，有橙子的淡淡的苦涩味道，也有杏脯、皮革和烟草的香气，可以搭配玉米烤面包和松露冰激凌。这款干邑酒还有一丝淡淡的甜面包味道，酒体肉感、稠密、结构平衡，连弗朗索瓦·巴尔斌-雷克来维斯都非常钟爱这款酒。

　　弗朗索瓦·巴尔斌-雷克来维斯是第十一届美食家奖杯的冠军得主，并在索菲特酒店和费加罗杂志的同时赞助支持下，撰写了一部美食书籍，书中大部分篇章介绍了如今非常受人欢迎的干邑和比诺

葡萄酒，以及与这些酒相搭配的美食。在这本书中，还有很多她个人对美酒与美食情感的抒发。

其实，如果想将松露与干邑酒紧密联系在一起，还要遵循一些技巧。弗朗索瓦·巴尔斌-雷克来维斯说："对于我来说，只要遵循一些技巧，问题就迎刃而解了。"实际上，在松露与干邑酒的搭配过程中，无论其中的哪一方都不会占据优势，如果没有搭配合适，甚至会两败俱伤。因此在这个组合中，最关键的是要考虑到干邑酒的酒龄、培植它的土地以及饮用时的酒温。其中酒温对口味的影响非常重要，她说："当一瓶干邑酒的酒龄较浅时，我会使酒温更低一些；相反，当酒龄较长时，甚至可以在常温时饮用。对于酒龄较浅的干邑酒，可以搭配白汁红肉佐松露淋橄榄油。在大、小香槟区或一些规模更小的酒园里，人们喜将冷藏过的有 5 ～ 10 年酒龄的 V.S.O.P 干邑和卷心菜叶包白蒸鸡配鹅肝和松露丝互相搭配。我会选择给鹅肝松露千层酥选择搭配一支 XO 干邑酒。至于酒龄更高的干邑酒，酒香醇烈，可以与意大利小饺子配帕尔玛干酪佐松露搭配。而对一款忘年级干邑酒来说，我会为它选择搭配一道巧克力夹心蛋糕配松露。"

弗朗索瓦·巴尔斌-雷克来维斯可以算是比诺酒的行家了，她更喜欢拥有 15 ～ 20 年酒龄的陈酿比诺酒。该酒与干邑酒陈旧的味道有些相似，可以与小牛肉意大利煨饭佐松露或者是松露鹅肝千层酥搭配，但是需要淋上一些用比诺酒调配的浓汁，会更加美味。对一些酒龄较浅的比诺酒来说，可以与扇贝佐松露或是菠萝沙拉佐黑冬松露组合饮用。相对葡萄酒来说，夏朗德产区一些拥有 3 ～ 4 年的干白或干红葡萄酒也可以搭配一些家禽肉类的菜肴。

下面让我们通过弗朗索瓦自创的几道菜谱来见识一下她那比星级厨师还要高超、精湛的厨艺吧，我只想对您说一句话：是时候让厨房出场了！

弗朗索瓦·巴尔斌 – 雷克来维斯的菜谱

白扁豆泥佐松露

白扁豆是夏特朗地区的一种传统植物，其名字的写法有很多种：mojhette，mongette，mogette 或 monjhette 等。

以下就是一道以白扁豆为主要食材烹饪的菜肴。

4 人份食材：
准备时间：10 分钟
烹饪时间：45 分钟

50 毫升鸡汁原汤（可多准备一些，以便在之后的烹饪过程中随时添加）；500 克剥去荚壳的白扁豆粒；1 块猪肉皮；1 ~ 2 片月桂叶；几支去掉叶子的百里香；一头洋葱，切丝；40 克黄油；30 ~ 40 克松露，切丝（黑冬松露）；上好的核桃油；盐，胡椒

1. 将鸡汁原汤放入锅中加热至沸腾。
2. 放入白扁豆粒、猪肉皮、月桂叶、百里香和洋葱丝。
3. 将火调小，加入少许盐（注意不要加入太多盐，因为鸡汤已经是咸的了）和胡椒，加盖，小火慢炖 45 分钟。
4. 大约 45 分钟后，将之前放入的猪肉皮、月桂叶和洋葱取出。
5. 将锅移开，加入黄油，用勺子搅拌均匀并用突起的部分用力碾压，允许有少量的扁豆粒存在。
6. 如果需要的话，再加入少量的盐或胡椒等调味料，最后加入切好的松露丝，小心地搅拌片刻。
7. 将做好的扁豆泥盛入盘中，稍微添加几滴核桃油，便可上桌了。

建议：在烹饪过程中，白扁豆要炖至泥状，在这期间，如果鸡汁原汤都被扁豆泥吸收进去，应适量加入多余的原汤继续炖制。

适合搭配的干邑酒：

这道白扁豆泥佐松露口感细腻，可以搭配雷米·马丁优质人头马 XO，冷藏后与菜肴搭配更加契合，酒体滑腻、浓稠，有干果的香气，完美地突出了扁豆泥、核桃油和松露的细腻质感。

弗拉潘酒园酿制的大香槟 V.S.O.P 干邑酒有浓厚的水果清香，建议冷藏至 8 摄氏度口感更佳。

　　轩尼诗珍传干邑（Hennessy Private Reserve）：这款混合蒸馏的干邑酒有独特的花香，入口感到酒体平衡、活泼，黄杏、松露和核桃的香气悠久绵长。

　　库瓦齐耶拿破仑干邑（Courvoisier Napoléon）：酒体成熟，有一丝陈旧之感，酒香悠长，与这道菜肴搭配将会非常和谐。

　　马爹利名仕白兰地（Qualité Noblige de Martell）：入口圆润、细滑，与这道菜肴搭配更能突出白扁豆细腻的质地和松露的香气。

　　古丽德-夏德维勒（Gourry de Chadeville）的大香槟 V.S.O.P 干邑：这款酒有榛子和核桃的香气，还有一丝淡淡的波特酒的口感，与这道菜肴搭配非常合适。

弗朗索瓦·巴尔斌－雷克来维斯的菜谱

巧克力软夹心小点心配松露蓉

在这个菜谱中，松露与巧克力的搭配堪称经典，因为松露蓉被包裹在点心的中心部分，而松露周围的巧克力心需要保持融化状态以最大限度地保留松露的原味，而中间的松露在还没有来得及被烤熟的时候，已在不知不觉地与巧克力的味道完美融合在一起。制作这道甜点的关键是需要有一台环绕式加热的烤箱。

4 人份食材：
准备时间：10 分钟
烤制时间：8 ~ 9 分钟

需要准备的工具：4 个圆形蛋糕模具，直径为 7.5 厘米，高为 4 厘米烤箱纸；80 克可可含量较高的黑巧克力；2 个鸡蛋；60 克糖；70 克黄油；30 克面粉（相当于三汤勺）；15 ~ 20 克松露（黑冬松露）

1. 将 4 个圆形蛋糕模具放置在已经铺好烤箱纸的托盘中，并将模具的外围加套一层烤箱纸，纸的外围可以稍高于模具的边缘。
2. 将黑巧克力放在平底锅或微波炉中加热至融化。
3. 利用这段时间，将新鲜的鸡蛋打散，并加入糖一同搅拌，直至颜色逐渐变白（利用电动打蛋器会更加方便）。
4. 将黄油加入融化的黑巧克力中，然后一并倒入打散的鸡蛋里，并加入一些面粉，轻轻地搅拌。
5. 用小勺的柄部将模具底部的烤箱纸轻轻地破一个小洞，然后将巧克力缓缓地倒入模具中。
6. 将松露切成细丝状，并将松露丝通过模具底部的小洞填入巧克力中，最后利用勺柄把剩余的巧克力填塞住洞口。
7. 放入冰箱冷藏 1 小时。
8. 将烤箱提前预热至 210 摄氏度，这里建议使用带有环绕式加热功能的烤箱。
9. 当烤箱被加热到预期温度时，将取出 8 ~ 9 分钟的托盘置于烤箱中。
10. 在烤制过程中要经常检查火候是否合适，以便在最佳时刻将托盘取出。
11. 将点心轻轻滑入盘中（或用一把抹刀将点心慢慢撬起），把圆形模具及烤箱纸取下（小心烫伤！），尽快上桌品尝。

12. 每一位宾客在品尝时，可以用勺子将点心切开，同时会看到中间融化的巧克力心流出来，里面还有散发出浓郁香气的松露蓉，非常美味。

适合搭配的干邑酒：

依据酒园和品质的不同，可以有以下几种搭配方式：

忘年级杜佩干邑：有淡淡的辛香的味道，酒体强劲，但绵软充满花香，绝对不会与巧克力和松露的味道发生排斥，相反，这三种味道混合在一起非常和谐。松露因为在蛋糕的中心位置，不会被烤得太熟，因此松露的原味被最大限度地保留了下来。

大香槟区弗拉潘酒园的 V.I.P XO 干邑：能够与巧克力和松露完美融合，享受美味在口中爆发的酣畅淋漓。

雅克–潘图罗酒园的 V.S.O.P 干邑：这是一款只有 5 年酒龄的干邑，但水果香气非常浓郁，需要提前冷藏，与巧克力和松露的味道形成鲜明的对照。

雷米–马丁人头马酒园有两款干邑可以与这道甜点搭配：
- 人头马 XO：酒体复杂，香气浓郁，可在常温下饮用，其柔顺的口感与巧克力的油质和松露的香气能够完美融合在一起。
- 1738 皇家礼赞特优香槟干邑（1738 AR）：这款酒香气绵长，有肉桂、丁香、巧克力和面包的香味，非常适合与这道甜点搭配。

理查德轩尼诗：酒香回味无穷，果脯香气尤为突出，与松露和巧克力搭配口感平衡。建议使用郁金香形状的酒杯，这样可以很好地保留其香草、辛香和花香的味道。

拿破仑至尊干邑：复杂的酒体以及肉桂和香草的混合香气与巧克力和松露形成完美的搭配组合。

蓝带马爹利：有花朵和果脯的香气，入口有辛料的味道，非常适合与这道甜点搭配品尝。

默尼埃干邑白兰地：酒体圆润，回味悠长，有水果、树木和辛料的香味，与这款甜点搭配非常合适。

芒蒂弗酒庄拿破仑干邑：这款酒香草味道非常突出，入口绵软，酒体圆润，与巧克力和松露搭配非常美妙。

可以与这款甜点搭配的，还有两种桃红比诺酒：
- 默尼埃酒园酿制的陈年桃红比诺酒：这款酒由梅洛葡萄酿制而成，有非常浓郁的李子香味，入口清新，可可、松露和红浆果实的味道非常迷人。
- 古丽德–夏德维勒酒园的桃红比诺酒：同样有巧克力、松露和红浆果实的醉人香气。

弗朗索瓦·巴尔斌 – 雷克来维斯的菜谱

菲利普·摩罗式的洋白菜鸡胸肉卷

菲利普·摩罗曾经是亚纳克地区库瓦齐耶酒园的美食厨师，他非常喜欢用洋白菜鸽里脊肉卷来招待店里的宾客们。这里我要向您介绍的是洋白菜鸡胸肉卷，也是菲利普非常喜爱的一道菜肴。这本书的作者德尼·艾荷维和另外几位著名的美食家都非常钦佩菲利普高超的厨艺，在这里，我也很荣幸地向大家介绍这道菜肴的制作过程。

4 人份食材
准备时间：25 分钟
烹饪时间：20 分钟（蒸制）

在一棵洋白菜中挑选几片品相最好的叶子；500 克鸡胸肉，均匀分成四份；80 ~ 100 克半成熟的鹅肝酱；20 克松露（黑冬松露）；细盐、胡椒

制作浓汁需要准备的有：
100 毫升陈酿皮诺酒
100 毫升鸡汁原汤（熬制鸡汤的时候可以放入几块美极鸡块）
8 ~ 9 毫升奶油

准备洋白菜叶：
将一锅水煮沸，加入适量盐。
将 4 片洋白菜叶放入水中（可以多放 1 ~ 2 片，以防叶子有撕裂的情况）。

叶子在水中停留片刻至颜色逐渐变白（这时叶子已经开始变软了）。

用漏勺将叶子取出，马上用凉水淋一下，平铺在案板上。

准备浓汁：

将比诺酒放入锅中加热，蒸发浓缩至原有量的一半。

向锅中加入鸡汁原汤（或加入水和美极鸡块），继续加热至原有量的一半。

加入奶油，不停地搅拌，加热至浓汁逐渐变稠。

依据个人口味，适量加入一些胡椒（在加盐的时候要注意定量，因为鸡汁原汤已经是咸的了）。

制作过程：

1. 在鸡胸肉上撒适量盐和胡椒。

2. 把鸡胸肉摆放在每片洋白菜叶的中间。

3. 将松露切成细丝状，摆放在鸡胸肉上。

4. 将鹅肝酱涂抹在松露丝上，然后从菜叶的一边开始卷起，将每份鸡胸肉完整地包裹在菜叶中，并用保鲜膜紧紧地将每个菜卷包裹起来。

5. 在蒸锅中放入适量水，烧至沸腾（使用高压锅也可）。

6. 将裹好的菜卷放入蒸锅中，小火蒸 20 分钟。

7. 等稍微冷却后，将菜卷从锅中取出，并去掉保鲜膜（将其中多余的汁水淋干），每个盘子中摆放一个菜卷。

8. 将提前准备好的浓汁稍微加热一下，淋在肉卷上，便可以上桌了。

适合搭配的酒品：

　　这道菜中用陈酿比诺酒调制的浓汁与干邑白兰地酒不会发生冲突。雷米-马丁 V.S.O.P 人头马干邑酒有 4 ～ 12 年的酒龄，因此口感成熟，略带酸性的味道与松露和鹅肝酱的香味互相融合，恰到好处。

　　轩尼诗 XO：这是一款口感强劲、味道平衡的干邑酒，有橡树和黑胡椒的香味，与洋白菜、鹅肝和松露搭配，味道鲜明。

枫彼诺酒园干邑酒：酒体优雅，口感纯净，与这道菜搭配非常合适。

拿破仑金尊 V.S.O.P 干邑：口感强劲、辛辣，有滋补功效，与洋白菜和松露搭配会产生美妙的共鸣。

银尊马爹利干邑：这款酒有树木的香气，口感醇烈，酒龄成熟。

芒蒂弗酒庄 XO 干邑：口感清新，单宁较弱，适合与洋白菜和鸡肉搭配；而柔顺的酒体和绵长的回味则刚好与鹅肝和松露搭配，相得益彰。

这道菜肴还可以搭配桃红比诺酒，例如古丽德-夏德维勒酒园酿制的比诺酒，有独特的波特酒的味道以及樱桃和红色浆果的香气，与鹅肝、松露和洋白菜搭配，将会非常和谐。

最后还有一种可以与这道菜搭配的酒品，就是比诺干白葡萄酒，例如拥有 5 年酒龄的默尼埃干白比诺酒，这款酒酒龄较浅，口味则会比较清新，非常适合与鸡肉纤细的肉质搭配。另外，这款酒有榛子和水果的香气，搭配鹅肝和松露将会异常美味。

干邑马爹利酿酒大师布鲁诺·勒芒钟爱菜品：

小牛肉烹松露

6 人份食材：
1 公斤小牛肉；125 克猪肉丁；1 只洋葱；1 支品相较好的胡萝卜；2 支香芹；30 毫升小牛肉原汤汁；1 勺鸭油；1 把香料束；2 块松露，切成丝状；盐、黑胡椒末

1. 首先将蔬菜丁放入锅中翻炒片刻，加入鸭油和猪肉丁，加入适量水，小火加热 30 分钟。
2. 利用这段时间，将小牛肉放入沸水中烫煮片刻，去皮。
3. 将之前烧好的蔬菜丁平铺在搪瓷锅的底部，放入一层小牛肉，加入香料束，再倒入小牛肉原汤汁。

4. 盖上锅盖，小火加热 40 分钟。

5. 小牛肉保持加热时的温度。

6. 继续加热锅中剩余的汤汁，直至原有量的 1/3。

7. 将小牛肉重新放入锅中，将浓汁淋在肉块上，把松露丝摆放在肉块上，将锅放入 130 摄氏度的烤箱中，烤制大约 10 分钟。

8. 出锅后，可以搭配意大利面条或意大利式小丸子。

9. 这道菜可以搭配一支银尊马爹利干邑，这款酒酒体丝滑柔顺，后味绵长，沁人心脾。

安格雷姆地区的圣-皮埃尔大教堂。它的建造工程持续了 18 年之久。

卢瓦尔河。

CHAPTER 14

第 ⑭ 章

安 茹 产 区
Le Vin & la Truffe

　　每年在昂热（Anger）举办的卢瓦尔葡萄酒展览会几乎是每个葡萄酒松露品鉴师一定参加的盛会，这个盛会在每年的二月份举行，展出的酒类品种繁多，其中有清爽可口的安茹地区的干红葡萄酒、赛维尼埃尔（Savennière）轮廓分明的葡萄酒、奥班斯山谷（Coteaux de l'Aubance）的甜白葡萄酒卡尔·德·硕姆（Quart de Chaume）和宝娜梭（Bonnezeaux）等。顺着卢瓦尔河，我们来到了安茹地区，那里有法国最美丽的风光景色，也同样不缺少美食和美酒的绝妙组合。

夏佩尔-贝瑟-麦尔（La Chapelle-Basse-Mer）

索潘家族从很久以前就开始种植松露，家族中的每个成员都很友善，结交了各地的葡萄酒松露品鉴师。弗朗西斯是家族掌门人，人们都叫他"密斯卡岱王子"，他的母亲也有一个外号，叫做"白奶酪女王"。该家族酿造的窖藏葡萄酒非常适合与松露烤牡蛎组合搭配。我们先来介绍一下诺雷鄂酒庄。

布雷奥雷（Briollay）：诺雷鄂酒庄（Château de Noirieux）

诺雷鄂酒庄靠近卢瓦尔河谷中央，庄严静谧，美丽沉稳。在这片宁静的土地上，人们可以随意采摘松露，不会受到任何限制，当然，人们也愿意遵守适度采摘与持久发展的和谐规律。吉拉尔的厨艺中保留了传统的做法，但也不乏大胆的创新，他烹饪的蜘蛛蟹配意大利宽面条佐松露，与 1997 年份的塞郎葡萄酒（Serrant）搭配，非常美味。同样的一支酒，与龙虾肉土豆馅饼配松露搭配也非常合适。煎牛里脊肉配土豆小饺子和骨髓炖芦笋，再淋上牛肉浓汤，可以搭配一支安茹地区品质最上乘的 1995 年份十字使命酒庄（Croix de Mission）酿制的干红葡萄酒。而 1989 年份酒则可以与烤奶香牛排佐松露一起搭配品尝。再向南一些，在贝宇阿尔（Béhuard）的一个餐厅烹饪的松露菜肴也很出名。

贝宇阿尔：托耐勒餐厅

吉拉尔·博塞是托耐勒餐厅的美食厨师，只见他从市场上回来，满载而归。他的妻子卡特琳娜在家门口翘首相迎，时不时地将门前的浮土清扫干净。吉拉尔将买回来的几大框蔬菜和水果并排摆放在厨房之中，空闲时不忘自斟自饮一杯安茹白葡萄酒，以赶走一身的疲惫，他还会给餐厅的服务员们讲上几个在市场上发生的小故事，一天的早上就这样过去了。他戴的眼镜几乎都要滑落到鼻子尖了，却完全没有察觉，仍然专心致志地烹饪着他的菜肴。

今天早上，吉拉尔向我们述说了做好松露炖牛肉这道菜的秘诀：我购买的牛肉都是绿色天然的，普通牛肉是无法相比的；其他的原材料我也同样选择绿色无污染的，例如牛奶、奶油和黄油等。

在讲述的同时，他还打开了一瓶 1999 年份帕特里克·布端酿制的安茹干红葡萄酒，并邀请我们一同品尝。这款酒可口爽滑，酒体结构分明。

　　每个来到这家餐厅的人们都不是偶然为之，都是为了品尝这里的特色菜：煮鸡蛋配野苣沙拉佐松露丝，并搭配 2000 年份贝尔热尔·德·乔·彼顿（Bergères de Jo Pithon）酿制的安茹干白葡萄酒。另一款特色菜是：香烤海螯虾配松露，可以与帕特里克·布端酿制的 2002 年份的玛丽·茹比窖藏葡萄酒（Cuvée Marie Juby）搭配组合。

博塞家族（Les Bosśe）：出色的葡萄酒

　　在这里，一切似乎都有其存在的意义，人们的生活好像美食一样美味可口。一道土豆猪血香肠配松露可以与一支浦泽拉酒庄（Puzelat）酿制的 2002 年份图赖讷干红葡萄酒搭配组合，味道甚是

鲜美。在博塞一家，葡萄酒和松露是这里永恒的话题。

　　几年前，吉拉尔·博塞取得了圣-日耳曼地区数公顷家族葡萄园的开发权，他酿制的 2001 年份酒闻上去有浓郁的矿物质气息和淡淡的蜂蜜味道，入口清新，口感平和，非常适合与洋白菜肉卷佐松露搭配饮用。

　　从博塞家出发，我们去领略一下安茹其他地区的美酒与美食吧。

圣-让-德-莫弗莱（Saint-Jean-de-Mauvrets）：让-伊夫·勒布雷佟酒园（Domaine Jean-Yves Lebreton）

让-伊夫·勒布雷佟最得意的作品就是他酿制的安茹村庄-布莉萨科（Anjou-Village Brissac）十字使命干红葡萄酒。这款酒入口有明显的肉感，单宁非常细腻爽滑，非常适合与松露菜肴搭配组合。品尝2002年份酒会带给人们无限美妙的感觉，而1995年份酒的酒质光滑如缎，非常可口，可以搭配煎牛里脊肉佐松露。这个酒园的酒是法国葡萄酒爱好者都非常钟爱的美酒之一。

布莉萨科-凯瑟（Brissac-Quince）：巴贝吕酒园（Domaine de Bablut）

安茹的干白葡萄酒是非常值得推荐的葡萄酒之一，2002年份酒可以搭配水田芹佐奥莱地区（Auray）的克劳斯雷·德凯尔德兰松露

（Closerie de Kerdrain）。费何纳·柯夫玛是这家餐厅的老板，他烹饪的波特醋酒烧葱白佐松露非常有特色，可以搭配一支 1996 年份的干白葡萄酒。1995 年份的大皮埃尔奥班斯山谷葡萄酒，酒质柔软、高雅，有矿物质的香气以及蜂蜜和柑橘的后味。这款酒可以搭配鹅肝小饺子佐松露。酒园酿制的 1989 年份酒单宁饱满，可以搭配烤山鹑佐松露。

布莉萨科-凯瑟

　　雅克·博若是一个名副其实的顽童，他将他的酿酒桶全部安置在一间 15 世纪建成的酿酒库中，并实时监控着那里发生的一切。他酿制的 1947 年份的奥班斯山谷葡萄酒远近闻名。另外一款蒂维雍葡萄酒（Clos Division）酒体优雅，陈放 5 年后可以与野生芦笋配蘑菇肉丁佐松露组合品尝。安茹村庄-布莉萨科干红葡萄酒的酒体结构明显，需要等待 5 年左右才可开瓶饮用，可与袍子肉佐松露搭配组合。

伯里约-莱雍：皮埃尔-匹兹酒庄（Château Pierre Bise）

克劳德·帕潘从小受到父亲的熏陶，对土地和岩石有着极大的兴趣，他的这个爱好延伸到了对葡萄酒的研究中去，他在酿制和品尝葡萄酒的过程当中，发现土壤的质地对葡萄酒的品质有着很大的影响。

莱雍山谷地区出产的葡萄酒非常适合搭配香蕉松露口味的冰激凌。赛维尼埃尔（Savennières）地区古兰纳酒园酿制的 1996 年份酒闻上去有蜂蜜和矿物质的香气，酒体雅致，尤其是搭配龙虾肉沙拉佐松露，美味至极。

圣-梅兰娜-奥班斯（Sainte-Mélaine-sur-Aubance）：上-波尔什酒园（Domaine de la Haute Perche）

克里斯蒂安·帕潘是安茹地区最热情的葡萄农之一。他酿制的 2000 年份白葡萄酒有矿物质气息，酒体优雅，后味有柑橘的清香，可以与孔泰干酪佐松露搭配组合。1996 年份红葡萄酒的口感则倍加柔顺，口感紧致，适合搭配松露炖山鹑。

赛维尼埃尔：皮埃尔·苏蕾酒园（Domaine Pierre Soulez）

赛维尼埃尔产区出产的窖藏葡萄酒有很强的矿物质气息，非常适合与松露菜肴一起搭配。2001 年份的僧侣岩石-尚布罗葡萄酒（Roche-aux-moines Chamboureau）闻上去有蜂蜜和松露的香气，口感鲜明，可以搭配松露芹菜炖肉块。这款葡萄酒在陈放 10 多年之后，可以与龙虾肉沙拉佐松露搭配组合。

圣 – 伊莱尔 – 圣 – 弗洛朗（Saint-Hilaire-Saint-Florent）：布维 – 拉杜巴（Bouvet Ladubay）

帕迪斯·蒙穆梭是布维-拉杜巴餐厅的经理，为人爽快，活泼，经常和一些演艺界人士及作家一起探讨松露的话题。艾田娜·布维从 19 世纪便开始建造一些房屋，其中有为宾客准备的客房、一间小型剧院以及一座 8 公里长的酒窖，酒窖中全部安装照明设备，这在当时可以算是条件最好的工作环境。如今，酒园酿制的 2000 年份索米尔红葡萄酒（Saumur）酒香浓厚且细腻，可以搭配鲈鱼沙拉佐松露。

索米尔 – 尚比尼（Saumur-Champigny）

苏泽-尚比尼：新城酒庄（Château de Villeneuve）

让-皮埃尔·舍瓦利耶是索米尔-尚比尼的传奇人物，他酿制

1997 年份科尔尼耶（Cormiers）干白葡萄酒可以与绿芦笋配意大利式蛋黄酱和蘑菇肉丁佐松露搭配组合，这款酒有浓郁的矿物质香气，与松露搭配非常合适。而 2002 年份的索米尔-尚比尼干红葡萄酒则可以搭配意大利面条佐松露。

镶嵌在岩石中布维·拉杜巴（Bouvet Ladubay）的酒窖。

那些树龄较长的葡萄藤采摘下来的葡萄酿制的葡萄酒需要等待至少 6 ~ 7 年才能与松露菜肴搭配组合。这些葡萄酒口感柔顺，酒体雅致，1996 年份酒有松露和薄荷的香气，入口即化，可以搭配烤牛肉串佐松露。窖藏葡萄酒的口感则更为深厚，可以与煎牛里脊肉配松露搭配。

瓦兰（Varrains）：新石酒园（Domaine des Roches Neuves）

新石酒园酿制的马尔热纳尔（Marginale）窖藏葡萄酒可口爽滑，

酒体圆润，要等待大约 5 ~ 10 年才可开瓶品尝。1989 年份、1990 年份、1996 年份和 1997 年份酒已经可以与松露炖牛肉搭配饮用了，而 2000 年份和 2001 年份酒则需要再陈放 3 ~ 4 年才可饮用。1993 年份酒的单宁仍然非常强劲，口感浓厚。

夏瑟（Chacé）：卢热尔酒园（Clos Rougeard），阿兰·帕萨尔

　　阿兰·帕萨尔和他的兄弟都留着短短的胡子，他们在一起种植品丽珠葡萄和黑冬松露，并一起接待喜爱美酒与美食的宾客。

　　在一个美食聚会上，敏锐的松露种植主阿兰·帕萨尔和酒窖管理员罗伊科·勒莫阿尔与几位宾客一同进入了卢热尔酒园的酒窖之中。纳迪和查尔利用探索的眼神打量着里面的一切，慢慢来到陈酿时间最短的几个酒桶前面。每个人都品尝了一杯酒龄最浅的葡萄酒，但却都异口同声地发出感叹的声音，因为这款酒喝上去香气复杂，入口即化，单宁强劲。当人们遇见一款品质上乘的葡萄酒时，连言语都会变得不再枯燥。布尔格酒园（Clos du Bourg）的 2000 年份葡萄酒酒体柔顺、丰盈，水果香气浓郁。而此时才只是聚会的前奏曲，

Clos Rougeard

"Les Poyeux"

Saumur Champigny

Appellation Saumur Champigny Contrôlée

| Alc. 12,5% Vol. | MIS EN BOUTEILLE A LA PROPRIÉTÉ PAR | 750 ml |

G.A.E.C FOUCAULT - Propriétaire-Récoltant - CHACÉ (France)
Produit de France

这时，餐厅里的三星级厨师正在厨房中制作一道松露快餐。阿兰·帕萨尔来自布列塔尼，无论是在巴黎街头，还是在卢热尔酒园，他都会发出其独特的见解。为了保留土壤和单宁之间紧密的联系，他酿制了浦耶（Poyeux）和布尔格葡萄酒。1997 年份、1990 年份和1985 年份酒都非常适合与松露菜肴搭配组合。浦耶 1997 年份酒有松露的香气，酒质丝滑柔顺，为了保持酒体的圆润，最好搭配板栗烧牛排佐松露浓汁。1990 年份酒则有辛料和薄荷的清香，口味强劲，可以搭配烤乳鸽肉配土豆浓汁，并佐一些松露细丝。1985 年份酒有松露的酒香，酒龄成熟，酸味适中，非常适合与松露帕尔玛干酪搭配组合。品尝完这些酒后，客人们的舌头已经有些发麻，脸上也多了一抹红晕，但品酒仍在继续。主人又将一支 1990 年份和 1989 年份酒分别打开，和众人分享。1934 年份酒单宁柔和，而 1937 年份酒直到现在还显得非常的年轻。这些酒都有浓郁的松露味道和红色浆果的香气。1923 年份酒完全是一款浓粹酒，单宁细腻柔滑，引人入胜，可以搭配鹅肝佐松露。人们总是觉得，阿兰·帕萨尔是不是应该回到巴黎，为皇宫里的菜肴作一些贡献呢。

描绘宫廷厨房的讽刺画，
让·布鲁戈勒的作品
（Jan IBrueghel，1568—
1625）。

路易十六广场（协和广场）
意大利画家古斯派卡奈拉
（Giuseppe Canella，1788—
1847）的作品。

CHAPTER 15

第 15 章

松露、葡萄酒与
法兰西共和国

Le Vin & la Truffe

在巴黎这块土地上，葡萄种植受到了很多自然因素的限制，而松露在所有的文化革命中也没有占有一席之地。尽管这样，这个可以享受一切美妙的中心将松露推向了美食的舞台。法国农业部长坚持在瓦海纳街（Rue de Varenne）的公园中种植了四棵适合松露生长的橡树。这是一个权力集中的中心，是法国的第一个城市，更是 19 世纪以来一个拥有松露的人口最为稠密的地方。在这里，要感谢不断发展的勃艮第葡萄酒和餐饮行业，使得松露拥有了一个黄金般的美好时代。

餐饮业的发展在法国旧制度时期（14—18 世纪，由瓦卢瓦王朝到波旁王朝建立的影响法国政治及社会形态的贵族制系统，这套系统在法国大革命中瓦解）的灰烬中燃烧了。事实上，1789年之后，一部分贵族的财产遭受了很大损失，贵族们也不再有能力雇用私人厨师了，于是，有一部分离开这些贵族家族的厨师便开设了自己的餐馆。与此同时，一些人工培育的松露在普罗旺斯和罗纳河谷发展起来，这让黑冬松露的产量开始慢慢上升。

"黑钻石"的根茎吞没了贵族的气息

由于铁路的蓬勃发展，商品的交易更加快捷，同时，松露与葡萄酒在运输的路途中也享受到了更优越的保存条件。巴黎是第一个享受到这便利运输方式的城市，因为法国的铁路设计像一颗星星一样，以巴黎为中心辐射到其他地区。佩里格尔黑松露就是在那时被人们所熟知的。如果说今天的巴黎已经成为了一个松露中心，那么我们便会感觉到阿尔巴白松露逐渐成为了黑冬松露的竞争对手。当我们参考国家美食导览的时候，会发现越来越多的巴黎星级餐馆均为意大利松露奉上了一席之地。尽管这样，黑冬松露在塞纳河畔这美丽的城市仍然是最受欢迎的。钟爱松露的传统是在 19世纪流行起来的，并在法兰西第三共和国时期（1870—1940）达到了巅峰。

法兰西第三共和国初期，松露在勃艮第人的厨房中广泛流行着。在当时的烹饪食谱中没有任何一本会写出每道菜肴对松露的标准用量，因此那时的厨师会在鸡皮下塞满松露，或将松露大量地搓成碎末用来烹制松露调味汁。在餐馆中，松露被无节制地使用着，因此，松露的产量也在不断上升。

在巴黎，参议员、众议员、内阁部长和共和国的总统均虔诚地探寻着松露与葡萄酒的悦耳和弦。在他们的盛宴中，最经常被选用的就是波尔多、勃艮第和香槟产区的美酒。一些巴黎的餐馆会在二楼的小餐厅中延长黑冬松露所给予食客们的兴奋之感，上流社会的食客们会在这里一边享受松露一边探讨着政府工作事宜。在那个时代，巴黎这些知名的餐馆可以为参议员再次赢得重返卢森堡宫（法国参议员所在地）的机会。我们再来回忆一下法兰西共和国总统的故事：雷蒙·普恩加莱（1860—1934，在1913—1920 年担任法兰西第三共和国总统）曾经希望参加在佩里格尔地区进行的挖洞坑的军演，为了保证演练的成果和总统的安全，多尔多涅地区的警察局局长提前一夜便开始在将要进行军演的土地上挖凿洞穴，而这一举动却获得了不小的成果，因为所有埋藏在这里的松露都在法兰西国旗的粉饰下优雅地出土了，这一切都要归功于地方政府官员对总统的厚爱。

不幸的是，第一次世界大战爆发了，松露的产量也开始连年下降。尽管如此，国家最高领导层中的从政人士们仍然追寻着葡萄酒与松露这两味珍馐。

法国总统官邸爱丽舍宫的前任主厨若莱·诺芒德，从戴高乐将军时期

奥斯曼帝国的埃及
总署穆罕默德·阿
里（Muhammad Ali，
1769—1849）在 1831
年赠送给法国的由玫瑰
花岗岩制作的卢克索方
尖塔。

便在这里探寻着松露与葡萄酒的和谐旋律了。他用其葡萄酒松露品鉴师的灵敏的味蕾为法兰西共和国的多位总统服务。他出版的书籍《炉火中的法兰西第五共和国》为钟爱美食的食客们照亮了方向。

"为招待国外来访的总统、国王或者法国最为重要的国家集团所举办的隆重接待典礼都会在这个代表着法国最高权力所在地的爱丽舍宫举行。戴高乐夫人将会为这场盛宴制定菜谱。她会提前10天左右的时间通过后勤总管知会我们宴请的时间与要求，然后会凭其女人的直觉和《爱斯克菲烹调指南》来选择她中意的菜单。"

被选用的以松露作为主要食材的菜肴不是很多，因为戴高乐将军的妻子禁止他饮用白葡萄酒，这样一来他便在葡萄酒的颜色上没有过多的选择。通常情况下他都会选用他最钟爱的佳酿——奥-比安酒庄（Château Haut-Brion）美酒。

"乔治·让·蓬皮杜入住爱丽舍宫时期与他的前任总统相比有了不少的改变。这位新总统将美食放在了头等重要的位置。因为他知道，是美食让法国在世界上享有盛名、大放光彩。这位总统比戴高乐将军更为平易近人，

卢森堡宫中法兰西第二帝国时期修建的宝座长廊，如今成了会议室。维克多·杜瓦的作品。

可以很自然地与我们交流。他可以称得上是一位葡萄酒与松露的忠实爱好者，他有时还会为主厨所烹制的菜肴搭配一些他所推荐的佳酿。"

在这些重大的时刻，蓬皮杜总统通常会选用卡奥尔产区的葡萄酒，卡奥尔产区能够成为 A.O.C. 法定产区也是得益于我们总统先生的支持。在一些上好的年份，蓬皮杜总统至少要到他位于卡雅克（Lot à Cajarc）的第二住所四五次。他钟爱传统经典的菜肴和调味汁，在品尝松露菜肴的时候，他可以为之搭配牟利产区的特级中级酒庄——宝捷庄佳酿。

季斯卡总统的风格与乔治·让·蓬皮杜完全不同，他对于菜肴与美食并不那样讲究。他极不喜欢配有调味汁的美食，而是更钟爱较为简单且容易消化的菜肴，尤其偏爱鱼类菜肴。他会借鉴新式烹饪的方法，等待焙烧的火候直至最后一分钟，总统的这一爱好受到了保罗·博格斯（里昂的法餐顶级厨师）的赞赏。而季斯卡总统也授予了这位来自格隆蒙奥赫（Collonges au Mont d'Or）地区的著名厨师一枚荣誉勋位勋章。

美食之旅

Le Vin & la Truffe

季斯卡总统的美味松露

1975 年 2 月 25 日，在季斯卡总统授予保罗·博格斯荣誉勋位勋章的时候，他在爱丽舍宫汇集了所有法国最出色的厨师们来见证这一时刻。保罗·博格斯在这一盛宴上创作了季斯卡式的松露汤，它的灵感来自于里昂地区的特色美食。

当汤盘被呈现在餐桌上的那一刻，季斯卡总统非常惊喜："我应该做什么呢？"边说边拥抱着这位主厨。

"尊敬的总统先生，您只需要用心地品尝即好。"这位里昂的厨师微笑着回答道。

总统非常喜欢这道新颖的菜肴，并且很快将这种味道铭记于心，在这个盛大的美食宴会上，无论台前与台后尽是已经守候多时的来自于全国和全世界的记者，他们在爱丽舍宫的门前焦急地等待着第一场采访。季斯卡式的松露汤也立刻成为了闪光灯下的焦点，而它的创造者也被来自世界各个角落的颂歌包围着。这道专门为总统创作的美食从今以后便成为了法兰西重要盛宴的必备菜肴，并在其左右搭配上适量的蔬菜，再为之挑选一瓶非常棒的蒙特拉榭 1966 年份葡萄酒。

季斯卡总统在离开爱丽舍宫以后，便成为了一名忠实的葡萄酒松露品鉴师。在让-吕克·贝蒂特诺（法国著名的美食品论家）和保罗·本穆萨（爱德加餐厅的主厨）撰写的《在爱德加的餐桌前》中，记录了很多前总统们所钟爱的美食。当让-吕克·贝蒂特诺来到巴黎这个著名的"政客餐厅"时，会毫不犹豫地选择一道松露蒸蛋羹，并为之搭配一支 1982 年份的美人鱼酒庄佳酿。我们再跟随着他来到位于伊·苏丹的科涅特餐厅，在这里，他一定抵挡不住扁豆松露奶油汤的美味诱惑。他忠实的追随者——弗朗索瓦·密特朗（1916—1996，于 1981—1995 年担任法国总统），也拥有非常深厚的美食文化底蕴。他经常会来到他位于勃艮第地区的莫万山区（Morvan）的第二住所，在这里享受松露带给他的美好。

弗朗索瓦·密特朗——勃艮第的葡萄酒松露品鉴师

蜿蜒的小路从位于索里约（Saulieu）的西农酒庄（Château-Chinon）一路穿过森林。度过这严寒的晚冬，初春的第一阵微风拂过，跃跃欲试的食客们迫不及待地想到这里品尝伯纳德·罗梭（法餐著名厨师）的美食。

弗朗索瓦·密特朗总统钟爱着他所烹制的美食，经常会到这个勃艮第三星厨师的餐馆来品尝松露菜肴。"他经常着简装来到这里，与酒店的老板余博贺倾心交谈，陪他一同而来的有时是几个朋友，有时是一些内阁部长。主厨伯纳德一定会让他们享受到一顿可口的晚宴，这里总会让总统先生非常尽兴。"一道头盘和一道主菜便可以形成一顿总统式的丰盛晚餐。作为一名虔诚的葡萄酒松露品鉴师，弗朗索瓦·密特朗津津有味地品尝着小牛肺烹金黄土豆佐松露泥那充满魅力的味道。"为这一类型的菜肴选择佳酿时，他从来不会选择白葡萄酒，而是选择一支玛特洛特酒园的《木中之乐》窖藏，这支巴腊妮产区（Blagny）的红葡萄酒是爱丽舍宫的主人最喜欢的一支红葡萄酒。他经常会选择该酒庄具有林木、松露闻香和柔软单宁的1979年份佳酿。"

另一盘总统非常钟爱的菜肴是洋百合松露千层酥佐洋百合菜泥和鸡肉，总统可以为之选择一瓶克利斯朵夫·鲁米耶酿制的香波村爱侣园佳酿。

毫无疑问，弗朗索瓦·密特朗总统深深地爱着克利斯朵夫·鲁米耶这支可以与松露产生共鸣的佳酿。

2002年份的爱侣园佳酿：拥有迷人的紫罗兰和红果的闻香，给我们以甘美温柔的一击，绸缎一样柔顺的单宁为我们创造了优雅的口感，入口后段拥有深深的矿物香味。

1999年份的爱侣园佳酿：这是该年份中非常出色的一支佳酿，深色的酒体，覆盆子和紫罗兰的闻香开启了甘美柔软的口感。具有美食潜质的单宁深厚而柔软。

1996年份的爱侣园佳酿：这是一支非常稀有的成功年份佳酿，红果、腐土的闻香和拥有圆润单宁的口感形成了稍稍有些紧实的尾段余韵。

雅克·希拉克（1932年出生，1995—2007年出任法国总统）入主爱丽舍宫期间，他仍然在重大的盛宴中继续追随着葡萄酒与松露。"顺承着这一传统，我们会用松露来搭配奶油面包或是千层酥面。"若莱·诺芒德说道，"就像在法兰西第三共和国时期一样，嵌入鸡皮式的烹饪方法非常受欢迎。"1998年11月11日，法兰西共和国总统为英国女王伊丽莎白二世准备了一餐丰盛的午宴，以表敬意。在这一美妙的时刻，我们有幸品尝到了鹅肝酱配松露拌沙拉，与其搭配的是一支1967年份的苏特恩产区的绪帝罗园（Château Suduiraut）佳酿。

让我们继续游走于法国首都的餐馆，在历史的轨迹中讲述着对松露的眷恋。

维富餐厅 (Le Grand Véfour): 一切政体下的松露

在葡萄酒松露品鉴师的档案中，巴黎著名的米其林三星餐厅——维富餐厅，永远占领着其中的高地，松露在这里为君主制时期、法国摄政时期、法兰西第一帝国、法兰西第二帝国和法兰西的五个共和国服务过。

糅合了暗淡与明亮的餐厅色调为这个皇家宫殿的后花园揭去了神秘的面纱。餐厅中的每一样饰物都以优雅的姿态见证着过往的一切。镜子中仿佛还映照着波拿马家族（拿破仑·波拿马家族）、约瑟芬（拿破仑·波拿马的第一任妻子，法兰西第一帝国的皇后）、科莱特（法国 20 世纪上半叶的女作家）等一些在启蒙时代闪闪发光的女人们的身姿。在这里，餐桌就像是一场话剧的舞台。居伊·马丁（维富餐厅主厨），这个味觉舞台上的导演永远挂着天使般的笑容。从1998 年获得米其林三星厨师的称号后，他头上的光环便永远环绕在他的上方了。

半乡村化又半贵族化，他所有的梦想都根植在他的故乡——萨瓦地区（Savoie）、胡塞特（Roussette）和蒙德斯（Mondeuse）——的佳酿让他心醉神迷。

这次在阿尔卑斯山区的葡萄酒之旅就始于这位亲爱的殿下首次寄出的明信片……莫雷斯泰勒（Morestel）山丘上的胡塞特葡萄园是萨瓦产区最美丽的景色之一。该产区的葡萄酒所拥有的陈年天资让人惊喜，它们的卓越表现绝对配得上非凡白葡萄酒的称号。1996 年份的杜巴斯叶酒园（Domaine Dupasquier）佳酿拥有一种蜂蜜和柑橘的闻香，入口后生成一种顺滑油质的口感，而后在一丝清爽中完美收场。它可以与松露鹅肝酱饺子和谐地搭配，居伊·马丁将这二者之间的油滑之感演绎得淋漓尽致，使它们之间的对话活力盎然，菜肴中的油脂使胡塞特甘露口感更为纤细。这位受我们爱戴的殿下随着他的明信片继续向前，他制作的松露烹小牛肺拥有丝缎般柔软融

化的口感，在它的陪伴下，这支佳酿
可以无限延伸至味蕾的各个角落。居
伊·马丁同样也是一位痴迷的音乐爱好
者，他经常会为松露搭配上美妙的乐
曲。黑冬松露貌似是瓦格纳（Wagner）
音乐中极为重要的音域，勃艮第松露
与奥芬巴赫的曲调有异曲同工之妙，
而白松露可以在威尔第（Verdi）的歌
剧中被生动演绎出来。

再次回到我们的旅行中来，松露烹牛尾这道美食可以搭配一支
1988年份格利塞酒园（Domaine Grisart）的蒙德斯干红。这支出色
的红葡萄酒可以以它柔软而清新的口感接近松露，并与之演奏完美
的和弦。一步一步，他慢慢迈入通往欢愉的道路上。如果真的存在
"松露上帝"，那么居伊·马丁一定是他十二个门徒中的圣彼得。

巴黎，布里斯托大酒店（Hôtel Bristol）：法兰西共和国的幸福

依循爱丽舍宫的感觉，布里斯托大酒店在国家最高级别的食客
中用自己独特的方式探索着葡萄酒与松露，艾瑞克·浮莱尚将自己
的灵感毫无保留地奉献给了"黑钻石"。

在这个将力量与柔情、鲜活与顺滑、创新与经典相结合的厨房
中，闪闪的灵锐味道刺激着整个操作间。每一任总统候选人、每一
个内阁部长、每一任总统都被这里黑冬松露的美味漩涡所吸引，同
时还有被誉为全首都最卓越的侍酒师团队为您选择最适合的佳酿。
每一位来到布里斯托大酒店的食客都是为了能够品尝到这里非同一
般的美味，对于前总统季斯卡也是如此。他非常钟爱这里的松露香

芹蛋黄酱佐椒盐软蛋，对于这道菜肴，可以为之搭配一瓶艾米塔基 1998 年份保罗·嘉伯乐酒园的斯坦林伯格骑士干白（Hermitage blanc 1998 Chevalier de Sterimberg），或是一瓶 2002 年份普利·福斯（Pouilly-Fuissé）产区的美颜庄园（Château Beauregard）。曾经担任过里昂市市长的雷蒙·巴尔非常喜欢品尝这里的皇家野兔汤配教皇新堡产区的博卡斯特尔庄园（Château de Beaucastel）1981 年份的干红。同样热衷于美食的雅克·朗（1939 年出生，法国政治家）则钟爱松露香栗烹龙虾搭配一支莫索产区佩利耶村（Meursault Clos des Perrières）爱伯·格里维酒园（Domaine A.Grivault）1998 年份的干白。还有一位葡萄酒松露品鉴师位于行列之首，即法国前任总统尼古拉·萨科齐（1955 年出生，2007—2012 任法国总统），他很喜欢这里口味独特的胡椒法国百合烹鸡肉佐松露泥，侍酒师为这道菜肴选择了一瓶格鲁兹·艾米塔基产区（Crozes Hermitage）的阿兰歌海罗酒园 2001 年干红。

酒中酒餐厅（Vin sur Vin）：神秘的探寻之路

这里绝对是一个珍宝级别的餐馆，酒中酒餐厅可以为来到这里品尝松露与葡萄酒的社会名流们提供一个僻静而隐秘的环境，这里是雅克·希拉克总统最钟爱的餐馆。小派斯尼的教皇也在这里举办过"松露选举大会"，他与酒中酒餐厅的老板巴特里克·维达共同见证了那盛大的仪式。他葡萄孢子式的微笑让他成为了最著名的教皇之一，而餐厅的厨师帕斯卡·图泽则领会了这微笑中的含义。巴特里克·维达是一位名副其实的葡萄酒松露品鉴师，他将品鉴松露与葡萄酒的航向转向阿尔萨斯产区佳酿与黑冬松露的搭配。

"乳末状的黑冬松露可以与查尔特勒松露芦笋这味春季的蔬菜完美搭配。将芦笋煎至金黄色，可以与松露产生优美的和弦，"巴特里

克·维达说道，"我曾经沉醉于一瓶 1988 年份的阿尔萨斯奥斯塔什酒园（Ostertag）麝香葡萄酒中，这支甘露展现了其饱满的口感、适当的酸度和迷人的矿物香气，可以与芦笋和松露紧密贴合。我钟爱阿尔萨斯的奥斯塔什甘露。而松露千层酥与奥斯塔什酒园 1988 年份灰品乐的 A 360 P 窖藏搭配所产生的优雅口感会让人为之震撼，我们可以从中寻觅到油顺且充满矿物香气的口感和持久的余韵。"

在其他的搭配建议中，这间星级餐厅为我们推荐了煎埃尔基扇贝佐马铃薯配松露柚子调味汁，最后再为之点缀上黑冬松露块。"我会选择为它搭配一支武布格产区名庄佳酿圣兰德林酒园（Riesling Grand Cru Vorbourg 1998 du Clos Saint-Landelin）1988 年的雷司令。"

在巴黎的蒙托邦人：克里斯丹·孔斯坦（Christian Constant），安格尔提琴餐厅（restaurant Le Violon d'Ingres）

克里斯丹·孔斯坦是一位虔诚的松露爱好者，他总是戴着白色小餐巾徜徉于美食的海洋中。他所许下的职业诺言为所有食客的味蕾埋下了广阔的发挥空间，他用蒙托邦人的方式取悦了他们的味觉。

在拉尔本克和卡奥尔地区之间，他寻觅到了一种红色单宁赋予他的优美音符。他像驾卡罗（Nougaro）所演唱的《图卢兹》（Toulouse）一样，用优美的音符演绎着卡奥尔产区的佳酿。最初的起始音符落在了 2000 年份的喜格酒园美酒（Clos Siguier），它丰富的果香让我们将其铭记于心。1995 年份的安特奈酒园佳酿（Domaine de l'Antenet）以其圆润的酒体结构和丰盈的肌理可以与鸡蛋松露奶油面包共同演绎出完美的二重奏。1989 年份的盖赫庄园干红（Château du Cayrou）以其卓越的单宁打动了小牛肉佐黑冬松露。"正是卡奥尔美酒与松露的搭配让我感受到了创新的力量。"这位已经在巴黎扎根几十年的蒙托邦男高音演唱家说道。在他位于巴黎 7 区的安格尔提琴餐厅中，他同时倾心地演奏着几个不同的乐谱，因为让-吕克·波迪赫诺（法国著名美食评论家）正在这里与法布郎·卡提耶（卡奥尔人，法国著名橄榄球运动员）一同品尝着松露烹扇贝搭配居宏颂产区（Jurançon）的查尔斯酒园和武荷斯酒园 1998 年份干白。这两支佳酿可以与松露烹鸡肉演奏出完美的乐章。

在巴黎的阿尔巴白松露

阿尔巴白松露赋予了很多巴黎著名厨师以神秘的灵感。在秋季，它们与意大利人演绎着优美的曼陀林乐曲。巴黎 1 区的伊利考迪利（Il Cortile）、8 区的浮罗拉（Flora）、9 区的伊高路（I Golosi）、17 区的索马尼（Sormani）等意大利餐厅，都成为了开启阿尔卑斯山另一侧那扇松露大门的金钥匙。

葡萄酒松露品鉴师们会经常到巴黎 6 区的昂保罗·阿玛尼咖啡意大利餐厅（Emporio Armani café）享受美味的意大利调味米饭、生牛肉鞑靼佐马铃薯香芹和生牛肉片佐阿尔巴白松露。意大利皮埃蒙特大区（Piémont）的葡萄酒与 1996 年份酪悦香槟的唐培里侬顶极窖藏一样受人尊敬。在 8 区的侍酒师小餐馆中，菲利普·浮罗·布拉克（世界著名的侍酒师）选择了一支年份较老的 1982 年份名庄窖藏来搭配皮埃蒙特黑松露调味米饭。他还拥有一支储藏了十几年的艾米塔基葡萄酒、一支储藏了二十年之久的武弗雷产区葡萄酒、一支 1990 年份的普利·福斯产区和一支 1995 年份的居宏颂产区干白。这块同样盛产松露的小芒森土壤将自己贡献给了巴黎人布鲁诺位于洛尔格的临时落脚点，在这里我们可以品尝到全世界最美味的松露。在全球最负盛名的阿特内广场酒店（巴黎四星级酒店）中，艾伦·杜卡斯（法国著名厨师）烹制了白松露鹅肝酱饺子来欢迎卡特琳娜·贝海·薇瑞（法国波美侯产区最著名的葡萄酒企业家之一）。在所有豪华酒店的餐桌上，每年秋季都会出现阿尔巴白松露那迷人的身姿。两位出色的美食音乐家，阿兰·桑德兰（法国名厨）和阿兰·巴萨荷（法国名厨）在巴黎科里隆大酒店探寻着葡萄酒与松露的奥秘，这里的著名侍酒师戴维·比侯为这白色的珍馐蒙上了神秘的面纱。

科里隆大酒店：戴维·比侯，白诗南的使者

戴维·比侯 2002 年成为了全法国最著名的侍酒师之一，也是葡萄酒界最受欢迎的人。"与生食松露搭配，我最钟爱白葡萄酒所给予我的口感。"他边说边将一瓶 1996 年份的武弗雷产区布莱斯巴荷酒园的佳酿倒入醒酒瓶中，它那优雅的矿物香气与龙虾烹黑松露可以完美搭配。若与扇贝、松露和香芹搭配，1993 年份圣依弗酒园的佳酿当仁不让。

卢卡斯·考尔通餐厅：阿兰·桑德兰，葡萄酒松露和弦的领航人

阿兰·桑德兰，这位将葡萄酒与美食相搭配的先驱者，致力于这一领域已 30 年之久了。"是葡萄酒让我的厨房产生了变化，如果没有它的存在，任何创新都得不到升华。"他的餐桌就是舞台，在这里，葡萄酒们为主厨的美食盛宴优雅地伴奏。1992 年份大瓶装酩悦香槟的唐培里侬顶极窖藏为白松露千层酥贡献了一丝灵感："通常我们会比较在意香气这一因素，而在这一搭配中，我们要特别注意质地这一因素。对于我来说，悦耳的和弦不仅能深入到美食与美酒的最深处，更应该能深入到它们的纹理中。"阿兰·桑德兰笑着说道。

"葡萄酒首先一定要在口中形成优美的结构，这是我第一时间会注意到的，纹理结构对于我来说是首要因素，一旦我找到心仪的质地，80% 的情况下我会为之搭配上一道适合这种质地的松露菜肴。"他着重强调了野味鸡肉饺子佐阿尔巴白松露与酩悦香槟的唐培里侬顶极窖藏的和谐旋律。每当秋季第一颗阿尔巴白松露显露之时，阿兰·桑德兰便会为之献上一支至少经过 20 年陈酿的白葡萄酒。他追逐着这份对松露的深爱，为它贡献着最为成熟的甘露。布莱斯小母鸡或是阿尔巴白松露千层酥这类菜肴对于葡萄酒来说则显得精致简洁。阿兰·桑德兰成功创作了这曲所有葡萄酒松露品鉴师梦寐以求的优雅旋律。

阿兰·巴萨荷和阿尔巴白松露

10 月份温和柔软的空气笼罩着塞纳河的左岸，太阳缓缓从地平面上升起，唤醒了整条瓦海纳街区。在这绵软的享乐时光中，一份神秘的寂静被打破，琵琶的音域缔造出了松露式的优美音符，这份无拘无束的美好便源自于这里，在这里，阿兰·巴萨荷赋予了所有因子以活力。在这个以精致考究的装饰而著称的厨房中，菜肴的清爽口感与上乘的品质可以搭配一支安茹产区尼古拉·侯的泰勒酒园干白。木瓜和矿物香气的悦耳旋律构成了这支高品质的 2002 年份泰勒酒园干白佳酿，它可以与帕尔玛干酪洋葱佐勃艮第松露薄片完美搭配。它可以与菜肴中的洋葱相结合，编织出精致的纹理。末状的阿尔巴白松露那美妙的活力在最后一刻释放出来，这种美味的第五元素与萨瓦涅葡萄酒相融合，让人目眩神迷。这支 2002 年份的佳酿将其灵锐之感献给了菜肴，形成了一种优雅的质地。这支佳酿还可以与拥有天鹅绒般柔美质感的意大利松露烹香芹相搭配，突出菜肴的柔软。弗朗索瓦·欧波里灵敏的眼睛和嗅觉让他成为了一名优秀的葡萄酒松露品鉴师，这位阿兰·巴萨荷最好的朋友是一位餐桌猎人，他手捧着泰勒酒园 2003 年份干白登上了这场美食盛宴的舞台，柑橘的香气沁人心脾，轻柔地抚摸着白松露调味米饭。

这支安茹产区的干白可以与菜肴中的油脂摩擦，产生迷醉之感。高雅、伸展且活泼，它与松露瞬时的结合产生了一种轻飘、愉悦且充满年轻活力的感觉。阿兰·巴萨荷将阿尔巴白松露制作成了一剂似乎能让人返老还童的仙丹，让人心驰神往。

阿斯坦斯餐厅

巴黎比特翁街 4 号的阿斯坦斯餐厅的掌管者——帕斯卡·巴波，用心经营着这里。这是一间欢快活泼且能烹制出地道菜肴的厨房。阿尔巴白松露沸煮小麦佐帕尔玛干酪是这里的镇店之宝。在这里，白松露和野苣泥汁可以为意大利宽面封以爵位。罗纳河谷恭德里奥产区伊福·柯伊鸿酒庄的佳酿可以为这场松露盛宴伴舞。

巴黎的松露餐厅非常多，在第 17 区、盖萨沃伊餐厅（巴黎著名餐厅）更喜欢为松露菜肴搭配罗纳河谷的冯索·威拉酒庄或者是勃艮第产区的于波·德蒙蒂的佳酿。其中于波·德蒙蒂或是勃艮第宝马一级园的佳酿均非常喜欢整只松露那强力的口感和鸭肝酱的香气。

　　米歇尔·罗斯坦（法国著名星级厨师）用洋百合鲜松露饼和烤鲈鱼佐松露马铃薯泥盛情款待了强尼·哈里代（法国著名歌手、演员），并为这几道美食搭配了莫索产区的让-马克·胡罗酒园佳酿。带着浓重的经典主义色彩，日哈荷·贝松（法国著名厨师）在考克艾红街重新抒写了晨曦餐厅的美好。这家松露餐厅以其帕芒帝埃松露鸭让白马庄 1947 年份、靓茨伯庄园 1961 年份或碧尚男爵 1955 年份等佳酿大放光彩。老年份的美酒丰富了这里的葡萄酒单，我们甚至可以在 1897 年份的拉菲庄珍稀佳酿中肆意徜徉。在巴黎的泰阿街 11 号，多米尼克·布沙（饭店主厨）将黑冬松露与香栗奶油和猪脚

饼搭配，创作出了与众不同的味道。在莫里斯餐厅，雅尼克·阿莱诺（饭店主厨）以松露和扇贝为主题，谱写出了美丽的诗篇。仅仅一本书绝对不足以列出巴黎所有出色的松露餐厅。在凡尔赛，我们必须要去日哈荷·维也的餐厅接受他的盛情款待，感受一下以松露为首领的君主制餐厅的美味。

拉菲特城堡：酒之香餐厅，米歇尔·布朗沙，贝里风格的餐厅主厨

在拉菲特城堡花园的边缘地带，米歇尔·布朗沙的酒之香餐厅绝对是值得一游的地方。

精良考究的品质是这里的服务宗旨，这位贝里厨师曾在谐都美漾和甘希地区探寻松露的足迹，是一名虔诚的采摘者。他是一位季节性的自行车运动员，永远不会忘记为自己自行车上的提篮装满蘑菇。"几年前，我曾在圣-日尔曼的森林中探寻过松露的踪迹，这是一段奇妙的旅程。"米歇尔·布朗沙边说边眨着他的眼睛。每年7月份，他一定会品尝黑夏松露。当整个法国沉浸在图尔马莱山口和加利比耶山口的微风中时，这个星级的餐馆用贝里的扁豆沙拉搭配龙虾、黑夏松露、马齿苋和烤面包，带给我们不一样的感官享受。这道美食若搭配甘希产区玛尔通酒园2003年份的佳酿则会给我们带来不同音域的优美和弦。

后记

Le Vin & la Truffe

　　回程的路上，沿途的风景在我们的脑海中构成了一种能不断刺激我们神经的记忆：罗纳河谷产区的高傲、普罗旺斯产区的卓越、夏朗德产区的惊艳、勃艮第产区的热情、西南产区的传统风情、朗格多克和卢瓦尔河谷产区那耀眼的未来……在这些土壤肥沃的产区里，松露与葡萄酒带着它们的灵魂和音域，就这样彻底地相爱了。一些著名的厨师以及葡萄种植者在香槟产区、阿尔萨斯产区、汝拉产区和萨瓦产区完美地演奏出了松露与葡萄酒的乐章。而在波尔多产区，松露在这些优雅的酒庄中便显得不再那么孤单。我们一定要记得克洛德·沙荷彤的特殊表达方式："海鸥的脚在这里永远不会干。"于这里做一个漂亮的冲刺，结束我们这次完美的美食之旅。

　　这就是法国那柔情且能带给你无尽享受的一面，我们要感谢大自然带给我们这源自乡村的高雅。松露就像葡萄树一样，绿色天然，点缀着我们的生活。

　　而那些光辉的年份佳酿以令人赞叹的方式抒发着自己的情怀，我钟爱这份宁静与安详。这些琼浆玉液彰显出时间与土壤的重要意义。收藏伯纳德·艾荷维精心打造的布夏父子酒园老年份佳酿所带给我们的欢愉与神秘是无可比拟的：充满张力与甘草闻香的 1927 年份杰瑞产区的圣雅克酒园佳酿、质地柔软且满溢果香的 1926 年份耶稣孩童佳酿、贵族气质的 1917 年份莫索佩利耶一级园佳酿、温柔且优雅的博纳一级酒园 1916 年份古考娜·德·莎兰窖藏、富有花香的罗曼尼·圣·维望酒园 1912 年份佳酿、饱含紫罗兰迷人香气的渥内·舍维海酒园 1886 年份佳酿和优雅甘美的伏旧园 1887 年份佳酿，这些甘露都会让松露为之动容。无论是过往、当下与未来，它们都是圣餐餐桌上最美的风景线。

　　巴尔扎克的一句话为我开启了灵感之门："一件非凡的工艺品必然会形成于一副神秘的骨架与灵魂之中，就好似生长于佩里格尔那片沃土上的松露一样。"深思熟虑过后，我决定来到伊·苏丹实现我的松露之梦。这里是我的松露启蒙之地，在老科涅特餐馆中，巴尔扎克的话语仿佛回荡在耳边，我并没有让这份惊喜溜走，而是慢慢享受着，最终我还是没能抵挡住扁豆奶油松露汤的诱惑，完全沉浸于其中。我本意想选择一支干白作为佐餐酒，而主厨阿兰·诺奈却为我挑选了一支 1978 年份奥玛堡的干红来搭配这道标志性的松露美食。这支圣爱斯泰夫产区的美酒柔软的单宁包裹住了菜肴的香气，为我们带来了混合的饱满口感。这支特级中级酒庄的佳酿的确给了干白所不能给予我的感受，它可以轻松自由地与松露结合，鸣奏出一曲优美的协奏曲。保留着这一雅致的音色，侍酒师又将波美侯产区卓越的松露窖藏——1961 年份歌路酒堡和泰耶佛酒堡的佳酿，推上了舞台；而普罗旺斯产区 1988 年份的彼巴农干红葡萄酒和罗纳河谷产区 1981 年份的兰多妮酒园佳酿均可以感染黑冬松露的美味。它们会奉献出自身酒体中那优美的纹理，毫不张扬，默默地填补着菜肴中味道的空缺；而作为回报，松露甘愿成为它们的彰显剂，二者结合，其光芒四散于餐桌乃至整个餐厅的各个角落。我咀嚼着唇齿间的松露美食，于静好时光中享受这甘美的一刻。在这首美妙的和弦中，美酒只为美食而存在。当我们在菜肴中加入松露的那一瞬间，每一支佳酿都会将其优美的酒姿无限延伸开来，轻柔地讲述着自己的故事。无论怎样，松露与葡萄酒的美妙协奏曲将永远这样鸣奏下去，永不停歇。

特别鸣谢

Le Vin & la Truffe

作者在这里要特别感谢麦迪·艾特·比碧（Mehdi Ait-Bibi）、安东尼·亚梅瓜尔（Antonio Amengual）、巴尔斌-雷克来维斯（Françoise Barbin-Lécrevisse）、弗朗索瓦·布瓦塔尔德（François Boitard）、安德鲁·布鲁克雷迪（André Brocoletti）、伯纳德·比尔奇（Bernard Burtschy）、内利·盖罗斯（Nelly Cailloce）、卓斯·莎维（José Chaves）、法兰克·卢瓦德（Franck LLoyd）、布里吉特·利阿荷（Brigitte Liard）、迪叠·玛伊斯（Didier Maïs）、诺荷博特·枚吉兰（Norbert Mégerlin）、埃尔·伊福·枚吉兰（Pierre-Yves Mégerlin）、让·梅日洛（Jean Mérilleau）、米歇尔·默里隆（Michel Morillon）、皮埃尔·碧考特（Pierre Picot）、米歇尔·碧虹-苏拉特（Michèle Piron-Soulat）、日内维埃·雷泽（Genevière Rizet）、让-路易·雷泽（Jean-Louis Rizet）、博诺瓦·胡麦（Benoit Roumet）、艾荷维·西蒙（Hervé Simon）、菲利普·西蒙（Philippe Simon）、菲利普·托让（Philippe Trojean）、伯纳黛特·维泽兹（Bernadette Vizioz）、莫里斯·威帝（Maurice Védy）、杰克·文森（Jacky Vincent）。

衷心感谢所有为松露菜肴作出奉献的骑士酒庄以及烹饪松露的著名厨师为本书作出的贡献。

特别感谢巴贝（Babet）和皮埃尔-让·佩伯尔（Pierre-Jean Pébeyre）的餐厅所提供的松露菜肴。

还要特别感谢巴伯济约（Barbezieux）、梅多克产区、贝里产区（Berry）的珍宝。

费莱出版社（Éditions Féret）还要特别感谢葡萄酒行业协会（勃艮第葡萄酒行业协会、波尔多葡萄酒行业协会、香槟葡萄酒行业协会）、各个产区的游客服务中心以及为本书提供图片的所有摄影工作者。

图书在版编目（CIP）数据

葡萄酒与松露 /（法）荷维 著；王丝丝 译. —北京：东方出版社，2014.10
ISBN 978-7-5060-7800-9

Ⅰ.①葡… Ⅱ.①荷… ②王… Ⅲ.①葡萄酒—基本知识②块菌属—食用菌类—基本知识
Ⅳ.①TS262.6 ②S646

中国版本图书馆CIP数据核字（2014）第243787号

Le Vin & la Truffe ⓒ 2005,
Editions Féret, Bordeaux– France
ISBN 978-2-902416-94-6

Simplified Chinese Edition Copyright: 2015 ORIENTAL PRESS
All Rights Reserved.

中文简体字版专有权属东方出版社
著作权合同登记号　图字：01-2012-5280号

葡萄酒与松露
（PUTAOJIU YU SONGLU）

作　　者：［法］丹尼斯·荷维（Denis Hervier）
译　　者：王丝丝
责任编辑：陈丽娜
出　　版：东方出版社
发　　行：人民东方出版传媒有限公司
地　　址：北京市东城区朝阳门内大街166号
邮政编码：100706
印　　刷：小森印刷（北京）有限公司
版　　次：2015年3月第1版
印　　次：2015年3月第1次印刷
印　　数：1—5000册
开　　本：787毫米×1092毫米　1/16
印　　张：35.75
字　　数：390千字
书　　号：ISBN 978-7-5060-7800-9
定　　价：168.00元
发行电话：（010）64258112　64258115　64258117